イオン液体研究最前線と社会実装

Frontier of Ionic Liquid Research Toward Practical Use

監修：渡邉正義
Supervisor：Masayoshi Watanabe

シーエムシー出版

巻 頭 言

「イオン液体」という物質が，広く研究者・技術者に認知されるようになってきた。研究が本格化した当初は，蒸発しない，燃えない，耐熱性の高い，しかも特殊溶解性や構造形成性のあるイオン伝導性液体ということで多くの研究者の興味を引いた。しかし，イオン液体の性質はこのような十把一絡げで括れるような単純な話ではなく，イオン液体を構成するカチオンそしてアニオンの構造や物性，さらにその組み合わせ（イオン間相互作用）によっても変化することが分かってきた。逆に言うと，その性質を理解すれば，designer solvent と呼ばれているようにデザイン可能な機能性液体であるということになる。

シーエムシー出版から新しいイオン液体の成書の監修を依頼された。多くの優れた成書が出ている分野であるので，初めは躊躇するところもあった。しかし，学会や論文などを見ていると次々に新しいトピックスが生まれてくるこの分野の最新の状況を纏めることは，意味あることに思えてきた。事実，検索ツールを用いて ionic liquid のキーワードでここ 10 年の関連論文数を調べてみると，2007 年に 873，2008 年には 1,000 件を超え 1,067，その後も増え続け，2013 年には 2,081，さらに 2015 年には 2,387 と増え続けている。

このような背景で出版される本書は，3 編の構成とした。第Ⅰ編は基礎科学，第Ⅱ編は物質・材料設計，第Ⅲ編には応用について最新の成果を纏めた。過去に執筆された内容をなるべく回避し，新しい内容，新たな気鋭の執筆者を優先的に選定した。物質を基盤とする科学の世界は，基礎科学の進展，これに基づく新規物質・材料設計とその応用分野の誕生は，領域を発展させる車の両輪である。そこで本書の題名を「イオン液体研究最前線と社会実装」とさせて頂いた。本書を読み進めれば，社会実装の足音が大きく聞こえてくる分野もお分かり頂けると思う。

イオン液体を真の designer solvent とするためには，その物性を支配する基礎原理の理解は不可欠である。本書が少しでも基礎科学の理解と，これを通した応用分野の開拓に繋がればと期待している。

2016 年 12 月

横浜国立大学
渡邉正義

執筆者一覧（執筆順）

渡邉　正義	横浜国立大学　大学院工学研究院　教授	
山室　　修	東京大学　物性研究所　附属中性子科学研究施設　教授	
古府　麻衣子	日本原子力研究開発機構　J-PARC センター　物質・生命科学実験施設　任期付研究員	
梅林　泰宏	新潟大学　自然科学系　数理物質科学系列　教授	
金久保　光央	産業技術総合研究所　化学プロセス研究部門　研究グループ長	
Kenneth R. Harris	Senior Visiting Fellow / Associate Professor　School of Physical, Environmental and Mathematical Sciences　University of New South Wales	
都築　誠二	産業技術総合研究所　機能材料コンピューテーショナルデザイン研究センター　上級主任研究員	
篠田　　渉	名古屋大学　大学院工学研究科　准教授	
大内　幸雄	東京工業大学　物質理工学院材料系　教授	
片山　　靖	慶應義塾大学　理工学部　応用化学科　教授	
佐々木　信也	東京理科大学　工学部　機械工学科　教授	
吉村　幸浩	防衛大学校　応用化学科　教授	
竹清　貴浩	防衛大学校　応用化学科　准教授	
阿部　　洋	防衛大学校　機能材料工学科　教授	
浜谷　　望	お茶の水女子大学　基幹研究院　教授	
伊藤　敏幸	鳥取大学　大学院工学研究科　化学・生物応用工学専攻　教授	
松本　一彦	京都大学　大学院エネルギー科学研究科　准教授	
野平　俊之	京都大学　エネルギー理工学研究所　教授	
萩原　理加	京都大学　大学院エネルギー科学研究科　教授	
大野　弘幸	東京農工大学　大学院工学研究院　生命工学専攻　教授	
藤田　正博	上智大学　理工学部　物質生命理工学科　准教授	
持田　智行	神戸大学　大学院理学研究科　化学専攻　教授	
獨古　　薫	横浜国立大学　大学院工学研究院　教授	
金子　芳郎	鹿児島大学　学術研究院理工学域工学系　准教授	
上木　岳士	物質・材料研究機構　機能性材料研究拠点　分離機能材料グループ　主任研究員	
一川　尚広	東京農工大学　テニュアトラック推進機構　特任准教授	
上野　和英	山口大学　大学院創成科学研究科　助教	
上村　明男	山口大学　大学院創成科学研究科　化学系専攻　教授	
吉本　　誠	山口大学　大学院創成科学研究科　化学系専攻　准教授	
古川　真也	味の素㈱　バイオ・ファイン研究所　プロセス開発研究所　プロセス開発研究室　単離・精製グループ　研究員	

福山 高英	大阪府立大学　大学院理学系研究科　准教授		
鳥本　司	名古屋大学　大学院工学研究科　結晶材料工学専攻　教授		
杉岡 大輔	名古屋大学　大学院工学研究科　結晶材料工学専攻		
亀山 達矢	名古屋大学　大学院工学研究科　結晶材料工学専攻　助教		
吉井 一記	大阪大学　大学院工学研究科　応用化学専攻		
桑畑　進	大阪大学　大学院工学研究科　応用化学専攻　教授		
岡村 浩之	日本原子力研究開発機構　先端基礎研究センター　界面反応場化学研究グループ　研究員		
下条 晃司郎	日本原子力研究開発機構　先端基礎研究センター　界面反応場化学研究グループ　研究副主幹		
松宮 正彦	横浜国立大学　大学院環境情報研究院　人工環境と情報部門　准教授		
児玉 大輔	日本大学　工学部　生命応用化学科　准教授		
牧野 貴至	産業技術総合研究所　化学プロセス研究部門　主任研究員		
藤田 恭子	東京薬科大学　薬学部　病態生理学教室　講師		
松本　一	産業技術総合研究所　電池技術研究部門　エネルギー材料グループ　主任研究員		
石川 正司	関西大学　化学生命工学部　教授／イノベーション創生センター長		
山縣 雅紀	関西大学　化学生命工学部　准教授		
福永 篤史	住友電気工業㈱		
酒井 将一郎	住友電気工業㈱		
新田 耕司	住友電気工業㈱		
安田 友洋	北海道大学　触媒科学研究所　准教授		
鈴木　栞	金沢大学　大学院自然科学研究科　自然システム学専攻		
高橋 憲司	金沢大学　理工研究域　自然システム学系　教授（リサーチプロフェッサー）		
宮藤 久士	京都府立大学　大学院生命環境科学研究科　環境科学専攻　教授		
近藤 洋文	デクセリアルズ㈱　コーポレート開発部門　理事		
小野 新平	(一財)電力中央研究所　材料科学研究所　上席研究員		
羽生 宏人	宇宙航空研究開発機構　宇宙科学研究所　宇宙飛翔工学研究系　准教授		
伊里 友一朗	横浜国立大学　大学院環境情報研究院　助教		
三宅 淳巳	横浜国立大学　先端科学高等研究院　副研究院長／教授		
本多 祐仁	オムロン㈱　事業開発本部　マイクロデバイス事業推進部　技術開発部　開発2課　主査		
竹井 裕介	東京大学　情報理工学系研究科　知能機械情報学専攻　特任助教		

目　次

【第Ⅰ編　基礎科学】

第1章　イオン液体の分類と特徴：分子性液体と何が違うのか？
　　　　　　　　　　　　　　　　　　　　　　　　　渡邉正義

1　はじめに……………………………3
2　非プロトン性イオン液体……………4
3　プロトン性イオン液体………………6
4　溶媒和（キレート）イオン液体……8
5　イオン液体への溶質の溶解…………10

第2章　イオン液体の熱的挙動，ダイナミクス　　山室　修，古府麻衣子

1　はじめに……………………………13
2　イミダゾリウム系イオン液体の熱的挙動
　　……………………………………13
　2.1　相挙動………………………13
　2.2　ガラス転移…………………15
3　イミダゾリウム系イオン液体のダイナミクス
　　……………………………………16
3.1　アルキル鎖の運動…………………17
3.2　イオン拡散…………………………18
3.3　ナノドメインの運動………………21
3.4　イミダゾリウム系イオン液体の緩和マップ
　　……………………………………22
4　おわりに……………………………23

第3章　イオン液体の液体構造　　梅林泰宏

1　はじめに……………………………25
2　非プロトン性イオン液体……………26
3　プロトン性イオン液体………………29
4　無機イオン液体……………………31
5　溶媒和（キレート）イオン液体……31
6　おわりに……………………………33

第4章　イオン液体の輸送特性　　金久保光央，Kenneth R. Harris

1　はじめに……………………………35
2　輸送物性の理論式および経験則……35
3　イオン液体の輸送物性の温度および圧力依存性
　　……………………………………38
4　イオン液体中における輸送物性……39
　4.1　自己拡散係数と電気伝導度の粘性率依存性
　　……………………………………39
　4.2　Nernst-Einstein式のΔと速度相関係数
　　……………………………………42
　4.3　抵抗係数……………………45
5　おわりに……………………………46

I

第5章　計算化学を用いたイオン液体の物性予測　　都築誠二，篠田　渉

1　はじめに……………………… 49
2　イオン間に働く相互作用………… 49
3　液体構造……………………… 50
4　輸送物性……………………… 51
5　伝導特性……………………… 52
6　溶媒和イオン液体……………… 53
7　おわりに……………………… 55

第6章　イオン液体表面・界面の構造解析　　大内幸雄

1　はじめに……………………… 57
2　X線反射率および斜入射X線回折による表面自己組織化の評価………… 57
3　IV-SFG法による液体/液体界面における自己組織化の評価…………… 60
4　まとめに代えて………………… 63

第7章　イオン液体中の特異的な電気化学反応　　片山　靖

1　はじめに……………………… 64
2　イオン液体中における金属錯イオンの拡散……………………… 65
3　イオン液体中における金属錯イオンの電荷移動速度…………………… 69
4　おわりに……………………… 71

第8章　イオン液体のトライボロジー特性　　佐々木信也

1　はじめに……………………… 73
2　潤滑剤としてのイオン液体……… 73
　2.1　潤滑剤に必要とされる性質… 73
　2.2　イオン液体の流体潤滑性能… 74
　2.3　イオン液体の境界潤滑性能… 77
3　潤滑剤としての課題…………… 80
　3.1　イオン液体の腐食対策……… 80
　　3.1.1　雰囲気の制御…………… 80
　　3.1.2　ハロゲン化金属生成反応の抑制…………………… 81
　　3.1.3　ハロゲンフリーイオン液体… 82
4　真空用潤滑剤への応用………… 83
　4.1　真空中での潤滑性…………… 83
　4.2　アウトガスの発生…………… 84
5　おわりに……………………… 86

第9章　イオン液体の高圧相転移挙動　　吉村幸浩，竹清貴浩，阿部　洋，浜谷　望

1　はじめに……………………… 88
2　高圧相転移挙動………………… 89
3　ナノ不均一構造とコンフォメーション変化の関連……………………… 91
4　おわりに……………………… 94

第10章　イオン液体の設計・合成・精製・再生の最近の進歩

伊藤敏幸

1 はじめに……………………………96
2 イオン液体の合成…………………97
　2.1 標準的なイオン液体合成法………97
　2.2 具体的な各種イオン液体の合成…99
　　2.2.1 ［C$_4$mim］［NTf$_2$］の合成………99
　　2.2.2 ［C$_4$mim］［PF$_6$］の合成………100
　　2.2.3 ［C$_4$mim］［BF$_4$］のBurrellらの合成法………………100
　　2.2.4 N,N-diethyl-N-(2-methoxyethyl)-N-methylammonium alanine（［N$_{221ME}$］［Ala］）の合成……100
　　2.2.5 ホスホニウム塩イオン液体［P$_{444ME}$］［NTf$_2$］………………102
　　2.2.6 イオン液体の再生……………103
3 マイクロリアクターによるイオン液体合成法…………………………………104

【第Ⅱ編　物質・材料設計】

第1章　フルオロハイドロジェネートイオン液体

松本一彦，野平俊之，萩原理加

1 はじめに……………………………109
2 フルオロハイドロジェネートアニオンの構造………………………………109
3 フルオロハイドロジェネートイオン液体の特徴……………………………109
4 フルオロハイドロジェネートイオン液体のエネルギー貯蔵変換への応用……112
5 おわりに……………………………112

第2章　アミノ酸イオン液体

大野弘幸

1 はじめに……………………………115
2 生体由来イオン液体………………115
3 アミノ酸イオン液体の作製方法…116
4 イオン液体の物性に及ぼすアミノ酸種依存性…………………………………116
5 極性と種々の物質の溶解性………118
6 応用展開……………………………119
　6.1 CO$_2$の吸脱着…………………119
　6.2 ゲル化…………………………120
　6.3 疎水性の付与…………………120
7 今後の展望…………………………122

第3章　双性イオン液体

藤田正博

1 はじめに……………………………124
2 双性イオンの低融点化……………124
3 双性イオン/リチウム塩複合体……127
　3.1 リチウムイオン伝導体…………128

3.2 蓄電池への応用……………129	4.2 プロトン伝導体……………131
4 双性イオン/酸複合体……………130	5 おわりに……………………………131
4.1 高分子合成………………130	

第4章 金属錯体系イオン液体　　持田智行

1 はじめに………………………………133
2 有機金属系イオン液体………………134
 2.1 サンドイッチ錯体系イオン液体と配位高分子との可逆転換…………134
 2.2 ハーフサンドイッチ錯体系イオン液体の反応性に基づく物質転換……136
3 キレート錯体系イオン液体…………137

 3.1 ベイポクロミックイオン液体……137
 3.2 サーモクロミックイオン液体……138
 3.3 スピンクロスオーバーイオン液体
 　　………………………………………139
 3.4 その他の系……………………139
4 おわりに……………………………140

第5章 溶媒和イオン液体　　獨古　薫, 渡邉正義

1 はじめに………………………………142
2 グライム-リチウム塩溶融錯体………142
3 グライム-リチウム塩溶融錯体への非対称構造の導入……………………143
4 グライム-リチウム塩溶融錯体の熱安定性………………………………………146

5 グライム-リチウム塩溶融錯体の電気化学的安定性……………………………147
6 グライム-リチウム塩溶融錯体の電池適用……………………………………148
7 おわりに……………………………150

第6章 シルセスキオキサン/環状シロキサンイオン液体　　金子芳郎

1 はじめに………………………………151
2 ランダム型オリゴシルセスキオキサン骨格を含む四級アンモニウム塩型イオン液体の合成…………………………152
3 ランダム型オリゴシルセスキオキサンおよびPOSS骨格を含むイミダゾリウム塩型イオン液体の合成…………154

4 2種類の側鎖置換基がランダムに配置されたPOSS骨格を含む室温イオン液体の合成……………………………156
5 環状オリゴシロキサン骨格を含む室温イオン液体の合成………………158
6 おわりに……………………………160

第7章　イオン液体中への高分子の溶解性と材料化　　上木岳士, 渡邉正義

1 はじめに …………………………… 161
2 イオン液体の溶解度パラメータ …… 161
3 イオン液体と相溶する高分子を用いた固体薄膜化 ………………………… 163
4 ブロック共重合体のナノ相分離を利用したイオン液体の擬固体化 ………… 165
5 光によるブロック共重合体の凝集構造制御とプロセッサブルイオンゲル …… 166

第8章　イオン性液晶を用いた三次元イオン伝導パスの設計　　一川尚広

1 緒言 ………………………………… 170
2 双連続キュービック液晶を用いた三次元イオン伝導チャンネルの設計 ……… 171
3 ジャイロイド極小界面を用いたイオン伝導体の設計 ……………………… 173
4 おわりに …………………………… 175

第9章　ナノ粒子を用いたイオン液体の材料化　　上野和英, 渡邉正義

1 はじめに …………………………… 177
2 イオン液体中でのナノ粒子の分散安定性 …………………………………… 177
3 ナノ粒子とイオン液体の組み合わせから成るコンポジット材料 …………… 179
4 コロイドゲル ……………………… 180
5 コロイドガラス …………………… 182
6 おわりに …………………………… 184

【第Ⅲ編　応用】

〈合成への利用〉

第1章　イオン液体を用いた高分子とバイオマスの化学変換
上村明男, 吉本　誠

1 序論 ………………………………… 189
2 イオン液体中でのプラスチックの解重合 …………………………………… 190
3 イオン液体中でのセルロースなどの化学変換 ……………………………… 191
4 イオン液体を用いたリポソーム中でのセルロースの加水分解反応 ………… 195
5 まとめ ……………………………… 198

第2章　イオン液体を用いたペプチド合成　　古川真也, 福山高英

1 はじめに …………………………… 200
2 イオン液体を用いたペプチドの酵素合成

…………………………………200
3　イオン液体を用いたペプチドの化学合成
　…………………………………………202
4　アミノ酸イオン液体を用いたペプチド合成
　…………………………………………203
5　おわりに………………………………206

第3章　高性能電極触媒の開発を目指したイオン液体／金属スパッタリングによる金属ナノ粒子合成

鳥本　司, 杉岡大輔, 亀山達矢, 吉井一記, 桑畑　進

1　緒言……………………………………207
2　イオン液体／金属スパッタリングによる
　　金属ナノ粒子の作製………………208
　2.1　金属・合金ナノ粒子の作製と組成制御
　　　……………………………………208
　2.2　逐次金属スパッタリングによるコア・シェル構造粒子の作製………210
　2.3　イオン液体表面を利用する金属ナノ粒子自己組織化膜の作製…………211
3　電極触媒への応用…………………214
　3.1　カーボン材料へのPtナノ粒子の担持と酸素還元反応の電極触媒活性…214
　3.2　二元合金ナノ粒子のアルコール酸化に対する電極触媒活性……………217
4　結言……………………………………218

〈分離・回収への利用〉

第4章　イオン液体を用いた溶媒抽出法と協同効果

岡村浩之, 下条晃司郎

1　はじめに………………………………220
2　クラウンエーテルを用いた金属抽出
　…………………………………………220
3　β-ジケトンを用いたランタノイド抽出
　…………………………………………221
4　β-ジケトンとクラウンエーテルによるイオン液体協同効果………………223
5　分子内における擬似的な協同作用…224
6　おわりに………………………………226

第5章　イオン液体を利用した経済的希土類回収技術

松宮正彦

1　緒言……………………………………228
2　実廃棄物からの希土類回収プロセス
　…………………………………………228
3　各プロセスの結果・考察…………230
　3.1　前処理工程………………………230
　3.2　湿式精錬工程……………………230
　　3.2.1　酸溶出工程……………………230
　　3.2.2　脱鉄・脱ホウ素工程…………230
　　3.2.3　溶媒抽出工程…………………230
　　3.2.4　塩生成工程……………………232
　3.3　電解析出工程……………………232
　　3.3.1　Nd電析工程……………………232

3.3.2　Dy 電析工程 …………… 234　　｜　　4　結言 ……………………………………… 235

第6章　イオン液体物理吸収法による CO_2 分離・回収
児玉大輔，牧野貴至，金久保光央

1　はじめに ……………………………… 237
2　研究背景 ……………………………… 237
3　従来のイオン液体研究 ……………… 239
4　ガス吸収液の開発と評価 …………… 239
5　おわりに ……………………………… 243

第7章　イオン液体を用いたタンパク質の分離
藤田恭子，大野弘幸

1　はじめに ……………………………… 244
2　水性二相分配法におけるイオン液体添加 …………………………………… 244
3　イオン液体 / 無機塩 / 水二相系 …… 246
4　LCST 型イオン液体 / 水二相系 …… 246
5　大腸菌内に形成した封入体からのタンパク質の溶解・分離・リフォールディング ……………………………………… 247
6　おわりに ……………………………… 250

〈電池への利用〉

第8章　リチウムイオン電池とイオン液体（総論）
松本　一

1　はじめに ……………………………… 252
2　リチウムイオン電池について ……… 253
3　コバルト酸リチウム合剤正極のレート特性に及ぼすアニオン種の影響 …… 254
4　フルオロスルホニル基（FSO_2^-）の効果 … 256
5　さいごに ……………………………… 256

第9章　イオン液体を用いた人工衛星に搭載されたリチウムイオン電池
石川正司，山縣雅紀

1　はじめに ……………………………… 258
2　負極の可逆化と高レート特性の機構解明 …………………………………… 258
3　FSI イオン液体系を特徴づける電極界面構造 ………………………………… 261
4　FSI イオン液体電解液の最適化による炭素負極のレート特性向上 ………… 262
5　イオン液体による実用リチウムイオン電池の設計 …………………………… 262
6　FSI イオン液体電解液中における Si 薄膜電極の挙動 ………………………… 263
7　無溶媒イオン液体電解液による「宇宙用リチウム二次電池」……………… 264
8　おわりに ……………………………… 265

第10章　広温度域対応ナトリウム二次電池

萩原理加, 松本一彦, 野平俊之, 福永篤史, 酒井将一郎, 新田耕司

1　はじめに……267
2　無機FSA系イオン液体の性質……268
3　無機-有機ハイブリッドFSA系イオン液体の性質……269
4　FSA系イオン液体のナトリウム二次電池への応用……270
5　FSAイオン液体を用いたナトリウム二次電池の実用化……271
6　おわりに……272

第11章　プロトン性イオン液体を用いた無加湿燃料電池

安田友洋, 渡邉正義

1　はじめに……274
2　熱安定性……275
3　Melting point……276
4　Proton conductivity……277
5　Electrochemical activity……279
6　プロトン性イオン液体の固体薄膜化と無加湿発電特性……280
7　まとめ……280

〈バイオ関連分野〉

第12章　イオン液体を用いたバイオマス処理

鈴木　栞, 高橋憲司

1　はじめに……283
2　イオン液体を用いたセルロースの無触媒高分子反応……284
3　イオン液体中でのリグニンの修飾反応による機能化……285
4　イオン液体触媒によるバイオマスの直接誘導体化……287
5　おわりに……289

第13章　イオン液体の木材難燃剤および木材保存剤としての利用

宮藤久士

1　はじめに……291
2　木材難燃剤としての利用……291
3　木材保存剤としての利用……294
4　おわりに……297

〈さらなる広がり〉

第14章 イオン液体型潤滑剤の開発　　近藤洋文

1　序論 …………………………… 298
2　アンモニウム塩の熱安定性 …… 299
3　イオン液体の薄膜の分光学的特性 …… 301
4　イオン液体の摩擦特性 ………… 305
5　イオン液体の溶解性 …………… 306
6　まとめ …………………………… 307

第15章 イオン液体を利用した新規電子デバイスの開発　　小野新平

1　はじめに ………………………… 310
2　電気二重層を用いた電界効果トランジスタの原理 ……………… 310
3　有機電界効果トランジスタ …… 312
4　電気化学発光セル ……………… 314
5　まとめ …………………………… 315

第16章 宇宙機推進剤用イオン液体の開発　　羽生宏人，伊里友一朗，三宅淳巳

1　はじめに ………………………… 317
2　宇宙用推進剤の技術課題 ……… 318
3　高エネルギーイオン液体推進剤の研究 …… 320
4　まとめ …………………………… 322

第17章 イオン液体を使う新しいCO_2濃度検出技術　　本多祐仁，竹井裕介

1　イオン液体について …………… 324
2　イオン液体センサについて …… 326
3　電極素材の選定 ………………… 328
4　イオン液体の固体化（ゲル化）についての検討 ………………………… 331
5　CO_2ガスセンサ端末の実証実験 …… 333
6　まとめ …………………………… 334

第Ⅰ編　基礎科学

第1章　イオン液体の分類と特徴：分子性液体と何が違うのか？

渡邉正義*

1　はじめに

　イオン液体（ionic liquid：IL）が100℃以下の融点を持つ塩と定義され，かつ多くの研究者の研究対象となって15年あまりが経過した。イオン液体は，その基礎物性を明らかにする検討に加えて，化学反応，触媒反応，分離・抽出・精製，溶解・分散などに用いられている有機溶媒や水を代替する溶媒としての検討がなされてきた。さらに，イオン液体を電解質として用いることは，安全性に優れた将来の電気化学デバイスを実現するための有力な手法として注目され，研究が進められた。この間の研究の進捗には目覚ましいものがある[1,2]。このようなイオン液体への大きな関心と研究の進展は，イオン液体が普通の液体とは異なる以下のような特徴を一般的に有することに因る。
・蒸気圧が極めて低く難燃性であること
・熱安定性が極めて高く広い液体範囲を持つこと
・イオン伝導性が高いこと
また
・極めて高いイオン雰囲気を提供すること
・ナノスケールで極めて構造を作り易い液体であること
なども特徴として挙げられる。しかし，これらの性質はイオン液体が普遍的に有している訳ではないことに注意が必要である。また，イオン液体が通常の分子性液体と異なる一つの点は，純物質がカチオンとアニオンという2種の化学種からなる点である。したがって，カチオンまたはアニオンの構造を変化させることにより液体の性質は変わってくる。しかもカチオン-アニオン間には強い静電相互作用があるため，例えば同一カチオンのイオン液体であっても，アニオン種によって，カチオンの性質も変わってくると考えられる。このような現象は，イオン液体への基質の溶解などを理解する上で重要であり，本章の最後に説明したい。
　イオン液体の研究は，四級アンモニウムとアニオンからなる非プロトン性イオン液体から始まり，大きな広がりを見せた。最近のreviewでイオン液体は，以下のように分類されている[3]。
① 非プロトン性イオン液体
② プロトン性イオン液体

＊　Masayoshi Watanabe　横浜国立大学　大学院工学研究院　教授

③ 溶媒和（キレート）イオン液体
④ 無機イオン液体

最後の無機イオン液体は，古くから研究が進められている無機の高温溶融塩と同様である。最近の新規アニオンの開発によって，融点が100℃以下になるイオン液体も見出されてきているが，まだまだ例が少ないので，本章では①～③のイオン液体についてその特徴を述べる。

2 非プロトン性イオン液体

活性プロトンを有さないイオン液体で，カチオンは四級アンモニウム，四級ホスホニウム，三級スルホニウムなどのオニウムカチオン，アニオンは嵩高くその電荷が非局在化したイオンからなる組み合わせが典型的である。図1に四級アンモニウムをカチオンとする非プロトン性イオン液体の典型例を示す。Angellらはイオン液体のWalden plot（$\log \Lambda$を$\log(1/\eta)$に対してプロットしたもの：Λ, モル導電率；η, 粘性率）の，1.0 M KClのWalden plotである理想線からの偏差で，その性質を分類した。すなわち，負の偏差が小さいイオン液体をgood IL，負の偏差が大きいイオン液体をpoor ILと分類している[4]。この現象の物理化学的な意味は必ずしも明瞭ではないが，強電解質であるKCl水溶液とイオン液体を構成するイオンの流体力学的半径がほぼ同等と仮定すると，偏差が大きい方が会合的（分子的），偏差が小さい方が解離的（イオン的）と考えることができ[5]，イオン性（ionicity）の大小という概念で整理している。また，イオン伝導率測定から求まるモル導電率と，拡散係数測定とNernst-Einstein（NE）式から求まるモル導電率の比（Λ / Λ_{NE}）はより物理化学的意味が明確なイオン性を表すパラメーターとして提案されている[6, 7]。最近の研究で，$\Lambda / \Lambda_{NE} < 1$となる理由は，液体中のイオン移動にカチオン-アニオン間，カチオン-カチオン間，さらにアニオン-アニオン間の運動相関があるためとさ

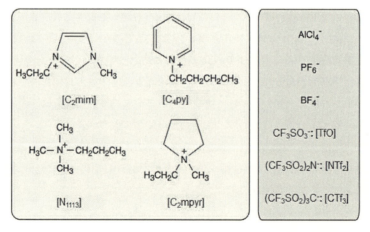

図1　四級アンモニウムカチオンを有する非プロトン性イオン液体を構成する典型的カチオンおよびアニオンの構造

第1章　イオン液体の分類と特徴：分子性液体と何が違うのか？

れている[8,9]（詳しくは第Ⅰ編 第4章を参照）。

　非プロトン性イオン液体の性質は，アニオンのルイス塩基性，カチオンのルイス酸性，カチオン-アニオン間の相互作用の方向性，van der Waals力に代表される分子間力に大きく影響を受ける。図2にこれらのパラメータがイオン液体の性質にどのような影響を与えるかを示した概念図を示す[7]。NaClのようにカチオン・アニオンのルイス酸性・塩基性が非常に高い場合には，クーロン相互作用が強くなり融点が高く（T_m = 801℃），室温で固体のイオン結晶となる。逆に，カチオン・アニオンのルイス酸性・塩基性が非常に低い場合にはgood ILとなる。一方，カチオン・アニオンのルイス酸性・塩基性があまり低くない場合はクーロン力が強くなり，あるいはイオンに長鎖アルキルを導入した場合などはvan der Waals力が強くなりpoor ILとなる。重要なことは，イオン液体の性質がクーロン力と分子間力の微妙なバランスによって決まることである。このような特徴は，古典的な無機の高温溶融塩には見られないことであり，有機系のイオンを構成イオンとするイオン液体の特徴であると考えられる。前述のイオン液体の特徴，特に熱安定性，低蒸気圧，高イオン伝導性などは，一般にgood ILに広くみられる特徴である。また，方向性のないクーロン力に加えて，方向性の強い分子間力が働くことは，イオン液体の構造形成性と密接に関わる。一方，非プロトン性イオン液体の電位窓は，還元側はカチオン構造の影響を受け易い。イミダゾリウムのような芳香族のカチオンより脂肪族のカチオンの方が一般的に還元安定性に優れる。また酸化側の安定性はアニオンの構造の影響を受け易い。アニオンのルイス塩基性が低いほど一般的に酸化安定性は増大する。しかし，アニオンの酸化安定性が良好な場合に

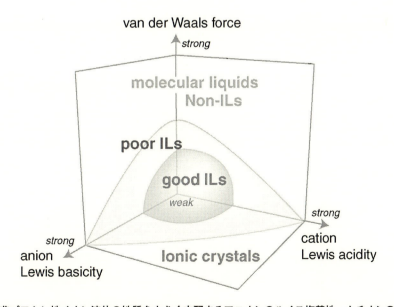

図2　非プロトン性イオン液体の性質を大きく支配するアニオンのルイス塩基性，カチオンのルイス酸性，そしてvan der Waals力等の分子間力の強さ
文献7）より転載。

は，カチオンの酸化安定性との競合によって電位窓が決まる。

3 プロトン性イオン液体

プロトン性イオン液体とは活性プロトンを有するイオン液体である。典型的なプロトン性イオン液体は Brønsted 酸・Brønsted 塩基の中和反応によって得られる。

$$\text{AH} + \text{B} \rightleftarrows \text{A}^- + \text{BH}^+$$
Brønsted 酸　　Brønsted 塩基　　　プロトン性塩

この系の特徴は，塩生成反応が平衡反応であることである。すなわち，原料の酸・塩基のそれぞれ酸性・塩基性が充分に高ければプロトン移動反応が完結する。一方，これらの酸性，塩基性が充分でなければ系中にプロトン移動して生成した塩と基質である中性の酸・塩基が共存することになる。中和反応が水中での反応と仮定すると，この反応の平衡定数（K）としたときに，$\log K = pK_a(\text{BH}^+) - pK_a(\text{AH}) = \Delta pK_a$ となる[10]。水中での pK_a の値は，水和の影響を受けており酸塩基間の直接のプロトン移動反応とは直接対応しないが，$\log K = \Delta pK_a - 3$ といった相関が報告されている[11]。

プロトン性イオン液体を，有機強塩基である DBU を用い種々の酸で中和して作製すると，幅広い ΔpK_a を持つ酸：塩基＝1：1混合物を得ることができ，すべてが室温で液状であることが見出された（図3）[12, 13]。この液体の ΔpK_a に対する熱安定性（130℃に2時間保持したときの重量減少の度合）および120℃におけるイオン性の値を図4に示す[13]。熱安定性に関しては，

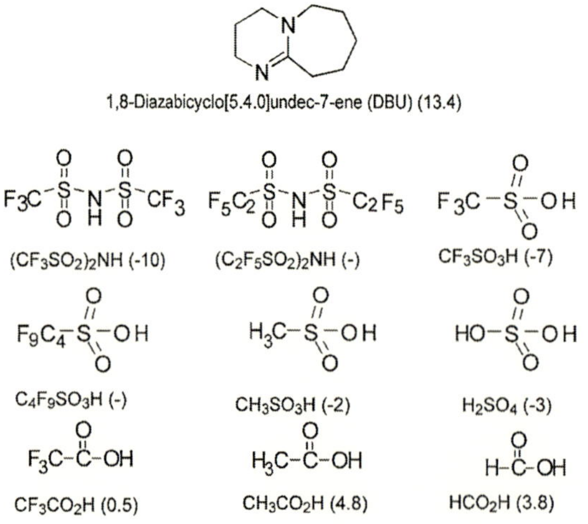

プロトン性イオン液体	ΔpK_a
[DBU][(CF$_3$SO$_2$)$_2$N]	23.4
[DBU][(C$_2$F$_5$SO$_2$)$_2$N]	-
[DBU][CF$_3$SO$_3$]	20.4
[DBU][C$_4$F$_9$SO$_3$]	-
[DBU][HSO$_4$]	16.4
[DBU][CH$_3$SO$_3$]	15.4
[DBU][CF$_3$CO$_2$]	12.9
[DBU][HCO$_2$]	9.6
[DBU][CH$_3$CO$_2$]	8.6

図3　有機強塩基（DBU）と酸性度の異なる種々の酸の構造（括弧内の数字はそれぞれの pK_a を示す）および生成するプロトン性イオン液体の ΔpK_a
文献13) より一部転載。

第1章　イオン液体の分類と特徴：分子性液体と何が違うのか？

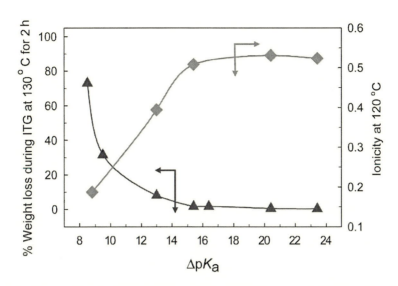

図4　種々のプロトン性イオン液体の耐熱性（130℃に2時間放置したときの重量減少率），120℃におけるイオン性とΔpK_aの関係
文献 13) より再作成。

ΔpK_aが小さいときは重量減少が顕著であり，例えばΔpK_a = 8.6のときは70%以上の重量減少が起こる。これは，酸・塩基間のプロトン移動が不充分で，系中に中性の酸・塩基が存在してこれが蒸発し，さらに蒸発に伴って酸・塩基平衡がさらに左に偏り重量減少が進むためである。事実このような系は室温から重量減少が始まる。ΔpK_aが増大し，15程度以上になるとこの条件での重量減少は殆ど認められない。最もΔpK_aが大きい［DBU］［NTf$_2$］では，熱安定性の良い非プロトン性イオン液体の典型例である［C$_2$mim］［NTf$_2$］以上の熱安定性が熱重量分析で認められている。一方イオン性の値はΔpK_aの増大とともに増大し，ΔpK_aが15以上でほぼ一定値に達した。ΔpK_aが低いときの著しく低いイオン性は，液体中に多くの中性種（酸・塩基）が存在することを示している。したがってこの領域は，真のイオン液体とは呼べない物質群であることに注意が必要である。

　プロトン性イオン液体の大きな特徴は活性プロトンを有することであり，そのためイオン液体自体の水素結合性が強い。DBUを用いた系では>N$^+$Hプロトンとアニオン（O$^-$やN$^-$）の間に水素結合があり，>N$^+$Hプロトンの^{1}H NMR化学シフトやIRのNH伸縮振動の波数はΔpK_aの変化に伴って連続的に変化する[12]。ΔpK_aが小さい系では水素結合性が強く，ΔpK_aの増大とともに弱まる。また古典的なプロトン性イオン液体である［C$_2$H$_5$NH$_3$］NO$_3$では水に類似した3次元水素結合ネットワークが存在することが報告されている[14]。この活性プロトンの存在と強い水素結合性がプロトン性イオン液体の大きな特徴である。この特徴を生かした展開として，燃料電池の電解質としての研究[15]（詳しくは第Ⅲ編 第11章を参照）やタンパク質保存液として水にプロトン性イオン液体を添加する研究[16]などを挙げることができる。燃料電池電解質で

は，液体中をBH$^+$が泳動してプロトンを運び，さらに電極界面で以下の反応：

アノード反応　　　　$H_2 + 2B \rightarrow 2BH^+ + 2e^-$

カソード反応　　　　$1/2\, O_2 + 2BH^+ + 2e^- \rightarrow H_2O + 2B$

全反応　　　　　　　$H_2 + 1/2\, O_2 \rightarrow H_2O$

が起こると考えられている[15]。プロトン性イオン液体の耐熱性と反応性プロトンの存在を利用した研究である。

4　溶媒和（キレート）イオン液体

溶媒和イオン液体とは，塩とカチオンまたはアニオンに強く溶媒和（配位）する溶媒（配位子）からなるイオン液体である[3]。すなわち，溶媒和イオン（錯イオン）を構成成分とするイオン液体である。塩と溶媒による溶媒和イオン液体形成の判断基準には以下の項目が挙げられている[17]。

① イオンと溶媒（配位子）が定比の錯イオン（溶媒和イオン）を形成する。
② 溶融物は，錯イオンとその他のイオンからなりフリーな溶媒は事実上存在しない。
③ 使用温度域で純溶媒および塩としての物理化学的性質を示さない。
④ 溶媒和物の融点が100℃以下である。
⑤ 使用温度域で蒸気圧が無視できる。

典型的な溶媒和イオン液体の例は，ある種のリチウム塩とグライム類（oligo-ethylene glycol dimethyl ether）との等モル混合物である（図5）[18, 19]。これを一例として溶媒和イオン液体の

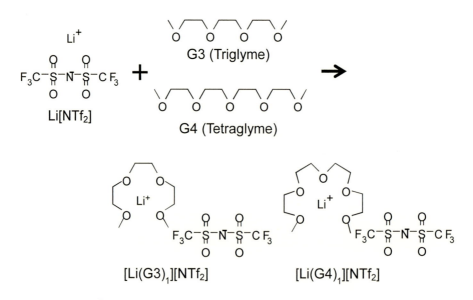

図5　Li[NTf$_2$]とグライム（G3およびG4）から生成する溶媒和イオン液体

第 1 章　イオン液体の分類と特徴：分子性液体と何が違うのか？

形成を確認する。Li^+ の安定溶媒和数は 4〜5 であることが知られており，トリグライム（G3），テトラグライム（G4）とは 1：1 の錯イオン形成が起こる。しかし，アニオンの構造も溶媒和イオン液体の形成には大きな影響を与える[20,21]。図 6（a）に種々のアニオンのリチウム塩と G3 あるいは G4 の 1：1 混合物中のラマンスペクトルから定量した Li^+ に配位していないグライムの割合を示す[21]。すべての 1：1 混合物は室温で無色透明の液体であり，外見からはその違いは判別できない。しかし，未配位グライム量はアニオンの構造に著しい影響を受ける。溶媒和イオン液体を形成する $[TFSA]^- = [NTf_2]^-$ や $[BETI]^- = [N(SO_2C_2F_5)_2]^-$ をアニオンとするリチウム塩の場合には，未配位グライム量は無視できるのに対して，$[TFA]^- = [CF_3COO]^-$ や

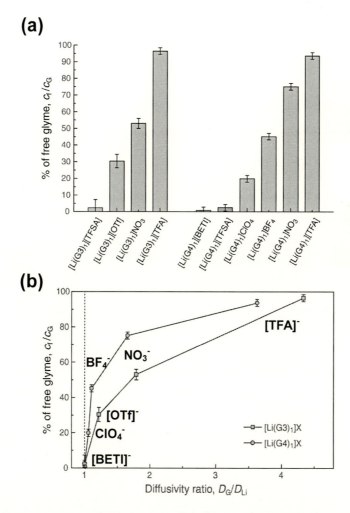

図 6　(a) ラマンスペクトルで定量したリチウム塩とグライム（G3 および G4）の 1：1 混合物中の未配位グライムの割合；(b) Li に対するグライムの拡散係数比（D_G/D_{Li}）と未配位グライム比率の割合の関係

文献 21) より転載および再作成。

NO_3^- のリチウム塩の場合には,ほとんどが未配位グライムである。リチウム塩とグライムからなる系では,ルイス酸である Li^+ に対して,ルイス塩基であるアニオンとグライムの相互作用の競合が起こる。アニオンのルイス塩基性が弱く,Li^+ に対してグライムが強く配位して安定化が起こる場合に溶媒和イオン液体が生成すると考えられる。このことは錯イオンの安定度を占示す D_G/D_{Li}(Li に対するグライムの拡散係数の比,錯カチオンが安定であればこの値は1に近づく)に対する未配位グライム量をプロットした図6(b)の結果からも顕著である[21]。溶媒和イオン液体を形成しない系では $D_G/D_{Li} > 1$ であり未配位グライムも多いが,D_G/D_{Li} が1に近づくにつれて未配位グライム量は急速にゼロに近づく。また配位子の構造も錯イオンの安定性に大きな影響を及ぼし,エーテル酸素の Li^+ に対する配位数(O/Li)を4としても単座配位子のテトラヒドロフランや2座配位子のジメトキシエタン(G1)では安定な錯イオンが形成されず,G3やG4では多座配位子のキレート効果が溶媒和イオンの安定性に大きく貢献する[22]。以上,安定な溶媒和イオンが形成される系はイオン液体の特徴を示すが,未配位の溶媒の割合が多いと単なる濃厚電解液となる。

 グライム系溶媒和イオン液体の性質に着目すると,構成成分のリチウム塩,グライムの融点は現れず新たな融点を持ち,これが100℃以下である。さらに100℃以下では蒸気圧は極めて低く,難燃性を示す。現在,グライム系溶媒和イオン液体は Li^+ 伝導性のイオン液体としてリチウム二次電池の新しい電解質として期待され,検討が進められている(第Ⅱ編 第5章参照)。グライム錯体以外に,これまでに検討が進められてきた新規イオン液体を溶媒和(キレート)イオン液体という観点で眺めてみると,フルオロハイドロジェネートイオン液体(第Ⅱ編 第1章:F^- に HF が溶媒和),金属錯体イオン液体(第Ⅱ編 第4章:遷移金属カチオンに配位子が溶媒和)などもこの分類に入るものと考えられる。

5 イオン液体への溶質の溶解

 イオン液体への溶質の溶解現象の特異性を,高分子の溶解現象を例として説明する。イオン液体は生体そして合成高分子の溶媒として,バイオリファイナリーへの応用(第Ⅲ編 第12章),反応溶媒としての利用(第Ⅲ編 第1章),分離への応用(第Ⅲ編 第7章),機能材料への応用(第Ⅱ編 第7章)などが検討されている。図7に,ある種のポリエーテル(PEGE)を $[C_2mim][NTf_2]$ に溶解したときの様子を写真で示す[23]。この高分子は $[C_2mim][NTf_2]$ に低温で溶解,温度を上げると相分離する LCST(lower critical solution temperture)型の溶解性を示す。写真の紫色(暗色)は,イオン液体層に選択的に溶解する色素を加え,相分離を可視化するための色である。PEGE の溶解は,イミダゾリウム環の 2,4,5 位の酸性プロトンとエーテル酸素の水素結合が主な駆動力となって起こる[24]。ここで $[C_2mim]^+$ は PEGE のエーテル酸素のみならずアニオンとも相互するため,相互作用の競合がある。ポリエーテルの構造を変化させるとイオン液体の構造によらず,エーテル酸素密度が低下する順番 PEO > PEGE > PPO に溶解性が低

第1章　イオン液体の分類と特徴：分子性液体と何が違うのか？

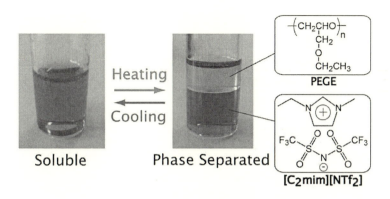

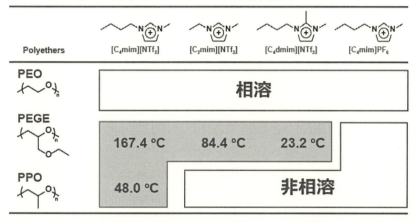

図7　ポリエーテルのイオン液体中への溶解性に対するポリエーテル構造，イオン液体構造の影響
文献23，24）より一部転載。

下する。一方，イオン液体構造を変化させると，イミダゾリウム環中で最も酸性の高く水素結合ドナーとなる2位のプロトンをメチルキャップすると溶解性は大きく低下する。また，同一カチオン［C_4mim］$^+$であっても，アニオンが異なると（［NTf_2］$^-$またはPF_6^-）溶解性は大きく異なる。このように，イオン液体中への物質の溶解現象における特異性は，カチオンまたはアニオンと溶質との相互作用とカチオン・アニオン間の相互作用が競合する点にあり，これは分子性溶媒中への溶解現象には見られない特徴である[24]。

文　　献

1) イオン液体研究会監修, イオン液体の化学—新世代液体への挑戦—, 丸善出版 (2012)
2) 高分子学会編, 先端材料システム One Point 2：イオン液体, 共立出版 (2012)
3) C. A. Angell *et al.*, *Faraday Discuss.*, **154**, 9 (2012)
4) W. Xu *et al.*, *J. Phys. Chem. B*, **107**, 6170 (2003)
5) D. R. MacFarlane *et al.*, *Phys. Chem. Chem. Phys.*, **11**, 4962 (2009)
6) H. Tokuda *et al.*, *J. Phys. Chem. B*, **110**, 19593 (2006)
7) K. Ueno *et al.*, *Phys. Chem. Chem. Phys.*, **12**, 1649 (2010)
8) K. R. Harris, *J. Phys. Chem. B*, **114**, 9572 (2010)
9) H. K. Kashyap *et al.*, *J. Phys. Chem. B*, **115**, 13212 (2011)
10) M. Yoshizawa *et al.*, *J. Am. Chem. Soc.*, **125**, 15411 (2003)
11) R. Kanzaki *et al.*, *J. Phys. Chem. B*, **116**, 14146 (2012)
12) M. S. Miran *et al.*, *Chem. Commun.*, **47**, 12676 (2011)
13) M. S. Miran *et al.*, *Phys. Chem. Chem. Phys.*, **14**, 5178 (2012)
14) K. Fumino *et al.*, *Angew. Chem. Int. Ed.*, **48**, 3184 (2009)
15) T. Yasuda & M. Watanabe, *MRS Bull.*, **38**, 560 (2013)
16) H. Weingartner *et al.*, *Phys. Chem. Chem. Phys.*, **14**, 415 (2012)
17) T. Mandai *et al.*, *Phys. Chem. Chem. Phys.*, **16**, 8761 (2014)
18) T. Tamura *et al.*, *Chem. Lett.*, **39**, 753 (2010)
19) K. Yoshida *et al.*, *J. Am. Chem. Soc.*, **133**, 13121 (2011)
20) K. Ueno *et al.*, *J. Phys. Chem. B*, **116**, 11323 (2012)
21) K. Ueno *et al.*, *Phys. Chem. Chem. Phys.*, **17**, 8248 (2015)
22) C. Zhang *et al.*, *J. Phys. Chem. B*, **118**, 5144 (2014)
23) R. Tsuda *et al.*, *Chem. Commun.*, **2008**, 4939 (2008)
24) K. Kodama *et al.*, *Polym. J.*, **43**, 242 (2011)

第2章　イオン液体の熱的挙動，ダイナミクス

山室　修[*1]，古府麻衣子[*2]

1　はじめに

　イオン液体のカチオンには，イミダゾリウム系，ピリジニウム系，アンモニウム系，ホスホニウム系などがよく知られているが，広い温度範囲での定量的な熱的挙動やダイナミクスが系統的に調べられているのは，最も典型的な系であるイミダゾリウム系だけである．後に述べるように，イオン液体で最も特徴的なのは，ナノドメイン構造の存在であるが，これが最も顕著に現れるのもイミダゾリウム系である．以上のような理由から，本章では話をイミダゾリウム系に限ることにする．

　熱的挙動，ダイナミクスというのは，どちらも非常に広義の言葉で，その全てはとても本章ではカバーできない．熱的挙動には，イオン液体と他の物質との相互溶解や化学反応（特に電気化学反応）なども含まれるが，ここではイオン液体単体の基本的な熱的挙動（相挙動や熱容量など）を解説する．もう一方のダイナミクスはもっと多様であり，粘度や誘電応答などの巨視的ダイナミクス，NMRなどで観測されるイオン拡散ダイナミクス，ラマン散乱やIRなどで観測される振動ダイナミクスなどがある．もちろんこれらのダイナミクスも重要であるが（特に応用面で），ここでは，著者が専門としている中性子散乱法によるダイナミクスの話に限らせて頂く．中性子散乱法は，広い時間・温度領域を測定でき，振動から拡散までの全ての運動モードを観測できる手法である．また，磁場勾配NMRなどで観測される比較的長いスケールの拡散ではなく，ピコ秒からナノ秒オーダーで起こるジャンプ運動などのミクロスコピックな拡散を直接捉えることができる．

2　イミダゾリウム系イオン液体の熱的挙動

2.1　相挙動

　分子やイオンからなる凝集体において，その構造に関するパラメータ（分子量やイオン半径など）あるいは温度・圧力などの外部パラメータを変化させると，液相，固相（複数の場合もある），まれにその中間相（液晶など）が連続的に現れる．一般に，その相境界をパラメータに対

[*1]　Osamu Yamamuro　東京大学　物性研究所　附属中性子科学研究施設　教授
[*2]　Maiko Kofu　日本原子力研究開発機構　J-PARCセンター　物質・生命科学実験施設　任期付研究員

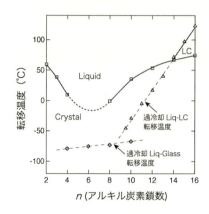

図1 C$n$mimPF$_6$のアルキル鎖炭素数nに対する相図

して示したものを相図と呼ぶ。図1は筆者らのグループが示差走査熱量計（DSC）により明らかにした 1-methyl-3-alkylimidazolium hexafluorophosphate（C$n$mimPF$_6$）のアルキル鎖長nと温度Tに対する相図である[1]。以下，イミダゾリウム系イオン液体をC$n$mimXと表記する（Xはアニオン種）。他のいくつかのXについても同様の相図が発表されているが[2~4]，温度スケールや各相の安定領域が変わるだけで，基本的な形は共通である。

この相図でまず目を引くのは，nが大きいところで，中間相であるスメクチックA液晶相（SmA相と略す）が現れることである。イミダゾリウム系イオン液体では，初期の頃から，ナノスケールのドメイン構造が存在することが指摘されてきたが，我々のこのデータから，それがSmA相の揺らぎに相当するナノ構造であることがほぼ確かになった。図2はそのナノ構造の概念図である。カチオンのイミダゾリウム環とアニオンからなる極性ドメイン（イオンドメイン）と2本のアルキル鎖が向かい合わせに配向した非極性ドメイン（アルキルドメイン）が層状に並んでいる。X線回折や中性子回折で0.2～0.4Å^{-1}付近に現れる回折ピークはこの層間隔に対応する[5~7]。

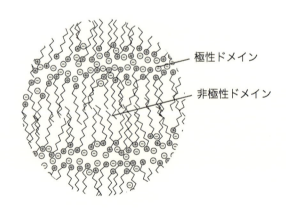

図2 イミダゾリウム系イオン液体のナノドメイン構造の概念図

第 2 章 イオン液体の熱的挙動,ダイナミクス

結晶相と液体相の相境界(融解曲線)が $n = 6$ 付近で極小をもつことも特徴的である。この理由は上述したナノ構造により説明できる。n が小さいときは,まだドメイン構造が発達していないため,イオン間相互作用を決めるイオン間距離はアルキル鎖の長さに逆比例する。一方,n が大きいときは,かなり明確なドメインが形成されるので,イオン間相互作用は n にほとんど依らない。そうすると,今度はアルキル鎖間のファンデルワールス相互作用が支配的になり,融解温度は n と正の相関をもつのである。

図1の相図でもう一つ注目すべきは,イミダゾリウム系イオン液体が非常に過冷却しやすいことである。$n = 4 \sim 10$ のイオン液体は通常の冷却速度では結晶化しない。過冷却イオン液体では,図1で示されるように,平衡相図上では観測されない $n = 14$ 以下での液体-SmA 相転移やガラス転移(後述する)が観測される。これらの状態はあくまで準安定状態なので,通常は試料を低温から昇温していく過程で結晶化する。図1の $n = 4$ や $n = 8$ の試料で融解が観測できるのはそのためである。$n = 6$ の試料だけはどうしても結晶化しないので,融点は不明である。

2.2 ガラス転移

前節で述べたようにイミダゾリウム系イオン液体の興味深い点の一つは,多くの物質でガラス転移が観測されることである。ガラス転移とは,過冷却液体状態において,冷却とともに運動がどんどん遅くなり,ガラス転移温度(T_g)で構造が凍結する現象である。古くから不規則系物理学の大問題の一つであり,現在においてもその機構は解明されていない。

図3は我々が断熱型熱量計で測定したイミダゾリウム系イオン液体の T_g 付近の熱容量である[6,8~10]。断熱法は,測定に時間がかかるが,最も精度良く熱容量絶対値を得る手法であり,我々以外にも Kabo らのグループ[11,12]や齋藤らのグループ[13]がイミダゾリウム系イオン液体の熱容量を測定している。様々な n と X の組み合わせの試料を測定したが,いずれの試料でも 170 K か

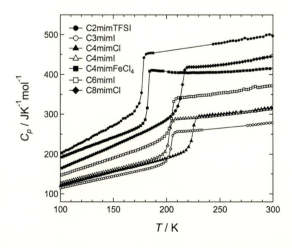

図3 イミダゾリウム系イオン液体のガラス転移温度付近の熱容量

イオン液体研究最前線と社会実装

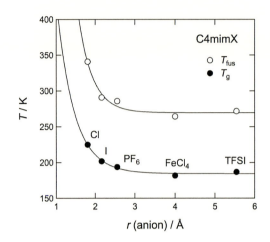

図4　イミダゾリウム系イオン液体の転移温度のアニオンサイズ依存性

ら230 Kの間に大きな熱容量の"とび"を伴うガラス転移が観測された。熱容量のとびの大きさΔC_pは，ガラス形成物質を特徴付けるパラメータの一つである"フラジリティー"[14〜16]に関係する。フラジリティーは，後述するように，T_g以上の過冷却液体において，構造や構造緩和時間が温度変化により変化する度合いである。この図から，イオン液体はフラジリティーが非常に大きい"フラジル液体"であると言える。よく見ると，nが大きいほど，またアニオンがハロゲン（球形）ではなく回転自由度があるイオンであるほど，ΔC_pが大きいことが分かる。

図1に示されるように，T_gはnを変化させてもあまり変化しない。一方，図4のようにアニオンサイズを大きくすると，T_gは大きく減少する。これは，アルキル鎖間のファンデルワールス力よりクーロン力が支配的であり，アニオンが大きくなりイオン間距離が大きくなると，クーロン力は小さくなるからである。図4には融点T_{fus}も一緒にプロットしてあるが，T_gと同様の変化をしている。興味深いことに，通常の分子液体と同様に$T_g / T_{fus} \approx 2/3$という経験則[17]が成り立つ。

3　イミダゾリウム系イオン液体のダイナミクス

イオン液体に限らず，液体のダイナミクスは緩和運動と振動運動に大別される。さらにこれらの運動は，分子全体の運動と分子内運動に分かれる。イオン液体においては，カチオンおよびアニオン全体の拡散運動以外に，カチオン内のイミダゾリウム環やアルキル鎖の運動が考えられるし，イオン液体特有のドメインの運動も存在するはずである。それらの運動が独立か協同的か？温度変化や空間スケールは？緩和の非指数関数性は？など多くの興味がある。

これらの興味に応える実験手法として，中性子散乱法は極めて有用である。一般に，緩和・拡散運動は準弾性散乱，振動は非弾性散乱で観測される。以下では，ガラス転移とも関係が深く，

第2章　イオン液体の熱的挙動，ダイナミクス

イオン液体の特徴が顕わに見られる緩和・拡散運動について述べる。ガラス状態の振動に関しては，我々が非弾性散乱[18]により，Ribeiroらがラマン散乱[19,20]により，明確な低エネルギー励起の結果を得ているので，そちらを参照されたい。なお，中性子散乱においては，水素原子からの非干渉性散乱断面積（$\sigma_i = 80.3 \times 10^{-24}$ cm^2）が他の原子からの散乱よりはるかに大きいため［例えば，σ_i(C, O, F, S) = 0, σ_i(D) = 2.05×10^{-24} cm^2, σ_i(N) = 0.5×10^{-24} cm^2］，事実上H原子を含むカチオンの運動のみを見ていることを断っておく。

中性子準弾性散乱を測定する装置（分光器）には装置固有のエネルギー分解能と測定上限エネルギーがあり，それらを時間スケールに変換した観測可能時間範囲がある。我々は世界各国の様々な装置を用い，現在の中性子散乱で測定可能なほぼ最大の時間範囲（0.1 psから100 ns）で測定を行っている。通常の中性子散乱分光器（飛行時間型分光器や後方散乱型分光器）で得られるデータは動的構造因子 $S(Q, \omega)$ である。ここでQは散乱ベクトル，ωは角周波数で，$\hbar$（$= h/2\pi$）を掛けると，それぞれ運動量遷移量とエネルギー遷移量となる。最も長い時間領域を測定できる分光器はスピンエコー分光器であり，この場合は $S(Q, \omega)$ とフーリエ変換の関係にある中間散乱関数 $S(Q, t)$ が直接観測される（tは時間）。

3.1　アルキル鎖の運動

図5に比較的高いエネルギー範囲（速い時間範囲）におけるC8mimTFSIの $S(Q, \omega)$ データを示す[21]。準弾性散乱は分解能関数に比べたピークの鈍化として観測される。緩和が指数関数である場合は，鈍化したピークはローレンツ関数で表される。実際には以下のように，デルタ関数 $\delta(\omega)$ と2つのローレンツ関数の足し合わせを装置分解能関数 $R(Q, \omega)$ で畳み込み，それにバックグラウンド BG を加えた関数でフィッティングを行った。

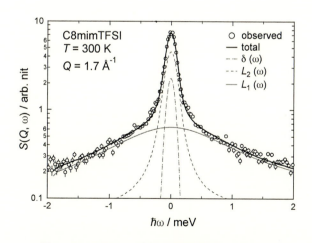

図5　C8mimTFSIの中性子準弾性散乱スペクトル

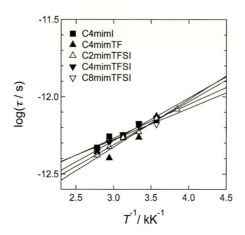

図6 イミダゾリウム系イオン液体におけるアルキル鎖運動の緩和時間の温度変化

$$S(Q, \omega) = \left\{ A\delta(\omega) + \frac{B_1}{\pi} \frac{\Gamma_1}{(\hbar\omega)^2 + \Gamma_1^2} + \frac{B_2}{\pi} \frac{\Gamma_2}{(\hbar\omega)^2 + \Gamma_2^2} \right\} \otimes R(Q, \omega) + BG \tag{1}$$

この式で一番重要なパラメータはローレンツ関数の半値半幅 Γ で，$\tau = 1/\Gamma$ の関係から緩和時間 τ が得られる。詳細は省略するが，τ および B（相対強度）の Q 変化から，速い緩和がアルキル鎖の C-C 軸周りの回転運動，遅い緩和がイミダゾリウム環の回転運動と帰属された。図6にアルキル鎖の運動の τ のアレニウスプロットを示す。様々なアルキル鎖長とアニオンのイオン液体についてのプロットであるが，τ の絶対値も傾き（活性化エネルギー）もあまり変化しない。この結果は，イオン液体が図2のようなドメイン構造をとることを考えると納得できる。また，非常に低い活性化エネルギー（$E_a = 5$ kJmol^{-1}）はイオン液体のアルキル鎖はアルカン液体並に乱れていることを示唆しており，そのことは熱容量測定で得られた T_g 以上での大きな ΔC_p とも対応している。

3.2 イオン拡散

図7はイオン拡散（見ているのはカチオンのみ）に対応する C8mimTFSI の準弾性散乱スペクトル（上図）である。このスペクトルはローレンツ関数ではフィットできなかったため，データを中間散乱関数 $I(Q, t)/I(Q, 0)$ [$S(Q, t)$ と等価] にフーリエ変換し（下図），以下の伸長指数関数（KWW 関数）でフィットした。

$$I(Q, t)/I(Q, 0) = A + (1 - A)\exp[-(t/\tau)^\beta] \tag{2}$$

この式で β は非指数関数性パラメータで，$\beta = 1$ のとき指数関数になる。A はイオン拡散より速い全ての運動（アルキル鎖運動など）の割合である。並進拡散運動が非指数関数になるのは

第2章 イオン液体の熱的挙動，ダイナミクス

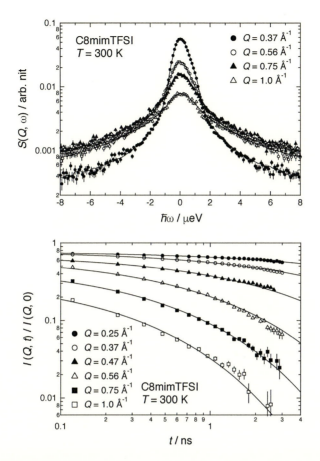

図7 C8mimTFSI の中性子準弾性散乱スペクトルの Q 変化（上図）とそのフーリエ変換である中間散乱関数（下図）

一般的で，その起源は緩和時間の分布によると考えられている。$\beta = 0.5$ 程度になることが多いが，本系でも $\beta = 0.5 \sim 0.6$ になった。平均の緩和時間 $\langle \tau \rangle$ は $\langle \tau \rangle = (\tau/\beta)\,\Gamma\,(1/\beta)$ で与えられる（Γ はガンマ関数を表す）。$\langle \tau \rangle$ の Q 依存性をプロットしたのが図8である。この Q 変化はジャンプ拡散モデル[22]

$$\langle \tau(Q) \rangle^{-1} = \frac{DQ^2}{1 + DQ^2\tau_0} \tag{3}$$

でうまくフィットできた。このモデルは，あるサイトでの時間 τ_0 の滞在と瞬時に起こるジャンプ運動の繰り返しにより拡散が起こるというモデルである（D は拡散係数）。このように中性子散乱は単に緩和時間だけでなく，Q 変化を調べることによって，運動のミクロな描像に対しても情報が得られる。

様々なイミダゾリウム系イオン液体 C$n$mimX について同様の測定を行い，$\langle \tau \rangle$ のアレニウスプ

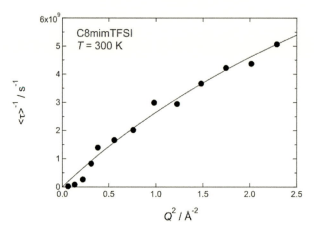

図8 C8mimTFSIのイオン拡散運動に対する緩和時間のQ依存性とジャンプ拡散モデルによるフィッティング

ロットから活性化エネルギーを求めた。図9に活性化エネルギーのアニオン半径rとアルキル炭素数nに対する変化を示す。この結果は，ガラス転移温度の変化（図4）とそっくりであり，ナノドメイン構造により説明される。次に，Angellプロット[11]と呼ばれる緩和時間の対数とガラス転移温度T_gでスケールした温度の逆数のプロットを示す（図10）。この図では，中性子散乱で決めた$\langle\tau\rangle$以外に，粘度も一緒にプロットしてある（縦軸のスケールの合わせ方はここでは省略）。2.2項でフラジリティーについて述べたが，フラジリティー指数mはこのプロットのT_gにおける傾きで定義される。Cl，PF$_6$，TFSIの順にm = 73，89，157と大きくなる。これらの値はフラジル分子液体の代表であるオルトターフェニル（m = 80）と比べても大きな値であり，先に熱容量から行った議論が，mの大きさの順番（非球形の陰イオンほど大きい）も含め

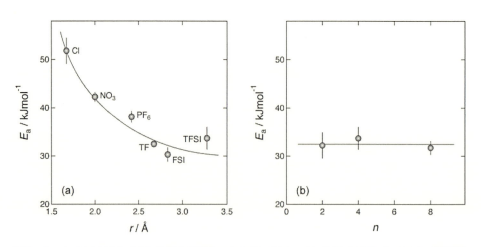

図9 C$n$mimXにおけるイオン拡散の活性化エネルギーのアニオン半径（左図）とアルキル鎖炭素数（右図）に対する依存性

第 2 章　イオン液体の熱的挙動，ダイナミクス

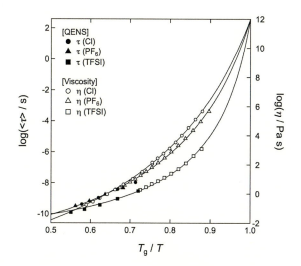

図 10　C8mimX におけるイオン拡散緩和時間の Angell プロット

て正しいことが確認された。

3．3　ナノドメインの運動

　ナノドメインの存在は認められていても，その運動については長年明確なデータが得られていなかった。図 11 は我々のグループのスピンエコー実験によって初めて得られたナノ構造緩和を示す中間散乱関数である[7]。スピンエコー実験では非干渉性散乱より干渉性散乱が圧倒的に観測しやすいため，この実験では水素を全て重水素置換した試料 d-C8minTFSI を用いた。また，回折実験でナノドメインピークが観測される $Q = 0.29 Å^{-1}$ で測定を行い，ナノドメインの運動

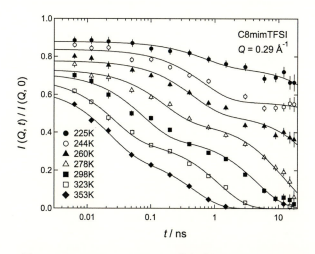

図 11　C8mimTFSI におけるナノ構造緩和を示す中間散乱関数

を選択的に測定した。図11では明確な緩和が観測されているが，緩和は単純な指数関数ではなく，2つの指数関数の和で再現された。我々は速い方の緩和はナノドメイン構造が壊れた部分（高温ほど大きくなる）の緩和，遅い方がナノドメインの緩和と考えている。

3.4 イミダゾリウム系イオン液体の緩和マップ

以上に述べてきた4種類の緩和モードの緩和時間をまとめてアレニウスプロットしたのが図12である[21]。我々が"緩和マップ"と呼んでいるこの図により，およそ6桁にわたる時間領域で，どの緩和がどのような温度依存性を示すかが一目瞭然で分かる。このマップの基本的な形は，$n = 4$以上の系に関しては，アニオン種を変えてもほぼ同様である。このうちのいくつかの緩和は，初期の段階でTriolo[23,24]やRussina[25]などの海外の研究者によって観測されているが，このように緩和の全体像を示したのは，我々が初めてである。

実験を始めた15年前は，ほとんどの緩和はカップルしており（特に低温では），ブロードな1つの緩和に見えることも予想していたが，実際はそれぞれの緩和は広い温度範囲で独立に観測された。もちろんこれは，イミダゾリウム系イオン液体が低温ではかなり強固なナノドメイン構造をもつことに由来している。

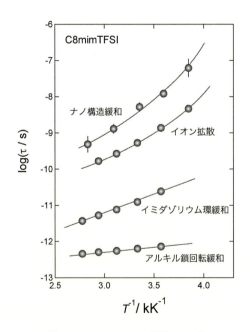

図12　C8mimTFSIの緩和マップ

第2章 イオン液体の熱的挙動，ダイナミクス

4 おわりに

以上のようにイミダゾリウム系イオン液体の熱的性質と緩和・拡散運動について述べてきた。それらはどちらも，ナノドメイン構造という系の特徴を強く反映している。紙面の関係で述べることができなかったが，イミダゾリウム系と良く似たピリジニウム系イオン液体に関しては，Embsグループ[26,27]が，部分的ではあるが我々の結果と同様の結果を発表している。アンモニウム系やホスフォニウム系のようにアルキル鎖が3次元的に伸びている系はSmA液晶的な構造を作らないので，熱的性質もダイナミクスもイミダゾリウム系とは全く異なる。また，過冷却しにくいので，ガラス転移も観測されない。まだ，組織的な研究は行われていないが，アンモニウム系やコリン系では，液晶の替わりに柔粘性結晶（配向無秩序結晶）という中間相をもつ系も発見されており，将来新しい方向に発展する可能性がある。

文　献

1) F. Nemoto et al., *J. Phys. Chem. B*, **119**, 5028 (2015)
2) C. J. Bowlas et al., *Chem. Commun.*, 1625 (1996)
3) A. E. Bradley et al., *Chem. Mater.*, **14**, 629 (2002)
4) F. Xu et al., *Dalton Trans.*, **41**, 3494 (2012)
5) A. Triolo et al., *J. Phys. Chem. B*, **111**, 4641 (2007)
6) O. Yamamuro et al., *J. Chem. Phys.*, **135**, 054508 (2011)
7) M. Kofu et al., *J. Phys. Chem. B*, **117**, 2773 (2013)
8) O. Yamamuro et al., *Chem. Phys. Lett.*, **423**, 371 (2006)
9) O. Yamamuro et al., *AIP Conf. Proc.*, **832**, 73 (2006)
10) O. Yamamuro & M. Kofu, IOP Conference Series: Materials Science and Engeneering (Proceeding of 3rd International Conference on Functional Material Science 2016 (Bali, Indonesia), submitted.
11) G. J. Kabo et al., *J. Chem. Eng. Data*, **49**, 453 (2004)
12) Y. U. Paulechka et al., *Thermochim. Acta*, **604**, 122 (2015)
13) Y. Shimizu et al., *Chem. Phys. Lett.*, **470**, 295 (2009)
14) C. A. Angell, *J. Non-Cryst. Solids*, **131-133**, 13 (1991)
15) L.-M. Martinez & C. A. Angell, *Nature*, **410**, 663 (2001)
16) L.-M. Wang et al., *J. Chem. Phys.*, **125**, 074505 (2006)
17) D. Turnbull & M. H. Cohen, In: J. D. Mackenzie (Ed.), Modern Aspect of the Vitreous State I, p.38, Butterworth, London (1960)
18) M. Kofu et al., *J. Mol. Liq.*, **210**, 164 (2015)
19) M. C. C. Ribeiro, *J. Chem. Phys.*, **133**, 024503 (2010)

20) M. C. C. Ribeiro, *J. Chem. Phys.*, **134**, 244507 (2011)
21) M. Kofu *et al.*, *J. Chem. Phys.*, **143**, 234502 (2015)
22) K. S. Singwi & A. Sjolander, *Phys. Rev.*, **119**, 863 (1960)
23) A. Triolo *et al.*, *J. Chem. Phys.*, **119**, 8549 (2003)
24) A. Triolo *et al.*, *J. Phys. Chem. B*, **109**, 22061 (2005)
25) O. Russina *et al.*, *J. Phys. Chem. B*, **113**, 8469 (2009)
26) T. Burankova *et al.*, *J. Mol. Liq.*, **192**, 199 (2014)
27) T. Burankova *et al.*, *J. Phys. Chem. B*, **118**, 14452 (2014)

第3章 イオン液体の液体構造

梅林泰宏[*]

1 はじめに

　液体は分子が常に並進運動しており，固体と異なり中性子・X線では結晶面による回折がなく，ハローパターンと呼ばれる散乱が観測される。液体や溶液の場合，中性子・X線散乱の基本単位となる散乱体のサイズにより小角散乱と広角散乱に大別されるが，いずれも散乱強度 $I(Q)$ は，散乱ベクトル Q （$= 4\pi\sin\theta/\lambda$; θ および λ は，それぞれ散乱角および波長）の関数として次式で与えられる。

$$I(Q) = \rho P(Q) S(Q)$$

ここで，ρ および $P(Q)$，$S(Q)$ は，それぞれ散乱体の数密度および形状因子，構造因子である。小角散乱では，ミセルなどの自己集合体溶液やタンパク質，水溶性ポリマーなど高分子溶液に適用され，主に散乱体間の相関（後述する構造因子）が無視できる希薄系の形状因子により散乱体形状やサイズ（相関長）が解析される。広角散乱は，散乱の基本単位が原子であり，$P(Q)$ は，中性子の場合，散乱長と呼ばれる Q に依存しない原子核で決まる定数で，X線では Q に依存する原子散乱因子で表される。したがって，液体・溶液の広角散乱実験から液体・溶液を構成する全ての原子間相関として $S(Q)$ が得られ，$S(Q)$ のフーリエ変換が動径分布関数 $G(r)$ である。これらを適当な方法で解析すれば，液体・溶液中の分子構造やイオン溶媒和構造，最近接分子間相互作用についての情報が得られる。

　$S(Q)$ は，分子に関する $P(Q)$ によりいくつかの定義があるが，ここでは，X線散乱について液体金属や溶融塩などでも用いられる一般的な Fiber-Ziman の定義を示す。中性子の場合，$f_i(Q)$ は散乱長 b_i で置き換えればよい。

$$S(Q) - 1 = \frac{I_{\mathrm{coh}}(Q) - \sum n_i f_i(Q)^2}{(\sum n_i f_i(Q))^2}$$

ここで，$I_{\mathrm{coh}}(Q)$ は干渉性散乱，n_i，$f_i(Q)$ は，i 番目の原子の数と X 線原子散乱因子である。上式の右辺を干渉関数と呼ぶこともある。Fiber-Ziman の定義は，分子に関する $P(Q)$ を $(\sum n_i f_i(Q))^2$ としており，原子中の電子分布の広がりを抑え，中性子散乱による $S(Q)$ とも比較できる点で便利である。$I_{\mathrm{coh}}(Q)$ は，実測の散乱強度を，吸収や偏光，バックグラウンドなどにより補

---

[*] Yasuhiro Umebayashi 新潟大学 自然科学系 数理物質科学系列 教授

正し，適切な方法で規格化した後，非干渉性散乱成分を除いて求められる。

$S(Q)$ は，実験的に直接得られるものの逆空間の情報であり，フーリエ変換した $G(r)$ がわかりやすい。

$$G(r) - 1 = \frac{1}{2\pi^2 r \rho_0} \int_0^{Q_{max}} Q\{S(Q) - 1\} \sin(Qr) \exp(-BQ^2) dQ$$

ここで，$\exp(-BQ^2)$ は，フーリエ変換の窓関数である。$G(r)$ は，分子シミュレーションを用いて解析されることが多い。ここでは，分子動力学（MD）シミュレーションを用いる解析を紹介しよう。

MDシミュレーションでは，系に含まれる全ての原子の組に関する2体相関関数 $g_{ij}^{MD}(r)$ が得られる。

$$g_{ij}^{MD}(r) = \frac{V}{n_i n_j} \sum_j \frac{n_{ij}(r, r+\Delta r)}{4\pi r^2 \Delta r}$$

ここで，n_i および n_j は，それぞれ体積 V 中の原子 i および j の数であり，$n_{ij}(r, r+\Delta r)$ は，原子 i から半径 r および $r+\Delta r$ の範囲にある原子 j の数である。MDシミュレーションから求められる構造因子 $S^{MD}(Q)$ は，$g_{ij}^{MD}(r)$ を用いて次式で与えられる。

$$S^{MD}(Q) = \frac{\sum_i \sum_j (2 n_i n_j f_i(Q) f_j(Q)/N^2)}{\left\{\sum_k (n_k f_k(Q)/N)\right\}^2} \int_0^r 4\pi r^2 \rho_0 (g_{ij}^{MD}(r) - 1) \frac{\sin(Qr)}{Qr} dr + 1$$

ここで，N は，系に含まれる全原子数である。$S^{MD}(Q)$ は，散乱実験で得られる $S(Q)$ と直接比較できる。したがって，$S(Q)$ を定量的に再現できるMDシミュレーションを行えば，原子・分子レベルで液体の構造を明らかにすることができる。

イオン液体の液体構造については，既刊[1,2]やイオン液体研究会により監修された成書[3]にも概説されており，ここではできるだけ重複を避け，最近のトピックスについて概説したい。Angellによれば，イオン液体は，①非プロトン性，②プロトン性，③無機，および④溶媒和（キレート）イオン液体に分類される[4]。本章では，Angellの分類に従って概説する。

2 非プロトン性イオン液体

イオン液体の液体構造として最も興味が持たれたものの一つに，比較的長いアルキル鎖を持つイオン液体で示されたナノ相分離構造と呼ばれるイオン部ドメインと無極性ドメインからなる不均一な液体構造がある。これについては既に述べており[3]，詳細はそちらに譲る。最近では，ナノ相分離構造と関連付けられて議論される，いわゆる，低 Q ピークの温度依存性が議論されている[5]。一方，液体構造から直接議論されるわけではないものの，イオン液体中のイオン間相互

第3章 イオン液体の液体構造

作用は重要な課題である。この尺度として渡邉らが提案しているイオニシティがよく知られている[6]。イオニシティは，電気化学的に測定されたモルイオン伝導率 Λ_{EC} と NMR により測定された自己拡散係数を用いて Nernst-Einstein 則に基づいて見積もられたモルイオン伝導率 Λ_{NMR} の比 $\Lambda_{EC}/\Lambda_{NMR}$ として定義される。イオニシティがイオン液体のイオン間相互作用の良い尺度であることは疑いようがないが，その物理化学的意味については，十分に明らかにされたとは言えない。

一方，$\Delta = 1 - (\Lambda_{EC}/\Lambda_{NMR})$ で定義される Λ_{EC} と Λ_{NMR} のズレ Δ は，古くからよく知られており，本質的には渡邉らのイオニシティと等価である。線形応答理論は，熱平衡にある系に電場や磁場など外場が加えられた場合の系の応答を記述する。Green-Kubo 公式は，種々の輸送係数が一般に"流れ"の時間相関関数で表されることを定式化したものである。これによれば，電気伝導率 σ は次式で表される[7]。

$$\sigma = \frac{\rho e^2}{k_B T}[x_{cat}z_{cat}^2 D_{cat}^s + x_{an}z_{an}^2 D_{an}^s][1-\Delta]$$

ここで，x, z および D^s は，それぞれモル分率，電荷および自己拡散関数であり，cat および an の下付き添字は，それぞれ陽イオンおよび陰イオンに対するものであることを示している。また，NMR により測定された自己拡散係数を用いて見積もられるイオン伝導率 σ_{NE} は，

$$\sigma_{NE} = \frac{\rho e^2}{k_B T}[x_{cat}z_{cat}^2 D_{cat}^s + x_{an}z_{an}^2 D_{an}^s]$$

であり，$\Delta = 0$ に対応する。

Δ は，

$$\Delta = \frac{x_{cat}^2 z_{cat}^2 D_{cat}^d + x_{an}^2 z_{an}^2 D_{an}^d + 2x_{cat}x_{an}z_{cat}z_{an}D_{cat,an}^d}{x_{cat}z_{cat}^2 D_{cat}^s + x_{an}z_{an}^2 D_{an}^s}$$

で与えられる。ここで，D^d は，相互拡散係数であり，cat, an および cat, an の下付き添字は，相互拡散関数がそれぞれ陽イオン（と別の陽イオン）間，陰イオン（と別の陽イオン）間および陽イオン-陰イオン間に関するものであることを示している。相互拡散係数と相互速度相関関数の関係を具体的に見てみよう。$D_{cat,an}^d$ を例にとると，時刻 t における陽イオンおよび陰イオンの速度ベクトルをそれぞれ $\vec{\nu}_{cat}^d(t)$ および $\vec{\nu}_{an}^d(t)$ として，

$$D_{cat,an}^d = \frac{1}{3}\int_0^\infty \left\{N\left\langle \vec{\nu}_{cat}^d(t)\cdot\vec{\nu}_{an}^d(t=0)\right\rangle\right\}dt$$

で定義される。ここで，N は全イオン数である。定義から明らかなように，$D_{cat,an}^d$ は，ある時刻における陽イオンの速度ベクトルと時刻 0 における陰イオンの速度ベクトルとの相関，言い換

えると，陽イオンと陰イオンの動的な相関で決まることがわかる。

Margulis らは，イオン液体 1-ヘキシル-3-メチルイミダゾリウム ビス-(トリフルオロメタンスルホニル)アミド [C_6mim][NTf_2] (500 K), 高温溶融 NaCl (1,200 K) および 4.6 mol dm^{-3}NaCl 水溶液 (300 K) の系について，MD シミュレーションを用いて Δ を自己および相互拡散係数に基づいて解析した[7]。図1に時間の関数としての D^d を示す。右図は D^d の収束性を示している。図から明らかなように，同符号イオンの D^d は，いずれの系でも負の値であり，Δ の減少，つまり，λ_{EC} と λ_{NMR} の差を小さくする方向に働く。一方，異符号イオンの D^d は，イオン液体と高温溶融塩では負の値であるのに対し，NaCl 水溶液では正の値であり，λ_{EC} と λ_{NMR} の差を大きくする方向，すなわち，電気化学的イオン伝導率の低下に寄与する。水溶液の結果は，陽イオンと陰イオンがイオン対として振舞えばイオン伝導率に寄与しないという描像と一致するが，イオン液体や溶融塩では逆にイオン伝導に寄与することに注意が必要である。これは，イオン液体や溶融塩の場合，あるイオンが移動するには，隣接する異符号イオンの移動が必須であることに起因する。このことを踏まえ，イオン液体の分子構造や液体構造とイオン間相互作用，イオン伝導との相関がより明瞭に明らかにされることに期待したい。

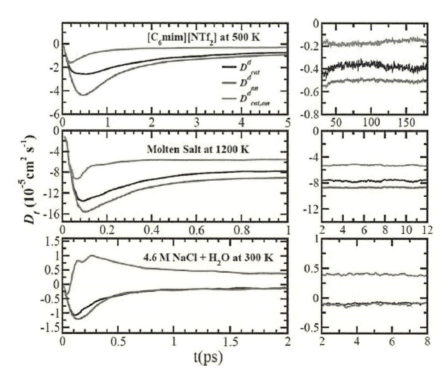

図1　時間の関数としての相互拡散係数

第3章 イオン液体の液体構造

3 プロトン性イオン液体

　イオン液体の液体構造は，非プロトン性イオン液体を中心に報告されているものの，Atkin らによる硝酸アルキルアンモニウムの中性子小角散乱に関する報告[8]以来，プロトン性イオン液体についてもナノ相分離構造の観点から報告がなされ，既にいくつかの総説[9]も出版されている。最近，Atkin らは一連のエチルアンモニウム系イオン液体の中性子広角散乱（LANS）実験から，これらイオン液体中の水素結合が強い水素結合と弱い水素結合に分類できることを見出した[10]。図2に LANS 実験と経験的ポテンシャル構造最適化（Empirical Potential Structure Refinement：EPSR）解析により得られた陽イオン-陰イオン間水素結合の結合距離と結合角を示す。図中△と×は，それぞれチオシアン酸イオンおよび硫酸水素イオンからなるプロトン性イオン液体である。この2つのイオン液体は，2.0 Å 以下の短い水素結合と 180°の O－H…X 結合角を持ち，その他は，長い水素結合と広い結合角を持つことがわかる。この水素結合の相違は，これらイオン液体の物性とよく相関しており，たとえば，前者の融点が約 40℃であるのに対し，後者の融点は概ね室温以下である。硝酸アルキルアンモニウムの低い融点の一因は，ひずんだ水素結合のようである[11]。

　プロトン性イオン液体の液体構造の報告は，鎖状アルキルアンモニウム系イオン液体に集中しており，イミダゾリウム系イオン液体に関する報告は殆どない。非プロトン性イオン液体との比

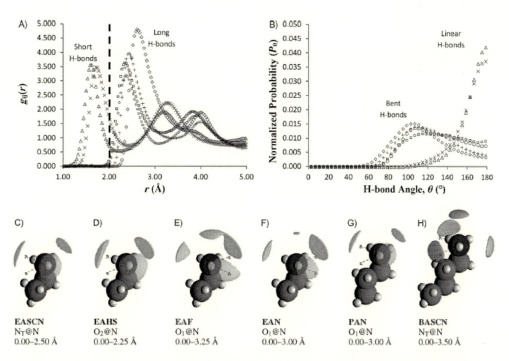

図2 一連のエチルアンモニウム系イオン液体の陽イオン-陰イオン間水素結合の結合距離と結合角

較の点でプロトン性イミダゾリウム系イオン液体の構造を明らかにすることは意義深い。最近，メチル基置換数を変えたイミダゾリウムと［NTf_2^-］とを組み合わせた非プロトン性およびプロトン性イオン液体の液体構造が高エネルギーX線全散乱実験とMDシミュレーションにより調べられた[12]。図3に陽イオン周りの［NTf_2^-］の酸素およびフッ素に関する空間分布関数と陽イ

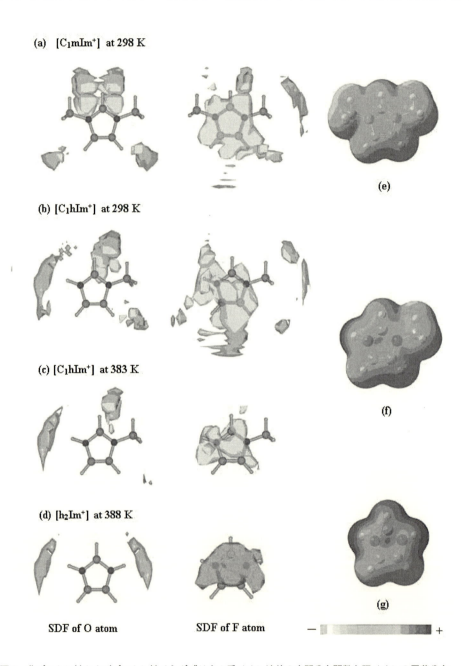

図3 非プロトン性およびプロトン性イミダゾリウム系イオン液体の空間分布関数と陽イオンの電荷分布

オンの電荷分布を示す。非プロトン性イオン液体の場合，酸素原子が比較的正電荷の大きなイミダゾリウム環プロトン近傍に，フッ素は主としてイミダゾリウム面の上下に分布することがわかる。一方，プロトン性イオン液体では，酸素はより高い電荷のNHプロトン近傍に，フッ素はイミダゾリウム環上下に制限され分布することがわかる。非プロトン性およびプロトン性のいずれでも正電荷密度の大きな酸素が負電荷の大きな水素を好み，フッ素はイミダゾリウム環の上下に分布することは，原子レベルでHSAB則が働くことを示唆しており興味深い。一方，これらの融点は，メチル基の減少とともに26℃から73℃まで上がるのに対し，NH…OおよびC2H…Oの水素結合距離は1.7〜1.8 Åおよび2.6 Åで殆ど変化しない。鎖状アルキルアンモニウムに比べ，より広い範囲に電荷が分布するイミダゾリウム系プロトン性イオン液体では，水素結合が物性の支配因子にはならないようである。

Angellらにより提案されたΔpK_a[13]は，渡邉らのイオニシティと同様にプロトン性イオン液体中のイオン間相互作用の良い尺度であるものの，プロトン性イオン液体の自己解離反応を定量的に表すことには向いていない。プロトン性イオン液体中のpHを直接測定することにより，プロトン性イオン液体の自己解離定数pK_s[14]やイオン液体中の酸解離定数[15]が報告されている。N-メチルイミダゾールと種々の酸の等量混合物のpK_sが調べられ，ギ酸や酢酸との等量混合物では，プロトンが酸からN-メチルイミダゾールに完全に移動しないこと，つまり，これらがプロトン性イオン液体ではないことが示唆された[14c]。さらに，N-メチルイミダゾール-酢酸の系は，Raman分光により調べられ，この等量混合液体中には，実質的に電気的中性な分子しか存在しないことが示された。しかしながら，この液体は有意なイオン伝導率を示し，擬プロトン性イオン液体 *pseudo*-protic ionic liquids と呼ぶことが提案されている[16]。擬プロトン性イオン液体のプロトン伝導は，Grotthhus機構のような特異的プロトン伝導と考えられており興味深い。

4 無機イオン液体

無機イオン液体は，主として従来無機溶融塩の2元系のような低融点混合物である。これらは，ポストリチウム電池の一つであるナトリウム電池やマグネシウム電池電解液として期待されている[17]。マグネシウム電池電解液としてLi/Mg/Cs-NTf$_2$ 3元系無機イオン液体の高エネルギーX線回折実験が，逆モンテカルロ（RMC）法で解析され，Li$^+$の添加によりMg^{2+}周りの配位数が減少することが明らかにされた[18]。イオン液体へのRMC法の適用はまだ例が少なく，今後の展開が期待される。

5 溶媒和（キレート）イオン液体

$Ca(NO_3)_2·4H_2O$の融点は約40℃であり，4分子の水は，Ca^{2+}とNO_3^-の強いクーロン力を遮り，561℃の$Ca(NO_3)_2$の融点を500℃以上も低下させる。このように少量の溶媒和分子により

室温付近まで融点が低下した塩が溶媒和イオン液体である。最近，渡邉らは，Li(NTf$_2$)とエチレンオキシドで架橋されたオリゴエーテルであるトリグライム（G3：CH$_3$O-(CH$_2$CH$_2$O)$_3$-CH$_3$）やテトラグライム（G4：CH$_3$O-(CH$_2$CH$_2$O)$_4$-CH$_3$）との等量混合物が溶媒和イオン液体であり，次世代リチウム電池の一つであるリチウム-硫黄電池電解液として有用であることを示した[19]。リチウム-硫黄電池の最大の問題点の一つは，活物質である硫黄やその還元種であるポリスルフィドが電解液に溶解することと考えられているが，溶媒和イオン液体への硫黄やポリスルフィドの溶解度は低く，溶媒和イオン液体を電解液とするリチウム-硫黄電池の開発が期待されている。

この溶媒和イオン液体中では，ほぼ全てのG3やG4はLi$^+$と錯体を形成しており，[Li(G3)][NTf$_2$]や[Li(G4)][NTf$_2$]と表されることが，NMRによる自己拡散係数やRaman分光により示された[20]。また，高精度分子軌道計算やMDシミュレーション，LANS実験のEPSR解析も報告された[21]。最近，[Li(G4)][NTf$_2$]溶媒和イオン液体のLANS実験に$^{6/7}$Liの同位体置換法が適用され，Li$^+$イオン周りの局所構造が明らかにされた（図4）[22]。さらに，[Li(G4)][NTf$_2$]溶媒和イオン液体をハイドロフルオロエーテル（HFE：1,1,2,2-tetrafluoroethyl 2,2,3,3-tetrafluoropropyl）で希釈した溶液の高エネルギーX線全散乱実験が行われ，MDシミュレーションにより解析された[23]。

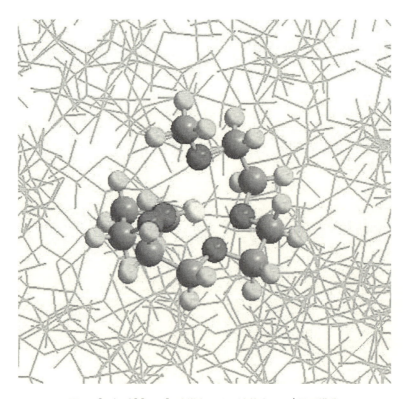

図4　[Li(G4)][NTf$_2$]溶媒和イオン液体中のLi$^+$局所構造

第3章　イオン液体の液体構造

6　おわりに

　現在のイオン液体が認識され，イオン液体の液体構造に関する最初の実験的な報告[24]から約13年が経過した。この間の実験装置や解析用計算機の進歩は目覚しく，現在では多くのデータと知見が蓄積されている。Atkinらの総説[25]には，1,500篇を超える文献が引用されている。実際，SPring-8での高エネルギーX線全散乱実験やJ-PARCの中性子全散乱実験では，イオン液体1試料あたり2～3時間程度で測定が完了する。SPring-8での実験には及ばないものの実験室規模の粉末X線回折計を用いても約半日もあれば，十分解析に耐えるデータを得ることが可能である。EPSR解析やRMC法は無論，古典的MDシミュレーションでさえデスクトップPCでも十分に解析できる。一方で世界的に見ても中性子やX線と用いてイオン液体の液体構造解析に携わる研究者は数グループに限られている。若い研究者が液体論・溶液論を学び，液体構造解析に参入すれば，新しいイオン液体の設計に分子軌道計算やMDシミュレーションを行い，同定にNMRを測定するように合成品のX線散乱データをとる日はそう遠くない。

文　献

1) 大野弘幸監修，"イオン性液体—開発の最前線と未来—"，シーエムシー出版 (2003)
2) 大野弘幸監修，"イオン液体Ⅱ—驚異的な進歩と多彩な近未来—"，シーエムシー出版 (2006)
3) 西川恵子編，イオン液体研究会監修，"イオン液体の科学 新世代液体への挑戦"，丸善 (2012)
4) C. A. Angell *et al., Faraday Discuss.*, **154**, 9 (2012)
5) *a)* H. K. Kashyap *et al., Faraday Discuss.*, **154**, 133 (2012); *b)* K. Fujii *et al., Phys. Chem. Chem. Phys.*, **17**, 17838 (2015)
6) *a)* H. Tokuda *et al., J. Phys. Chem. B*, **109**, 6103 (2005); *b)* H. Tokuda *et al., J. Phys. Chem. B*, **110**, 19593 (2006); *c)* H. Tokuda *et al., J. Phys. Chem. B*, **110**, 2833 (2006); *d)* M. Yoshizawa *et al., J. Am. Chem. Soc.*, **125**, 15411 (2003)
7) H. K. Kashyap *et al., J. Phys. Chem. B*, **115**, 13212 (2011)
8) R. Atkin & G. G. Warr, *J. Phys. Chem. B*, **112**, 4164 (2008)
9) *a)* T. L. Greaves & C. J. Drummond, *Chem. Soc. Rev.*, **37**, 1709 (2008); *b)* T. L. Greaves & C. J. Drummond, *Chem. Rev.*, **108**, 206 (2008); *c)* T. L. Greaves & C. J. Drummond, *Chem. Soc. Rev.*, **42**, 1096 (2013)
10) R. Hayes *et al., Angew. Chem. Int. Ed.*, **52**, 4623 (2013)
11) *a)* Y. Umebayashi *et al., J. Comput. Chem. Jpn.*, **7**, 125 (2008); *b)* W. Song *et al., J. Phys. Chem. B*, **116**, 2801 (2012)

12) *a*) H. Watanabe *et al.*, *J. Mol. Liq.*, **217**, 35 (2016); *b*) H. Watanabe *et al.*, *Bull. Chem. Soc. Jpn.*, **89**, 965 (2016)
13) *a*) M. Yoshizawa *et al.*, *J. Am. Chem. Soc.*, **125**, 15411 (2003); *b*) J.-P. Belieres & C. A. Angell, *J. Phys. Chem. B*, **111**, 4926 (2007)
14) *a*) R. Kanzaki *et al.*, *Chem. Lett.*, **36**, 684 (2007) ; *b*) R. Kanzaki *et al.*, *Chem. Lett.*, **39**, 578 (2010); *c*) R. Kanzaki *et al.*, *J. Phys. Chem. B*, **116**, 14146 (2012)
15) *a*) K. Fujii *et al.*, *Chem. Lett.*, **42**, 1250 (2013); *b*) R. Kanzaki *et al.*, *Angew. Chem. Int. Ed.*, **55**, 6266 (2016)
16) H. Doi *et al.*, *Chem. Eur. J.*, **19**, 11522 (2013)
17) *a*) A. Fukunaga *et al.*, *J. Power Sources*, **209**, 52 (2012); *b*) B. Gao *et al.*, "Molten Salts Chemistry and Technology", M. Gaune-Escard & G. M. Haarberg eds., Chap. 5.4, John Wiley & Sons (2014); *c*) M. Oishi *et al.*, *J. Electrochem. Soc.*, **161**, A943 (2014)
18) K. Ohara *et al.*, *RSC Adv.*, **5**, 3063 (2015)
19) *a*) T. Tamura *et al.*, *J. Power Sources*, **195**, 6095 (2010); *b*) T. Tamura *et al.*, *Chem. Lett.*, **39**, 753 (2010); *c*) S. Seki *et al.*, *J. Electrochem. Soc.*, **158**, A769 (2011); *d*) N. Tachikawa *et al.*, *Chem. Commun.*, **47**, 8157 (2011); *e*) K. Ueno *et al.*, *J. Phys. Chem. C*, **117**, 20509 (2013); *f*) K. Dokko *et al.*, *J. Electrochem. Soc.*, **160**, A1304 (2013)
20) *a*) K. Ueno *et al.*, *J. Phys. Chem. B*, **116**, 11323 (2012); *b*) C. Zhang *et al.*, *J. Phys. Chem. C*, **118**, 17362 (2014); *c*) C. Zhang *et al.*, *J. Phys. Chem. B*, **118**, 5144 (2014); *d*) K. Ueno *et al.*, *Phys. Chem. Chem. Phys.*, **17**, 8248 (2015)
21) *a*) S. Tsuzuki *et al.*, *Phys. Chem. Chem. Phys.*, **17**, 126 (2015); *b*) S. Tsuzuki *et al.*, *ChemPhysChem*, **14**, 1993 (2013); *c*) K. Shimizu *et al.*, *Phys. Chem. Chem. Phys.*, **17**, 22321 (2015); *d*) B. McLean *et al.*, *Phys. Chem. Chem. Phys.*, **17**, 325 (2015)
22) S. Saito *et al.*, *J. Phys. Chem. Lett.*, **7**, 2832 (2016)
23) S. Saito *et al.*, *J. Phys. Chem. B*, **120**, 3378 (2016)
24) C. Hardacre *et al.*, *J. Chem. Phys.*, **118**, 273 (2003)
25) R. Hayes *et al.*, *Chem. Rev.*, **115**, 6357 (2015)

第4章　イオン液体の輸送特性

金久保光央[*1]，Kenneth R. Harris[*2]

1　はじめに

流体の輸送物性は様々な分野で古くから調べられており，その理論的・解析的なアプローチ法は分野によって異なるものの，本質的には同じ現象に基づいている。科学的には流体中における分子や物質，モーメント，電荷，エネルギーが分子間相互作用の影響を受けながらどのように移動するかを反映した物理量であり，工学的には実際の化学プラントや電気化学デバイスなどにおける非平衡プロセスを理解し，その性能を向上ならびに最適化するために重要な基礎物性である。本章では，そのような観点から，幅広い温度・圧力範囲における，イオン液体の粘性率，電気伝導度，およびイオンの自己拡散係数に着目し，それらが古典的な理論式や経験則でどのように関連付けられるかを整理し，そこから導き出せる結果や考察について紹介する。

2　輸送物性の理論式および経験則

非平衡状態の熱力学に基づいた輸送物性の取扱いは成書[1,2]に委ねることとし，ここではイオン液体が（1）式のイオン平衡にあると考える。

$$A_{\nu_+}B_{\nu_-} \leftrightarrow \nu_+ A^{z+} + \nu_- B^{z-} \tag{1}$$

無限希釈条件における電解質溶液では，一般にモル電気伝導度（$\Lambda \equiv \kappa/c$；κは電気伝導度，cは体積モル濃度）とイオンの自己拡散係数（D_{Si}）との間に，Nernst-Einstein式が成立することが知られている。Nernst-Einstein式はイオン間の相互作用が無視できる（（3）式中の$\Delta = 0$）と仮定して導かれたものである[3]。

$$\Lambda = \frac{F^2}{RT}(\nu_+ z_+ D_{S+} + \nu_- z_- D_{S-}) \tag{2}$$

ここで，ν_iおよびz_iはイオンの量論係数と価数，Rは気体定数，Fはファラデー定数，Tは熱力

[*1] Mitsuhiro Kanakubo　産業技術総合研究所　化学プロセス研究部門　研究グループ長
[*2] Kenneth R. Harris　Senior Visiting Fellow/Associate Professor　School of Physical, Environmental and Mathematical Sciences　University of New South Wales

学温度を示す。濃厚電解質に相当するイオン液体においても，(2) 式を拡張した (3) 式がしばしば経験的に用いられる。

$$\Lambda = \frac{F^2}{RT}(\nu_+ z_+ D_{S+} + \nu_- z_- D_{S-})(1 - \Delta) \tag{3}$$

(3)式中のΔは理想性からのずれを表す偏差係数で，Watanabeら[4,5)]により提案されているionicity（$= \Lambda/\Lambda_{NE}$）や固体伝導体の分野で用いられるHaven ratio[6)]（$H_R = \Lambda_{NE}/\Lambda$）と次式の関係にある。なお，$\Lambda_{NE}$は (2) 式の右辺に相当し，イオンの自己拡散係数から求められる物理量である。

$$\Delta = 1 - \frac{\Lambda}{\Lambda_{NE}} = 1 - \frac{1}{H_R} \tag{4}$$

Nernst-Einstein式のΔをイオン間相互作用の観点から定量的に評価する方法は幾つか提案されているが，ここでは速度相関係数（Velocity Correlation Coefficients：VCC）と抵抗係数（Resistance Coefficients：RC）を採り上げる。前者の速度相関係数は統計力学的なGreen-Kubo理論から，後者の抵抗係数はOnsagerの不可逆熱力学に基づきEinsteinの流体力学的な摩擦係数から導き出される。両者とも現象論的なアプローチ法であるが，特定のモデルを必要とせず，Δに対するカチオン-カチオン，アニオン-アニオン，カチオン-アニオン間の寄与を分離することが可能である。

　自己拡散係数（D_{Si}）とモル電気伝導度（Λ）は速度相関関数で表され，その時間積分である速度相関係数（f_{ij}; i, j = +, $-$）は，一成分系のイオン液体の同種イオン（カチオン-カチオン，アニオン-アニオン）および異種イオン（カチオン-アニオン）について，実験的に得られる物理量とそれぞれ次式で関係付けられる[7)]。

$$f_{++} \equiv \frac{N_A V}{3} \int_0^\infty \langle \nu_{+\alpha}(0) \nu_{+\beta}(t) \rangle dt = \frac{RT\Lambda}{c}\left(\frac{M_-}{z_- FM}\right)^2 - \frac{D_{S+}}{\nu_+ c} \tag{5}$$

$$f_{--} \equiv \frac{N_A V}{3} \int_0^\infty \langle \nu_{-\alpha}(0) \nu_{-\beta}(t) \rangle dt = \frac{RT\Lambda}{c}\left(\frac{M_+}{z_+ FM}\right)^2 - \frac{D_{S-}}{\nu_- c} \tag{6}$$

$$f_{+-} \equiv \frac{N_A V}{3} \int_0^\infty \langle \nu_{+\alpha}(0) \nu_{-\beta}(t) \rangle dt = \frac{RT\Lambda}{c}\frac{M_+ M_-}{z_+ z_- (FM)^2} \tag{7}$$

ここで，N_Aはアボガドロ定数，Vはアンサンブルとした系の体積，ν_iはイオンの速度，tは時間，M, M_+, M_-は塩，カチオン，アニオンのモル質量，cは体積モル濃度を示す。(7) 式より，一成分系のイオン液体ではf_{+-}は定義上必ず負の値となる。なお，VCCはFreidmanら[8)]に

より提案された個別イオンペアの相互拡散係数（Distinct Diffusion Coefficients：DDC）とは次式で関係付けられる。

$$D_{ij}^{d} = cf_{ij}(\nu_+ + \nu_-) = \nu cf_{ij} \tag{8}$$

Nernst-Einstein 式の Δ は，1：1 型のイオン液体では，同種イオンおよび異種イオンの VCC や DDC を用いて次式で与えられる。

$$\Delta = -\frac{c(2\nu_+\nu_-z_+z_-f_{+-} + \nu_+^2 z_+^2 f_{++} + \nu_-^2 z_-^2 f_{--})}{(\nu_+ z_+^2 D_{S+} + \nu_- z_-^2 D_{S-})} \tag{9}$$

$$= \frac{2c[f_{+-} - (f_{++} + f_{--})/2]}{(D_{S+}/\nu_- + D_{S-}/\nu_+)} = \frac{2[D_{+-}^{d} - (D_{++}^{d} + D_{--}^{d})/2]}{\nu(D_{S+}/\nu_- + D_{S-}/\nu_+)}$$

すなわち，Δ は異種イオンの VCC（or DCC）と同種イオンの VCC（or DCC）の算術平均との差に依存する。また，$\Delta = 0$ では，

$$f_{+-} = (f_{++} + f_{--})/2, \qquad D_{+-}^{d} = (D_{++}^{d} + D_{--}^{d})/2 \tag{10}$$

が導かれる。1：1 型の一成分系イオン液体では，f_{+-}（or D_{+-}^{d}）は負の値をとり，一般に f_{++} と f_{--} の平均値よりは大きくなる（絶対値としては小さくなる）。

VCC や DCC と類似のアプローチ法として，抵抗係数（RC）がある。ここでは，溶融塩に対する Laity[9] の式を用いた。

$$X_i \equiv -(\text{grad } u_i)_T = \sum_{k=1}^{N} r_{ij} x_j (\nu_i - \nu_j) \tag{11}$$

ここで，X_i は電気化学ポテンシャル（u_i）の勾配ベクトル中におけるイオン種 i の摩擦力，x_j はモル分率，$(\nu_i - \nu_j)$ はイオン種 j に対するイオン種 i の速度，r_{ij} は抵抗係数である。なお，Onsager の理論によれば，$r_{ij} = r_{ji}$ が成立する。一成分系のイオン液体では，異種イオンの抵抗係数（r_{+-}）および同種イオンの抵抗係数（r_{ii}）は，それぞれ次式で表される。

$$r_{+-} = z_+\nu_+(z_+ + |z_-|)F^2/\Lambda \tag{12}$$

$$r_{ij} = \frac{1}{|z_j|}\left[\frac{(z_+ + |z_-|)RT}{D_{Si}} - |z_i|r_{+-}\right], \quad i = +, - : j \neq i \tag{13}$$

r_{+-} は必ず正であるが，r_{ii} は正負どちらの値もとりうる。また，$\Delta = 0$ では，r_{+-} は r_{++} と r_{--} の幾何学平均で与えられる。

$$r_{+-}^2 = r_{++}r_{--} \tag{14}$$

VCC で記述した通り，一般にイオン液体では $f_{+-} > (f_{++} + f_{--})/2$ であり，これに相当して，$r_{+-}{}^2 > (r_{++}r_{--})$ となる。

一方，流体力学的な Stokes-Einstein-Sutherland（SES）式や Walden 則により，イオンの自己拡散係数（D_{Si}）やモル電気伝導度（Λ）は，溶液の粘性率（η）と指数因子（t）を伴い次式で半経験的に関係付けられる。

$$D_{Si}/T = (1/\eta)^t, \quad \text{i.e.,} \quad \ln(D_{Si}/T) = a + t\ln(1/\eta) \tag{15}$$

$$\Lambda = (1/\eta)^t, \quad \text{i.e.,} \quad \ln(\Lambda) = a + t\ln(1/\eta) \tag{16}$$

Angell ら[10, 11]は，Walden プロットを用いて，イオン液体の電気伝導性について，希薄 KCl 水溶液を基準として "poor"，"good"，"super" などの分類を試みている。また，(15) および (16) 式から，Nernst-Einstein 式の Δ が一定の条件で次式が導かれる。

$$\Lambda T = (D_{S+} + D_{S-})^t, \quad \text{i.e.,} \quad \ln(\Lambda T) = a + t\ln(D_{S+} + D_{S-}) \tag{17}$$

多くのイオン液体では Δ がほぼ一定であり，D_{Si} と Λ の実験結果の整合性を判断する上で (17) 式は便利である。

他にも密度や分子サイズによりスケーリングして経験的に輸送物性を理解しようという試み[12]がなされているが，ここでは割愛する。

3　イオン液体の輸送物性の温度および圧力依存性

イオン液体の輸送物性（$\kappa, \Lambda, \eta, D_{Si}$）の温度依存性は，一般に Arrhenius 型（$f = A\exp(-E_a/RT)$）には従わず，Vogel-Fulcher-Tammann（VFT）式で表される。

$$\kappa, \Lambda, \eta, D_{Si} = A\exp[B/(T - T_0)] \tag{18}$$

(19) 式の Litovitz 式も変数が 2 つと少なく，狭い温度範囲で動的クロスオーバーなどを確認するのには便利であるが，イオン液体の輸送物性を広い温度範囲で再現するには VFT 式に劣る[13, 14]。

$$\kappa, \Lambda, \eta, D_{Si} = A'\exp[B'/(T^3)] \tag{19}$$

VFT 式のパラメーターは，Angell 式を用いると[15]，ガラス転移温度（T_g）と次式で関係付けられる。

$$T_g/T_0 = 1 + \delta/[2.303\log(\eta_g/\eta_0)] \tag{20}$$

ここで，$\delta = B/T_0$，$\eta_0 = A$，η_g は T_g における粘性率で，経験的に $\log(\eta_g/\eta_0) \approx 17$ で近似される。イオン液体の T_g や T_0 は不純物の影響を受けやすいため評価が難しいが，(20) 式は定性的には符合するようである。

第4章 イオン液体の輸送特性

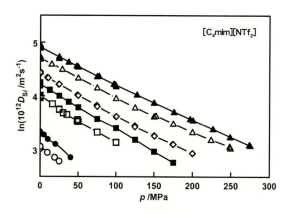

図1 [C_4mim][NTf_2]の自己拡散係数（D_{Si}）の圧力依存性
[C_4mim]$^+$：●, 25℃；■, 50℃；◆, 65℃；▲, 75℃
[NTf_2]$^-$：○, 25℃；□, 50℃；◇, 65℃；△, 75℃
Reprinted from ref. 16 with permission from Royal Society of Chemistry.

図1に[C_4mim][NTf_2]の自己拡散係数（D_{Si}）の対数（$\ln D_{Si}$）の圧力依存性を示す[16]。D_{Si}は圧力増加に伴い指数関数的に減少し、非会合性の液体と同様な傾向を示す。高圧条件におけるイオン液体の輸送物性は、VFT式を拡張した次式が提案されている。

$$\kappa, \Lambda, \eta, D_{Si} = \exp[a + bp + \delta(p)/(T - T_0)]$$
$$\text{with} \quad \delta(p) = c + dp + ep^2 \tag{21}$$

$$\kappa, \Lambda, \eta, D_{Si} = \exp\{a + bp + \delta T_0(p)/[T - T_0(p)]\}$$
$$\text{with} \quad T_0(p) = x + yp + zp^2 \tag{22}$$

(21)式はVFT式のT_0を定数として$\delta(p)$をpの関数とし、(22)式はδを定数として$T_0(p)$をpの関数として表したもので、どちらも2%以内の精度で実験結果を再現可能である。これまで、[$C_R$mim][PF_6]、[$C_R$mim][BF_4]、[$C_R$mim][NTf_2]（R = 2～8）[13, 16, 17]を始めとして、種々のイオン液体の輸送物性（$\kappa, \Lambda, \eta, D_{Si}$）が幅広い温度、圧力範囲で報告されている。

4 イオン液体中における輸送物性

4.1 自己拡散係数と電気伝導度の粘性率依存性

図2および図3に、アルキル鎖長の異なる[$C_R$mim][NTf_2]（R = 2, 4, 6, 8）の自己拡散係数（D_{Si}）およびモル電気伝導度（Λ）の粘性率の逆数（η^{-1}）に対する両対数プロットを示す。これらのイオン液体では、(15)および(16)式で示された経験則が成り立つことが分かる。なお、[C_4mim][NTf_2]は常圧の異なる温度でのデータと等温の高圧でのデータの両方を含むが、広い温度・圧力条件において実験データが同一直線上に載ることが見出されている。これらの結

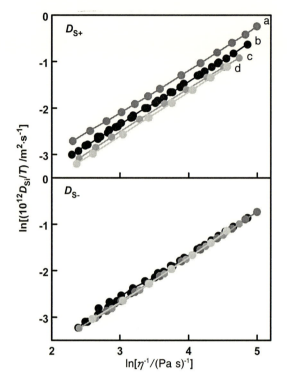

図2 [C$_R$mim][NTf$_2$]のカチオン（上）とアニオン（下）の自己拡散係数（D_{Si}）の粘性率の逆数（η^{-1}）に対する両対数プロット
　　a, [C$_2$mim][NTf$_2$]；b, [C$_4$mim][NTf$_2$]；c, [C$_6$mim][NTf$_2$]；d, [C$_8$mim][NTf$_2$]
　　Reprinted from ref. 16 with permission from Royal Society of Chemistry.

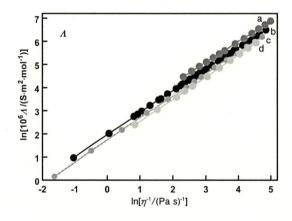

図3 [C$_R$mim][NTf$_2$]のモル電気伝導度（Λ）の粘性率の逆数（η^{-1}）に対する両対数プロット
　　a, [C$_2$mim][NTf$_2$]；b, [C$_4$mim][NTf$_2$]；c, [C$_6$mim][NTf$_2$]；d, [C$_8$mim][NTf$_2$]
　　Reprinted from ref. 16 with permission from Royal Society of Chemistry.

第4章 イオン液体の輸送特性

果は，イオン液体中における D_{Si} や Λ が η により支配的に決まり，t が温度や圧力などの条件に依存しないことを示すもので，これまで多くのイオン液体で確認されている[13, 14, 16, 17]。なお，図2のSESプロットでは，アニオンの $\ln D_{S-}$ は一つの直線上に近づくが，カチオンの $\ln D_{S+}$ は，構成イオン種（カチオン）の分子サイズの増加に伴い，[C_2mim][NTf$_2$]＞[C_4mim][NTf$_2$]＞[C_6mim][NTf$_2$]＞[C_8mim][NTf$_2$] の順で小さくなる。同様のカチオン依存性はWaldenプロット（図3）でも観察される。ここでは図示しないが，$\ln(\Lambda T)$ vs. $\ln(D_{S+} + D_{S-})$ の間にも $t \approx 1$ の直線関係が得られ，(17)式より実験的に求めた3つの物理量（Λ, D_{S+}, D_{S-}）の整合性が判断できる。

種々のイオン液体のSESおよびWaldenの両対数プロットの傾き（(15)および(16)式中の t）を表1にまとめる。多くのイオン液体では，$0.85 < t < 1$ を示すことが分かる。

表1 種々のイオン液体の Stokes-Einstein-Sutherland および Walden プロットの傾き t[1)]

イオン液体	$t(D_{S+})$	$t(D_{S-})$	$t(\Lambda)$	$\ln(\Lambda T)$ vs. $\ln(D_{S+} + D_{S-})$
[C_4mim][BF$_4$]	0.85_2	0.89_8	0.87_8	1.00_1
[C_8mim][BF$_4$]	0.88_8	0.88_8	0.93_6	1.01_9
[C_4mim][PF$_6$]	0.88_3	0.92_0	0.91_3	0.98_6
[C_6mim][PF$_6$]	0.84_5	0.86_5	0.91_2	1.00_9
[C_8mim][PF$_6$]	0.86_0	0.94_8	0.96_2	0.98_6
[C_2mim][NTf$_2$]	0.92_3	0.97_1	0.89_9	0.95_4
[C_4mim][NTf$_2$]	0.92_7	0.95_6	0.93_1	0.97_7
[C_6mim][NTf$_2$]	0.93_2	0.96_4	0.94_7	0.99_0
[C_8mim][NTf$_2$]	0.95_6	0.96_3	0.95_6	0.98_6
[C_4mpyr][NTf$_2$]	0.93_7	0.93_3	0.92_5	0.99_2
[C_2dmppz][NTf$_2$]	0.95	0.94	0.94	0.98
[C_2TMEDA][NTf$_2$]	0.94	0.98	0.94	0.98
[N$_{1125}$][NTf$_2$]	0.97_8	0.96_3	0.93_9	–
[N$_{1127}$][NTf$_2$]	0.97_6	0.98_9	0.95_1	–
[N$_{112,2OCO1}$][NTf$_2$]	0.97_8	0.96_3	0.93_8	–
[N$_{112,2O2O1}$][NTf$_2$]	0.97_6	0.98_9	0.94_4	–
[P$_{2225}$][NTf$_2$]	0.96_3	0.94_1	0.97_3	0.94_2
[chol][NTf$_2$]	0.96_6	0.96_0	–	–
[C_2mim][OMs]	0.92_7	0.92_8	0.90_5	0.97_6
[C_2mim][OTf]	0.89_8	0.90_9	0.87_5	0.97_3
[C_2mim][TCB]	0.92_9	0.92_9	0.89_1	0.96_3
[C_2mim][FAP]	0.87_7	0.98_9	0.87_1	0.95_8

1) [C_2dmppz]$^+$ = 1-ethyl-1,4-dimethylpiperazinium, [C_2TMEDA]$^+$ = 1-(2-dimethylaminoethyl)-dimethylethylammonium, [N$_{112,2OCO1}$]$^+$ = N-acetoxyethyl-N,N-dimethyl-N-ethylammonium, [N$_{112,2OCO1}$]$^+$ = N,N-dimethyl-N-ethyl-N-pentylammonium, [N$_{112,2O2O1}$]$^+$ = N,N-dimethyl-N-ethyl-N-methoxyethoxyethylammonium, [chol]$^+$ = cholinium, [TCB]$^-$ = tetracyanoborate, [FAP]$^-$ = tris(perfluoroethyl)trifluorophosphate.

4.2 Nernst-Einstein 式の Δ と速度相関係数

前節において自己拡散係数や電気伝導度が SES や Walden 式により粘性率に支配されることを示した。これは, Λ, D_{S+}, D_{S-} から導かれる物理量 Δ が温度や圧力に依存しないことを示唆し

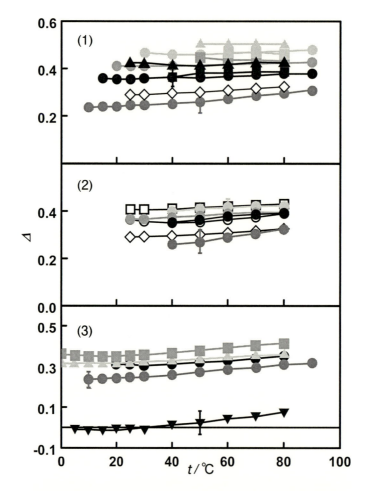

図4 種々のイオン液体の Nernst-Einstein 式の Δ の温度依存性

(1) ●, [C$_2$mim][NTf$_2$]; ●, [C$_4$mim][NTf$_2$]; ●, [C$_6$mim][NTf$_2$]; ●, [C$_8$mim][NTf$_2$]; ■, [C$_4$mim][PF$_6$]; ■, [C$_6$mim][PF$_6$]; ■, [C$_8$mim][PF$_6$]; ▲, [C$_4$mim][BF$_4$]; ▲, [C$_8$mim][BF$_4$]; ◇, [C$_4$mpyr][NTf$_2$].

(2) ◇, [C$_4$mpyr][NTf$_2$]; ○, 1-ethyl-1,4-dimethylpiperazinium ([C$_2$dmppz]$^+$) [NTf$_2$]; □, 1-(2-dimethylaminoethyl) dimethylethylammonium ([C$_2$TMEDA]$^+$) [NTf$_2$]; ●, N-acetoxyethyl-N,N-dimethyl-N-ethylammonium ([N$_{112,2OCO1}$]$^+$) [NTf$_2$]; ●, N,N-dimethyl-N-ethyl-N-pentylammonium ([N$_{1125}$]$^+$) [NTf$_2$]; ●, N,N-dimethyl-N-ethyl-N-methoxyethoxyethylammonium ([N$_{112,2O2O1}$]$^+$) [NTf$_2$]; ●, N-dimethyl-N-ethyl-N-heptylammonium ([N$_{1127}$]$^+$) [NTf$_2$].

(3) ■, [C$_2$mim][TCB]; ●, [C$_2$mim][OMs]; ▲, [C$_2$mim][OTf]; ●, [C$_2$mim][NTf$_2$]; ▼, [C$_2$mim][FAP].

Reprinted from ref. 18 with permission from American Chemical Society.

第4章 イオン液体の輸送特性

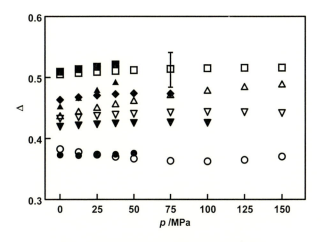

図5 Nernst-Einstein 式の Δ の圧力依存性

[C_4mim][PF_6]：●，50℃；○，70℃；[C_6mim][PF_6]：▲，50℃；△，75℃；[C_8mim][PF_6]：◆，50℃；[C_4mim][BF_4]：▼，50℃；▽，75℃；[C_8mim][BF_4]：■，50℃；□，75℃
Reprinted from ref. 17 with permission from American Chemical Society.

ている。実際，図4や図5に示した通り，種々のイオン液体において Δ の温度および圧力依存性は小さいことが見出されている。一方，Δ はイオン液体の構成イオンに依存して固有の値を示す。イミダゾリウム系のイオン液体では，Δ はアルキル側鎖の伸長により，[C_2mim]$^+$ < [C_4mim]$^+$ < [C_6mim]$^+$ < [C_8mim]$^+$ の順で大きくなる。また，アニオン種に依存して，[FAP]$^-$ ≪ [NTf$_2$]$^-$ ≪ [OTf]$^-$，[OMs]$^-$ < [TCB]$^-$，[PF$_6$]$^-$，[BF$_4$]$^-$ の順で大きくなる。さらに，カチオンの分子構造や官能基の導入により影響を受けることが指摘されている[19,20]。

(5)〜(7) 式に基づき，種々のイオン液体の速度相関係数 (f_{++}, f_{--}, f_{+-}) を求めた。一般にイオン液体中では，異種イオンの f_{+-} が最も大きくなり（絶対値としては小さくなり），Δ は正の値となる。速度相関係数は温度上昇に伴い小さくなり，圧力増加に伴い大きくなる。[C_4mim][BF_4]，[C_4mim][PF_6]，および [C_4mim][NTf_2] の3種のイオン液体について，図6に $\ln(-c_i f_{ij}/T)$ を $\ln(1/\eta)$ に対してプロットした。すべての速度相関係数 (f_{+-}, f_{++}, f_{--}) が異なる温度・圧力条件でも粘性率でスケーリングされることが分かる。これは，SES や Walden プロットで Λ, D_{S+}, D_{S-} が類似の t を持ち，速度相関係数がそれらの物理量から求められるためである。この結果，(9) 式右辺の分子に相当する f_{+-} と ($f_{++} + f_{--}$)/2 との差は，同様の粘性率依存性をもつ分母 ($D_{S+}/\nu_- + D_{S-}/\nu_+$) によりほぼキャンセルされ，$\Delta$ は温度や圧力に依らず，イオン液体に固有の値となる。図6に示した3種のイオン液体を比較すると，対称的で小さなアニオンの [PF$_6$]$^-$ や [BF$_4$]$^-$ では $f_{++} < f_{--} < f_{+-}$ の順で大きくなり，かさ高いアニオンの [NTf$_2$]$^-$ では $f_{--} < f_{++} < f_{+-}$ の順となる。イミダゾリウムカチオンのアルキル側鎖を伸長した [C_6mim]$^+$ や [C_8mim]$^+$ でも同様の傾向が観察されている。ただし，図7に示したとおり，アルキル側鎖伸長に伴う f_{++} や f_{--} の増加は f_{+-} に比べて大きく，その結果として鎖長の長いイミ

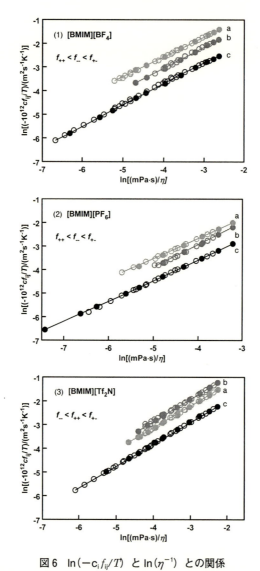

図6 $\ln(-c_i f_{ij}/T)$ と $\ln(\eta^{-1})$ との関係
(1) [C_4mim][BF_4], (2) [C_4mim][PF_6], (3) [C_4mim][NTf_2] a, f_{++} ; b, f_{--} ; c, f_{+-}
Reprinted from ref. 13 with permission from American Chemical Society.

ダゾリウムイオン液体では Δ が大きくなる。直接的な証拠は無いが，アルキル側鎖伸長に伴う同種イオンの f_{ii} の増加は，イオン液体に内在する極性領域と非極性領域のナノドメイン構造の形成に起因すると考えられなくもない。また，[C_2mim][FAP] では，速度相関係数が f_{--} < f_{+-} < f_{++} となり，f_{+-} が $(f_{++}+f_{--})/2$ と変わらなくなるため $\Delta \sim 0$ となる。

分子動力学シミュレーションの結果に基づき，電解質溶液ではイオンから周囲の溶媒にモーメントが保存されるのに対して，イオン液体では溶媒が存在しないため，同種イオン間の速度相関が重要となることが指摘されている[21]。

第4章　イオン液体の輸送特性

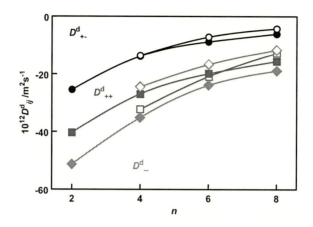

図7　$[C_Rmim][NTf_2]$ と $[C_Rmim][PF_6]$ の D^d_{ij} のアルキル側鎖依存性
$[C_Rmim][NTf_2]$：25℃，0.1 MPa；D^d_{+-}(●)，D^d_{++}(■)，D^d_{--}(◆)，
$[C_Rmim][PF_6]$：50℃，0.1 MPa；D^d_{+-}(○)，D^d_{++}(□)，D^d_{--}(◇)
Reprinted from ref. 16 with permission from Royal Society of Chemistry.

4.3　抵抗係数

(12)，(13)式に基づき，種々のイオン液体の抵抗係数（r_{+-}, r_{++}, r_{--}）を求めた。(12)式から分かるように，$r_{+-} \propto 1/\Lambda$ であり，Walden則で示される通り，$r_{+-} \propto \eta'$ の関係が導かれる。図8に $[C_Rmim][NTf_2]$ における抵抗係数（r_{ij}）を粘性率（η）に対してプロットした。r_{+-} のみならず r_{++} と r_{--} もほぼ粘性率に比例することが分かる。$[C_Rmim][NTf_2]$ では，$0 < r_{++} < r_{--} \ll r_{+-}$ の順で大きくなり，$(r_{++}r_{--}) < r_{+-}^2$ の関係が得られる。これは，速度相関係数の結果 $f_{+-} > (f_{++} + f_{--})/2$ に符合し，$\Delta > 0$ を与える。多くのイオン液体では，同様に $0 < r_{++} < r_{--} \ll r_{+-}$ の傾向が見出されているが，$\Delta \sim 0$ を示す $[C_2mim][FAP]$ では，$r_{++} < r_{+-} < r_{--}$ で，$r_{+-}^2 \sim (r_{++}r_{--})$ となる。

速度相関係数と抵抗係数の違いは，同種イオンの速度相関係数（f_{++}, f_{--}）が Λ 項と D_{Si} 項の差で表されるのに対して，同種イオンの抵抗係数（r_{++}, r_{--}）は $1/D_{Si}$ 項と $1/\Lambda$ 項との差で求められることにある。前者の速度相関係数では Λ 項に比べて D_{Si} 項が十分小さい（絶対値としては大きい）が，後者の抵抗係数では $1/D_{Si}$ 項と $1/\Lambda$ 項がほぼ同等になる。このため，同種イオンの抵抗係数（r_{++}, r_{--}）は誤差が大きくなるが，イオン間の相互作用に対して非常に敏感になる。図9に示した通り，イオン対生成が実験的に検証されている溶融塩の $ZnCl_2$ では，Δ が ~ 0.9 と大きく，r_{++} と r_{--} がともに負で，その絶対値は r_{+-} と同程度の値をとる。非プロトン性のイオン液体では，このような傾向を示すものは見受けられないが（$[C_8mim][BF_4]$ の r_{--} は負の値を取るが，その絶対値は r_{+-} より著しく小さい），1-methyl-2-oxopyrrolidinum tetrafluoroborate（$[PyrOMe][BF_4]$）や 1,8-diazabicyclo-[5.4.0]-udec-7-eneium methanesulfonate（$[DBUH][OMs]$）などのプロトン性イオン液体では，Δ が大きく，同様の傾向（$r_{++}, r_{--} < 0$ かつ $|r_{++}|, |r_{--}| \sim r_{+-}$）が観察されている[18]。

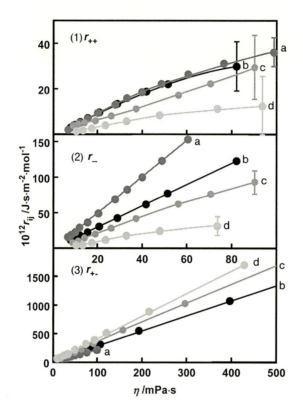

図8 [C$_R$mim][NTf$_2$] における抵抗係数（(1), r_{++}；(2) r_{--}；(3) r_{+-}）と粘性率（η）との関係
a, [C$_2$mim][NTf$_2$]；b, [C$_4$mim][NTf$_2$]；c, [C$_6$mim][NTf$_2$]；d, [C$_8$mim][NTf$_2$]
Reprinted from ref. 16 with permission from Royal Society of Chemistry.

5 おわりに

　本章では，幅広い温度・圧力範囲におけるイオン液体の粘性率，電気伝導度，およびイオンの自己拡散係数に着目し，それらが理論式や経験則でどのように関連付けられるかを示し，それら実験的に得られる物理量から導出した速度相関係数や抵抗係数などの傾向について述べた。複雑系液体であるイオン液体の輸送物性を理解することは容易ではないが，各種分光法や回折法，ならびに分子シミュレーションにより，その液体構造が明らかとされることで一層理解が進むことが期待される。

第4章 イオン液体の輸送特性

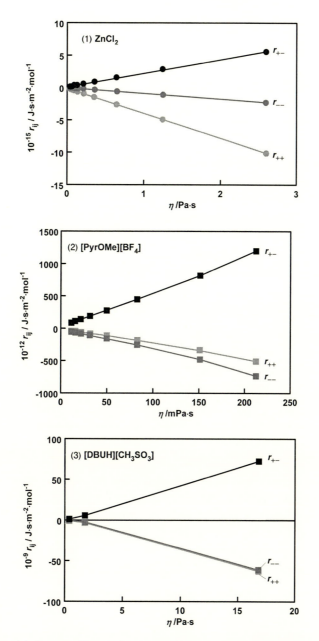

図9 (1) $ZnCl_2$, (2) [PyrOMe][BF_4], (3) [DBUH][OMs] における抵抗係数 (r_{ij}) と粘性率 (η) との関係

Reprinted from ref. 18 with permission from American Chemical Society.

文　　献

1) R. Haase, "Themodynamics of Irreversible Processes," Dover, New York (1990)
2) H. V. J. Tyrrell & K. R. Harris, "Diffusion in Liquids," Butterworths, London (1984)
3) R. A. Robinson & R. H. Stokes, "Electrolyte Solutions", 2nd rev. ed., Chapter 11, Butterworths, London (1965)
4) M. Watanabe et al., *J. Phys. Chem. B*, **110**, 19593 (2006)
5) M. Watanabe et al., *Phys. Chem. Chem. Phys.*, **12**, 1649 (2010)
6) Y. Haven, Report of the Conference on Defects in Crystalline Solids, University of Bristol (1954); Physical Society, London (1955)
7) H. Schönert, *J. Phys. Chem.*, **88**, 3359 (1984)
8) H. L. Friedman & R. Mills, *J. Sol. Chem.*, **10**, 395 (1981)
9) R. W. Laity, *J. Chem. Phys.*, **30**, 682 (1959)
10) C. A. Angell et al., *J. Phys. Chem. B*, **107**, 6170 (2003)
11) C. A. Angell et al., *J. Am. Chem. Soc.*, **125**, 15411 (2003)
12) K. R. Harris, *J. Mol. Liq.*, **222**, 520 (2016)
13) K. R. Harris & M. Kanakubo, *Faraday Discuss.*, **154**, 425 (2012)
14) K. R. Harris & M. Kanakubo, *J. Chem. Eng. Data*, **61**, 2399 (2016)
15) C. A. Angell, *Science*, **267**, 1924 (1995)
16) K. R. Harris & M. Kanakubo, *Phys. Chem. Chem. Phys.*, **17**, 23977 (2015)
17) K. R. Harris, M. Kanakubo et al., *J. Phys. Chem. B*, **111**, 2062 (2007); **111**, 13867 (2007); **112**, 9830 (2008); *J. Chem. Eng. Data*, **50**, 1777 (2005); **51**, 1161 (2006); **52**, 1080 (2007); **52**, 2425 (2007); **53**, 1230 (2008); **60**, 1408 (2015); **60**, 1495 (2015); *Fluid Phase Equilib.*, **261**, 414 (2007); **302**, 10 (2011)
18) K. R. Harris, *J. Phys. Chem. B*, **120**, 12135 (2016).
19) T. Rüther et al., *Chem. Eur. J.*, **19**, 17733 (2013)
20) K. R. Harris et al., *Phys. Chem. Chem. Phys.*, **16**, 9161 (2014)
21) C. J. Margulis et al., *J. Phys. Chem. B*, **115**, 13212 (2011)

第5章　計算化学を用いたイオン液体の物性予測

都築誠二[*1]，篠田　渉[*2]

1　はじめに

イオン液体は耐熱性，難燃性，難揮発性，イオン伝導性，電気化学的な安定性などの特徴から電気化学，合成化学，材料科学など種々の分野で注目されている。また，カチオンとアニオンの組み合わせによって物性が変化することから，イオン液体はデザイナー液体とも呼ばれている。適切なイオンを組み合わせて用途に合ったイオン液体を合成することや，新規イオンの利用でイオン液体の物性を改善することが期待されている。

しかし，用途に合わせてイオン液体を合成することは簡単ではない。イオン液体の物性には種々の要因が影響を与えるので，カチオンやアニオンの分子構造を見ただけで液体物性を予測することは難しい。また，多数のカチオンとアニオンの組み合わせから膨大な数のイオン液体の合成が可能だが，全てを合成することは現実的でない。さらに，アニオンはフッ素を含むものも多く，合成は必ずしも容易でない。

イオン液体の物性は液体中のイオンの運動を反映している。また，イオンの運動はイオン間に働く分子間相互作用が支配している。このため，イオン間の相互作用やイオンの運動についての詳細な情報は物性の予測，液体物性の支配要因の理解にとって重要である。物性を予測し候補化合物を絞り込めれば，イオン液体の開発を効率化できる。また，液体物性の支配要因の解明は，合理的な設計指針の提示につながる。だが，実験手法だけでイオン間の相互作用やイオンの運動の詳細を明らかにすることは容易ではない。一方，*ab initio* 分子軌道法や分子動力学法を用いれば比較的容易にイオン間に働く相互作用やイオンの運動の詳細を解明できる。また，分子軌道法で HOMO, LUMO エネルギーレベルを計算すれば電気化学的な安定性を推定できる。

2　イオン間に働く相互作用

Ab initio 分子軌道法で計算される分子間相互作用エネルギーは計算の近似のレベル（基底関数系と電子相関の補正法の選択）により変化するが，十分に精密な計算を行えば，分子間相互作用エネルギーの気相での実験値を良く再現する[1]。*Ab initio* 分子軌道法で計算された種々のカチ

[*1] Seiji Tsuzuki　産業技術総合研究所　機能材料コンピュテーショナルデザイン研究センター　上級主任研究員

[*2] Wataru Shinoda　名古屋大学　大学院工学研究科　准教授

オンとアニオンからなるイオン対の安定構造とイオン対が生成する際の安定化エネルギーを図1に示す[2]。相互作用の強さはイオンの組み合わせにより変化する。$CF_3CO_2^-$や［OTf］$^-$アニオンと［C_2mim］$^+$カチオンの相互作用と比べて，［NTf_2］$^-$アニオンと［C_2mim］$^+$カチオンの相互作用はかなり弱い。イオン間の相互作用の強さは後で触れるようにイオンの拡散などの輸送物性にも大きな影響を与える。

3 液体構造

分子動力学計算でイオン液体の液体構造を明らかにできる。分子動力学計算から得られた［N_{4111}］$^+$カチオンとBF_4^-アニオンからなるイオン液体中のカチオンの窒素原子とアニオンのホウ素原子の動径分布関数（N-B）を図2に示す。5Å付近に強いピークがあり，イオン液体中ではカチオンとアニオンが接触している。一方，窒素原子同士の動径分布関数（N-N）やホウ素原子同士の動径分布関数（B-B）は7Å付近にピークを持ち，同符号の電荷を持つイオンは異符号の電荷を持つイオンの外側に分布している。異符号のイオンの動径分布関数（N-B）は11Åおよび17Å付近にもピークを持ち，同符号のイオンの動径分布関数（N-N, B-B）は14Å付近にもピークを持っている。イオン液体では一般に符号の異なる電荷を持つイオンが交互に分布するcharge-ordering構造が遠距離まで形成されている。

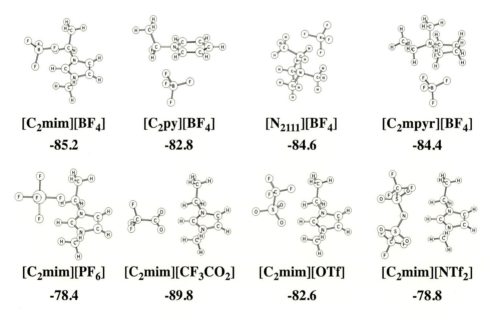

図1 *Ab initio* 分子軌道法で計算したイオン対の安定構造とイオン対生成の際の安定化エネルギー（kcal mol^{-1}）

第5章 計算化学を用いたイオン液体の物性予測

4 輸送物性

分子動力学計算はイオン液体の輸送物性の予測にも利用できる。実験から報告されている $[C_Rmim][NTf_2]$ イオン液体中のイオンの自己拡散係数を図3aに示す[3]。イミダゾリウムカチオンのアルキル鎖が長くなるとイミダゾリウムカチオンからなるイオン液体中のカチオンとアニオンの拡散が遅くなる。また、カチオンの拡散はアニオンよりも速い。分子動力学法で計算された自己拡散係数を図3bに示す[4]。アルキル鎖が長くなるとカチオンとアニオンの拡散が遅くなることやカチオンの拡散はアニオンより速いことなど、定性的には実験から報告されている傾向

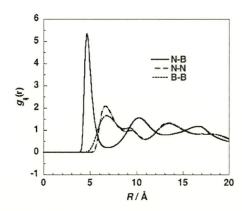

図2 分子動力学法で計算した $[N_4111][BF_4]$ イオン液体中のカチオンの窒素原子とアニオンのホウ素原子間の動径分布関数

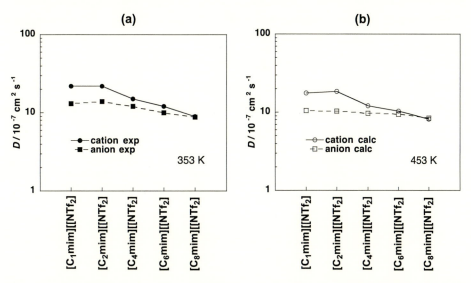

図3 イミダゾリウムカチオンのアルキル鎖長がイオンの拡散に与える影響：実験値（a）と計算値（b）の比較

をよく再現している。分子動力学計算はイミダゾリウムなどの芳香族カチオンと四級アンモニウムの違いや，アニオンの選択がイオンの拡散に与える影響もほぼ再現する。分子動力学計算を使えばイオンの構造変化が拡散に与える影響を定性的に予測できるので，新規のイオン液体を開発する際の候補化合物の絞り込みには有用と思われる。

　イオンの拡散などイオン液体の輸送物性には①イオンの大きさ，②イオンの形，③カチオンとアニオンの間の相互作用の強さ，④イオンのコンフォメーションの自由度等の種々の要因が影響を与える[5]。イオンが大きくなるとイオンの拡散は遅くなる。板状の芳香族カチオンからなるイオン液体中のイオンの拡散と比べて，かさ高い四級アンモニウムカチオンからなるイオン液体中のイオンの拡散は遅い。カチオンとアニオンの間の引力が強くなるとイオンの拡散は遅くなる。$CF_3CO_2^-$や[OTf]$^-$アニオンは[NTf_2]$^-$アニオンよりも小さいが，図1に示すように[NTf_2]$^-$アニオンよりも強くカチオンと相互作用する。このため，$CF_3CO_2^-$や[OTf]$^-$アニオンからなるイオン液体中のイオンの拡散は[NTf_2]$^-$アニオンの場合よりも遅い。同様のことは$BF_3CF_3^-$アニオンとBF_4^-アニオンの比較からも報告されている。$BF_3CF_3^-$アニオンはBF_4^-アニオンよりも大きいが，カチオンとの相互作用がBF_4^-アニオンよりも弱いため，$BF_3CF_3^-$アニオンからなるイオン液体中のイオンの拡散はBF_4^-アニオンの場合よりも速い[6]。イミダゾリウム環とアルキル鎖をつなぐ結合の回転を止めて分子動力学計算を行うとイオンの拡散は遅くなることが報告されている[7]。この結果はイオンのコンフォメーションの自由度もイオンの拡散に重要なことを示している。カチオンとアニオンの間に強い引力が働くので，イオン液体は分子液体と比べて隙間の少ない液体である。このためイオンはコンフォメーションを変えながらイオン液体中を移動する。コンフォメーションの自由度が小さいと移動の際のコンフォメーションの変化が難しくなるためイオンの拡散が遅くなると考えられる。[$C_R$mim]$^+$カチオンの2位の水素をメチル化するとイオンの拡散が遅くなることが知られているが[8]，これはメチル化によって3位のアルキル鎖の回転が阻害されることが原因と思われる。

　イオンの大きさや形がイオンの拡散に与える影響は実験手法だけでも明らかにできるが，実験手法だけで相互作用の強さやコンフォメーションの自由度がイオンの拡散に与える影響を明らかにすることは難しい。計算化学手法はイオン液体の物性の支配要因の解明にとっても重要な研究手法である。

5　伝導特性

　イオン液体では分子が電子のキャリアーであり，その運動に伴い電流が発生する。線形応答理論により，電気伝導率は外場のない平衡系の電流自己相関関数と関係づけられ，その関係を用いて分子シミュレーションによるイオン運動の追跡によって電気伝導率が計算できる。伝導度σは

第5章　計算化学を用いたイオン液体の物性予測

$$\sigma = \frac{1}{3k_B T V}\int_0^\infty \langle \vec{J}(t)\cdot\vec{J}(0)\rangle dt \tag{1}$$

ここで k_B はボルツマン定数，T は温度，V は体積であり，電流は

$$\vec{J}(t) = e\sum_{i=1}^{N} z_i \vec{v}_i(t) = e\sum_{i_{cat}=1}^{N_{an}} z_{ian}\vec{v}_{ian}(t) + e\sum_{i_{an}=1}^{N_{cat}} z_{icat}\vec{v}_{icat}(t) \tag{2}$$

によって計算される。ここで e は電気素量であり，z_i, $\vec{v}_i(t)$ はそれぞれ粒子 i の電荷数および時刻 t における速度である。(2)式から (1)式の $\langle \vec{J}(t)\cdot\vec{J}(0)\rangle$ は速度の自己相関 (self part) と相互相関関数の部分 (distinct part) からなることがわかる。速度自己相関関数の時間積分は自己拡散係数を与え ($D_s = 1/3\int_0^\infty \langle \vec{v}_i(t)\cdot\vec{v}_i(0)\rangle dt$)，伝導度が自己拡散のみから見積もられるとする近似式は Nernst-Einstein (NE) 式として知られる。

$$\sigma_{NE} = \frac{N_{pair}}{k_B T V}(z_{cat}^2 D_{s,cat} + z_{an}^2 D_{s,an}) \tag{3}$$

ここで N_{pair} はイオンペアの数であり，$D_{s,cat}$, $D_{s,an}$ はそれぞれカチオンとアニオンの自己拡散係数である。伝導度の NE 伝導度に対する比 σ/σ_{NE} はイオン性と呼ばれ，しばしばイオン性液体を特徴づけるパラメータとして用いられてきた[9]。これまでインピーダンス測定や NMR から求められてきたイオン性は，(1), (3)式を用いて分子シミュレーションから計算することができ，さらに各 distinct part (distinct 拡散係数；カチオン-カチオン間，アニオン-アニオン間，カチオン-アニオン間) をそれぞれ求めることができ，どの相関によりイオン性が支配されているのかを議論することができる[10]。

6　溶媒和イオン液体

トリグライム (G3) やテトラグライム (G4) と Li [NTf$_2$] 塩の等モル混合物は低い蒸気圧，電気伝導性，電気化学的安定性などイオン液体と類似の性質を持つ。等モル混合物中で Li$^+$ はグライムと安定な錯カチオン [Li(Gn)]$^+$ を形成し，錯カチオン (溶媒和イオン) とアニオンから溶媒和イオン液体が生成する。リチウム塩とグライムの等モル混合物からなる溶媒和イオン液体はリチウムイオン電池などの電解液への利用が期待されている[11]。

Ab initio 分子軌道法で計算された G3, G4 と Li$^+$ からなる錯カチオン ([Li(G3)]$^+$, [Li(G4)]$^+$) の安定構造と錯体が生成する際の安定化エネルギーを図4に示す[12]。[Li(G3)]$^+$, [Li(G4)]$^+$ の安定化エネルギーはそれぞれ -95.6, 107.7 kcal/mol と計算されている。Li$^+$ とグライムの間には強い引力が働き，強い引力が溶媒和イオンを安定化している。また，Li$^+$ との間に強い引力が働くために，等モル混合物ではグライムが揮発しにくくなると考えられる。

これらの錯カチオンの特徴の一つはエネルギー差の小さい多くの局所安定構造を持つことであ

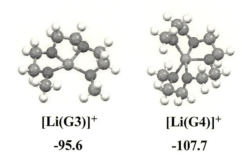

図4 *Ab initio* 分子軌道法で計算した錯カチオンの安定構造と錯体生成の際の安定化エネルギー（kcal mol^{-1}）

る。*Ab initio* 分子軌道法計算からは，最安定構造からのエネルギー差が 5 kcal/mol 以内に［Li(G3)］$^+$ では 7 個，［Li(G4)］$^+$ では 17 個の局所安定構造が見つかっている。多くの局所安定構造を持つことは融解の際のエントロピーの増加を大きくし，グライムとリチウム塩の等モル混合物の融点が低い原因になっている。

G3 や G4 と Li［NTf$_2$］塩の等モル混合物は酸化安定性が高いことも特徴であり，4V 級の二次電池に利用されている。*Ab initio* 分子軌道法計算の結果は，グライムが Li$^+$ と相互作用すると HOMO エネルギーレベルが下がることを示している。単独の G3 と［Li(G3)］［TFSA］錯体の HOMO エネルギーレベルはそれぞれ－11.45，－12.10 eV と計算されている。Li$^+$ と相互作用すると，グライムの HOMO エネルギーレベルが下がり電子を失いにくくなるので，エーテル類であるにも関わらず高い酸化安定性を持つ。

グライムと Li 塩の等モル混合物中でグライムとアニオンは Li$^+$ と競争的に相互作用する。Li［NTf$_2$］塩の場合とは異なり，［OTf］$^-$，CF$_3$CO$_2^-$，NO$_3^-$ アニオンからなる Li 塩とグライムの等モル混合物中では安定な錯カチオンは生成せず，イオン対がグライムに溶解した濃厚溶液になる。*Ab initio* 分子軌道法で計算した Li$^+$ と［NTf$_2$］$^-$，［OTf］$^-$，CF$_3$CO$_2^-$，NO$_3^-$ アニオンからイオン対が生成する際の安定化エネルギーは－137.2，－140.0，－153.7，－156.0 kcal/mol となっている。［NTf$_2$］$^-$ アニオンと Li$^+$ の相互作用は，［OTf］$^-$，CF$_3$CO$_2^-$，NO$_3^-$ アニオンと比べると弱い。このためグライムと Li［NTf$_2$］塩の等モル混合物中では Li$^+$ とグライムから安定な錯カチオンが生成すると考えられる。

分子動力学計算を使えば溶媒和イオン液体中の溶媒和錯体の配位構造やイオンの運動の詳細も明らかにできる[13]。分子動力学シミュレーションで得られた［Li(G3)］［TFSA］溶媒和イオン液体の液体構造のスナップショットを図5に示す。Li$^+$ に G3 が配位結合した溶媒和カチオン［Li(G3)］$^+$ と［TFSA］$^-$ アニオンから溶媒和イオン液体が生成している。

第 5 章　計算化学を用いたイオン液体の物性予測

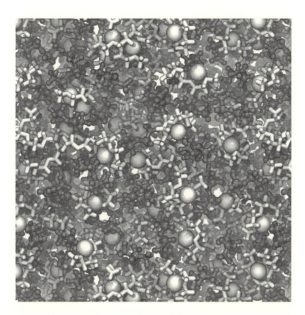

図 5　分子動力学法で計算された ［Li(G3)］［TFSA］溶媒和イオン液体の液体構造
Li を白丸，Glyme を stick で白，TFSA を CPK でグレイとして表示。

7　おわりに

　本稿では著者らが行っている計算化学手法を用いたイオン液体の研究について紹介した。計算化学手法を用いると比較的容易にイオン間の相互作用，イオン液体の構造や液体中のイオンの運動に関する情報を得ることができる。今回紹介した計算の多くはデスクサイドの計算機で実行できる。イオンの相互作用や運動はイオン液体の液体物性と密接に関連しており，実験手法と計算手法を組み合わせることで，一方だけでは十分に解明できない現象の解明も期待できる。また，計算化学手法は液体物性の予測にも利用できる。今後，計算化学手法がイオン液体の研究の多くの分野で活用されることを期待している。

文　　献

1) 有機分子の分子間力 – *Ab initio* 分子軌道法による分子間相互作用エネルギーの解析 –，東京大学出版会（2015）
2) S. Tsuzuki *et al.*, *J. Phys. Chem. B*, **109**, 16474（2005）
3) H. Tokuda *et al.*, *J. Phys. Chem. B*, **110**, 19593（2006）
4) S. Tsuzuki *et al.*, *J. Phys. Chem. B*, **113**, 10641（2009）

5) S. Tsuzuki, *ChemPhysChem*, **13**, 1664 (2012)
6) S. Tsuzuki *et al.*, *J. Phys. Chem. B*, **114**, 11390 (2010)
7) S. Tsuzuki *et al.*, *Phys. Chem. Chem. Phys.*, **13**, 5987 (2011)
8) P. A. Hunt, *J. Phys. Chem. B*, **111**, 4844 (2007)
9) イオン液体の科学,丸善 (2012)
10) H. K. Kashyap *et al.*, *J. Phys. Chem. B*, **115**, 13212 (2011)
11) K. Yoshida *et al.*, *J. Am. Chem. Soc.*, **133**, 13121 (2011)
12) S. Tsuzuki *et al.*, *ChemPhysChem*, **14**, 1993 (2013)
13) S. Tsuzuki *et al.*, *Phys. Chem. Chem. Phys.*, **17**, 126 (2015)

第6章　イオン液体表面・界面の構造解析

大内幸雄*

1　はじめに

　イオン液体は液体状態にあるにも拘らずドメイン構造を有している。このイオン液体のドメイン構造が表面・界面においてどのような形で自己組織化に至るかを考察するのは極めて興味深い。表面・界面の計測方法は多岐に渡るため全ての手法に言及することは困難だが，我々の研究グループがこれまでに取り組んできたＸ線反射率測定，斜入射Ｘ線回折，赤外-可視和周波発生振動分光法（IV-SFG）を中心に纏めることをお許しいただければと思う。

2　Ｘ線反射率および斜入射Ｘ線回折による表面自己組織化の評価

　Ｘ線反射率法（X-ray reflectivity：XR）は媒質表面からのＸ線反射率の入射角依存性を測定する手法である。固体・液体の屈折率はＸ線領域の電磁波に対して1を下回るため，気体側（$n \sim 1$）からのＸ線入射で全反射となりうる。斜入射すれすれの全反射から始まる反射率データを構造因子を考慮してフィッティングし，媒質表面近傍の電子密度プロファイル，即ち「層」形成に関する情報を得る。2005年にSloutskinら[1]は［C_4mim］PF_6および［C_4mim］BF_4の気体/イオン液体界面（いわゆる自由表面）に単分子長程度の高電子密度「層」が形成されていることを報告した。イオン液体の「layering」研究の先駆けである。彼らは，その層内におけるカチオンの配列や，アニオンとカチオンの相対位置関係については不明のままとしたが，2008年にJeonら[2]は，図1 (a) に示す表面最外層の低電子密度層とバルクより高い電子密度層からなる"two-box"モデルを用いることで実測値を最もよく再現できることを明らかにした。低電子密度層はブチル鎖に，高電子密度層はイミダゾリウム環とBF_4^-やPF_6^-アニオンに対応する。また，興味深いことに［C_4mim］IではI^-がイミダゾリウム環の下方に位置すること，即ち，気体/液体界面においてもカチオンとの相対位置がアニオンの種類によって異なることが分かった（図1 (b)）。表面に形成される層が単一層か複数層であるかはイオン液体に大きく依存する。西ら[3]は4級アンモニウム系イオン液体を用いて，気体/液体界面に形成される層構造が複数層に跨りうることを示した。イオン液体は広義の両親媒性物質に分類される。表面で形成されたこれらの層構造を俯瞰すると，アニオンおよびカチオンの分子構造内の疎水・親水または極性・非極性の区別が表面での自己組織化に寄与していることは明らかである。

＊　Yukio Ouchi　東京工業大学　物質理工学院材料系　教授

イオン液体研究最前線と社会実装

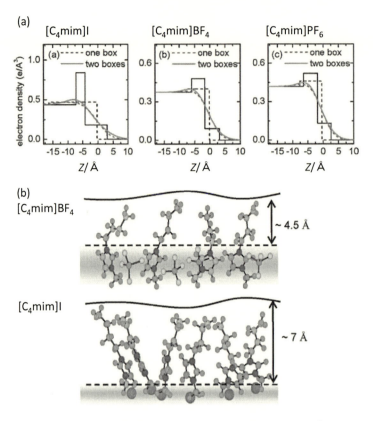

図1 X線反射率測定より求めたイオン液体の表面構造[2]
(a) two-boxモデルを用いた表面電子密度，(b) 表面電子密度によるモデル構造，アニオンの相対位置が異なる。

XRに加えて斜入射X線回折（GIXD）を用いた測定により，[C_4mim]PF_6の気体/液体界面での新奇な表面結晶化現象が見出されている[4]。[C_4mim]PF_6の室温における気体/液体界面では，数nmオーダーのナノ結晶がおよそ5%程度の割合で表面を覆っているという。もともと表面固化と呼ばれる現象は1993年に長鎖アルカンや長鎖アルコールなどで報告され，後に高分子の融液でも報告されたが，バルクの相転移点の数℃高温側において表面一層が固化（結晶化）してしまう現象を指す。今回発見されたイオン液体の表面固化は，イオン液体の融点よりも遥かに高く，〜50℃程度までその状態が続いているところが大変奇妙である。図2に結果の一例とナノ結晶のモデル構造を示した。液体構造によるなだらかなプロファイルの上に1.52Å^{-1}（d_1 = 4.13Å）（11面）ならびに1.68Å^{-1}（d_2 = 3.74Å）（02面）の鋭い反射ピークが観測されていることから，液体状態と結晶状態が表面で混在することは明らかである。ラマン散乱の温度依存性から[C_4mim]PF_6の結晶多形におけるイミダゾリウムカチオンのブチル側鎖のコンフォメーションが議論されており[5]，ここに示したカチオンは丁度β相におけるカチオンのコンフォメーションに合致することが分かった。また，モデル図から明らかな通り，結晶格子はイミダゾリウ

第 6 章　イオン液体表面・界面の構造解析

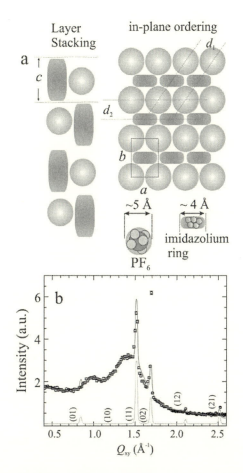

図 2　(a) [C_4mim]PF_6 の表面固化（結晶化）の構造モデル，(b) GIXD パターン，液体のハローの上にナノ結晶によるシャープなピークが観測される[4]

ムカチオンコアとアニオンが近接する配置を取るから，この表面固化現象の起源がクーロン相互作用であって，これまで知られているアルキル鎖同士の相互作用によるものではないことが分かる。結局，XR と GIXD から導かれる [C_4mim]PF_6 の表面構造の実態は，第 1 層を高密度のイオン液体層としてアルキル鎖を気体側に向け，その層の中に 5～10% 程度の被覆率でナノ結晶が浮かんだものになっている。これらの自己組織化には両親媒性分子にありがちなアルキル鎖間の相互作用だけでなくクーロン相互作用なども加味されているところがイオン液体の表面自己組織化の特徴である。

3 IV-SFG 法による液体 / 液体界面における自己組織化の評価

イオン液体はカチオンおよびアニオンの組み合わせにより，極性溶媒・非極性溶媒に対する溶解性をコントロールできる。そのため，イオン液体は極性溶媒とも非極性溶媒とも液体 / 液体界面を構成しうる。我々の研究グループでは IV-SFG 法を用いてイオン液体の表面・界面構造を研究してきたが[6〜14]。先に述べた [C_4mim]PF_6 は極性溶媒の代表例であるアルコールに非相溶であるため，この界面でどのような自己組織化ができているか，秩序構造があるとすれば，その構成メカニズムは何か，気体 / 液体界面の状況と併せて考察するのは興味深い。図 3 に IV-SFG スペクトルの一例を示す。カチオンとアルコールのアルキル鎖を弁別するために，アルコールについては重水素化ブタノール（butanol-d9）を用いた。

ここで，赤外-可視和周波発生振動分光（IV-SFG）法を簡単に説明する。IV-SFG 法は 2 次非線形光学過程を利用した振動分光法であり，界面で極性配向する官能基を選択的に観測する。可視光（ω_{vis}）と赤外光（ω_{IR}）を試料界面に時間・空間的に同時に照射し，和周波光（$\omega_{sf} = \omega_{vis} + \omega_{IR}$）成分を観測すれば良いので，真空界面や埋没界面を問わず光が届きさえすれば界面に関

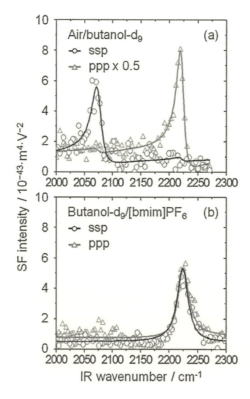

図 3 (a) ブタノール d9 表面の IV-SFG スペクトル，(b) ブタノール d9/[C_4mim]PF_6 界面の IV-SFG スペクトル[14]

第6章　イオン液体表面・界面の構造解析

する情報が得られる優れた手法である。

図3に戻って，重水素化ブタノールのCD伸縮振動領域のIV-SFGスペクトルを見てみる。(a)の気体/液体界面のスペクトルにおいて2,075 cm^{-1}および2,224 cm^{-1}付近に観測される鋭いピークはそれぞれCD_3の対称伸縮振動および逆対称伸縮振動である。解析を行うと，概ね気体側にCD_3基を向けて張り出していることが分かった。興味深い点は，(b)の液体/液体界面において，何れの偏光組み合わせの測定でも対称伸縮振動ピークが消滅し，逆対称伸縮振動のみが観測されていることである。特に，ssp（和周波s偏光，可視s偏光，赤外p偏光）偏光組み合わせによるIV-SFGスペクトルは，定性的には表面法線方向の振動分極ベクトル成分の大小に対応しているので，対称伸縮振動モードのピークが消滅しているということは，液体/液体界面ではCD_3基の3回軸（対称伸縮振動モードの方向）が表面法線に沿ってSF不活性になるような反転対称性を有する配列を取っていることを意味している。例えば，図4に示すモデル図のように，ブタノールが界面において対向する2重層を構成していると，それぞれのCD_3基の対称伸縮振動モードのSFシグナル（ssp）がキャンセルし合ってピークが消滅することを良く説明する。

ここで問題となるのは，CD_3基の3回軸に直交する逆対称伸縮振動モードがなぜ液体/液体界面でSF信号を出すか，である。ブタノールは界面において対向しているので対称伸縮振動モードのSFシグナルがキャンセルし合うのであれば逆対称伸縮振動モードでも同様のキャンセルが生じても構わない。我々は，ブタノールのCD_3対称伸縮振動モードがキャンセルして逆対称伸縮振動がキャンセルしないことを，対向するブタノールの運動性の相違にあると考え，分子動力学計算（MD）を用いた解析を行った。結果を図5に示す。イオン液体に接する（下層側の）ブタノールの配向性を，OH基およびCH_2基，CH_3基の対称軸（図中の色付矢印）の配向平均$<\cos\theta>$をブタノール数密度ρの重み付けをして評価した。ここでθは矢印と表面法線nとの成

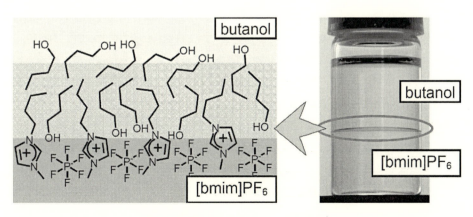

図4　界面におけるブタノールの対向[11]
末端メチル基が向かい合うため，対称伸縮振動モードのSFシグナル（ssp）はキャンセルする。

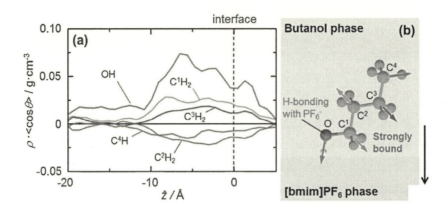

図5 界面において [C_4mim]PF_6 に接するブタノールの MD 計算結果[14]
(a) OH 基, CH_2 基の bisector ベクトルの配向度 $\rho<\cos\theta>$, (b) 配向の概念図。OH 基は PF_6^- との水素結合により固定化される。C-C 結合周りのポテンシャル障壁により CH_2 基は固定化されるが, 末端メチル基でも固定化は残る。イオン液体界面での水素結合で固定化されたブタノールの末端メチル基は軸周りの自由回転が阻害されている。

す角である。横軸 z において負側をイオン液体層に取っている。ブタノールの OH 基がイオン液体側に首をつっこんで, -6 Å 近傍で $\rho<\cos\theta> = 0.075$ 程度に偏って配列していること, また, その際の最近接原子団の同定から, その配列の駆動力が PF_6^- との水素結合によることが分かった。さらに解析を進めると, OH 基が水素結合を介して PF_6^- に固定されていると, O-C 結合間・C-C 結合間の回転障壁の影響で CH_2 基や CH_3 基の配列方向が順次固定され, 最終的には末端 CH_3 基も自由回転ではなく (自由回転では $\rho<\cos\theta> = 0$), 固定されていることが分かった。このような分子長軸周りの回転阻害は, 例えば親水化処理を施した石英ガラス上に展開したブタノール単分子膜に酷似している。イオン液体と分子液体の界面では液体同士が接するため, 固体基板に比べて緩やかな遷移層 (幅約 3 nm) を形成し, したがって分子同士の一般的な意味での拘束も弱いと思われがちである。しかしながらこの遷移層にはかなり強い配向場があって, ここで示したような2重層的な自己組織化が可能な環境を提供している点が興味深い。遷移層におけるこのようなブタノールの配列は, 先に示した IV-SFG スペクトルの逆対称伸縮振動モードが残りうることを説明する。PF_6^- に水素結合で固定されたブタノールのアルキル鎖末端 CD_3 基は3回軸周りの回転が凍結されているため, 3回軸に垂直な振動分極を有する逆対称伸縮振動モードが表面法線成分を持つ。一方, その上層にある対向ブタノール (およびバルクのブタノール) は分子長軸周りに自由回転しているため, 逆対称伸縮振動成分はキャンセルされて表面法線成分を持たない。したがって, PF_6^- に水素結合固定されたブタノールの末端 CD_3 逆対称伸縮振動は観測されることになるが, CD_3 基の3回軸は分子長軸周りの自由回転の有無に拘らずキャンセルし合うので対称伸縮振動は観測されない, といった説明が成り立つ。

第6章 イオン液体表面・界面の構造解析

4 まとめに代えて

　本稿では「layering」の話題からイオン液体の表面・界面研究に話を進め，表面・界面に構築される多彩な構造の一例を紹介した。界面構造の制御性は，そこに介在する分子システムの相互作用の多彩さに依存する。イオン液体はクーロン相互作用の他に，水素結合や双極子相互作用，異方性形状に由来する配向エントロピー効果など，文字通り多彩な相互作用様式が介在するため，実は界面構造を制御しやすい系となる可能性がある。対向する液体相（または気体相）を適切に選択すれば，イオン液体のドメイン構造は境界条件に呼応した界面秩序構造に形を変える。境界条件の「スパイス」の効かせ方一つで，同じバルク構造から多彩な界面構造に「セルフアセンブリー」する可能性をイオン液体は秘めているのである。固体基板や結晶に依存しない・秩序構造がしなやかさを保つ，イオン液体界面を用いた柔らかな自己組織化の今後の発展に期待したい。

文　　献

1) E. Sloutskin *et al.*, *J. Am. Chem. Soc.*, **127**, 7796 (2005)
2) Y. Jeon *et al.*, *J. Phys. Chem. C*, **112**, 19649 (2008)
3) N. Nishi *et al.*, *J. Chem. Phys.*, **132**, 164705 (2010)
4) Y. Jeon *et al.*, *Phys. Rev. Lett.*, **108**, 05502 (2012)
5) T. Endo *et al.*, *J. Phys. Chem. B*, **114**, 407 (2010)
6) T. Iimori *et al.*, *Chem. Phys. Lett.*, **389**, 321 (2004)
7) J. Sung *et al.*, *Chem. Phys. Lett.*, **406**, 495 (2005)
8) J. Sung *et al.*, *Colloid. Surface. A*, **284-285**, 84 (2006)
9) T. Iimori *et al.*, *J. Phys. Chem. B*, **111**, 4860 (2007)
10) T. Iwahashi *et al.*, *J. Phys. Chem. B*, **112**, 11936 (2008)
11) T. Iwahashi *et al.*, *Phys. Chem. Chem. Phys.*, **12**, 12943 (2010)
12) W. Zhou *et al.*, *Electrochem. Commun.*, **12**, 672 (2010)
13) T. Iwahashi *et al.*, *Faraday Discuss.*, **154**, 289 (2012)
14) T. Iwahashi *et al.*, *Phys. Chem. Chem. Phys.*, **17**, 24587 (2015)

第7章　イオン液体中の特異的な電気化学反応

片山　靖[*]

1　はじめに

　電解質とは，水などの極性溶媒に溶解してカチオンとアニオンを生じる物質を指す。イオンから構成される塩は代表的な電解質であり，無機塩は室温で固体である場合が多い。塩が極性溶媒に溶解する際，カチオンおよびアニオンは溶媒分子によって取り囲まれ，溶媒和イオンを形成することでイオン間の静電的相互作用が弱められる。一方，塩化水素（HCl）は気相では分子であるが，水に溶解する際にHClのプロトンと水分子が結びついてハイドロニウムイオン（H_3O^+）が生じると同時に，対アニオンであるCl^-が生じる。このような電解質は，近年，「溶媒和イオン液体（solvate ionic liquid）」と呼ばれる物質によく似ている。いずれにしても，電解質溶液は，溶媒和されたカチオンおよびアニオンの他に，溶媒和に関わっていない中性の溶媒分子から構成される。

　希薄な電解質溶液中のイオン間の静電的相互作用は，電解質濃度あるいはイオン強度に依存することがDebyeとHückelによって理論的に示されている。電解質濃度が低くなるにしたがって，イオン間の平均的な距離は遠くなり，イオン間の静電的相互作用は弱くなる。電解質濃度が0の極限ではイオン間の静電的相互作用はなくなり，物理化学的には理想的な振る舞いをするが，実用的な電気化学デバイスやプロセスにおいてそのような理想的な状況は好ましくはない。電解質濃度が高くなると，あるイオンのまわりを取り囲む対イオンによる「衣」である「イオン雰囲気」の厚み（Debyeの長さ）が薄くなり，イオン間の相互作用が強くなる。水溶液中におけるイオン雰囲気の厚みは，一価のカチオンとアニオンからなる電解質水溶液の場合，その濃度が10^{-3} Mのとき約10 nm程度であるが，10^{-1} Mになると1 nm程度となり，10^{-1} Mの濃度であっても，イオン間に強い静電的相互作用がはたらくことが予想できる。このように電解質溶液でも電解質濃度が高くなるとイオン間の相互作用はイオンの移動や熱力学的振る舞いに影響を与える。

　イオン液体はカチオンおよびアニオンのみから構成される液体の塩であり，中性の溶媒分子を含まないため，それらを構成するイオン間には強い静電的相互作用がはたらくことは容易に想像できよう。したがって，イオン液体中でのイオン種の電極反応では，そのイオン種とイオン液体を構成しているカチオンおよびアニオンとの相互作用を常に考慮に入れなければならない。しかしながら，イオン液体系ではもちろんのこと，水溶液系においても濃厚電解質水溶液中での物理

---

[*]　Yasushi Katayama　慶應義塾大学　理工学部　応用化学科　教授

第 7 章　イオン液体中の特異的な電気化学反応

化学は未だ確立されておらず，希薄溶液を想定した物理化学的理論の多くはそのままでは適用できない。

この章では，イオン液体中における遷移金属錯体の電極反応を通じて，イオン液体中における電気化学反応の特異性について概観する。

2　イオン液体中における金属錯イオンの拡散

粘性率が η である媒体中における半径 a の剛体球で近似できる化学種の拡散係数は，Stokes-Einstein 式によって見積もられる。

$$D = \frac{kT}{6\pi\eta a} \tag{1}$$

ここで，k は Boltzmann 定数，T は絶対温度である。Stokes-Einstein 式には化学種のもつ電荷は含まれないため，イオンの拡散係数はその電荷密度に依存しないことになる。しかし，水溶液中で観測されるイオンの拡散係数を Stokes-Einstein 式で説明するためには，Stokes 半径と呼ばれるイオンの実効的な半径を考慮しなければならない。例えば，アルカリ金属イオンの Li^+ および K^+ の結晶学的イオン半径（配位数 6）はそれぞれ 0.09 および 0.152 nm であるが，それらの水溶液中での拡散係数はそれぞれ 1.0×10^{-5} および 2.0×10^{-5} cm^2 s^{-1} であり，結晶学的イオン半径の大きい K^+ の方が Li^+ よりも速く拡散する。そこで実測の拡散係数から Li^+ と K^+ の実効的な大きさである Stokes 半径を計算すると，それぞれ 0.25 および 0.12 nm と求められ，Li^+ の方が K^+ よりも大きなイオンとして振る舞うと考えられる。一般的には Li^+ の方が K^+ よりも電荷密度が高く，より多くの水分子に取り囲まれるため Stokes 半径が大きくなると説明されるが，イオンと誘電体である水との間の誘電摩擦による説明も試みられている[1,2]。

よりかさ高い金属錯イオンの拡散についても電荷密度の効果が見られる。二価および三価のヘキサシアノ鉄錯体 $[Fe(CN)_6]^{4-}$ および $[Fe(CN)_6]^{3-}$ の水溶液中の拡散係数はそれぞれ 7.3×10^{-6} および 9.0×10^{-6} cm^2 s^{-1} である。$[Fe(CN)_6]^{4-}$ および $[Fe(CN)_6]^{3-}$ の大きさはほぼ等しいと考えられるので，Stokes-Einstein 式によれば拡散係数は等しいはずであるが，電荷密度の高い $[Fe(CN)_6]^{4-}$ の方が $[Fe(CN)_6]^{3-}$ よりも拡散係数がわずかに小さく，イオンの電荷密度が拡散に影響を与えることがわかる。一方，$[C_4mpyr][NTf_2]$ イオン液体中における，$[Fe(CN)_6]^{4-}$ および $[Fe(CN)_6]^{3-}$ の拡散係数はそれぞれ 1.8×10^{-8} および 6.0×10^{-8} cm^2 s^{-1} である[3]。拡散係数の値が水溶液中に比べて小さいのは，$[C_4mpyr][NTf_2]$ の 25℃における粘性率が 85 mPa s と水の粘性率 0.891 mPa s の約 100 倍であることに起因する。ここで注目すべき点は $[Fe(CN)_6]^{4-}$ と $[Fe(CN)_6]^{3-}$ の拡散係数の違いである。$[Fe(CN)_6]^{4-}$ および $[Fe(CN)_6]^{3-}$ の拡散係数の比 $D_{Fe(II)}/D_{Fe(III)}$ を考えると，拡散係数に対する電荷密度の影響が小さければ，$D_{Fe(II)} \approx D_{Fe(III)}$ となるので，$D_{Fe(II)}/D_{Fe(III)}$ は 1 に近づく。一方，電荷密度の高い [Fe

(CN)$_6$]$^{4-}$の方が媒体との相互作用によって[Fe(CN)$_6$]$^{3-}$よりも拡散が遅くなると，$D_{Fe(II)} < D_{Fe(III)}$となり$D_{Fe(II)}/D_{Fe(III)}$は1よりも小さくなる。水溶液中において$D_{Fe(II)}/D_{Fe(III)}$は0.81であるが，[C$_4$mpyr][NTf$_2$]中では0.30と大幅に小さくなっている。これは，水溶液中に比べてイオン液体中の方が電荷密度の拡散に対する影響が大きいことを示しており，中性溶媒を含まないイオン液体中では，電荷を有する化学種とイオン液体を構成するイオンとの相互作用が強いことを示している。

図1にトリス(2,2'-ビピリジン)ルテニウム錯体(II)([Ru(bpy)$_3$]$^{2+}$)を溶解した[C$_4$mpyr][NTf$_2$]中におけるPt電極のサイクリックボルタモグラムを示す。4組の酸化還元ピークが0.5，-2.1，-2.3および-2.5 V付近に観察され，これらはそれぞれ以下のような電極反応に対応する。

$$[Ru(bpy)_3]^{3+} + e^- \rightleftharpoons [Ru(bpy)_3]^{2+} \tag{2}$$

$$[Ru(bpy)_3]^{2+} + e^- \rightleftharpoons [Ru(bpy)_3]^{+} \tag{3}$$

$$[Ru(bpy)_3]^{+} + e^- \rightleftharpoons Ru(bpy)_3 \tag{4}$$

$$Ru(bpy)_3 + e^- \rightleftharpoons [Ru(bpy)_3]^{-} \tag{5}$$

配位子であるbpyがかさ高く，中心金属の酸化状態が変化しても中心金属とbpyの結合距離はほとんど変化しないため，錯体の大きさは酸化状態によらず一定であるとみなすことができ，錯体の電荷密度はその価数に比例すると考えられる。したがって，この錯体は，錯体の電荷密度

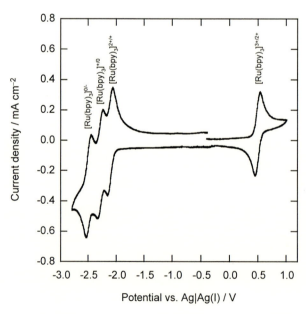

図1 40 mM [Ru(bpy)$_3$][NTf$_2$]$_2$を含む[C$_4$mpyr][NTf$_2$]中におけるPt電極のサイクリックボルタモグラム（電位走査速度：10 mV s^{-1}，温度：25℃）

第7章　イオン液体中の特異的な電気化学反応

表1　[Ru(bpy)$_3$]$^{3+}$および[Ru(bpy)$_3$]$^{2+}$の拡散係数（D_{3+}およびD_{2+}），粘性率（η）および拡散係数の比（D_{3+}/D_{2+}）

Medium	Diffusion coefficients / ×10^{-8} cm^2 s^{-1}		Viscosity / mPa s	D_{3+}/D_{2+}	Ref.
	D_{3+}	D_{2+}	η		
[C$_4$mpyr][NTf$_2$]	4.6	7.3	82	0.64	4
[C$_2$mim][NTf$_2$]	9.5	15	36	0.65	4
[C$_4$mpyr][BETI]	2.9	3.5	210	0.84	4
[C$_2$mim][BF$_4$]	3.3	7.8	37	0.42	5
[C$_4$py][AlCl$_4$]（40℃）		26	22		6

とイオン液体を構成するイオンとの静電的相互作用を調べるためのプローブとして利用できる。表1にいくつかのイオン液体中における[Ru(bpy)$_3$]$^{3+/2+}$の拡散係数，三価および二価の拡散係数の比（D_{3+}/D_{2+}）および粘性率を示す[4~6]。まず，図2は[Ru(bpy)$_3$]$^{2+}$の拡散係数とイオン液体の粘性率の逆数（流動率）との関係を示している。大きさが等しい[Ru(bpy)$_3$]$^{2+}$の拡散係数はStokes-Einstein式によれば，流動率に比例すると考えられ，実際，[BETI]$^-$，[NTf$_2$]$^-$および[AlCl$_4$]$^-$をアニオンとするイオン液体中ではこの関係がおおむね成り立っている。しかし，[BF$_4$]$^-$をアニオンとするイオン液体中での[Ru(bpy)$_3$]$^{2+}$の拡散係数は明らかに小さい。[BETI]$^-$，[NTf$_2$]$^-$および[AlCl$_4$]$^-$の体積を分子軌道法から見積もるとそれぞれ0.26，0.22および0.16 nm^{3}である。一方，[BF$_4$]$^-$の体積は0.053 nm^{3}と見積もられ，[BETI]$^-$，[NTf$_2$]$^-$お

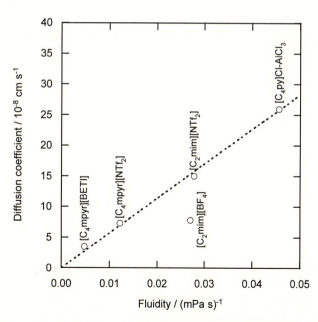

図2　イオン液体中における[Ru(bpy)$_3$]$^{2+}$の拡散係数の流動率（粘性率の逆数）に対する依存性（温度：25℃）

および[AlCl$_4$]$^-$よりもかなり小さく,電荷密度が高いことがわかる。このように,イオン液体中におけるカチオンの拡散は,その大きさと粘性率のみならず,アニオンの電荷密度の影響を受けることが分かり,拡散種と媒体との静電的相互作用が考慮されていないStokes-Einstein式をそのままイオン液体に適用できないことは明らかである。

次に,[Ru(bpy)$_3$]$^{3+}$および[Ru(bpy)$_3$]$^{2+}$の拡散係数の比D_{3+}/D_{2+}を見ると,アニオンが同じ[C$_4$mpyr][NTf$_2$]および[C$_2$mim][NTf$_2$]中の値はそれぞれ0.64および0.65とほぼ等しく,カチオンの違いによる影響は見られない。[NTf$_2$]$^-$よりも電荷密度が低い[BETI]$^-$をアニオンとするイオン液体中のD_{3+}/D_{2+}は0.84と[NTf$_2$]$^-$の場合よりも大きく,静電的相互作用が弱まっていることがわかる。一方,より電荷密度が高い[BF$_4$]$^-$をアニオンとするイオン液体中の値は0.42と小さく,[Ru(bpy)$_3$]$^{3+}$および[Ru(bpy)$_3$]$^{2+}$とイオン液体を構成するアニオンとの静電的相互作用が強いことを示している。

大きさが等しい錯体の拡散が,イオン液体を構成するイオンの電荷密度の影響を受けるのと同様に,錯体自体の電荷密度も拡散に影響する。[Fe(phen)$_3$]$^{2+}$(phen = 1,10-フェナントロリン)は[Fe(bpy)$_3$]$^{2+}$よりも大きく,電荷密度は相対的に低い。[Fe(bpy)$_3$]$^{3+}$および[Fe(bpy)$_3$]$^{2+}$の拡散係数の比D_{3+}/D_{2+}は,[C$_4$mpyr][NTf$_2$]中で0.66であり,この値は[Ru(bpy)$_3$]$^{3+}$および[Ru(bpy)$_3$]$^{2+}$のそれに近いが,[Fe(phen)$_3$]$^{3+}$および[Fe(phen)$_3$]$^{2+}$の拡散係数の比D_{3+}/D_{2+}は,同じ[C$_4$mpyr][NTf$_2$]中で0.72であり,錯体の電荷密度の低下によってイオン液体を構成するアニオンとの静電的相互作用が弱まっていることがわかる[7]。

イオン液体中におけるイオンの拡散は図3に示すように,Stokes-Einstein式で想定されている化学ポテンシャルの勾配(濃度勾配)による熱力学的な力と拡散種とイオン液体との間にはたらく粘性に基づく摩擦力に加えて,電荷を帯びた拡散種とイオン液体を構成するイオンとの静電的相互作用による力を考慮する必要がある。一般的には,拡散種またはイオン液体を構成するイオンの電荷密度が高くなるほど,静電的相互作用による力は大きくなり,拡散は遅くなるといえる。しかし,[M(bpy)$_3$]$^{2+}$錯体のようにかさ高い化学種ではなく,金属イオンのように小さなカチオンを考える場合は,まずそれらのイオンの溶存状態について検討する必要がある。例えば,[NTf$_2$]$^-$をアニオンとするイオン液体にLi$^+$を溶解させた場合,1個のLi$^+$に対して2個の

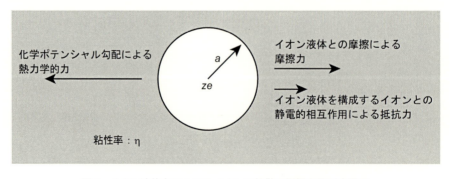

図3 イオン液体中におけるイオンの拡散に影響を及ぼす因子

第7章 イオン液体中の特異的な電気化学反応

[NTf$_2$]$^-$ が配位した [Li[NTf$_2$]$_2$]$^-$ で示される化学種が生成することが知られている[8,9]。水溶液中で生じる水和イオン [Li(H$_2$O)$_n$]$^+$ とよく似ているが,水溶液中ではLi$^+$はカチオンとして溶存しているのに対して,[NTf$_2$]$^-$ をアニオンとするイオン液体中ではアニオン錯体として溶存していることになる。かさ高い [Li[NTf$_2$]$_2$]$^-$ が生成するとStokes-Einstein式から予想されるように拡散は遅くなり,イオン液体構成イオンとの静電的相互作用も相まって [Li[NTf$_2$]$_2$]$^-$ の拡散は遅くなる[10]。他の遷移金属イオンを溶解させる場合にも同様のことがいえ[11,12],その拡散を考える場合はそれらがどのような化学種として溶存しているかについて検討することが重要である。

3 イオン液体中における金属錯イオンの電荷移動速度

イオン液体は水溶液などと比べて粘性率が高いことが多く,イオン濃度が高いにもかかわらずイオン伝導率は低いことが多い。電極反応速度は主に電極での電子授受に対応する電荷移動過程と電極への反応種の供給に対応する物質移動過程によって決まる。電荷移動過程が十分速ければ物質移動過程が律速段階となり,前節で述べた化学種の拡散が電極反応速度を決定する。[Ru(bpy)$_3$]$^{3+}$ と [Ru(bpy)$_3$]$^{2+}$ の間の酸化還元反応は,中心金属と配位子との間の結合の変化を伴わず,電極と化学種との間で電子が授受されるのみである外圏型電子移動反応であることが知られている。このような外圏型電子移動反応の速度は速いことが多く,拡散律速になりやすい。しかし,電荷移動速度も電解液の物性の影響を受けることが知られており,イオン液体のように粘性率の高い電解液中では電荷移動速度が遅くなる。例えば,粘性率が0.80 mPa s である有機溶媒の DMF (dimethyl formamide) 中での [Ru(bpy)$_3$]$^{3+/2+}$ の標準速度定数は 9.5×10^{-2} cm s^{-1} であるが[13],粘性率が 82 mPa s の [C$_4$mpyr][NTf$_2$] 中では 4.5×10^{-4} cm s^{-1} と二桁以上小さくなる[4]。表2にいくつかのイオン液体中における [Ru(bpy)$_3$]$^{3+/2+}$ の標準速度定数と粘性率を示す。標準速度定数 k^0 は次の式で与えられることが知られている[14]。

$$k^0 = A\tau_L^{-1} e^{-\frac{\Delta^\ddagger G}{RT}} \tag{6}$$

ここで,A は定数,τ_L は縦緩和時間,$\Delta^\ddagger G$ は活性化エネルギー,R は気体定数,T は絶対温度

表2 25℃における [Ru(bpy)$_3$]$^{3+/2+}$ の標準速度定数 (k^0) および粘性率 (η)

Ionic liquid	$10^4 k^0$ / cm s^{-1}	η / mPa s	Ref.
[C$_2$mim][NTf$_2$]	27 ± 1	36	4
[C$_4$mpyr][NTf$_2$]	4.5 ± 0.4	82	4
[C$_4$mpyr][BETI]	1.2 ± 0.2	210	4
[C$_2$mim][BF$_4$]	0.67 ± 0.02	37	5
DMF	(9.5 ± 3.9) × 10^2	0.80	13

である。τ_L はおおむね媒体の粘性率 η に比例するので,$\Delta^{\ddagger}G$ が大きく異ならなければ k^0 は η^{-1} すなわち流動率に比例する。図4にイオン液体中における [Ru(bpy)$_3$]$^{3+/2+}$ の k^0 の流動率(粘性率の逆数)に対する依存性を示す。ややばらつきが見られるが,[BETI]$^-$ および [NTf$_2$]$^-$ をアニオンとするイオン液体中ではおおむね流動率の増加に伴って標準速度定数が増加する傾向が見られる。一方,[C$_2$mim][BF$_4$] についてはその粘性率が [C$_2$mim][NTf$_2$] とほとんど変わらないにもかかわらず,k^0 の値が小さい。この理由として考えられるのは,再配向エネルギーの違いである。反応速度定数の $\Delta^{\ddagger}G$ は内部再配向エネルギーと外部再配向エネルギーの和として与えられる。内部再配向エネルギーは錯体の中心金属と配位子の結合に関係するので,同じ錯体であれば媒体の種類に依存しない。例えば,[C$_4$mpyr][NTf$_2$] 中における [Ni(bpy)$_3$]$^{3+/2+}$ の標準速度定数は 8.3×10^{-6} cm s^{-1} と同じイオン液体中における [Ru(bpy)$_3$]$^{3+/2+}$ の速度定数よりも二桁も小さい[15]。これは,錯体の分子軌道の占有のされ方の違いに起因し,[Ru(bpy)$_3$]$^{3+/2+}$ の酸化還元反応においては結合性軌道(πd あるいは t_{2g})でのみ電子がやりとりされるが,[Ni(bpy)$_3$]$^{3+/2+}$ では結合性軌道(πd あるいは t_{2g})の他に反結合性軌道($\sigma^* d$ あるいは e_g)軌道も関与し,中心金属と配位子原子との結合距離が酸化還元反応に伴って変化するので内部再配向エネルギーが大きくなるためである。一方,外部再配向エネルギーは,錯体の電荷密度の変化と媒体との相互作用に関係し,分子性溶媒中であれば,錯体を取り囲む溶媒分子の再配向に対応する。イオン液体中には中性分子が存在しないため,外部再配向エネルギーはイオン液体を構成するイオンとの静電相互作用に関係すると考えられる。前述のように,[BF$_4$]$^-$ は [BETI$^-$] およ

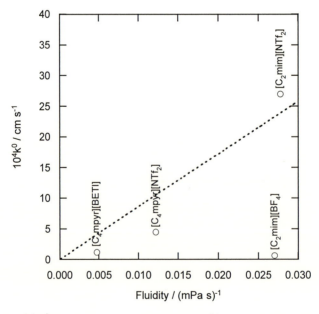

図4 イオン液体中における [Ru(bpy)$_3$]$^{3+/2+}$ の標準速度定数(k^0)の流動率(粘性率の逆数)に対する依存性(温度:25℃)

第7章 イオン液体中の特異的な電気化学反応

び［NTf$_2$］$^-$よりも電荷密度が高く，錯体との静電的相互作用も強いことが予想され，外部再配向エネルギーが大きくなったため標準速度定数が小さくなったと考えることができる。以上のように，イオン液体中での金属錯イオンの電荷移動速度は，イオン液体の粘性率だけではなく，金属錯体との静電的相互作用の影響を受けることがわかる。

4 おわりに

　中性の溶媒分子を含まないイオン液体中では，その中に存在するイオンは常に他のイオンが隣接しており，それらの間には静電的相互作用がはたらいている。イオンの電荷密度が高くなれば静電的相互作用も強まり，物質移動や電荷移動速度にその影響が現れる。そもそもイオン液体が低温で液体状態であるのは，それを構成するカチオンとアニオンの電荷密度が低いためであり，イオン液体を構成するイオンよりも電荷密度の高いイオンをイオン液体に導入すれば，強い静電的相互作用を受けるのは自明の理である。これまでみてきたように静電的相互作用が強くなれば拡散や電荷移動速度が遅くなるため，実用的なデバイスにイオン液体を適用しようとする場合，電極反応に関与する化学種の電荷密度が低くなるよう工夫する必要がある。

　Stokes-Einstein式や標準反応速度定数を与える式はいずれも極性溶媒を想定して導かれており，イオン液体を構成するイオンと電荷を帯びた化学種との静電的相互作用を念頭に置いた理論式は今のところ知られていない。イオン液体中の特異的な電気化学反応を理解するためには，静電的相互作用を考慮した理論の構築が必要である。

文　献

1) R. Zwanzig, *J. Chem. Phys.*, **38**, 1603 (1963)
2) R. Zwanzig, *J. Chem. Phys.*, **52**, 3625 (1970)
3) N. Tachikawa *et al.*, *J. Electrochem. Soc.*, **154**, F211 (2007)
4) Y. Toshimitsu *et al.*, *Electrochim. Acta*, **82**, 43 (2012)
5) Y. Katayama *et al.*, *J. Electrochem. Soc.*, **160**, H219 (2013)
6) S. Sahami & R. A. Osteryoung, *Inorg. Chem.*, **23**, 2511 (1984)
7) Y. Katayama *et al.*, *J. Electrochem. Soc.*, **162**, H501 (2015)
8) J.-C. Lassègues *et al.*, *Phys. Chem. Chem. Phys.*, **8**, 5629 (2006)
9) Y. Umebayashi *et al.*, *J. Phys. Chem. B*, **111**, 13028 (2007)
10) S. Duluard *et al.*, *J. Raman Spectrosc.*, **39**, 627 (2008)
11) Y. Katayama *et al.*, *J. Electrochem. Soc.*, **154**, D534 (2007)
12) Y.-L. Zhu *et al.*, *Electrochim. Acta*, **54**, 7502 (2009)

13) A. M. Scott & R. Pyati, *J. Phys. Chem. B*, **105**, 9011 (2001)
14) W. R. Fawcett, *"Liquids, Solutions, and Interfaces From Classical Macroscopic Descriptions to Modern Microscopic Details"*, Oxford University Press, Inc., NY (2004)
15) Y. Katayama *et al.*, *Electrochim. Acta*, **131**, 36 (2014)

第8章 イオン液体のトライボロジー特性

佐々木信也[*]

1 はじめに

　イオン液体は，蒸気圧が極めて低く熱安定性が高いこと，またイオン伝導度が高いことなどの特徴を持つことから，潤滑剤への応用に関しては2001年にW. Liuら[1]による研究成果が発表されて以降，関連する論文等[2～28]は増加の傾向にある。特にその特徴から，高温[6～8]や真空[9～11]など従来の潤滑剤では使用に限界がある極限環境下での利用に大きな期待が寄せられている[29～37]。

　潤滑剤は様々な摺動条件下での使用が余儀なくされるため，用途に合ったイオン液体を選ぶ必要がある。イオン液体は別名デザイナー液体と呼ばれるように，多種からなるアニオンとカチオンの組み合わせにより多様な特性の発現が可能であるとされるため，選択肢の多さも魅力の一つである。しかし，潤滑メカニズムには依然として未解明な点も多く，潤滑剤としてイオン液体の特性を明らかにすることが急務となっている。

　本稿では，潤滑剤の視点からイオン液体の基本特性に関する優位性および問題点を紹介するとともに，真空用潤滑剤への適用を中心に今後の展望について述べる。

2 潤滑剤としてのイオン液体

2.1 潤滑剤に必要とされる性質

　一般に摩擦係数は，潤滑剤を用いない乾燥潤滑下で最も高い値を示す。潤滑剤の役割は，このような摩擦を制御するとともに，表面損傷を抑制することにある。トライボロジー分野で用いられるストライベック線図[38]を図1に示す。この図は，横軸を軸受特性数（流体の粘度 η × 摩擦速度 V／平均面圧 P），縦軸を摩擦係数とし，摩擦面における潤滑状態の遷移を表現するものである。潤滑下では軸受特性数の増加によって，境界潤滑，混合潤滑，そして流体潤滑へと遷移する。乾燥摩擦では，真実接触部において相対する固体表面が直接接触・凝着するため，凝着部分のせん断抵抗によって高い摩擦力が生じる。境界潤滑では，真実接触部に介在する吸着膜もしくは化学反応膜が固体間の凝着を抑制しせん断抵抗を弱めるため，乾燥摩擦に比べて摩擦係数は減少する。混合潤滑では，せん断抵抗の小さい流体膜が荷重の一部を負担するため，真実接触面積の減少に伴って摩擦係数はさらに低下する。流体膜が荷重すべてを負担することで真実接触部が消滅する流体潤滑では，摩擦力は流体の粘性抵抗のみによって発生するため，摩擦係数は最小値

---

[*] Shinya Sasaki　東京理科大学　工学部　機械工学科　教授

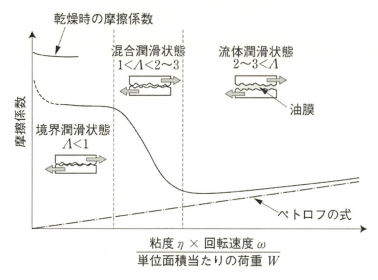

図1　ストライベック線図[38]

を示す。しかし，さらに流体の粘度や摩擦速度が増して軸受特性数が大きくなると，粘性抵抗の増加によって摩擦係数は上昇する。

　イオン液体の多くは室温付近で液体状態であるため，そのまま潤滑油基油として用いることが可能であるが，潤滑油添加剤や増ちょう剤と混ぜたグリースとしての利用なども検討されている。例えば，添加剤の用途としては，耐摩耗性添加剤であるZDDPの代替剤としてイオン液体を添加剤として用いる試み[39]や，真空用潤滑剤であるMAC（Multialkylated cyalopentanes）油にイオン液体を添加して摩擦係数の低減する試み[40]などが行われている。グリースに用いる場合[41]，イオン液体グリースはPAGグリースと比較して良好な潤滑性と熱安定性を示すことが報告されている[42]。また，イオン液体を用いることで，導電性を持たせたグリースも開発されている[43]。

　イオン液体に求められる特性は，潤滑状態によって異なる。具体的には，境界潤滑や混合潤滑状態では，真実接触部での凝着を抑制するため，摩擦表面に強固な吸着・反応膜を形成することが必要とされる。この場合，摺動面材料との組み合わせも重要になる[44,45]。一方の流体潤滑状態では，高面圧・低速度域でも荷重負担可能な十分な膜厚の油膜を形成するため，粘度特性が重要な因子となる。ただし，過剰な表面反応は摩耗増加や腐食の原因となり，高い粘度は摩擦抵抗の増加をもたらすことになるため，常に潤滑性能とのバランスを考慮する必要がある。

2．2　イオン液体の流体潤滑性能

　摩擦の低減と摺動面の損傷抑制を考えれば，固体接触のない流体潤滑状態での摩擦が望まれる。流体潤滑状態の場合，潤滑油の特性で重要な役割を担うのは粘度である。イオン液体は室温で液体状態であっても，構成するアニオンとカチオンの組み合わせにより粘度特性は大きく異な

第8章 イオン液体のトライボロジー特性

り，水程度のものから水あめのようなものまで粘度の幅は広い。液体の粘度は温度上昇に伴って低下するが，イオン液体も例外ではない。潤滑油の場合，温度と粘度との関係を粘度指数（Viscosity Index：VI）という指標を用いて表し，一般にこの値が大きいほど粘度変化が少ないとして好まれる。イオン液体のVIは，潤滑油基油として一般的な鉱油や合成油（poly-α-olefin：PAO）に比べて表1に示すように高い値を有している。

同じカチオンから成る2種類のイオン液体（[BMIM][TFSI] と [BMIM][PF6]）を混合して温度-粘度特性を測定したところ，図2に示すようにそれぞれの粘度はイオン液体の混合割合に応じて変化することが確認された[46]。このことは，複数種のイオン液体を組み合わせることにより，任意の粘度特性を持つイオン液体の調整が可能であることを示唆している。イオン液体は蒸気圧が低く熱安定性にも優れることから，特に高温や真空等の特殊環境下において流体潤滑状態で使用される動圧ならびに静圧すべり軸受等への適用が検討されている[47]。

弾性流体潤滑（Elastohydrodynamic lubrication：EHL）状態で使用される転がり軸受や歯車などの潤滑油やグリースの場合，潤滑性能を支配する重要な物性は，数GPaに至る高圧下での粘性である。大野らはメチルイミダゾール系イオン液体の高圧粘性を測定し，高圧下で分子性結晶を晶出するなどその挙動が液晶と類似していることを報告している[48]。図3に示すように，圧力上昇に伴い各液体の密度は上昇し，イオン液体の場合には約0.2 GPaで不連続に密度上昇が見られた。これは，液相から固相への相変化を示すものであり，液晶やドデカンでも同様の変

表1 イオン液体ならびにエンジン潤滑油の粘度

Ionic liquids & Base oils	Viscosity [mPa·s]		Viscosity Index VI
	40℃	100℃	
[PP13][TFSI]*1	75	14	199
[P(h3)t][TFSI]*2	126	17	141
[BMIM][BF4]*3	54	11	200
[BMIM][PF6]*4	111	19	189
[BMIM][TFSI]*5	42	9.9	235
[BMIM][I]*6	303	30	136
[EMIM][DCN]*7	9.5	3.4	275
[BMIM][TCC]*8	15	3.9	154
Synthetic oil (PAO 4)	14	3.1	119
Synthetic oil (PAO 6)	24	4.7	136
Mineral base oil	24	4.2	106

＊1：N-Methyl-N-propylpiperidinium bis(trifluoromethanesulfonyl)imide
＊2：Trihexyl (tetradecyl) phosphonium bis(trifluoromethylsolfonyl)imide
＊3：1-Butyl-3-methylimidazolium tetrafluoroborate
＊4：1-Butyl-3-methylimidazolium hexafluorophosphate
＊5：1-Butyl-3-methylimidazolium bis(trifluoromethanesulfonyl)imide
＊6：1-Butyl-3-methylimidazolium iodide
＊7：1-Ethyl-3-methylimidazolium dicyanamide
＊8：1-Butyl-3-methylimidazolium tricyanomethane

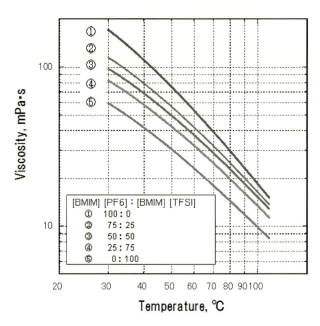

図2 2種類のイオン液体を混合した場合の粘度変化[46]

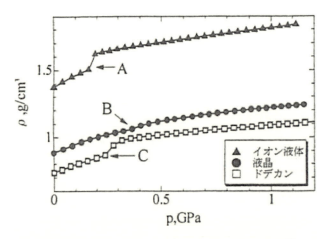

図3 イオン液体,液晶,ドデカンの密度-圧力の関係[49]

化が見られた。また,図4に示すように,0.46 GPa を超えたあたりでイオン液体の光透過度に変化が見られた。これは固相への変化を示すもので,結晶化に伴う光物性の変化はイオン液体特有のものではなく,一般的な潤滑油液体でも同様に見られる挙動である。イオン液体の高圧粘度指数などの物性については,今後のデータ蓄積が待たれるところであるが,EHL潤滑下において支障をきたすような挙動は報告されていない。

第8章 イオン液体のトライボロジー特性

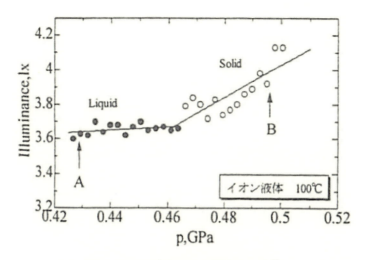

図4 イオン液体の圧力と透明度の関係[49]

2.3 イオン液体の境界潤滑性能

イオン液体のトライボロジー特性に関する研究報告のほとんどは，境界潤滑性能に関するものである。これまでに潤滑特性が報告されているイオン液体としては，カチオンにイミダゾリウム誘導体を，アニオンにテトラフルオロボレート［BF4］やヘキサフルオロホスフェート［PF6］，ビス（トリフルオロメチルサルホニル）イミド［TFSI］などハロゲン元素のフッ素を含んだものが多数を占めている。図5に，各イオン液体の潤滑性能を調べた結果を示す。摩擦材料にはボー

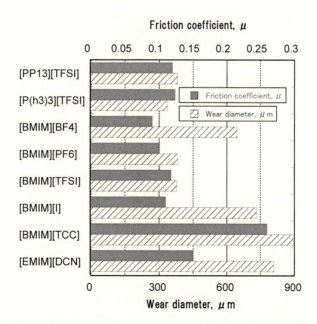

図5 鋼同士の摩擦・摩耗特性に及ぼすイオン液体の潤滑性[37]

ルとディスクともに軸受鋼（AISI 52100）を用い，摩擦条件は摩擦温度50℃，荷重50 N，往復周波数50 Hz，振幅1 mm，摩擦時間60分とした[37]。[BMIM][TCC] と [EMIM][DCN] の2種類は，ハロゲンを含まないイオン液体である。これらに対し，ハロゲン含有イオン液体は摩擦・摩耗ともに小さく，良好な境界潤滑性を示している。ハロゲン含有イオン液体で潤滑した摩擦面には，トライボケミカル反応によって金属フッ化物が形成され，この反応膜が境界潤滑膜として作用することにより，良好な潤滑性が発揮されると考えられている。図6に，イオン液体潤滑したチタン表面のXPS分析結果を示す[10]。非摩擦面からはC-F結合によるピークが観察されるが，摩擦面からは金属フッ化物に帰属するピークが確認された。このような金属フッ化物の形成は，他の金属とハロゲン含有イオン液体との組み合わせにおいても確認されている[50,51]。

　一方で，フッ素などのハロゲン含有イオン液体は，摺動材料の鉄鋼，アルミ合金，ブロンズやチタン合金に対して腐食を引き起こすことも知られている。腐食の原因は，図7に示すようなイオン液体の加水分解によりフッ化水素が発生するためとされ，この反応にはイオン液体に不純物として含まれる水や大気中の水分が大きく関与すると言われている[52]。イオン液体の分解と腐食反応は，静的な環境下でも起こるが，摩擦環境下ではより顕著に現れる。これは，摩擦によって撹拌されるイオン液体には周囲雰囲気より水が混入し易くなること，さらにトライボケミカル

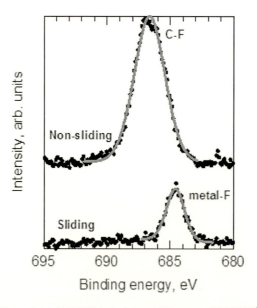

図6　イオン液体潤滑したチタン表面のXPS分析結果[10]

$$BF_4^- + 4H_2O \rightarrow B(OH)_4^- + 4HF$$
$$PF_6^- + 4H_2O \rightarrow H_2PO_4^- + 6HF$$

図7　イオン液体の加水分解のモデル[52]

第 8 章　イオン液体のトライボロジー特性

反応によって摩擦面に形成された金属フッ化物が，水と反応してフッ化水素を発生するためと考えられている。そのため，摩擦後においても腐食は進行する。潤滑油に疎水性イオン液体［PP13］［TFSI］を用い，軸受鋼のボールとディスクを相対湿度 50％の大気中で往復摺動した後の摩擦面の変化の様子を図 8 に示す[53]。摩擦試験直後には顕著な腐食は見られなかったが，そのまま大気中に 24 時間放置すると，イオン液体が触れた部分全体に腐食による変色が観察された。SEM-EDX 分析の結果，形成されたピット状の腐食痕表面には，フッ素と酸素を多く含む腐食生成物の沈着が確認された。なお，軸受鋼表面に［PP13］［TFSI］を塗布しただけでは，一週間空気中に放置した後でも腐食の発生は確認できなかったことから，摩擦がイオン液体の分解

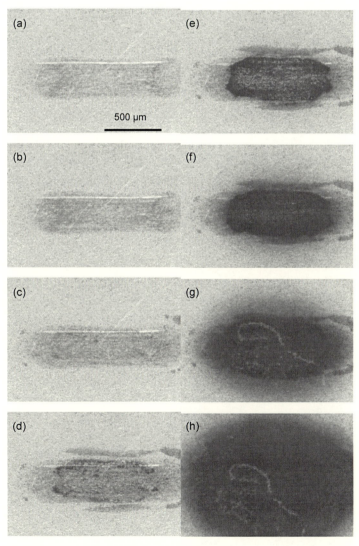

図 8　イオン液体（［PP13］［TFSI］）摺動後の摩耗痕の腐食進行[53]
(a) 0.1 h, (b) 0.5 h, (c) 1.0 h, (d) 2.0 h, (e) 4.0 h, (f) 8.0 h, (g) 12 h and, (h) 24 h

と腐食反応を促進したものと考えられる。

3 潤滑剤としての課題

3.1 イオン液体の腐食対策

ハロゲン含有イオン液体は境界潤滑性能に優れるものの，同時に上述したような腐食性を発現することがある。イオン液体を実用化するためには，この腐食の問題を克服する必要がある。その対策には，①水の影響を取り除くための雰囲気の制御，②ハロゲン化金属生成反応の抑制，③ハロゲンフリーイオン液体の利用の3つの対策が考えられる。それぞれの可能性と問題について，以下に記す。

3.1.1 雰囲気の制御

腐食性の発現には，コンタミネーションとしての水が大きく関与していることから，不純物濃度が低い疎水性のイオン液体を水が混入し難い環境下で使用すれば，腐食反応を抑制することが可能である。図9にハロゲン含有イオン液体［BMIM］［I］の大気中と乾燥窒素中における摩擦・摩耗挙動を比較した結果を示す。乾燥窒素中では，摩擦と摩耗ともに低い値を示している。また，図10に疎水性ハロゲン含有イオン液体［PP13］［TFSI］の大気中および乾燥窒素中における摩擦・摩耗特性を示す。乾燥窒素雰囲気中では200℃でも摩擦係数は低く安定しており，摩耗も大気中に比べて小さい値を示した。また，乾燥窒素雰囲気中で摩擦した試験片では，摩擦試験後に大気中に放置しても腐食の進行は観察されなかった。このことから，例えば真空中のように水混入がほとんど起きない環境下では，腐食は進行し難いものと考えられる。

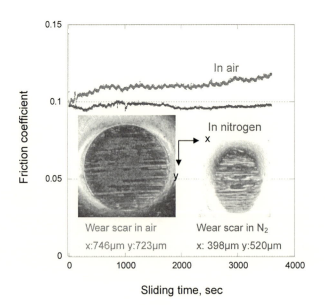

図9 乾燥窒素雰囲気中と大気中における摩擦・摩耗挙動の比較（［BMIM］［I］at 50℃）[53]

第 8 章　イオン液体のトライボロジー特性

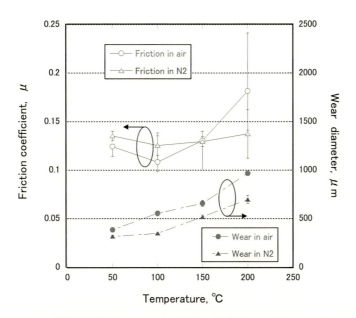

図10　大気中ならびに乾燥窒素雰囲気中における摩擦・摩耗特性の温度依存性（[PP13][TFSI]）[53]

3.1.2　ハロゲン化金属生成反応の抑制

　腐食の原因であるハロゲン化水素の発生を抑制するためには，ハロゲンと金属の過剰な反応を防ぐ保護膜を摩擦表面に形成させる方法が考えられる。カチオンが同じでアニオンにリンの有無の違いがある［BMIM］［PF6］と［BMIM］［BF4］の摩擦・摩耗特性の違いを図11に示す[53]。

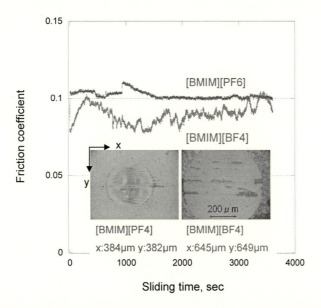

図11　Pの有無による摩擦・摩耗特性の比較（[BMIM][PF6] and [BMIM][BF4] at 50℃）[53]

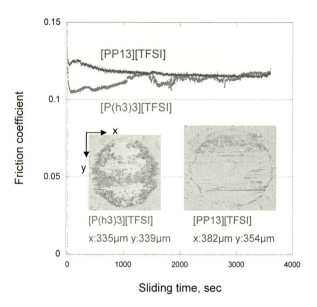

図12 Pの有無による摩擦・摩耗特性の比較（[PP13][TFSI] and [P(h3)3][TFSI] at 50℃）[53]

また，アニオンが同じでカチオンにリンの有無の違いがある[PP13][TFSI]と[P(h3)3][TFSI]の摩擦・摩耗特性の違いを図12に示す[53]。摩擦係数についてはリンを含むイオン液体の方が若干高めの値を示すものの，摩耗についてはリンを含む方が大幅に低減していることが判る。これはイオン液体に含まれるリンが，摩擦表面と反応して耐摩耗性に優れるリン酸化合物膜を形成するとともに，この反応膜がフッ化水素発生の原因となるフッ化金属の形成を抑制したためと推察される。なお，リンを含むイオン液体を潤滑油として用いた場合，摩擦後に大気中に放置した試験片における腐食の進行は確認できなかったことから，抑制効果は摩擦後も機能していると考えられる。

3.1.3 ハロゲンフリーイオン液体

ハロゲンに起因した腐食反応を完全に排除するためには，ハロゲンフリーイオン液体を選択すべきであるが，その境界潤滑性能はハロゲン含有イオン液体に比べて大きく劣る。ただし，ハロゲンフリーイオン液体であっても，図5に示したように，[BMIM][TCC]と[BMIM][DCN]を比較すると，アニオンの違いによって潤滑性に差があることから，ハロゲン化金属膜の形成に依ることなく，ハロゲンフリーイオン液体による境界潤滑性の発現が可能であると考えられる。

図13に，各種耐摩耗性材料に対するハロゲンフリーイオン液体の境界潤滑性を示す[44]。ここで用いた2種類のハロゲンフリーイオン液体の潤滑性能は摺動材料によって優劣が異なるが，例えば水素フリーダイヤモンドライクカーボン（H-free DLC）と[BMIM][DCN]の組み合わせのように，優れた潤滑性を示す組み合わせも見出されている。ハロゲンフリーイオン液体による潤滑メカニズムの詳細は今後の課題であるが，適切な摺動材料との組み合わせを選択することにより，ハロゲンフリーイオン液体の適用範囲は広がるものと期待される。また，アニオンがシ

第 8 章　イオン液体のトライボロジー特性

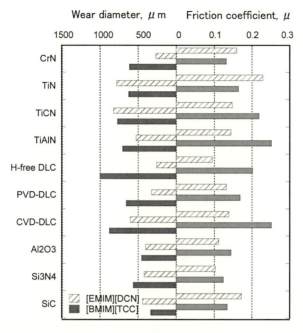

図 13　各種硬質材料に対する［EMIM］［DCN］と［BMIM］［TCC］の潤滑性[44]

アノベースのハロゲンフリーイオン液体の場合，摩擦面で反応物を形成し難いためにどうしても潤滑性は劣ることは免れない。そこで，潤滑性を向上する方法として，硫酸やリン酸を構造内に含むハロゲンフリーイオン液体の応用が検討されているが，ハロゲン化水素ほどではないものの腐食の問題が指摘されるなど克服すべき課題も多い[54]。

4　真空用潤滑剤への応用

4.1　真空中での潤滑性

真空中，特に宇宙用機器においては，厳しい温度環境に曝されるため，低蒸気圧で温度安定性のある潤滑剤が求められている。現在，宇宙用液体潤滑剤には低蒸気圧の PFPE（Perfluoropolyether）や MAC（Multiply-Alkylated Cycropentane），あるいはこれらを基油とするグリースが用いられている。これら潤滑油の利用にあたっては，極圧剤等の添加により潤滑性が向上することが知られているが，添加剤の蒸発や基油の永久粘度低下など解決すべき課題も多く残されている。これに対してイオン液体は，図 14 に示すように，無添加基油の比較において PFPE や MAC に比べ優れた潤滑性を示すことが報告されている[11]。

また，グリースでの比較においても，PFPE や MAC 系に比べイオン液体系グリースは，真空中で優れた境界潤滑特性を示すとの報告がある[55]。さらに，宇宙での利用を想定した放射に対する評価においても，十分な耐放射線性を持つことが確認されている。

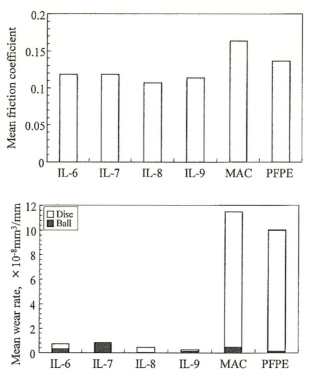

図14 高真空中におけるイオン液体の摩擦・摩耗特性[11]
IL-6,7 は TFSI アニオン系，IL-8,9 は FAP アニオン系のイオン液体

　一方で，産業用真空機器においては，大気解放が余儀なくされる摺動面も多く存在する。そのため，ハロゲン含有イオン液体の使用に際しては，先に述べた腐食の問題に十分な注意を払う必要がある。なお，大気暴露中における防錆という点では，吸着被膜型の錆止め剤が有効であるとの報告もあるが，これはあくまでも静的条件下での結果であって，摺動を伴う場合についてはその効果は不明である。

4.2 アウトガスの発生

　真空中でのアウトガスについては，発生条件ならびにガス種・量の許容範囲は真空の利用目的などによって異なる。宇宙機器材料の場合，アウトガスの測定（ASTM E595-93）は，試料とコレクタプレートを真空度 7×10^{-3} Pa 以下，試料温度 125℃，コレクタプレート温度 25℃で 24 時間保持し，試験前後の質量変化より TML（Total Mass Loss）を損失質量比，CVCM（Collected Volatile Condensable Materials）をコレクタプレートの再凝着物質比として算出する。羽山らは開発したイオン液体基油グリースの評価を行い，TML と CVCM がそれぞれ 1.0% 以下と 0.1% 以下となり，NASA 推奨値を満たすことを確認している。また，摩擦中に発生するアウトガスの量についても，イオン液体は PFPE や MAC に比べ少ないことが報告されている。

第8章　イオン液体のトライボロジー特性

宇宙機器用潤滑剤として見た場合，イオン液体のアウトガス特性は優れていると言える。

一方で，一部の半導体プロセスのように，僅かなアウトガスによる汚染でも嫌われるような場合には，イオン液体ならびに摺動材料の選択には注意が必要である。図15にイオン液体［TMPA］［TFSI］を潤滑剤として，SiCピンとチタンディスクならびに鉄ディスクを真空中で摩擦した際の分圧変化の様子を示す。鉄を摩擦した場合は，m/e = 30 と 58 において僅かな分圧上昇が確認されただけであるが，チタンの場合には摩擦に伴って m/e = 15, 30, 58, 86 の分圧に明らかな上昇が確認された。アルミの摩擦においてもチタンと同様にアウトガスの発生が見られた。金属摩擦面にはイオン液体とのトライボケミカル反応によってフッ化金属が形成されるが，この際にイオン液体の一部の分解物がアウトガスとなって真空中に放出されるものと考えられる。摩擦に伴うアウトガスの発生を抑えるためには，DLCのような化学活性の低い摺動面との組み合わせが有効である。

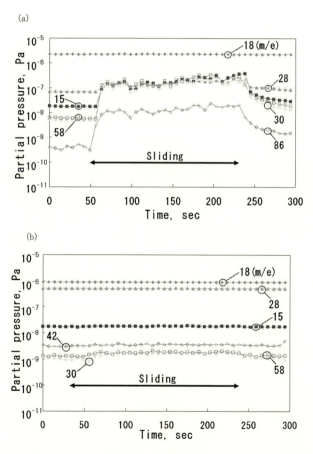

図15　真空中でイオン液体潤滑した際に発生するアウトガスの経時変化
(a) チタン，(b) 鉄鋼

5 おわりに

　イオン液体は，これまでの潤滑油にはない様々な優れた特性を有しており，これらの特徴を生かした新しい潤滑システムの構築に期待が寄せられている．しかしながら，イオン液体が広く実用化に至るまでには，分解・腐食といったイオン液体そのものの安定性・耐久性に係わる問題や，摺動材料との組み合わせを最適化するための指針作りなど，克服しなければならない課題も多く残されている．ただし，これらの根本的なところは，イオン液体特有の問題というよりは，トライボロジーの基礎メカニズムの解明そのものに帰着されるものである．そのため最近では，潤滑油添加剤の作用メカニズム解明のためのモデル化合物として，イオン液体を活用する試みも始まっている．このような基礎的な潤滑メカニズムの解明を通し，イオン液体の潤滑剤への実用化に道が拓かれるものと考えられる．

文　献

1) C. Ye *et al.*, *Chem. Commun.*, **21**, 2244 (2001)
2) W. Liu *et al.*, *Tribol. Lett.*, **13**, 81 (2002)
3) H. Kamimura *et al.*, *Tribol. Int.*, **40**, 620 (2007)
4) B. Yu *et al.*, *Tribol. Int.*, **41**, 797 (2008)
5) N. Coerr *et al.*, *J. Microeng. Nanoelectr.*, **1**, 29 (2010)
6) N. Canter, *Tribol. Lubr. Technol.*, **63**, 12 (2007)
7) B. S. Phillips *et al.*, *Tribol. Lett.*, **26**, 85 (2007)
8) A. E. Jimenez & M. D. Bermudez, *Tribol. Lett.*, **37**, 431 (2010)
9) A. Suzuki *et al.*, *Tribol. Lett.*, **24**, 307 (2007)
10) T. Yagi *et al.*, *Proc. Inst. Mech. Eng. Part J: J. Eng. Tribol.*, **223**, 1083 (2009)
11) 野木高，トライボロジスト，**56**(9), 561 (2011)
12) H. Kamimura *et al.*, *Tribol. Online*, **1**, 40 (2006)
13) Y. Xia *et al.*, *Wear*, **262**, 765 (2007)
14) Q. Lu *et al.*, *Tribol. Int.*, **37**, 547 (2004)
15) J. Qu *et al.*, *Tribol. Lett.*, **22**, 207 (2006)
16) J. Qu, *Wear*, **267**, 1226 (2009)
17) X. Liu & F. Zhou, *Tribol. Lett.*, **23**, 191 (2006)
18) L. Zhang *et al.*, *Tribol. Lett.*, **34**, 95 (2009)
19) Z. Zhao *et al.*, *Corr. Eng. Sci. Tech.*, **46**, 330 (2011)
20) M. D. Bermudez *et al.*, *Appl. Surf. Sci.*, **253**, 7295 (2007)
21) A. E. Jimenez *et al.*, *Wear*, **261**, 347 (2006)
22) I. Minami *et al.*, *Tribol. Lett.*, **40**, 225 (2010)

第8章　イオン液体のトライボロジー特性

23) M. F. Fox & M. Priest, *Proc. Inst. Mech. Eng. Part J: J. Eng. Tribol.*, **222**, 291（2008）
24) I. Minami *et al.*, *Tribol. Lett.*, **30**, 215（2008）
25) F. U. Shah *et al.*, *Phys. Chem. Chem. Phys.*, **13**, 12865（2011）
26) K. Sakai *et al.*, *Langmuir*, **31**, 6085（2015）
27) S. Watanabe *et al.*, *Langmuir*, **30**, 8078（2014）
28) S. Kawada *et al.*, *Tribol. Lett.*, **54**, 309（2014）
29) M. D. Bermudez *et al.*, *Molecules*, **14**, 2888（2009）
30) F. Zhou *et al.*, *Chem. Soc. Rev.*, **38**, 2590（2009）
31) I. Minami *et al.*, *Molecules*, **14**, 2286（2009）
32) M. Palacio *et al.*, *Tribol. Lett.*, **40**, 247（2010）
33) E. Schlücker & P. Waserscheid, *Chemie Ingenieur Technik*, **83**, 1476（2011）
34) 森誠之, イオン液体Ⅱ―驚異的な進歩と多彩な近未来―, p.277, シーエムシー出版（2005）
35) 森誠之, 表面技術, **60**(8), 502（2009）
36) 南一郎, 森誠之, 表面科学, **28**(6), 311（2007）
37) 近藤ゆりこほか, *J. Vac. Soc. Jpn.*, **56**(3), 77（2013）
38) 平山則子ほか, はじめてのトライボロジー, p.64, 講談社（2013）
39) J. Qu *et al.*, *Tribol. Int.*, **71**, 88（2014）
40) S. Zhang *et al.*, *Tribol. Int.*, **66**, 289（2013）
41) 羽山誠, 佐々木節夫, トライボロジー会議予稿集（東京 2012-5）, p.387
42) X. Fan *et al.*, *Tribol. Lett.*, **53**, 281（2014）
43) Z. Wang *et al.*, *Tribol. Lett.*, **46**, 33（2012）
44) Y. Kondo & S. Sasaki, Ionic Liquids-New Aspects for the Future, p.127, INTECK（2013）
45) R. Gonzalez *et al.*, *Tribol. Lett.*, **40**, 269（2010）
46) S. Watanabe *et al.*, Surfactant in Tribology, **4**, 217（2014）
47) T. Okabe *et al.*, *J. Precision. Eng.*, **40**, 124（2015）
48) 大野信義, トライボロジスト, **57**(2), 103（2012）
49) 友澤和俊, 大野信義, トライボロジー会議予稿集（名古屋 2008-9）, p.259
50) M. Uerdingen *et al.*, *Green Chem.*, **7**, 321（2005）
51) C. Gabler *et al.*, *Green Chem.*, **13**, 2869（2011）
52) R. P. Swawtloski *et al.*, *Green Chem.*, **5**, 361（2003）
53) Y. Kondo *et al.*, *Proc. Inst. Mech. Eng. Part J: J. Eng. Tribol.*, **226**, 991（2012）
54) 川田将平, 渡部誠也, 佐々木信也, 第16回日本機械学会機素潤滑設計部門講演会予稿集, 福井（2016）
55) 羽山誠, 佐々木節夫, トライボロジー会議予稿集（東京 2012-5）, p.387

第9章　イオン液体の高圧相転移挙動

吉村幸浩[*1], 竹清貴浩[*2], 阿部　洋[*3], 浜谷　望[*4]

1　はじめに

　圧力は，温度と並んで自然界を支配する外部因子であり……という一文が教科書に出てくるのはご存じの通りである。新しい物質や物性を得る手段以外の高圧力のメリットは，熱的寄与なしに分子間距離を変えられる点にある[1]。それゆえ，構造や物性の変化を調べるうえでも有用である。高圧力下では，分子間に働く引力的な側面と斥力的な側面の両方が，加える圧力の大きさに応じてレスポンスすると考えられるが，クーロン力が支配的で，室温で液体状態であるイオン液体[2,3]の構造には，実際どのような影響を及ぼすのであろうか。これまでに，分子性液体については，かなりのデータが蓄積されてきているが，イオン液体では一体どのような現象が起きるのかに興味が持たれる。あるいは，一見全く違う物質が示す相転移が，実はミクロなレベルでは同じ原因であったりするかも知れない。しかしながら，主に実験的な制約から，イオン液体の高圧相変化に関する研究はそれほど多くない。

　イオン液体の溶媒としての利用を考えると高圧力下での特性を知ることは有意義で，基本的な物理化学的性質の理解が欠かせない。例えば，イオン液体を潤滑剤としてストレス下で利用するためには，高圧力下での相挙動を知る必要がある。また，イオン液体は不揮発性であるがゆえに，蒸留による精製が困難である。再結晶化するにも，常圧低温下でガラス化するものが多く，再結晶化は難しいため，精製やリサイクルの観点からも，イオン液体の高圧相挙動が注目されている[4〜7]。

　本稿では，これまでに我々がラマン分光法，X線回折法（x-ray diffraction：XRD）および小角X線散乱法（small-angle x-ray scattering：SAXS）を用いて調べてきた，様々な1-alkyl-3-methylimidazolium系（以下［$C_R$mim］と略記：R = 2〜10）イオン液体の高圧相転移の結果を中心に[8〜12]，最近のイオン液体の高圧相転移挙動の結果を概説する。

---

* [*1] Yukihiro Yoshimura　防衛大学校　応用化学科　教授
* [*2] Takahiro Takekiyo　防衛大学校　応用化学科　准教授
* [*3] Hiroshi Abe　防衛大学校　機能材料工学科　教授
* [*4] Nozomu Hamaya　お茶の水女子大学　基幹研究院　教授

第9章 イオン液体の高圧相転移挙動

2 高圧相転移挙動

数 MPa オーダーのイオン液体の高圧研究は比較的多いが，数百 MPa を超えるようなレンジでの研究は，実験的困難さから現在でもそれほど多くない。GPa オーダーでの，いわゆる相転移挙動そのものの最初の仕事は，Russina[6]らや Su ら[13]の研究に始まると思われる。

表1に，現在までに報告されている高圧相転移の研究をまとめた結果（ガラス化圧（p_g）および加圧・減圧結晶化圧（p_c, $p_{d.c}$））を示す。表を見て分かるとおり，数 GPa まで加圧しても結晶化するイオン液体は少なく，ほとんどのイオン液体は過加圧されて非晶質（ガラス）化する。同程度の密度を持つ一般的な分子性液体が，～1 GPa 程度の加圧で結晶化するのに対して，この事実は興味深い。

詳細に見ると，いずれのアニオンにおいても，短いアルキル鎖（R = 2）および長いアルキル鎖を持つイオン液体（R > 8）は高圧下で結晶化しやすく，中間のアルキル鎖（R = 3～7）を持つイオン液体はガラス化しやすい傾向にある。この傾向をクーロン力とアルキル鎖間のパッキング効果から考えると，アルキル鎖長が短くなるにつれ，クーロン力が支配的（塩的な性質）になり，またアルキル鎖が長くなると，アルキル鎖間のパッキング効果が支配的（アルカン的な性質）になるため，結晶化するとも言える。一方，中間のアルキル鎖長では，クーロン力とアルキル鎖間のパッキング効果の均衡により高圧ガラス化するものと考えられる。同様の傾向は，ammonium 系イオン液体である[TMPA][NTf$_2$]（R = 3）と[TMHA][NTf$_2$]（R = 6）でも見られる[37]。これらの結果から，カチオンのアルキル鎖長はイオン液体の高圧相転移パターンを決定するファクターの一つと考えられる。BF$_4$ アニオンを持つガラス化する imidazolium 系イオン液体の場合，カチオンのアルキル鎖長が長いほど p_g が低い傾向にある。

アニオンの違いに着目すると，BF$_4$ → PF$_6$ → OTf → NTf$_2$ となるにつれアニオンサイズは大きくなるが，[C$_4$mim]$^+$ を共通カチオンに持つイオン液体で，加圧結晶化するものは PF$_6$ と OTf であり，その他のアニオンを持つイオン液体は高圧ガラス化する（カチオンが同一でも，アニオンによって 1 GPa 以上も p_g が異なる結果が見受けられる）。

類似した傾向は pyrrolidinium 系イオン液体でも観測され，OTf と NTf$_2$ では，[C$_4$mpyr][OTf]は加圧結晶化し，[C$_4$mpyr][NTf$_2$]は高圧ガラス化する[25, 31]。一方，四級 ammonium 系イオン液体では，[DEME][BF$_4$]，[DEME][NTf$_2$]とも高圧ガラス化する（[DEME][BF$_4$]は減圧結晶化もする）[34, 35]。

このように，これまでの結果から，イオン液体の高圧相転移挙動は，少なくとも①高圧ガラス化，②加圧結晶化，③減圧結晶化の3つのパターンがあり，おおよそ，高圧ガラス化は 2～3 GPa，加圧結晶化は 1 GPa，減圧結晶化は 2 GPa 以下で生じることが分かっている[7, 11, 34, 35]。3 GPa 以下で生じるイオン液体の多様な相転移パターンは分子性液体には見られない興味深い現象である。

イオン液体には，図1に示すような階層構造性（ナノ不均一構造，イオン部分の拡散運動，

イオン液体研究最前線と社会実装

表1 イオン液体の高圧相挙動

イオン液体[*1]	p_g (GPa)	p_c および $p_{d,c}$ (GPa)	相[*2]	結晶相の名称[*3]	測定最高圧力 (GPa)	測定法	参考文献
Imidazolium-based ILs							
[C$_4$mim][Cl]	—	—	n.a	—	2.0	Raman and IR	14
[C$_4$mim][Br]	—	—	n.a	—	2.0	Raman and IR	14
[C$_2$mim][BF$_4$]	2.7[a], 2.8[b]	—	Glass	—	7.0	Raman and X-ray[a,c]	10[a], 15[b], 11[c]
	—	1.0	Decomp. crystal	Phase I			
	—	2.0		Phase II			
[C$_3$mim][BF$_4$]	2.7	—	Glass	—	7.0	Raman	11
[C$_4$mim][BF$_4$]	2.4[a], 1.9[b]	—	Glass	—	~30[c]	Raman[a~c,e] and MD[d]	11[a], 15[b], 5[c], 16[d], 9[e]
[C$_5$mim][BF$_4$]	2.1	—	Glass	—	7.0	Raman	11
[C$_6$mim][BF$_4$]	2.2[a]	—	Glass	—	7.0	Raman[a,b]	11[a], 17[b]
[C$_7$mim][BF$_4$]	2.1	—	Glass	—	7.0	Raman	11
[C$_8$mim][BF$_4$]	2.2[a], 2.1[b]	—	Glass	—	7.0	Raman, SAXS, and MD[c]	11[a], 15[b], 18[c]
	—	1.1	Decomp. crystal	—			
[C$_9$mim][BF$_4$]	—	0.7	Comp. crystal	—	8.0	Raman and X-ray	Unpublished data
[C$_{10}$mim][BF$_4$]	—	0.5	Comp. crystal	—	8.0	Raman and X-ray	Unpublished data
[C$_2$mim][PF$_6$]	—	—	Comp. crystal	—	0.8	HP-DTA	13
[C$_4$mim][PF$_6$]	—	0.048[a]	Comp. crystal	S2	8.0	HP-DTA, Raman, and X-ray	6[a], 19[b], 12[c]
		0.8[b], ~1.0[c]	Comp. crystal	α-phase			
		0.07[b]	Comp. crystal	β-phase			
		0.43[a]	Comp. crystal	S1			
		>1.0[c]	Comp. crystal	δ-phase			
		>3.0[c]	Comp. crystal	δ-phase			
	>6.0[c]	—	Amorphous	—			
[C$_6$mim][PF$_6$]	1.6[a]	—	Glass	—	5.6[b]	Raman and X-ray	15[a], 20, 21[b]
[C$_8$mim][PF$_6$]	1.6[a]	—	Glass	—	5.9[b]	Raman	15[a], 22[b]
[C$_4$mim][NTf$_2$]	1.6[a], 1.8[b]	—	Glass	—	6.0	Raman	15[a], 20, 23[b]
[C$_6$mim][NTf$_2$]	1.7	—	Glass	—	3.0	Raman	15
[C$_2$mim][OTf]	—	1.3	Comp. crystal	Phase I	5.0	Raman	24
	—	1.7		Phase II			
[C$_4$mim][OTf]	—	1.0	Comp. crystal	—	2.5	Raman	25
[C$_8$mim][OTf]	2.3	—	Glass	—	2.4	Raman	25
[C$_2$mim][EtSO$_3$]	2.4	—	Glass	—	—	Raman	26
[C$_2$mim][FeCl$_4$]	—	—	n.a	—	1.0	Raman and Magnetic susceptibility	27
[C$_2$mim][NO$_3$]	—	~1.1	Comp. crystal	S1	8.6	Raman	28
	—	~3.6		S2			
	—	~5.6		S3			
	—	~8.6		S4			
[C$_4$mim][HSO$_4$]	—	—	n.a	—	2.6	Raman	29
[C$_4$mim][C$_1$SO$_4$]	—	—	n.a	—	1.8	Raman	29
[Dmim][C$_1$SO$_4$]	—	—	n.a	—	2.3	IR	30
Pyrrolidinium-based ILs							
[C$_4$mpyr][NTf$_2$]	2.2	—	Glass	—	8.0	Raman	31
[C$_8$mpyr][NTf$_2$]	—	—	n.a	—	1.0	MD	33
[C$_{10}$mpyr][NTf$_2$]	—	—	n.a	—	1.0	MD	33
[C$_4$mpyr][OTf]	—	1.0	Comp. crystal	—	2.3	Raman	25
Ammonium-based ILs							
[DEME][BF$_4$]	3.3	—	Glass	—	5.5	Raman and X-ray	34
	—	0.8	Decomp. crystal	Phase I			
	—	1.4		Phase II			
[DEME][NTf$_2$]	2.0	—	Glass	—	5.5	Raman	35, 36
[TMPA][NTf$_2$]	—	0.2	Comp. crystal	—	5.1	Raman	37
[THPA][NTf$_2$]	2.0	—	Glass	—	11	Raman	37
[N$_{1114}$][NTf$_2$]	1.1	—	Glass	—	2.5	Raman and X-ray	38
[N$_{1444}$][NTf$_2$]	1.3	—	Glass	—	2.5	Raman and X-ray	38
PAN	1.3	1.3	Polycrystalline/glassy state	—	4.0	Raman[a,d] and MD[c]	39[a], 40[b], 41[c]
	—	2.0	Comp. crystal	—	2.0		
EAN	—	—	n.a	—	1.0	MD	40
BAN	—	—	n.a	—	1.0	MD	40

[*1] [EtSO$_3$]:ethylsulfate, [C$_1$SO$_4$]:methylsulfate, [Dmim]:1,3-dimethylimidazolium, [DEME]:N,N-diethyl-N-methyl-N-(2-methoxyethyl) ammonium, [TMPA]:N-trimethyl-N-propylammonium, [TMHA]:N-trimethyl-N-hexylammonium, [N$_{1114}$]:n-butyl-trimethylammonium, [N$_{1444}$]:n-methyl-tributylammonium, PAN:propylammonium nitrate, EAN:ethylammonium nitrate, BAN:butylammonium nitrate

[*2] Glass:高圧ガラス化, Comp. crystal:加圧結晶化, Decomp. crystal:減圧結晶化

[*3] 論文中に記載されている結晶相の名称

第9章　イオン液体の高圧相転移挙動

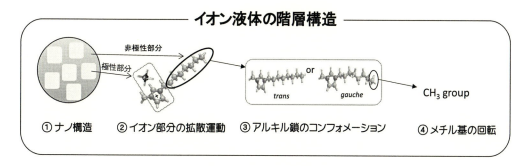

図1　イオン液体の階層構造

アルキル鎖のコンフォメーションおよびメチル基の回転）が存在し[42, 43]，液体相中ではRの増加とともにナノスケールの構造が発達し，R≥5で顕著になるというコンセンサスが得られている[2]。イオン液体の複雑な相転移挙動は，階層構造が関与していると考えられる[42]。最近，このナノスケール構造と結晶・液晶構造に強い相似性があることが，常圧下の示差走査熱量測定およびXRD実験によって示された[44]。

3　ナノ不均一構造とコンフォメーション変化の関連

このように，特にimidazolium系イオン液体は大変多様な高圧相転移挙動を示す。では，その相転移挙動の起源はどこにあるのであろうか？

常圧下での相転移挙動がよく調べられているイオン液体の一つに[C$_4$mim][PF$_6$]がある。このイオン液体は温度の違いによってα，β，γの3つの結晶多形を示し，各結晶相で支配的なカチオンのコンフォーマーが異なることが報告されている[8, 45]。このことから，カチオンのアルキル鎖のコンフォメーションを調べることは，相転移挙動を考察するうえで有意義と考えられる。

そこで，局所構造変化であるカチオンのコンフォメーション変化の観点から，イオン液体の高圧相転移挙動について考察する。アルキル鎖がpropylより長いものは，常温常圧の液体状態で二面角N1-C7-C8-C9に対してtrans体とgauche体のコンフォメーション平衡が存在することが知られている[46]。図2（a）に示すように，これらのコンフォーマーは，600〜630 cm^{-1}付近のラマンCH$_2$ rockingバンドにより分離して観測が可能である。

加圧ガラス化する場合の代表例として，図2（b）に[C$_4$mim][BF$_4$]における各コンフォーマー間のラマン強度比（$f = I_{gauche}/I_{trans}$）の圧力変化を示す。I_{gauche}およびI_{trans}はそれぞれのコンフォーマーのラマン積分面積強度（I）を示す。結果から，ガラス化圧の2.5 GPaを境にf値が増加から減少に転じている。さらに，6 GPa以上で再度プロットの傾きが変化していることが分かる。今のところ，2.5〜6 GPaのガラスと6 GPa以上のガラスが熱力学的に異なる相であるかは分からないが，コンフォメーションの観点で見ると，少なくとも局所構造に違いがあると言

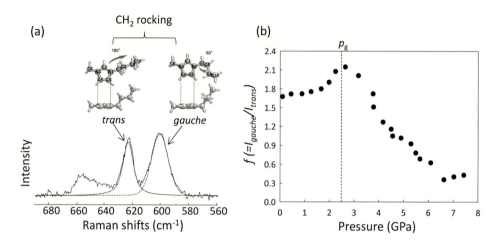

図2 (a) $[C_4mim]^+$のラマンスペクトルとコンフォメーションの関係および (b) 圧力による$[C_4mim][BF_4]$のコンフォメーション変化

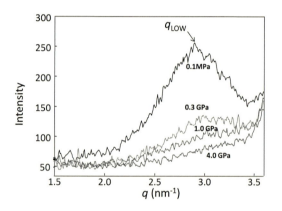

図3 各圧力における$[C_8mim][BF_4]$のSAXS profile

える。イオン液体は配置エントロピーの大きな液体で,そのエントロピーは主にアルキル鎖のこのような自由度に起因し,アルキル鎖がガラス形成と大きく関連していることが指摘されている[42, 47]。

では,この局所構造変化とイオン液体のナノ不均一構造変化はどのようにリンクしているのだろうか。図3に我々が調べた各圧力下における$[C_8mim][BF_4]$のSAXS profileを示す。この3.0 nm^{-1}付近に観測されるピーク(q_{Low})の解釈については諸説あるが[48],少なくともイオン液体のナノ不均一構造を反映しているものと考えられる。図3より,加圧に伴いq_{Low}ピークの強度減少と高q側へのシフトが観測されることから,高圧力下ではイオン液体に特徴的なナノ構造は消失する方向に向かうと言える。p_g付近で,q_{Low}のピーク強度がほとんど無視できるくらいに小さくなることは注目される。

一方,p_g値を図4に示す$[C_8mim]^+$の gauche 体と trans 体のコンフォメーション変化(f値)

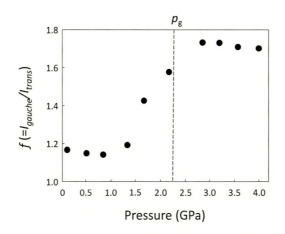

図4　圧力による[C_8mim][BF_4]のコンフォメーション変化

と比較すると，f値の変化はp_gよりも低圧側で生じることがわかる。以上の結果から総合して判断すると，加圧によりまずナノ構造が消失し，gauche体が増加した後，ガラス化を生じるという描像が見えてくる。図2に示したように，加圧に伴うgauche体の増加は，高圧ガラス化を生じる[C_4mim][BF_4]でも観測されることから，gauche体の増加がimidazolium系イオン液体の高圧ガラス化には重要な寄与をしているものと考えられる。

　我々のSAXSの結果[11]が発表されたすぐ後に，Russinaら[18]は分子動力学（molecular dynamics：MD）シミュレーションを用いて，[C_8mim][BF_4]のsimulated SAXS profileの圧力変化を報告した。1 GPa付近までの加圧によりq_{Low}のピーク強度が減少し，かつピーク位置は高q側へシフトする結果を得ている。この結果は，図3に示す実験結果を非常によく再現している。さらに，イオン間の構造相関（図1②）には大きな変化はなく，アルキル鎖部分（図1③）が大きく変化する（カチオンのアルキル鎖末端のCH_3基がイミダゾリウム環に近づく）ことが提案された。彼らはこれをtail-curlingと呼んでいる。これらの結果は，高圧力下では，相転移とコンフォメーション変化が連動して起きていることを示している。イオン液体はアニオンとカチオンのみから構成されているのにも関わらず，その高圧相挙動に電荷を持たないカチオンのアルキル鎖が重要な役割を果たしていることは大変興味深い。

　その後続いて，Sharmaら[33]やMarianiら[40]によって，MDシミュレーションを用いたpyrrolidinium系やammonium系イオン液体のsimulated SAXS profileの圧力依存性が報告され，[C_8mim][BF_4]と同様に，これらのイオン液体のq_{Low}ピークは高圧下で消失することが報告されている。

　ところで，Holbreyら[49]の低温相転移の結果によると，R＞9のアルキル鎖長を持つ[$C_R$mim][BF_4]では，液晶相が観測されている。この高圧液晶相も存在するかもしれない。

4 おわりに

　以上のことをまとめると，イオン液体の高圧相転移挙動は，少なくとも加圧結晶化・加圧ガラス化・減圧結晶化の3パターンがあり，多様な高圧相転移挙動を示すこと，また，結晶化・ガラス化に関わらず，イオン液体の高圧相転移挙動とカチオンのアルキル鎖部分のコンフォメーション変化には相関があること，を述べた。本稿で紹介した多様な高圧相転移挙動は，フレキシビリティを持つコンフォメーションの多様性に起因するものと考えられる。

　室温でも液体状態の塩であるイオン液体は，不揮発性・広い温度範囲で液体として存在するなどの特徴から，既存の有機溶媒や触媒，潤滑剤などの新規代替材料として期待されている。本稿で紹介した高圧力下の相挙動からは，約3GPaまで液体として利用できるものがあることが分かった。これは，例えばギヤー油などに要求される圧力範囲を満たしており[50]，今後イオン液体をストレス下で応用[51,52]する際の情報として重要であると思われる。また，$[C_2mim][BF_4]$および$[C_8mim][BF_4]$で見られる減圧結晶化[10,15]が他のイオン液体でも起これば，再結晶化を利用した精製の幅が広がることが期待される。将来，本稿で紹介したようなイオン液体の高圧相転移挙動の研究が，応用面においても役立つことを期待している。

　最後に最近の研究例の一つとして，NTf_2アニオンを組み合わせたイオン液体では，ラマンスペクトルの線幅（NTf_2^- normal mode）がかなりシャープかつ加圧によって明瞭にシフトするので，媒体のみならず圧力マーカーとしても同時に使えるのではないかという指摘がある[50]ことを述べて結びとしたい。

文　献

1) 毛利信男，新しい高圧力の科学，講談社（2003）
2) R. Hayes, *Chem. Rev.*, **115**, 6357 (2015)
3) 北爪智哉ほか，イオン液体−常識を覆す不思議な塩−，p.1，コロナ社（2005）
4) L. Su *et al.*, *J. Phys. Chem. B*, **114**, 5061 (2010)
5) L. Su *et al.*, *J. Phys. Chem. B*, **116**, 2216 (2012)
6) O. Russina *et al.*, *Phys. Chem. Chem. Phys.*, **113**, 12067 (2011)
7) 吉村幸浩ほか，ケミカルエンジニアリング，**56**, 42 (2011)
8) M. Shigemi *et al.*, *High Press. Res.*, **31**, 35 (2013)
9) M. Shigemi *et al.*, *J. Solution Chem.*, **43**, 1614 (2014)
10) Y. Yoshimura *et al.*, *J. Phys. Chem. B*, **117**, 12296 (2013)
11) Y. Yoshimura *et al.*, *J. Phys. Chem. B*, **119**, 8146 (2015)
12) H. Abe *et al.*, *J. Phys. Chem. B*, **118**, 1138 (2014)

第9章　イオン液体の高圧相転移挙動

13) L. Su *et al., J. Chem. Phys.*, **130**, 184503 (2009)
14) H.-C. Chang *et al., J. Phys. Chem. A*, **111**, 9201 (2007)
15) M. C. C. Ribeiro *et al., J. Chem. Phys.*, **140**, 244514 (2014)
16) Y. Zhao *et al., J. Phys. Chem. B*, **116**, 10876 (2012)
17) X. Shu *et al., J. Mol. Struct.*, **1106**, 70 (2016)
18) O. Russina *et al., Phys. Chem. Chem. Phys.*, **17**, 29496 (2015)
19) S. Saouane *et al., Chem. Sci.*, **4**, 1270 (2013)
20) L. Pison *et al., J. Chem. Phys.*, **139**, 054510 (2013)
21) Y. Len *et al., Chem. Phys. Lett.*, **629**, 8 (2015)
22) J. Li *et al., Chinese Sci. Bull.*, **59**, 2980 (2014)
23) J. Wu *et al., J. Solution Chem.*, **44**, 2106 (2015)
24) H. Li *et al., J. Phys. Chem. B*, **119**, 14245 (2015)
25) L. F. O. Faria *et al., J. Phys. Chem. B*, **119**, 14315 (2015)
26) J. Li *et al., High Press. Res.*, **33**, 751 (2013)
27) A. García-Saiz *et al., J. Phys. Chem. B*, **117**, 3198 (2015)
28) Y. Yoshimura *et al., J. Mol. Liquids*, **206**, 89 (2015)
29) M. C. C. Ribeiro *et al., J. Phys. Chem. B*, **116**, 7281 (2012)
30) H.-C. Chang *et al., J. Phys. Chem. B*, **110**, 3302 (2006)
31) F. Capitani *et al., J. Phys. Chem. B*, **120**, 2921 (2016)
32) T. C. Penna *et al., J. Chem. Phys.*, **138**, 104503 (2013)
33) S. Sharma *et al., J. Phys. Chem. B*, **120**, 3206 (2016)
34) Y. Yoshimura *et al., J. Phys. Chem. B*, **117**, 3264 (2013)
35) Y. Yoshimura *et al., J. Phys. Chem. C*, **116**, 2097 (2012)
36) 吉村幸浩ほか，高圧力の科学と技術，**23**(4), 325 (2011)
37) F. Capitani *et al., J. Phys. Chem. B*, **120**, 1312 (2016)
38) T. A. Lima *et al., J. Chem. Phys.*, **144**, 224505 (2016)
39) L. F. O. Faria *et al., J. Phys. Chem. B*, **117**, 10905 (2013)
40) F. Capitani *et al., J. Phys. Chem. Solid*, **84**, 13 (2015)
41) A. Mariani *et al., Phys. Chem. Chem. Phys.*, **18**, 2297 (2016)
42) M. Kofu *et al., J. Chem. Phys.*, **143**, 234502 (2015)
43) 山室修ほか，高圧力の科学と技術，**25**(3), 200 (2015)
44) F. Nemoto *et al., J. Phys. Chem. B*, **119**, 5028 (2015)
45) T. Endo *et al., J. Phys. Chem. B*, **114**, 407 (2010)
46) H. Hamaguchi & R. Ozawa, *Adv. Chem. Phys.*, **131**, 85 (2005)
47) O. Yamamuro *et al., Chem. Phys. Lett.*, **423**, 371 (2006)
48) 西川恵子ほか，イオン液体の科学 新世代液体への挑戦，丸善出版 (2012)
49) J. D. Holbrey & K. R. Seddon, *J. Chem. Soc., Dalton Trans.*, 2133 (1999)
50) L. F. O. Faria *et al., J. Raman Spectrosco.*, **44**, 481 (2013)
51) 高分子学会，"最先端材料システム One Point 2 イオン液体"，共立出版 (2012)
52) C. Ye *et al., Chem. Commun.*, 2244 (2001)

第10章　イオン液体の設計・合成・精製・再生の最近の進歩

伊藤敏幸*

1　はじめに

イオン液体は第3の液体と言われ，最近，超臨流体とともに注目を浴びるようになった[1]。非常に幅広い温度範囲で液体を保ち，不揮発性や超難燃性，有機物，無機物に対してユニークな溶解性を示すなど従来になかった機能を持つ。特に再生リサイクルが容易なサスティナブル液体という特長がある。

筆者らは，イオン液体を酵素反応や鉄触媒反応の溶媒，セルロースやリグニンを溶解する溶媒，最近では抵抗可変型メモリの機能向上に利用してきた。なかでも酵素反応の溶媒として，加水分解酵素リパーゼによる不斉アシル化反応が進行することを最初に明らかにした[2]。この論文は，実験結果自体は2000年春にまとまっていたのであるが投稿までに1年近くを要した。使用するイオン液体の純度のために実験結果の再現性に問題が生じたせいである。筆者らが研究を開始した頃，イオン液体は市販されていなかったため，全て自ら合成せざるを得なかった。参考にしたWilkes[3]やDupont[4]の論文には精製法について詳しい記載がなく，イオン液体の合成を試行錯誤で行わざるを得なかった。なかでも頭を悩ませたのは精製方法である。分子性液体の場合，蒸留操作で精製できるが，イオン液体は極めて蒸気圧が低いために蒸留精製ができない。NMRデータ上では問題がないイオン液体を使用したにもかかわらず，ロットが違うと全く反応が進まない問題に直面したため，イオン液体の精製方法を一から検討し，再現性のある実験結果が得られるイオン液体を合成できるまでに時間を要したために投稿が遅れてしまった。しかし，この時の体験はよい研究資産になった。筆者の研究室においても，研究テーマが広がるに連れて合成法を少しずつアレンジして現在に至っているが，研究で使用しているイオン液体はいまでもほぼ自家製である。高純度イオン液体の合成は，研究者を悩ます問題であることもあり，Burrellらは高純度イオン液体の合成に絞った論文[5]を報告しており，渡邉らもporous ionic liquidの合成法に関する総説[6]を報告している。また，Zhangらはマイクロウェーブや超音波を活用するイオン液体の合成法に関する総説[7]を報告している。

なお，筆者の研究室では酵素反応に使用したイオン液体は常に再生リサイクルしてきたため，最初に合成したイオン液体に至っては18年物になる（随時補充してきたためオリジナルの割合がどの程度か不明であるが）。これも研究初期に合成法と精製法を検討し研究室のノウハウとし

---

*　Toshiyuki Itoh　鳥取大学　大学院工学研究科　化学・生物応用工学専攻　教授

第10章 イオン液体の設計・合成・精製・再生の最近の進歩

て維持してきた所以であると思われる。金属触媒反応に使用する場合，イミダゾリウム塩イオン液体は痛みやすい傾向があるため即座に再生処理を行う必要があるが，酵素反応の場合はアセトンもしくはエタノールに溶解して保存しておき適時再生処理を行えば良い。このようなことができるのはイオン液体の特徴である。イオン液体のリサイクル使用は，総合的に考えるとエネルギーコスト削減にはあまりならないように思われるが，フッ素をアニオンに含むイオン液体の場合，少なくともフッ素資源の有効活用の観点では一定の意義はあると思われる。本稿では最初に筆者の研究室で行っているイオン液体合成法を紹介し，ついでイオン液体の設計や合成法について紹介する。

2 イオン液体の合成

2.1 標準的なイオン液体合成法

イオン液体合成法としてメタル交換法（アニオン交換法）と酸-塩基法（中和法）が標準的である。図1にイミダゾリウム塩をモデルに概要を示した。

メタル交換法（アニオン交換法：step 2）はイオン液体の合成法としてよく知られた方法でありイミダゾリウム，アンモニウム，ホスホニウムカチオンのハロゲン化物塩と $NaBF_4$，$NaPF_6$，CF_3SO_3Na，$LiNTf_2$ をエタノール，アセトン，あるいは水溶液として撹拌するだけでよい。イミダゾリウム塩の合成はこの方法がもっとも簡単である。最初のアルキルハライド（RX）と1-メチルイミダゾールとの反応（Step 1）は発熱反応でありハロゲン化物を加える際には除熱しながら加える必要がある。ここで着色しやすく，無色のイオン液体を得るためにはハロゲン化物塩（[Rmim]X）の段階でできる限り精製しておく必要がある。この段階でメタノールあるいは水に溶解して活性炭を加えて脱色，さらにエタノールなどで再結晶して精製しておくと次のメタル交換反応（step 2）はスムースに進行し，無色のイオン液体（[Rmim][A]）が得られる場合が多い。イミダゾリウム塩については塩化物塩を調製しておき，これからメタル交換法でアニオン交換するのが一般的である。

疎水性の塩を与える $NaPF_6$ や $LiNTf_2$ とのメタル交換（Step 2）では，初期はアセトン溶媒を使用していたが現在では水溶媒にしている。多少，収率が低下することはあっても綺麗なイオン液体が得られる。反応が進行すると疎水性のイオン液体が分離するため，イオン液体層を脱イオン水で洗浄すれば無色のイミダゾリウム塩（[Rmim][A]）が得られる。最後にアセトン溶液としてカラムに充填した中性アルミナ（Type I）を通しておけばハロゲン化ナトリムやリチウム塩は確実に除ける。

なお，4級アンモニウム塩イオン液体の合成の場合，Step 1で生じた中間体ハロゲン塩の精製が難しい場合がある。しかし，メタル交換後の洗浄精製が難しいことが多いため，中間体ハロゲン塩の段階で再結晶を行い，不純物を取り切れないと最終物の精製が困難になる。

酸-塩基法（中和法）（Step 4，5）はカルボン酸やアミノ酸イオン液体の合成に便利であり，

97

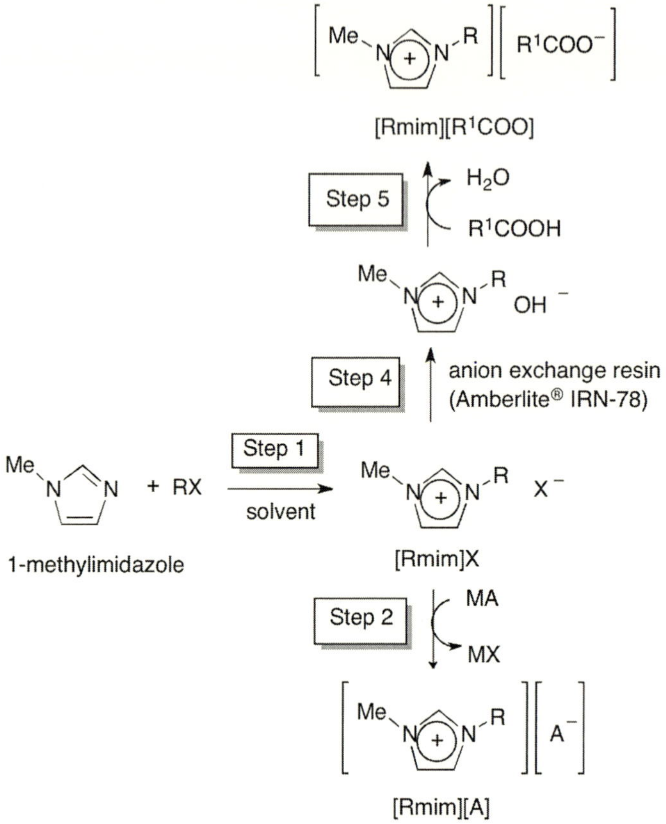

図1 イミダゾリウムイオン液体合成法の概要

中間体の水酸化物塩に対応するカルボン酸を当量加えて脱水するだけで合成ができる。まず，イオン交換樹脂を通して水酸化物塩とし，これにカルボン酸やアミノ酸を当量加えてから減圧濃縮して水分を除去すると目的のイオン液体（[Rmim][R₁COO]）が得られる。中間体の水酸化物塩は水溶液としておけば冷蔵保存できるが，濃縮すると不安定になるため，濃縮したら即座に使用する必要がある。

なお，疎水性のイオン液体は脱イオン水で洗浄することで精製できるが，BF_4塩やCH_3SO_3塩のような親水性のイオン液体の場合は水洗浄ができない。そのようなイオン液体の精製には逆抽出を行う。イオン液体は酢酸エチルやジクロロメタンにはよく溶ける場合が多い。そこで，親水性イオン液体の場合は，水溶液として活性炭処理を行ったのち，水溶液から酢酸エチルあるいはジクロロメタンで抽出して精製している。ジクロロメタンはなるべく使いたくないが，イオン液体の組成によってはジクロロメタンで抽出が最もよい場合があり悩ましいところである。ただし，イオン液体の組成で有機溶媒への溶解性は大きく変化するため，その都度，最適な抽出溶媒を選ぶのが肝腎である。

第10章　イオン液体の設計・合成・精製・再生の最近の進歩

2.2　具体的な各種イオン液体の合成

イオン液体の具体的な合成例を筆者らの研究室の合成法を中心に紹介する。

2.2.1　[C_4mim][NTf_2]の合成（図2）

ジムロートコンデンサーを装着したナスフラスコに1-メチルイミダゾール（82.1 g, 100 mmol）をとり1-クロロブタン（22.2 g, 240 mmol）を加えて110℃で17時間加熱撹拌した。ついで減圧濃縮し（2 Torr, 60℃, 3時間）で過剰の1-クロロブタンを除去すると白色固体の塩（[C_4mim]Cl）が定量的に得られた。筆者の研究室ではこの塩の状態で保存している。もし着色していたらこの段階で活性炭水溶液に溶解して60℃で12時間撹拌して脱色させるか，エタノールで冷却して再結晶して精製している。ただし，現在では[C_4mim]Clは市販されているので購入したもので十分である。

[C_4mim]Cl（14.7 g, 84 mmol）に脱イオン水40 mLを加えて溶解し，これにLi(NTf_2)（24.1 g, 84 mmol）水溶液（脱イオン水80 mL）を加えて室温で12時間室温撹拌すると疎水性の[C_4mim][NTf_2]が分離する。得られたイオン液体（[C_4mim][NTf_2]）を脱イオン水で洗浄（3回）する。凍結乾燥し，さらに減圧（1 Torr = 133.3 Pa）条件，50℃で5時間以上かけて溶媒と水分を除去し，無色油状物が得られる。これをアセトンに溶解し，中性アルミナ（Type I）カラムを通し，減圧濃縮すると[C_4mim][NTf_2]（35.6 g, 85 mmol）が通算収率85％で得られる。中性アルミナ処理は残留する塩化物イオンの濃度を著しく低減できる。アルミナ処理は中間体のハロゲン塩を除くのに効果があり，イミダゾリウム塩の場合は活性アルミナ（Type I）が良い。アンモニウム塩の場合は活性アルミナを通すと吸着されてしまうのでアルミナ処理はできない。凍結乾燥後に減圧濃縮（1 Torr, 50～60℃で12時間程度）すると水分含量低下に有効である。

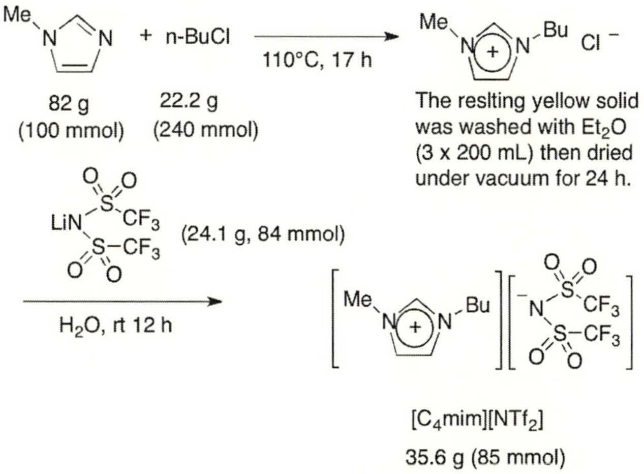

図2　1-ブチル-3-メチルイミダゾリウム＝ビス(トリフルオロメチルスルホニル)アミド（[C_4mim][NTf_2]）の合成

[C_4mim][PF_6] の合成はこの方法に準じて次のように行っている。

2.2.2 [C_4mim][PF_6] の合成

ポリエチレン容器に [C_4mim]Cl (17.7 g, 100 mmol), 純水 (200 mL) をとる。これに 60%ヘキサフルオロリン酸 (HPF$_6$) (31.6 g, 130 mmol) を室温で加えて 12 時間同温度で撹拌すると [C_4mim][PF_6] が分離する。これを純水で洗浄し, 洗浄水が酸性を示さなくなるまで繰り返し洗浄後 (10 回程度), 減圧濃縮し, アセトンに溶解したのち中性アルミナ (Type I, activated) を通し, 溶媒を留去する。後の乾燥処理は上記と同じ (18.8 g, 66 mmol)。収率 66%。

最近, Liu らが [C_4mim][PF_6] の非常に簡単な合成法を報告した[8]。ジムロートコンデンサーを装着した三ツ口フラスコに 1-メチルイミダゾール (50 mmol), 1-ブロモブタン (50 mmol), NaPF$_6$ (50 mmol) を一挙に加えて 70～80℃で加熱して 3.5 時間撹拌する。その後, 水 10 mL を加えると水とイオン液体の 2 相になるため, イオン液体 (下層) をとり, 脱イオン水で洗浄し, 洗浄水が硝酸銀テストで臭化物イオンが検出できなくなるまで洗浄する。ついで, エーテルで洗浄 (15 mL, 3 回), 減圧濃縮後, 120℃, 2 時間減圧乾燥すると 93% 収率で [C_4mim][PF_6] が得られる。彼らはピリジニウム塩についても同様の方法で精製できるとしている。筆者らが追試を行ったところ, [C_4mim][PF_6] についてはこの方法で十分な純度で合成できたが, この論文記載の他のイオン液体については, 未反応物もしくは不純物が副成して精製が難しかった。面倒でも従来法に従って段階を踏んで合成するのが確実である。

2.2.3 [C_4mim][BF_4] の Burrell らの合成法 (図3)[5]

ジムロートコンデンサーを装着した 2 L ナスフラスコにメチルイミダゾール (500 g, 6.0 mol) をとり, 臭化ブチル (860 g, 6.3 mol) を滴下し (発熱反応なので 40℃以上に温度が上がらないように滴下速度を保つ), 混合液を室温で 24 時間撹拌すると黄色固体が得られる。この固体を濾取してジエチルエーテル洗浄 (200 mL, 3 回), 減圧濃縮して過剰の臭化ブチルを除いたのち, 得られた固体を脱イオン水 (1.5 L) に溶解し, 活性炭 (30 g) を加えて 65℃で 24 時間撹拌する。活性炭を除き, 濾液を NaBF$_4$ (680 g) 水溶液 (脱イオン水 1 L) に注ぎ入れ, 室温で 3 時間撹拌する。ついで, ジクロロメタンを用いて液-液連続抽出で 48 時間抽出する (具体的な装置は不明)。抽出液はシリカゲルパッドを通した後, 減圧濃縮すると [C_4mim][BF_4] (1,290 g) が 95% 以上の収率で得られる。なお, 筆者の研究室では液-液連続抽出装置は保有していないため, ジクロロメタン抽出を 5 回程度繰り返しているだけであるが [C_4mim][BF_4] は遜色ない収率で得られている。

2.2.4 N,N-diethyl-N-(2-methoxyethyl)-N-methylammonium alanine ([N_{221ME}][Ala])[9] の合成 (図4)

筆者らはセルロースを溶解するイオン液体としてアミノ酸イオン液体である [N_{221ME}][Ala] をデザインした[9]。このイオン液体は次のように合成した。

N,N-diethyl-N-(2-methoxyethyl)-N-methylammonium bromide ([N_{221ME}][Br]) (2.26 g,

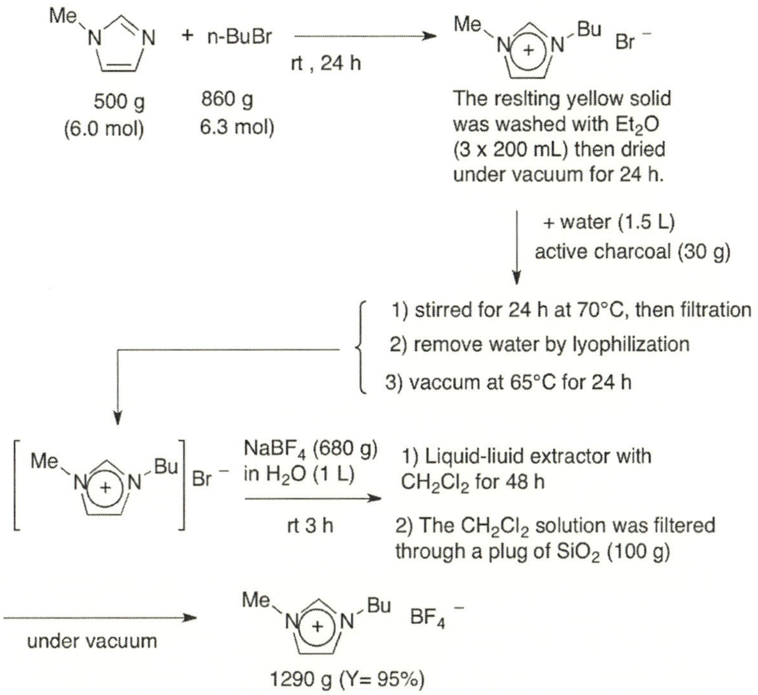

第10章　イオン液体の設計・合成・精製・再生の最近の進歩

図3　1-ブチル-3-メチルイミダゾリウム＝テトラフルオロボラート（[C_4mim][BF_4]）の合成

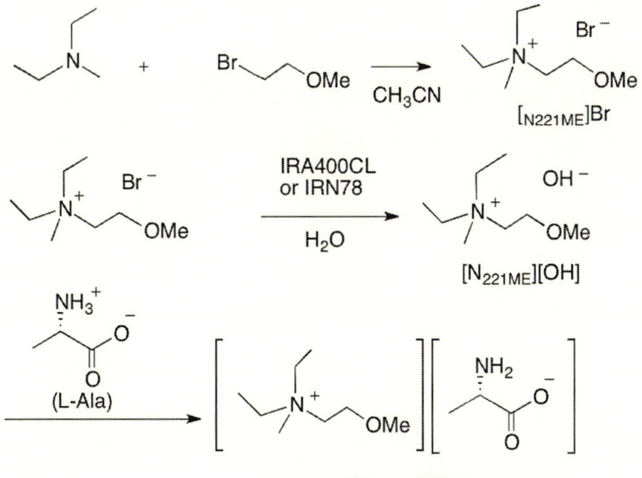

図4　[N_{221ME}][Ala]の合成

10 mmol）を脱イオン水（15 mL）に溶解し，イオン交換樹脂（activated amberlite IRA400CL，50 mL）を充填したカラムを通して水酸化物塩（[N_{221ME}][OH]）とする。この水溶液中には一部 NaBr が一緒に溶存しているが，この水溶液に L-alanine（0.89 g，10 mmol）

の水溶液（60 mL）を0℃で加えて，同じ温度で19時間攪拌した。ついで，エバポレータで減圧濃縮すると［N_{221ME}］［Ala］とNaBr混合塩が半溶解固体として得られた。これをアセトニトリル-メタノール（9：1）溶液を加えてセライト濾過してNaBrを除き，臭化物イオンの残存を硝酸銀テストで確認し，もし残存していればアセトニトリルを加えるとNaBrが析出するため濾過してNaBrを除く。凍結乾燥したのち減圧濃縮（1 Torr，50℃）を5時間行うと無色油状物として［N_{221ME}］［Ala］（2.24 g，9.6 mmol）を収率96％で得た（図4）。IRA400CLの活性化は50 mL of IRA 400CLを1.7 M NaOH水溶液（170 mL）で処理して行った。

2.2.5　ホスホニウム塩イオン液体［P_{444ME}］［NTf_2］（図5）[10]

2-メトキシエトキシメチルクロリド（MEMクロリド）（4.98 g，40 mmol）のアセトニトリル（20 mL）溶液にトリブチルホスフィン（7.50 g，37 mmol）を室温で加え（この反応は発熱反応であり，アイスバスにフラスコを浸けて冷却しながらゆっくりと滴下する），滴下終了後80℃で22時間攪拌したのち放冷し，室温まで冷却後，n-ヘキサンを加えて生じた結晶を濾取して除去，ついで濾液を減圧濃縮すると塩化物塩（20.6 g，36 mmol）が得られた。この段階は当初はエタノール溶液で行っていたが，現在はアセトニトリルに変更した。これを脱イオン水（18 mL）に溶解し，ついでリチウム＝ビス（トリフルオロメタンスルホニル）アミド（11.37 g，40 mmol）の水溶液（40 mL）を加え，混合液を室温で17時間攪拌した。反応が進むと疎水性の［P_{444ME}］［NTf_2］が分離してくるため，［P_{444ME}］［NTf_2］を脱イオン水で3回洗浄し，減圧濃縮後，凍結乾燥すると無色油状物として［P_{444MEM}］［NTf_2］が得られる。この状態でも有機合成反応溶媒であれば実用になる。さらにイオン液体をアセトンで希釈し，アセトン溶液（エタノール溶液も可）として活性炭を加えて攪拌し，活性炭を濾別して除去したのち，濾液を活性アルミナ（Type III）を通し，減圧下（0.1 Torr）50℃で5時間乾燥し，無色透明な液体として［P_{444MEM}］［NTf_2］（20.0 g，35 mmol）を収率95％で得ることができた。この2段目も当初はエタノール溶媒を使用していたが，現在は水溶媒に改めた。水溶媒の方が収率は落ちるが綺麗なイオン液体

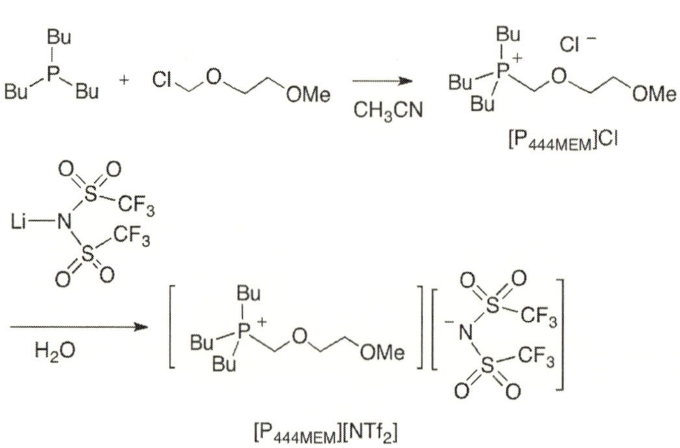

図5　［P_{444MEM}］［NTf_2N］の合成法

第 10 章　イオン液体の設計・合成・精製・再生の最近の進歩

が得られる。

　イオン液体中の含水量を減らすために，筆者らは凍結乾燥を行った後，50〜60℃に加温しながら真空ポンプで減圧している（0.1 Torr）。この方法でほとんどのイオン液体は 100 ppm 程度まで含水率を減らすことができる。

　本稿では［NTf$_2$］として略記したが，このアニオンについて「bis(trifluoromethylsulfonyl)imide (TFSI)」という名称と略号が試薬リストにも使われている。しかし，「imido」は「アシル基が 2 つあるアミド」の名称であるため，IUPAC ルールに従うと「bis(trifluoromethylsulfonyl)amide」が正しい。「bis(trifluoromethylsulfonyl)imide」とすると，トリフルオロメチルスルホニル基が 4 個ついたアミドというあり得ない構造になる。そこで，イオン液体研究の大家である Seddon は「bis(trifluoromethylsulfonyl)amide」とすべきであると主張しており，RSC では現在この名称に統一している。もっとも，bis を除いて「trifluoromethylsulfonylimide」であれば正しい構造を意味しているわけで，「トリフルオロメチルスルホニルイミド ＝ TFSI」と解釈すれば，TFSI という略号が間違いとはいえないが，混乱をさけて RSC に従って［Tf$_2$N］＝ TFSA とするのが良いと思われる。

2. 2. 6　イオン液体の再生

　イオン液体は蒸気圧が極めて低く，通常では揮発しない。このため，反応に使用した後，再生処理で精製が可能である。筆者の研究室で行っているイオン液体再生法を［C$_4$mim］［PF$_6$］を例にあげて紹介する。

［C$_4$mim］［PF$_6$］の再生処理 (1)

　［C$_4$mim］［PF$_6$］（5.4 g，19.1 mmol）をポリエチレン容器にとり，純水 25 mL を加える。この懸濁液に 60 ％ HPF$_6$（3.80 g，15.6 mmol）を室温で加えて同温度で 12 時間撹拌する。［C$_4$mim］［PF$_6$］層をヘキサン-酢酸エチル混合液（4：1）で洗浄し，さらに洗浄水が酸性を示さなくなるまで純水で繰り返し洗浄する（10 回程度）。減圧下（2〜3 Torr）70〜80℃で水分を留去する。ついで，アセトンに溶かして，活性アルミナ（Type I, activated）を充填したショートカラムを通し，エバポレータでアセトンを留去し，減圧下（2〜3 Torr）50℃で 12 時間乾燥する。^{1}H NMR（CDCl$_3$）スペクトルにおけるイミダゾリウム環上のプロトンのケミカルシフトが再生できたかどうかの目安になる。痛んできた［C$_4$mim］［PF$_6$］では δ 8.6 と δ 8.3 にシグナルが観察される。δ 8.6 のピークがなるべく少なくなるように洗浄や再生処理を行う。

［C$_4$mim］［PF$_6$］の再生処理 (2)

　［C$_4$mim］［PF$_6$］のアセトン溶液に活性炭を加え，加温（50℃程度）条件で 30 分撹拌し，セライト濾過して活性炭を除去する。濾液に当モルの NaPF$_6$ を加えて室温で 16 時間（一晩）撹拌したのちセライト濾過し NaPF$_6$ を除去して，活性アルミナ（Type I, activated）を充填したショートカラムを通し，エバポレータでアセトンを留去し，減圧下（2〜3 Torr），50℃で 12 時間乾燥する。

　最近，Koo らがイオン液体の回収法について良いレビューを書いており，大いに参考にな

る[12]。

イミダゾリウム塩イオン液体は Fe 塩や Cu 塩を反応に使った場合，金属塩が残存したままアセトン溶液で保存しているとイミダゾリウム環が分解した経験があるため，直ちに再生処理すべきであるが，Pd 塩ではこのような問題は経験していない。酵素反応に使った場合はイミダゾリウム塩，ホスホニウム塩，アンモニウム塩のいずれも特に分解することがない。そこで，使用済みイオン液体をメタノール溶液で保存しておき，まとまった段階で再生処理をすればよい。また，[C_4mim][PF_6] の場合は，長時間の保存で空気中の湿気で加水分解されてしまい酸性化する場合がある。このため，使用直前にサンプル管に 1 滴とり，純水を加えて pH を確認したほうがよい[11]。このような問題のため，Seddon は [C_4mim][PF_6] に替えて安定な [C_4mim][NTf_2] を薦めている。ただし，有機合成用途には [C_4mim][PF_6] が良い結果を与える場合が多い。また，[NTf_2] 塩はエーテルへの溶解度が [PF_6] 塩より高いので，[C_4mim][NTf_2] 溶液から生成物を抽出する場合はヘキサン-エーテル混合液を使うのが望ましい。4 級アンモニウム塩イオン液体の場合は，水溶液で活性炭処理したのちに減圧濃縮して乾燥して使用している。4 級アンモニウム塩イオン液体の精製は活性炭処理と有機溶媒洗浄しか方法がなく精製が難しいのが実情である。

3　マイクロリアクターによるイオン液体合成法

近年，マイクロリアクターによる合成法が大きく進展し，吉田らは様々な優れた特徴を報告している[13]。バッチ法による合成に較べて省実験スペースであるとともに，バッチ法では得られない優れた特徴を有することがわかってきた。イオン液体合成においても，Waterkamp らがマイクロリアクターを用いるイオン液体合成を報告後[14]，多くの論文が報告されている[15~20]。本稿では筆者らのマイクロリアクターを用いるイオン液体合成法について紹介したい[21]。

リチウムイオンは 12-クラウンエーテルで捕捉できることが知られている。そこで，筆者らは 12-クラウンエーテルの半分に相当するメトキシエトキシメチル基をカチオンに導入すれば，リチウムカチオンを適度に捕捉する効果が生まれ，リチウムカチオンの移動を促進すると考え，リチウム電池用の溶媒となるイオン液体のデザインを行った。カチオンにアルキルエーテル官能基を導入することを試み，実際に，[P_{444MEM}][NTf_2] を使用すると良い効果が得られることを明らかにした[22]。このイオン液体を合成する場合（図 5），最初のステップが発熱反応であり，バッチ法で合成するとしばしば着色に悩まされた。マイクロリアクターを使う利点の一つとして反応時の加温，除熱の効率化がある。そこで，マイクロリアクター反応システムを検討してみた。ミキサーとチューブリアクターの内径，流速を検討した結果，図 6 に示したように，マイクロミキサーは最もシンプルな T 字型のミキサーで十分であることがわかった。混合後にリチウム＝ビス（トリフルオロスルホニル）アミド（$LiNTf_2$）の DMF 溶液に滴下してやればよく，実質的なマイクロリアクター中の反応時間はわずか 2 分と迅速に進行することがわかった。常に無色透

第 10 章　イオン液体の設計・合成・精製・再生の最近の進歩

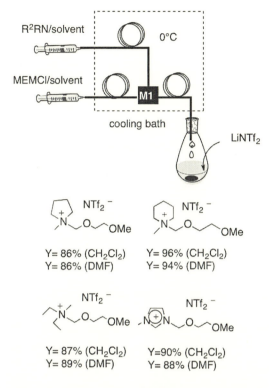

図 6　マイクロリアクターを使用するイオン液体合成

明なイオン液体が得られ，図 6 に示したように，8 種のイオン液体を 86〜96％ という良好な収率で迅速かつ高純度に合成することができた。反応溶媒はジクロロメタンが最適であったが，N,N-ジメチルホルムアミド（DMF）を使用してもほぼ同等の結果が得られた（図 6）[21]。合成したイオン液体は疎水性であるため，水洗浄で DMF 溶媒を除くことができ，連続運転することで数十グラムのイオン液体を容易に合成することにも成功している。本システムは実用的なイオン液体合成法になると考えている。

文　　献

1) イオン液体研究会監修，西川恵子・大内幸雄・伊藤敏幸・大野弘幸・渡邉正義編，イオン液体の化学―次世代液体への挑戦―, pp.147-163, 202-217, 丸善出版（2012）
2) T. Itoh *et al.*, *Chem. Lett.*, 262（2001）
3) J. S. Wikes & M. Zaworotko, *J. Chem. Soc., Chem. Commun.*, 965（1992）
4) P. A. Z. Suarez *et al.*, *Polyhedron*, **15**, 1217（1996）

5) A. K. Burrell *et al.*, *Green Chem.*, **9**, 449 (2007)
6) S. Zhang *et al.*, *Chem. Sci.*, **6**, 3684 (2015)
7) X. Xie *et al.*, *Heterocyles*, **92**, 1171 (2016)
8) D. Fang *et al.*, *J. Fluorine Chem.*, **129**, 108 (2008)
9) K. Ohira *et al.*, *ChemSusChem*, **5**, 388 (2012)
10) Y. Abe *et al.*, *Green Chem.*, **12**, 1976 (2010)
11) J. G. Huddleston *et al.*, *Green Chem.*, **3**, 156 (2001)
12) N. L. Mai *et al.*, *Process Biochem.*, **49**, 872 (2014)
13) (a) J. Yoshida, Flash Chemistry Fast Organic Synthesis in Microsystems, Wiley: Chichester (2008); (b) J. Yoshida *et al.*, *ChemSusChem*, **4**, 331 (2011)
14) D. A. Waterkamp *et al.*, *Green Chem.*, **9**, 1084 (2007)
15) A. Renken *et al.*, *Chem. Eng. Process.*, **46**, 840 (2007)
16) M. A. Gonzalez & J. T. Ciszewski, *Org. Process Res. Dev.*, **13**, 64 (2009)
17) D. Wilms *et al.*, *Org. Process Res. Dev.*, **13**, 961 (2009)
18) H. Löwe *et al.*, *Chem. Eng. J.*, **155**, 548 (2009)
19) H. Iken *et al.*, *Tetrahedron Lett.*, **53**, 3474 (2012)
20) D. R. Snead & T. F. Jamison, *Chem. Sci.*, **4**, 2822 (2013)
21) T. Nokami *et al.*, *Org. Process Res. Dev.*, **18**, 1367 (2014)
22) (a) H. Usui *et al.*, *J. Power Sources*, **196**, 3911 (2011); (b) M. Shimizu *et al.*, *Int. J. Electrochem. Sci.*, **83**, 10132 (2015)

第Ⅱ編　物質・材料設計

第1章 フルオロハイドロジェネートイオン液体

松本一彦[*1], 野平俊之[*2], 萩原理加[*3]

1 はじめに

フルオロハイドロジェネートアニオン（ポリハイドロジェンフルオライドアニオンとも呼ばれる）は一般式 $(FH)_nF^-$ で表され，フッ化物イオンにフッ化水素分子が配位して形成される錯イオンである。この分子内の結合は「強い水素結合」とも呼ばれ[1]，古くから無機塩の中では知られている。これらの無機塩は，フッ素ガス製造用電解浴などとして知られており，その性質や構造について多くの研究例がある[2,3]。近年，筆者らのグループでは，有機カチオンと $(FH)_nF^-$ を組み合わせることで，低粘性かつ高イオン伝導性を有するイオン液体が得られることを報告してきた。

本章では，フルオロハイドロジェネートイオン液体の構造，物理化学的性質，エネルギー貯蔵変換デバイスへの応用に関して概説する。

2 フルオロハイドロジェネートアニオンの構造

図1に FHF^- $(D_{\infty h})$，$(FH)_2F^-$ (C_{2v})，$(FH)_3F^-$ (C_{2v}, D_{3h}) の構造を示す。さらにHFが多く配位した $(FH)_nF^-$ も結晶中で知られている[4~7]が，難揮発性のイオン液体中で重要な化学種は $n \leq 3$ のものである。これはHFが多くなるほど（n が大きくなるほど）H-F結合が弱まり，HFの解離圧が高くなるため，イオン液体として取扱い難くなるからである。これらのイオン中で見られるH-F結合は，共有結合性が強い特殊な水素結合であり，低いHF解離圧を持つ安定な塩として存在するために，重要な役割を担っている。$(FH)_nF^-$ はラマン活性な振動モードを持つが，実際に観測された例はなく，赤外吸収分光分析で，アルカリ金属塩や量子化学計算の結果との比較から同定される[6,8]。

3 フルオロハイドロジェネートイオン液体の特徴

現在までに様々な有機オニウムカチオンと $(FH)_nF^-$ の組み合わせでイオン液体が得られてい

[*1] Kazuhiko Matsumoto　京都大学　大学院エネルギー科学研究科　准教授
[*2] Toshiyuki Nohira　京都大学　エネルギー理工学研究所　教授
[*3] Rika Hagiwara　京都大学　大学院エネルギー科学研究科　教授

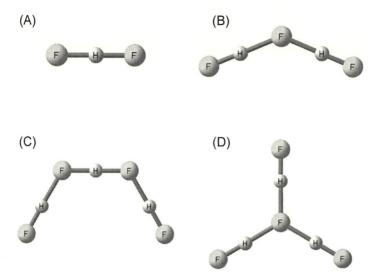

図1 フルオロハイドロジェネートアニオンの構造
(A) FHF^- ($D_{\infty h}$), (B) $(FH)_2F^-$ (C_{2v}), (C) $(FH)_3F^-$ (C_{2v}), (D) $(FH)_3F^-$ (D_{3h})

る。オニウムカチオンの主骨格としてはイミダゾリウム[9~11]，ピリジニウム[12]，ピロリジニウム[13]，ピペリジニウム[13]，ホスホニウム[14]，スルホニウム[15]などが室温で液体の塩を形成することが分かっている。このとき［Cation］［$(FH)_nF$］の表記で塩を表した際，十分にHF解離圧が低い状態では $n \leq 2.3$ となることが多いことが分かっている。

これらの塩は，対応する有機カチオンの塩化物塩に過剰の無水フッ化水素を反応させて得る（式(1)）。

$$[\text{Cation}] X + (n+1)HF \rightarrow [\text{Cation}][(FH)_nF^-] + HCl\uparrow \qquad (1)$$

臭化物やヨウ化物からも合成可能であるが，ハロゲン化水素の除去という観点から塩化物が最も好ましい。また n は温度依存を示し，高い温度において十分にHFを取り除いておいたフルオロハイドロジェネートイオン液体はその温度までHFの解離圧を事実上ゼロとして取り扱うことができる。

フルオロハイドロジェネートイオン液体は高いイオン伝導率を示すことが大きな特徴である。イミダゾリウム系では C_1mim^+ や C_2mim^+ が高いイオン伝導率を与え，25℃において［C_1mim］［$(FH)_{2.3}F$］が 110 mS cm^{-1}，［C_2mim］［$(FH)_{2.3}F$］が 100 mS cm^{-1} のイオン導電率を示す[9]。また，このシリーズでは最も小さなカチオンである S_{111}^+ を用いた［S_{111}］［$(FH)_{1.9}F$］の室温でのイオン導電率は 131 mS cm^{-1} であり，イオン液体の中で最も高い値として報告されている[15]。イオン液体についてはワルデン則が成立することが知られており[16]，粘性率とモルイオン伝導率の積は一定となる。図2にフルオロハイドロジェネート塩を含む様々なイオン液体について，横軸に粘性率の逆数，縦軸にモルイオン伝導率を対数スケールでプロットしたもの，いわゆるワ

第1章 フルオロハイドロジェネートイオン液体

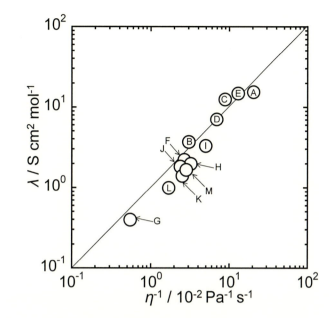

図2 イオン液体に関するワルデンプロット[9, 13, 15, 24~27]

横軸に粘性率の逆数(η^{-1}),縦軸にモルイオン伝導率(λ)をとり,両者ともに対数でプロットしてある。(A) $[C_2mim][(FH)_{2.3}F]$, (B) $[C_4mim][(FH)_{2.3}F]$, (C) $[C_2mpyr][(FH)_{2.3}F]$, (D) $[C_4mpyr][(FH)_{2.3}F]$, (E) $[S_{111}][(FH)_{1.9}F]$, (F) $[C_2C_1im][BF_4]$, (G) $[C_4mim][PF_6]$, (H) $[C_2mim][NTf_2]$, (I) $[C_2mim][N(SO_2F)_2]$, (J) $[C_2mim][OTf]$, (K) $[C_4mim][NTf_2]$, (L) $[C_4mpyr][NTf_2]$, (M) $[C_2mim][CO_2CF_3]$

ルデンプロットを示す。この結果からフルオロハイドロジェネート塩を含むこれらのイオン液体について,ワルデン則が成立し,通常のイオン輸送によってのみ電荷が運ばれていることがわかる。また,磁場勾配NMRを用いた測定によってイオンホッピングなど特殊なイオン伝導機構は存在しないことが確かめられており[17],この系の高い導電率は低い粘性率による寄与が大きいことが分かる。関連する$(FH)_nF^-$を含むイミダゾリウム塩の結晶構造中におけるイオン間相互作用は静電相互作用が支配的であり,特殊な相互作用は見られない。つまり,これらのイオン液体中で粘性が低い理由は,静的なイオン間相互作用では説明できない。NMRからアニオン間でHF分子が交換されていることが分かっており,筆者らはこのHFが解離圧は持たないが,カチオン-アニオン間の静電相互作用を緩和させるとともに,電荷を輸送するアニオンの実質上のストークス半径を小さくしているため,粘性率が低くなっていると考えている[6]。

図3にイオン液体中においてガラス状炭素電極が示すサイクリックボルタモグラムを示す。フルオロハイドロジェネートイオン液体はアニオンからの水素発生がカソードリミットであり,特に白金のような水素発生過電圧が小さい電極を用いると水素発生が起こりやすく,還元安定性が悪くなる。酸化耐性はカチオンの種類にも依存するが,芳香族系カチオンより,非芳香族系カチオンの方が高い酸化耐性を示すことが分かっている。

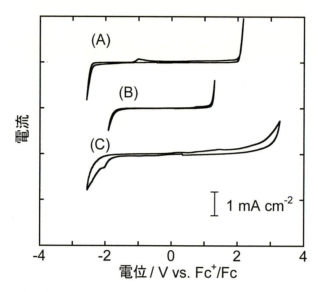

図3 イオン液体 (A) [C_2C_1im][BF_4], (B) [C_2C_1im][$(FH)_{2.3}F$], (C) [C_2C_1pyrr][$(FH)_{2.3}F$] 中においてガラス状炭素電極が示すサイクリックボルタモグラム

4 フルオロハイドロジェネートイオン液体のエネルギー貯蔵変換への応用

フルオロハイドロジェネートイオン液体の高いイオン伝導率は，内部抵抗の低い電気化学デバイスを設計する上で極めて有用である。フルオロハイドロジェネートイオン液体と活性炭電極を用いた電気化学キャパシタの電圧依存性を調べた結果を図4に示す（比較のためにBF_4^-イオン液体と有機電解液の結果を合わせて示す)[18]。このデータからフルオロハイドロジェネートイオン液体が，他の2つと比較して極めて大きなキャパシタンスの電圧依存性を示すことが分かる。この傾向はカチオンの種類に依存せず，$(FH)_nF^-$と活性炭との間の電気化学反応による容量が観測されていると考えられる[19]。

水素を含む$(FH)_nF^-$は電解質中での水素キャリアとしてはたらくため，フルオロハイドロジェネートイオン液体は高温無加湿条件下での燃料電池用電解質として応用される。図5にこの燃料電池の発電機構を模式的に示す。C_2mpyr$^+$カチオンを用いた場合に良好なデータが得られており，相溶性の高いHEMA（2-hydroxyethyl methacrylate）ポリマーとコンポジット化することで120℃でも無加湿運転が可能であることを確認している[20]。この系では酸素還元の過電圧の低減が今後の課題になっている。

5 おわりに

本稿ではフルオロハイドロジェネートイオン液体の構造，物理化学的性質，エネルギー貯蔵変換デバイスへの応用について述べた。これらのイオン液体が持つ優れた特性は，今後様々な分野

第1章　フルオロハイドロジェネートイオン液体

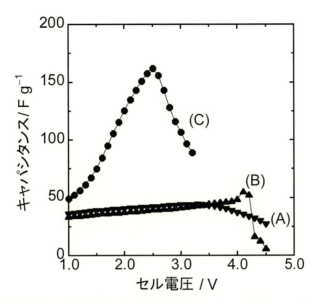

図4　イオン液体電解質と活性炭電極からなる電気化学キャパシタが示すキャパシタンスの電圧依存性[28]
(A) 1M [N(C_2H_5)$_4$][BF$_4$]/PC, (B) [C$_2$mim][BF$_4$], (C) [C$_2$mim][(FH)$_{2.3}$F]

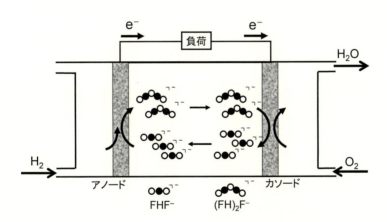

図5　フルオロハイドロジェネートイオン液体を用いた無加湿型燃料電池の発電機構[29]

への展開が見込まれる。また，関連する中間相（柔粘性結晶[21,22]，液晶[23]）についても，イオン液体と同様に興味深い性質を示すことが分かっている。既存の考え方に捉われない，新しい視点からフルオロハイドロジェネートイオン液体の応用が広がることを期待したい。

文　　献

1) J. E. Huheey et al., Inorganic Chemistry: Principles of Structure and Reactivity, Chap. 8, Harper & Row, New York (1993)
2) G. H. Cady, J. Am. Chem. Soc., **56**, 1431 (1934)
3) H. Groult, J. Fluorine Chem., **119**, 173 (2003)
4) D. Mootz & D. Boenigk, J. Am. Chem. Soc., **108**, 6634 (1986)
5) D. Mootz & D. Boenigk, Z. Kristallogr., **174**, 150 (1986)
6) T. Enomoto et al., J. Phys. Chem. C, **115**, 4324 (2011)
7) B. A. Coyle et al., J. Solid State Chem., **1**, 386 (1970)
8) R. Hagiwara et al., J. Phys. Chem. B, **109**, 5445 (2005)
9) R. Hagiwara et al., J. Electrochem. Soc., **150**, D195 (2003)
10) R. Hagiwara et al., J. Electrochem. Soc., **149**, D1 (2002)
11) R. Hagiwara et al., J. Fluorine Chem., **99**, 1 (1999)
12) M. Yamagata et al., Electrochem. Solid-State Lett., **12**, F9 (2009)
13) K. Matsumoto et al., Electrochem. Solid-State Lett., **7**, E41 (2004)
14) S. Kanematsu et al., Electrochem. Commun., **11**, 1312 (2009)
15) R. Taniki et al., Electrochem. Solid-State Lett., **15**, F13 (2012)
16) W. Xu et al., J. Phys. Chem. B, **107**, 6170 (2003)
17) Y. Saito et al., J. Phys. Chem. B, **109**, 2942 (2005)
18) A. Senda et al., J. Power Sources, **195**, 4414 (2010)
19) R. Taniki et al., J. Electrochem. Soc., **160**, A734 (2013)
20) P. Kiatkittikul et al., J. Power Sources, **266**, 193 (2014)
21) T. Enomoto et al., Phys. Chem. Chem. Phys., **13**, 12536 (2011)
22) R. Taniki et al., J. Phys. Chem. B, **117**, 955 (2013)
23) F. Xu et al., Chem. Eur. J., **16**, 12970 (2010)
24) A. Noda et al., J. Phys. Chem. B, **105**, 4603 (2001)
25) M. Ishikawa et al., J. Power Sources, **162**, 658 (2006)
26) P. Bonhote et al., Inorg. Chem., **35**, 1168 (1996)
27) H. Tokuda et al., J. Phys. Chem. B, **110**, 19593 (2006)
28) A. Senda et al., J. Power Sources, **195**, 4414 (2010)
29) R. Hagiwara et al., Electrochem. Solid-State Lett., **8**, A231 (2005)

第2章 アミノ酸イオン液体

大野弘幸*

1 はじめに

アミノ酸はアミノ基とカルボキシル基を併せ持つ生体分子であり,系内のpHに応じてアニオン性,カチオン性,さらには両性イオンとして挙動する。生体内で見出される荷電物質であり,様々な構造を特徴とするイオン種として利用できるため,イオン液体を作製するにあたって構成イオンの候補として検討されることは当然のことであった。本章では,アミノ酸を構成イオンとするイオン液体を中心として合成法から特性,基礎物性,さらには応用展開まで概説する。

2 生体由来イオン液体

イオン液体が注目され始めた初期は,有機溶媒の代替物としての興味が多く,イオン液体中で種々の有機合成反応が検討された。ほとんどの化学反応がイオン液体中で行えることが認識されてからは,イオン液体そのものの機能化に関する研究が増加していった。その中の一つが生体由来イオンを使ってイオン液体を作製するという展開であった。この背景には,生体由来物質を使えば低毒性のイオン液体が得られるのではないかと言う安易な期待もあったようだ。しかし,テトラドトキシン(フグ毒)などの例を出すまでもなく,生体物質=低毒性という図式は成り立たない。それでも生体物質との親和性の改善などが期待され,生体内のイオンを成分にしたイオン液体作製が行われるようになった。生体内にも各種イオンが存在し,中にはイオン液体作製に適した式量や構造を持ったものもある。カチオンとしてはコリニウムカチオンがよく知られているし,アニオンについては多種のカルボン酸が存在する(図1)[1]。これらを組み合わせて塩を作製し,基礎物性が系統的に評価され,低融点のイオン液体が見出されている。たとえばマレイン酸コリンは融点が25℃のイオン液体である[1]。上述したが,生体由来のイオンを使って作製したからと言って,そのイオン液体が低毒性である保証は全くない。しかも,塩類の毒性は浸透圧変化を引き起こすことにも由来するので,イオン濃度の低い,即ち式量の大きなイオンを使って作ったイオン液体が比較的低毒性であろうと考えられる。しかし,これも際限なく式量の大きな塩がイオン液体として呼べるはずもなく,低毒性のイオン液体の設計指針は基本的に難しく,むしろ水不溶性の塩の方が低毒性となる可能性が高い。

---

* Hiroyuki Ohno 東京農工大学 大学院工学研究院 生命工学専攻 教授

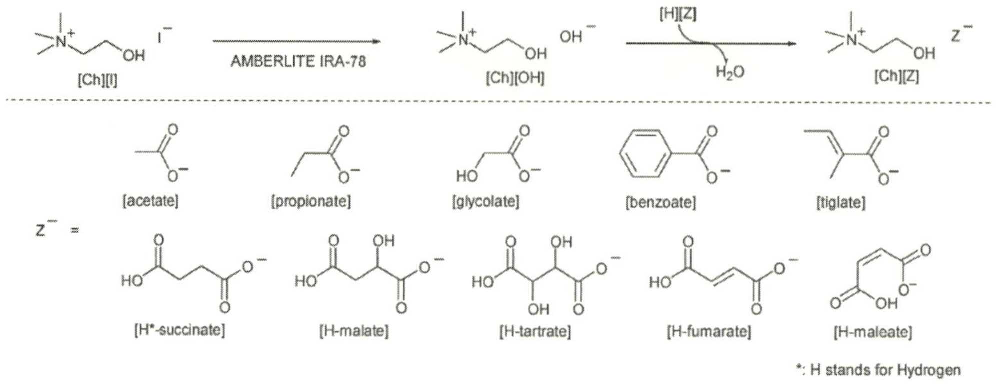

図1 生体由来のイオンとそれらを成分とするイオン液体の合成法の例

3 アミノ酸イオン液体の作製方法

アミノ酸をアニオンとして用い，イオン液体を作製するには中和法が最も簡便である。図1上部に示すように，陰イオン交換樹脂を使ってカチオンの対アニオンをOH^-とし，これを目的のアミノ酸と等モル混合すればよい。実際は等モル混合するよりは，アミノ酸を1.2倍モル程度加え，小過剰の条件で撹拌し，溶媒を除いた後に未反応のアミノ酸を除くのが望ましい。アミノ酸は殆どの有機溶媒に不要であるため，アセトニトリルなどでアミノ酸イオン液体（AAIL）だけを抽出すれば分離は容易である[2]。しかし，作製したAAILにアミノ酸が溶けることが分かってきたので，洗浄用の溶媒の選択により純度は左右されるようである。

一方，アミノ酸をカチオンとして使い，AAILを作製することもできる[3]。アミノ酸を有機酸で中和し，アミノ基をプロトン化することでILが得られる。合成は容易である。また，作製前にアミノ酸のカルボキシル基をエステル化しておくと，イオン間の水素結合の寄与が低減されるためイオン液体の物性が改善されることも報告[3]されている。プロトン付加は平衡反応なので，高純度物が得られたとしても目的によっては非イオン性成分が常に共存していることに留意する必要がある。

4 イオン液体の物性に及ぼすアミノ酸種依存性

20種類の天然アミノ酸をアニオンとして使用し，適切なカチオンと組み合わせるとイオン液体（AAIL）が得られることを我々が初めて報告した[2]。この報告以降，多くの論文が次々と報告されるようになり，従来のイオン液体と異なる特徴も次第に明らかになってきた。

イオン液体のイオン伝導度は系の粘性とガラス転移温度の関数であることが知られている。AAILのイオン伝導度とガラス転移温度との関係は図2のようになる[2]。過半数のAAILは通常

第2章　アミノ酸イオン液体

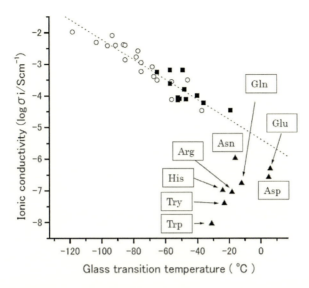

図2　AAIL のガラス転移温度とイオン伝導度の関係（■，▲），○プロットは一般的なアニオンを用いて作成したイオン液体の参考データ

のイオン液体が示す相関と同様の傾向を示すが，トリプトファン（Trp），チロシン（Tyr），ヒスチジン（His）など数種のアミノ酸からなる AAIL はガラス転移温度から予測される値よりもはるかに低いイオン伝導度を示した。これらのアミノ酸は水素結合など分子間相互作用を引き起こす残基を有しており，それらの効果により，イオン移動が抑制されているものと考えられる。

一方，アミノ酸と組み合わせるカチオン種によっても（当然であるが）AAIL の物理化学的な特性は変化する。たとえば，一連のアラニン塩の融点（T_m），ガラス転移温度（T_g），分解温度（T_{dec}）を比較してみると（表1），融点やガラス転移温度には大きな影響がないものの，分解温度はカチオンに大きく依存していることが分かる。イミダゾリウムカチオンなどのような芳香環のカチオンよりも，フォスフォニウムカチオンの方が熱安定性に優れた AAIL を与える。

テトラアルキルフォスフォニウムカチオン（$[P_{nnnn}]^+$）とアミノ酸を組み合わせて得られる AAIL は密度が 1.0 g·cm^{-3} 以下の低密度イオン液体となる。これはアルキルフォスフォニウム

表1　カチオンが異なるアラニン塩の熱特性（温度の単位は℃）

	emim	N$_{4444}$	N$_{2226}$	P$_{14}$	Py$_4$	TBP
T_g	-57	ND	-40	-64	-	-70
T_m	ND	76	ND	77	-	ND
T_{dec}	212	162	150	176	-	286

ND：観測されず，-：未測定

塩に一般的に認められる特性であり，低密度の（即ち疎水性で水の上層に存在できる）イオン液体の設計に有用である。これまでの一連の[P_{nnnn}][AA]が合成され，それらの物性が報告されている[4]。[P_{nnnn}][AA]の密度はカチオン上のアルキル鎖の炭素数（n）の増大に応じて低下するが，融点や粘度はアニオンとして使用するアミノ酸種に大きく依存するので，使用するアミノ酸の選択は重要である。たとえば，テトラブチルフォスフォニウムカチオン（[P_{4444}]）を使ってイオン液体を作製すると，フェニルアラニンを成分とする[P_{4444}][Phe]の融点は8℃であるのに対し，グルタミン酸を成分とする[P_{4444}][Glu]の融点は102℃である。これらの相違はアミノ酸アニオン間の水素結合などの2次的な相互作用の有無で理解できる。したがって，最もガラス転移温度が低く，低粘性のAAILはグリシンを用いて作られる[2]。換言すると，種々の機能席を持つアミノ酸をイオン液体化すると融点が上昇してしまうことを忘れてはならない。

アミノ酸の特徴の一つに光学活性がある。したがって，アミノ酸を成分とすれば光学活性なAAILを容易に作製することができる。既にキラルな反応場としての評価が行われている[5]。アミノ酸のラセミ化が起こらない程度の温度で扱う限りAAILの光学活性は維持される。10時間100℃に加熱してもAAILの光学活性が低下することはなかったが，100℃以上にAAILを加熱するとラセミ化が起こる[6]。たとえば，[P_{4444}][Val]を120℃で保持すると，10時間後には80%の光学活性が失われた。120℃での光学活性の保持にはアミノ酸種依存性が見られ，Asp > Phe > Val の順に活性の低下が顕著であった。ちなみにL-体のアミノ酸を使って作製したAAILとD-体のアミノ酸由来のAAILとでは，融点や粘度などの物理化学的な特性に相違は認められてはいない。しかし，光学活性の相違は当然ながら機能の相違を引き出すものと期待される。本書の第Ⅲ編第2章ではペプチド合成に用いた実例が紹介されているので，参照されたい。

アミノ酸をカチオンとして用いて作製したIL[3]でも物性はアミノ酸種に依存する。アニオンをBF_4^-に固定した各種アミノ酸由来のILの融点は[Gly]BF_4が116℃，[Ala]BF_4が78℃，[Pro]BF_4が76℃，とアミノ酸をアニオンとして作製したILの傾向と逆の式量依存性が見られる[3]。これは単に式量が大きくなるとイオン密度が低下してくることに由来していると思われる。フリーのカルボキシル基をメチルエステルやエチルエステルとしてから同様のILを作製すると，水素結合へのカルボキシル基の寄与が薄れるため，融点も粘度も低下することは上述したとおりである。

5 極性と種々の物質の溶解性

AAILは高極性のイオン液体であることが知られている。我々が初めてAAILを報告したあと，数多くの実験を重ねて得られた諸物性値を纏めた[7]が，多くのAAILは通常のILに比較して高極性である。我々はイオン液体の極性の議論にカムレット・タフトパラメータを利用している。主に水素結合供与性の指標となるα値と水素結合受容性の指標となるβ値を使って，極性の評価をしている。算出法などはここでは省略するが，実際の方法論は我々の既報[8]に詳しい

第2章 アミノ酸イオン液体

表2 各種 AAIL の極性値

アニオン	[emim]		[P$_{4444}$]	
	α	β	α	β
Ala	0.48	1.04	0.91	1.31
Asp	0.52	0.88	0.1	1.08
Gln	0.57	1.03		
Glu	0.56	0.96		
Gly		1.2	0.18	1.3
His	0.46	0.92		
Lys		1.21	0.3	1.32
Met	0.41	1.14	0.93	1.34
Ser	0.51	1.03	0.04	1.1
Val	0.52	1.07	0.92	1.38

ので参照して欲しい。α 値が大きければ，孤立電子対を持つ基と強く水素結合するし，β 値の大きな IL ではヒドロキシル基やアミノ基などと強く水素結合するので，目的物質の溶解度を改善するときの設計指針となるので，有用である。

一般にイオン液体の水素結合受容性（β 値）はアニオン種に大きく依存するが，表2からも明らかなように，AAIL は[emim]塩でも[P$_{4444}$]塩でも大きな β 値を示すことが多い。通常のイオン液体では β 値が 1.0 を超えるものは少ないので，AAIL は極めて高極性のイオン液体であると言える。この高極性に着目し，伊藤らはバイオマス処理に AAIL を利用した。セルロースは高極性，特に β 値の大きなイオン液体に溶解する[9]。上述のように AAIL は非常に大きな β 値を誇るので，セルロースは確実に溶解すると考えられた。しかし，課題は AAIL の高い粘性であった。伊藤らは水素結合受容能が比較的大きいジメチルスルホキシド（DMSO）と AAIL を混合し，高極性の割に低粘性な媒体を設計し，セルロースを室温で溶解できる液体になることを報告している[10]。特にアラニン塩はセルロース溶解能力に優れていると報告されている。一方，リジン系 AAIL を使うと，60℃で 12 時間の処理により，バイオマス（杉木粉）1 g から 0.67 g のセルロースのみならず，0.09 g のヘミセルロース，0.13 g のリグニンも得られたという[11]。100℃以下でリグニンの架橋構造を切断し，可溶化できたことは驚異である。

6 応用展開

6.1 CO$_2$ の吸脱着

我々がアミノ酸イオン液体[2]を発表して間もなく，J. Zhang らは AAIL を多孔質シリカ粒子に固定し，CO$_2$ の吸脱着を行っている[12]。多くのイオン液体で高い CO$_2$ 吸収能力が認められているが，AAIL は高極性であることから CO$_2$ 吸脱着効率の改善が期待できる。また，AAIL を使うメリットはフリーなアミノ基を有している点である。通常のイオン液体の CO$_2$ 吸収能力を改善

する上でアミノ基の導入は有利であることが知られている。

6.2 ゲル化

AAILの特性を維持したままゲルを簡単に作製することもできる。通常ではイオン液体とある程度の親和性を有する高分子を添加してゲルを得ることが多いが，我々はzwitterion（ZI：カチオンとアニオンが共有結合でつながったイオンペア）をAAILに添加するだけでゲルが得られることを報告した[13]。ここでは，図3に示すようなZIをロイシン由来のAAILと混合した。少量のZI添加でゲル化が惹起され，液状のAAILのイオン伝導度もほぼ維持され，扱いやすいゲルとして電気化学分野への応用も期待できる。

6.3 疎水性の付与

アミノ酸のカルボキシル基をメチルエステル化し，アミノ基をトリフルオロメタンスルフォニルイミド酸型にすると酸性度が強く，しかも疎水性のアミノ酸誘導体となる（図4）[14]。こうして得られた誘導体をテトラブチルフォスフォニウムカチオンと組み合わせると，水と相分離する疎水性イオン液体となる。しかも興味深いことに，テトラブチルフォスフォニウム N-トリフルオロメタンスルフォニルロイシン[P_{4444}][I-Leu]は冷却すると水と相溶し，加熱すると相分離するLCST-型の相転移を示すことが見出されている[15]。即ち，水との親和性の観点からイオン液体を分類すると，一般的には水と常に相溶する親水性IL（A群）と水と常に相分離する疎水性IL（B群）になる（図5）が，特殊な例として，温度変化に大きく依存し，しかも通常の溶解の

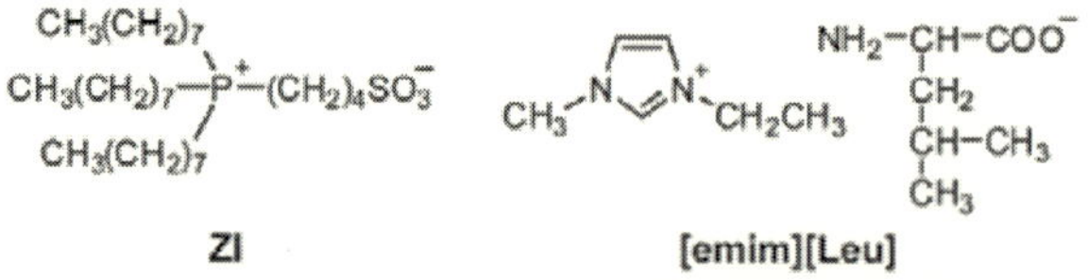

図3 [emim][Leu]とそれをゲル化させるのに使用したZIの構造

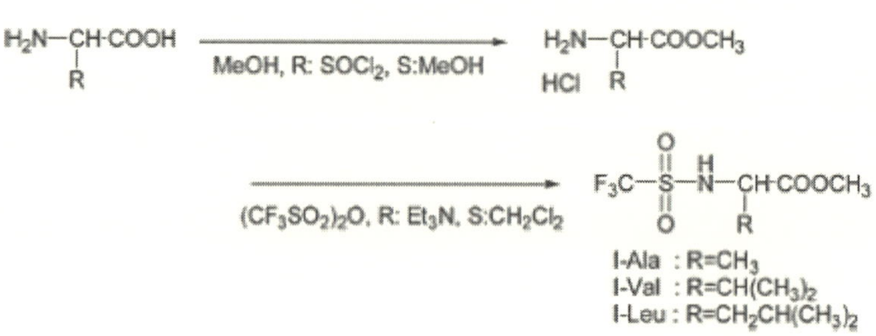

図4 アミノ酸を疎水性にし，イミド酸型に変換した誘導体

第2章 アミノ酸イオン液体

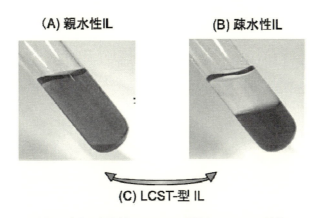

図5 水との親和性から3つに分類されるイオン液体
(A) 常に水と混和する親水性IL, (B) 水と混和しない疎水性IL, および (C) 温度によって水との親和性が大きく変わるLCST-型IL。イオン液体は見やすいように着色してある。

温度依存性と逆の傾向を示すLCST-型の相挙動を示すIL（C群）の存在がある。一般に物質は加熱すると溶媒によく溶解するようになるが，C群に分類されるILは加熱すると水と相分離する。換言すると，昇温に伴い，イオンに強く結合している水分子の数は減少し，冷却することによって増加する。特異的なのは，相分離状態と相溶状態がわずかな温度差で引き起こされる点である。上述の[P_{4444}][I-Leu]では22℃では (A) の完全相溶状態であるが，25℃では (B) の相分離状態となる [15]。これらの他に，UCST-型の相挙動を示すIL/水混合系も存在するが，昇温により溶解性が向上するケースは多いので，ここでは特に言及しない。

疎水性のAAILで見つかったLCST-挙動のさらなる解析から，LSCT-型の相転移挙動を示すイオン液体の設計指針が明らかになった。構成カチオンとアニオンをそれぞれ疎水性の程度に従って並べ，それらを組み合わせて形成されるイオン液体の水との親和性を解析すると，イオン液体の疎水性は，それを構成するカチオンとアニオンの疎水性の和として考えられ，全体の疎水性の程度が水との親和性を制御していることが分かった。即ち，(A) の親水性ILと (B) の疎水性ILを与えるイオンの組み合わせの中間にあるイオンペアは，LCST-型の相転移を示す可能性があることが分かった（図6）[16]。それぞれのILの最大含水率（1イオンペアあたりの水分子数：M_{water}）を評価すると，常に水と相分離する (A) のグループは温度に関わらずM_{water}が7以下であるのに対し，(C) のLCST-型の相転移を示すイオン液体では水と相分離していてもM_{water}が7以上である。即ち，疎水性のILであっても，M_{water}が7以上ならば，それらは水と混合させるとLCST-型の相転移を示す可能性が高い。当然ながら，M_{water}は温度の関数であり，充分高温な状態から冷却してゆくと，M_{water}は徐々に増大し，相転移温度に近づくにつれて急激に増大する。換言すると，ある温度におけるM_{water}の値から，LCST-型の相転移温度を大まかに推定することもできる。

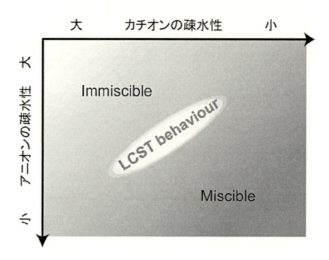

図6 イオン液体の親疎水性は構成するイオンの親疎水性の和で予測できる[16]
Miscible：A群に分類される親水性IL，Immiscible：B群の疎水性IL，これらの中間の疎水性を持つグループで水とLCST-型の相転移を示すIL（C群）が見出される。

7 今後の展望

アミノ酸は非天然物も加えると多種にわたるため，今後は天然・非天然を問わず高極性のイオン液体の設計に寄与すると考えられる。さらに，溶媒としてだけでなく様々な機能を付与したILの設計も報告されるようになるであろう。その際には，機能を付与するとILとしての物性が損なわれることを忘れてはならない。イオン液体を構築することのできる構成イオンの中で，特徴あるイオンとしてアミノ酸および他の生体内イオンはユニークな存在であり，今後多方面での機能化に寄与するであろう。

アミノ酸は興味深い生体物質である。アミノ酸のみならず，2量体やオリゴペプチドのイオン液体化も試みられ，薬剤やホルモンなどの液体化，さらには薬剤等の体内輸送などに興味がシフトしてゆくであろうことは容易に予測される。

謝辞

アミノ酸イオン液体は本学で博士学位を取得した福元健太博士の功績によるところが大きい。福元氏の研究が呼び水となって，多くの興味深い研究が派生した。本来は福元氏を共著者として迎えて本稿を執筆したかったが，残念なことに2015年12月に若くしてこの世を去った。ここに彼の大きな功績を称え，本稿を福元健太博士に捧げるとともに彼の冥福を祈る。

第 2 章 アミノ酸イオン液体

文　　献

1) Y. Fukaya et al., Green Chem., **9**, 1155 (2007)
2) K. Fukumoto et al., J. Am. Chem. Soc., **127**, 2398 (2005)
3) G. H. Tao et al., Chem. Commun., **28**, 3562 (2005)
4) J. Kagimoto et al., J. Mol. Liq., **153**, 133 (2010)
5) C. Baudequin et al., Tetrahedron-Asymmetry, **16**, 3921 (2005)
6) K. Fukumoto et al., Chem. Lett., **35**, 1252 (2006)
7) H. Ohno & K. Fukumoto, Acc. Chem. Res., **40**, 1122 (2007)
8) たとえば, Y. Fukaya et al., Biomacromolecules, **7**, 3295 (2006)
9) Y. Fukaya et al., Green Chem., **10**, 44 (2008)
10) T. Itoh et al., Chem. Lett., **41**, 987 (2012)
11) T. Itoh et al., Green Chem., **15**, 1863 (2013)
12) J. M. Zhang et al., Chem.-A Europ. J., **12**, 4021 (2006)
13) S. Taguchi et al., Chem. Commun., **47**, 11342 (2011)
14) J. Kagimoto et al., Chem. Commun., 3081 (2006)
15) K. Fukumoto & H. Ohno, Angew. Chem. Int. Ed., **46**, 1852 (2007)
16) Y. Kohno et al., Australian J. Chem., **64**, 1560 (2011)

第3章 双性イオン液体

藤田正博[*]

1 はじめに

双性イオンは分子内にカチオンとアニオンをもち,全体としては中性の化合物である。何が魅力であろうか? 大きな双極子モーメントを有する高極性化合物である,誘電体である,双性イオンに塩を添加してもイオン交換が起こらない,不揮発性であるなど複数挙げられ,典型的なイオン液体にはない特徴もある。これらの特徴に基づいて,新規電解質材料としての研究が行われている[1,2]。実際,リチウム電池[3]や燃料電池[4]への応用が検討されており,興味深い成果が報告されている。リチウムイオンを有する高分子電解質に双性イオンを添加した結果,リチウムイオン輸送が促進される[5,6]。さらに,イオン液体/リチウム塩複合体に双性イオンを添加すると,リチウムの溶解/析出反応に関するクーロン効率が著しく向上する[7]。双性イオンが多種類の無機塩を解離できることも,電解質材料としての利点である[2,8]。最近,双性イオンを用いた電解質材料の開発に加えて,双性イオン/酸複合体を用いた有機合成,バイオマス処理,高分子合成など幅広い分野での報告が増えている[9]。応用分野の広がりに比較して,双性イオンの化学構造と物性の相関について包括的に議論した報告例は少ない。本稿では,双性イオンの化学構造と融点の相関について議論し,室温で液体となる双性イオン液体 (liquid zwitterion) を実現する分子設計指針について述べる。その後,双性イオンの化学構造と電気化学的特性について議論し,それら双性イオン液体の電解質材料としての評価を中心に紹介する。

2 双性イオンの低融点化

双性イオンの化学構造と融点を表1に示す。さらに,本稿で取り上げる双性イオンの化学構造を図1に示す。表から明らかなように,双性イオンの融点は典型的なイオン液体の融点と比較して高いものが多く,融解時に熱分解を伴うものもある。双性イオンの場合,カチオンとアニオンが同一分子内に共有結合で固定されているため,大きな双極子モーメントを有する[10]。それが分子間相互作用力を強めイオンの自由度を著しく制限するため,結晶化しやすいことが双性イオンの高融点の原因と考えられる。双性イオンの低融点化を実現するための分子設計指針として注目すべきポイントは3つある。カチオン構造,アニオン構造,カチオンとアニオンを結ぶスペーサー構造である。これまでに合成された双性イオンの化学構造と融点の傾向をみると,低融

---

[*] Masahiro Yoshizawa-Fujita 上智大学 理工学部 物質生命理工学科 准教授

第3章 双性イオン液体

表1 双性イオンの化学構造と融点

	化学構造	T_m / ℃	文献
1	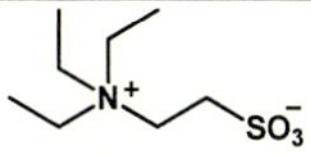	271.1*	10)
2	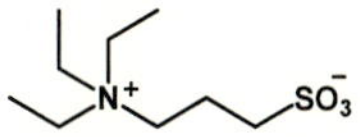	284.7*	10)
3	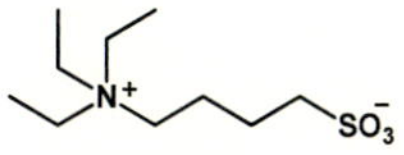	293.5*	10)
4	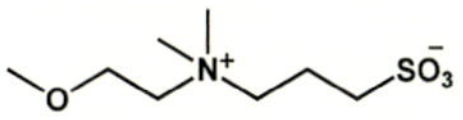	161	11)
5	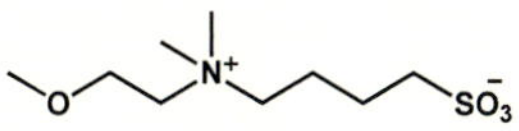	197	11)
6	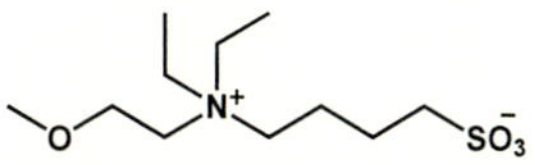	183	11)
7	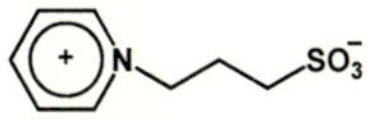	274.3	10)
8	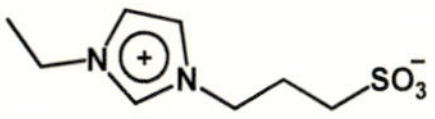	178	2)
9	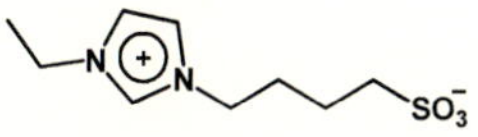	175	2)
10	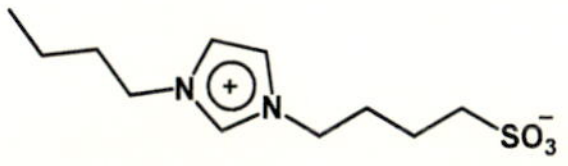	158	2)
11	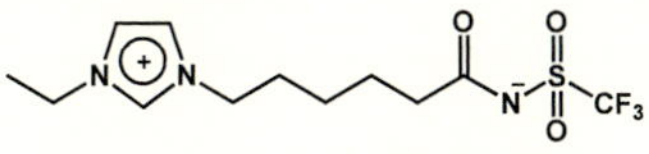	87	12)
12	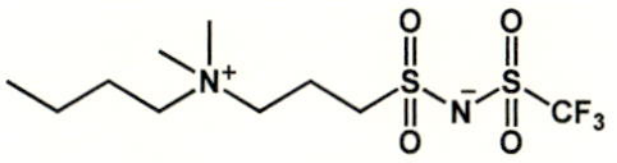	104	12)
13	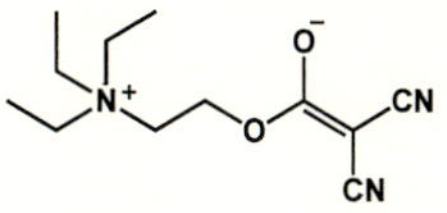	186.9	10)
14	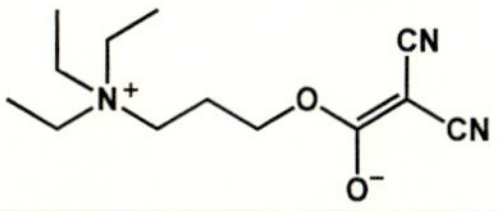	148.4	10)

*熱分解温度

点化の実現に求められる構造的因子は，典型的なイオン液体とほとんど同じである。その例を以下に記す。

　双性イオンのカチオン構造としては，アンモニウムカチオン，ピリジニウムカチオン，イミダゾリウムカチオンが主に用いられており，それら3種類のカチオン構造の中では，イミダゾリ

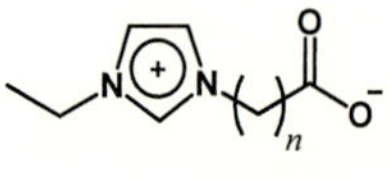

15
10; **16**

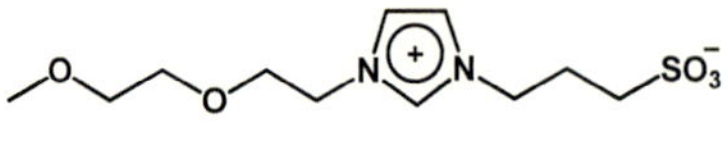

17

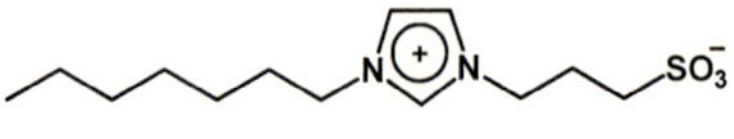

18

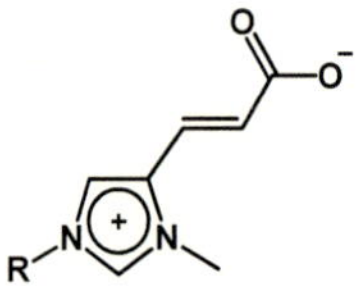

R = C_4H_9; **19**
C_6H_{13}; **20**
C_8H_{17}; **21**

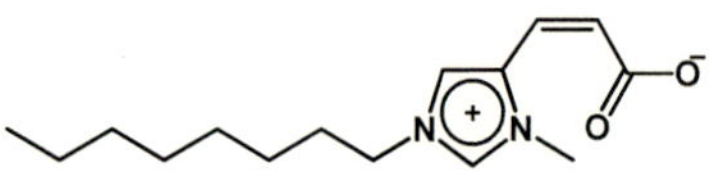

22

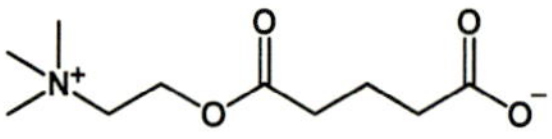

23

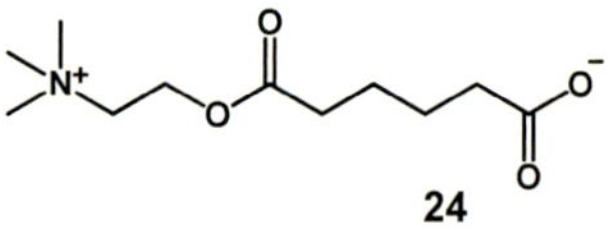

24

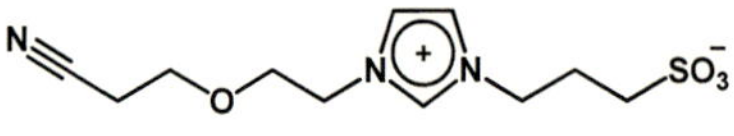

25

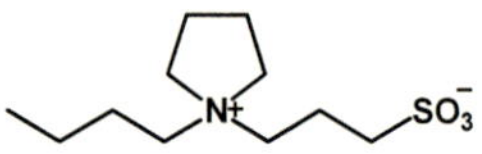

26

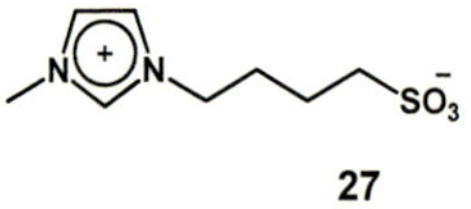

27

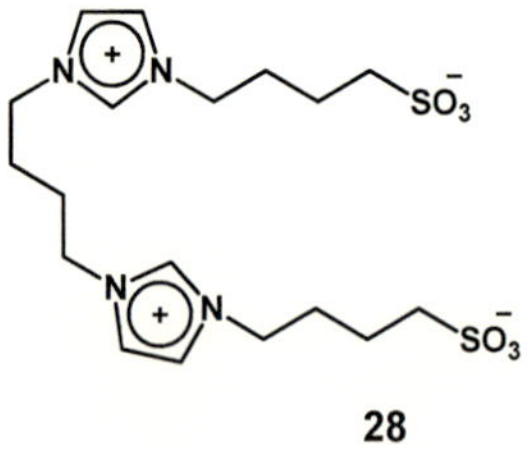

28

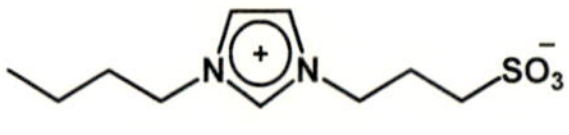

29

図1　双性イオンの化学構造

ウムカチオンが比較的低い融点を示す。さらに，側鎖へのエーテル基の導入は融点を下げるために有効である。アンモニウムカチオンを有する**1**～**3**は融解とともに熱分解する[10]。ところが，アンモニウムカチオンの側鎖にメトキシエチル基を導入した**4**～**6**の融点は200℃以下まで低下する[11]。双性イオンのアニオン構造としては，カルボキシレート，スルホネート，スルホンアミ

第3章 双性イオン液体

ド，エテノレートが報告されている。これらアニオン構造の中では，スルホンアミド[12]やエテノレート[10]が比較的低い融点を示す。これらアニオンは電子求引性基であるトリフルオロメチル基やシアノ基を有し電荷が非局在化しているため，融点が低下したものと考えられる。スペーサー構造は典型的なイオン液体にはない双性イオン独自のポイントである。エチルイミダゾリウムカチオンとカルボキシレートの組み合わせで，双性イオンの融点におよぼすスペーサー構造の効果が報告されている[12]。メチレン基が1（$n=1$）のとき，双性イオン15の融点は250℃であったのに対し，$n=10$のとき16の融点は103℃であった。スペーサー長の伸長に伴い双性イオンの融点は低下した。

上記の傾向から，イミダゾリウムカチオン，スルホンアミド，長スペーサー構造を兼ね備えた双性イオンを合成すれば，室温で液状の双性イオン液体を得るものと期待できる。しかし，これら3つのポイントを同時に満たし，純粋な双性イオンを得ることは合成の観点から容易ではない。したがって，第三級アミンとプロパンスルトンまたはブタンスルトンのワンポット反応は，双性イオンの合成において容易さという観点から大変魅力的である。そこで，イミダゾリウムカチオンの側鎖に注目した。側鎖にエーテル基や長鎖アルキル基を有するイミダゾール誘導体を合成し，プロパンスルトンと反応させることで双性イオンを合成した。エーテル結合を2つ有する17とヘプチル基を有する18は，室温で無色透明の液体として得られた[13]。これら官能基の導入は，双性イオンの融点を下げるために効果的であった。DSC測定の結果，17と18はそれぞれ−32と−10℃にガラス転移温度のみを示した。エーテル結合を有する17の方が低いT_gを示した。エーテル結合は，イオン，特にカチオンと相互作用することが知られており，この相互作用が双性イオン同士の相互作用を阻害し，各イオンの自由度が高められ，より低いT_gを示したと考えられる。長鎖アルキル基が双性イオンの融点を低下させる効果は，カルボキシレートにおいても確認されている[14]。ウロカニン酸を出発物質として合成された19～21（いずれもE異性体）の融点は，それぞれ81.5，75，41℃であり，すべて100℃以下であった。オクチル基を有する21が最も低い融点を示した。興味深いことに，21のZ異性体である22の融点は−20℃であり，E異性体の融点と比較して60℃低下した。双性イオンの低融点化に関して，立体異性体の概念は新しいだけでなく効果的なようである。

3 双性イオン／リチウム塩複合体

室温で固体の双性イオンであっても特定のリチウム塩を添加することで液体化することから，新規リチウムイオン伝導体として研究されてきた。しかし，それら複合体のほとんどは数日から数週間のうちに結晶化し，イオン伝導度は著しく低下する。一方，コリン系双性イオン（23，24）と lithium bis(trifluoromethylsulfonyl)amide（LiTFSA）の複合体は半年経過後も液体であることが報告されている[15]。これら複合体の含水率は 0.2 wt%（2,000 ppm）であり，多量の水分を含むことが長期間結晶化しない理由であろう。したがって，液体状態を維持するためには

双性イオン自身が液体化した純粋な双性イオン液体が重要となる。ここでは，双性イオン液体中のリチウムイオン伝導性と双性イオン液体の蓄電池用電解質材料への応用について述べる。

3.1 リチウムイオン伝導体

2つのエーテル結合を有する17に等物質量のLiTFSAを添加した複合体のT_gは-27℃であった。リチウム塩添加後もほとんど変化せず，低い値を保持していることがわかった。イオン液体の場合，イオン伝導度とガラス転移温度の間に相関のあることが知られており，低いT_gを示す系ほど高いイオン伝導度を示す[16]。双性イオン17/LiTFSA複合体は他の双性イオン/リチウム塩複合体よりも低い値を示したことから，リチウムイオン伝導体として有望である。双性イオン17/LiTFSA複合体の80℃におけるイオン伝導度は$3.8×10^{-4}$ S cm^{-1}であり，他の複合体よりも数倍高い値を示した。双性イオン18/LiTFSA複合体も液体として得られたが，短時間で結晶化したため，80℃であってもイオン伝導度は10^{-6} S cm^{-1}以下の低い値であった。双性イオン18はリチウム塩を添加することで結晶化が促進される希有な系である。エーテル結合の導入は，双性イオンのT_g低下のみならず，イオン伝導度の向上にも効果的である。

双性イオン17のT_gおよびイオン伝導度におよぼすリチウム塩濃度の効果を調べた[17]。リチウム塩としてLiTFSAおよびlithium bis(fluorosulfonyl)amide（LiFSA）を用いた。塩濃度が20〜50 mol%のとき，複合体のT_gは-40〜-30℃程度であった。塩濃度が50 mol%を超えた領域では，T_gは単調に上昇した。驚いたことに，塩濃度が80 mol%のときT_gは再び低下し，17/LiTFSAおよび17/LiFSAのT_gはそれぞれ-32と-10℃であった。イオン伝導度の塩濃度依存性は，T_gの塩濃度依存性と相関した。塩濃度が20〜50 mol%のとき，複合体のイオン伝導度は40℃において10^{-5} S cm^{-1}程度であった。塩濃度が60〜70 mol%の領域ではT_gの上昇を反映し，イオン伝導度は低下した。塩濃度が80 mol%のときT_gの低下を反映し，イオン伝導度は増加した。

リチウムイオン輸率（t_{Li+}）は電解質材料を評価する上で重要なパラメーターの一つである。双性イオン17/LiTFSA複合体のt_{Li+}は40℃において0.15であった。これは，カルボキシレートを有する双性イオン（t_{Li+} = 0.14）[12]と同程度である。トリフルオロメチルスルホニルアミドやオルガノボレートをアニオンとして有する双性イオンとLiTFSA複合体のt_{Li+}は0.5を超える[12,18]。t_{Li+}は双性イオンのアニオンのルイス塩基性に影響を受けることがわかった。さらに，t_{Li+}におよぼす添加塩種および塩濃度の効果を調べた。双性イオン17にLiFSAを50および80 mol%添加した複合体のt_{Li+}は，それぞれ0.20と0.46であった[17]。LiFSA複合体はLiTFSA複合体よりも高いt_{Li+}を示した。FSAアニオンはTFSAアニオンと比較してリチウムイオンへの配位力が弱いことが高いt_{Li+}の発現につながったものと考えられる。塩濃度が80 mol%のとき，双性イオンとリチウム塩の物質量比は1：4であり，zwitterion-in-saltの状態である。イオン伝導度の値は改善を要するが，高塩濃度領域でイオン伝導度およびt_{Li+}が増加するという挙動は興味深い。

第 3 章 双性イオン液体

3．2 蓄電池への応用

　低炭素社会構築のため，リチウムイオン電池などの蓄電池の研究が活発に行われている。液体電解質を含む現在の電池は，漏液，安全性，出力密度などに問題を抱えている。各種蓄電池で使用される理想的な電解質材料を開発するため，双性イオンの活用が検討されている。双性イオンは塩の解離を促進するだけでなく，解離したイオンの選択的輸送も可能であり，候補材料として興味深い。

　オリゴエーテル電解質の特性におよぼす双性イオンの効果を評価した。エーテル結合は耐酸化性に乏しく，オリゴエーテル電解質には高電位を印加できない。オリゴエーテル/LiTFSA複合体の酸化電位は 4.5 V vs. Li/Li$^+$ 以下であった。オリゴエーテル/LiTFSA複合体に所定量の双性イオンを添加した系の場合，酸化電位は 5 V vs Li/Li$^+$ 以上であり，オリゴエーテル電解質の耐酸化性が向上した[19,20]。そこで，正極に LiCoO$_2$，負極に金属 Li を用いてハーフセルを作製し，充放電挙動を調べた[20]。ここではイミダゾリウムカチオンの側鎖にシアノ基を導入した **25** を用いた。カットオフ電圧が3.0と4.3 V の範囲では，双性イオンの有無にかかわらず，50サイクルにわたってほぼ同じ放電容量を示し，クーロン効率もほぼ100％であった。カットオフ電圧を3.0と4.6 V に設定し，ハーフセルのサイクル特性を調べた結果，双性イオンの有無により50サイクル後の放電容量の維持率やクーロン効率に差が生じた。双性イオンを含有する電解質の方が，より高い放電容量とクーロン効率を維持していた。交流インピーダンス測定の結果，双性イオンを含有する電解質の方が電解質/正極界面の抵抗が低く抑えられていることがわかり，双性イオンが正極表面で電解質の分解を抑制していることが示唆された。

　双性イオンを含有するイオン液体電解質を用いたリチウムイオン電池の研究も行われている。イオン液体に双性イオンおよび無機ナノフィラーを添加することで，イオン伝導度が向上することが報告されている[6]。さらに，イオン液体に双性イオンを添加することで，リチウムイオンの拡散係数およびリチウムの析出/再溶解反応のクーロン効率が向上することも報告されている[7]。そこで，正極に LiCoO$_2$，負極に金属 Li を用いたハーフセルおよび正極に金属 Li，負極にグラファイト用いたハーフセルを作製し，充放電挙動を調べた[21]。ここでは，双性イオンとしてピロリジニウムカチオンを有する **26** を用いた。カットオフ電圧を3.0と4.6 V に設定し，Li/LiCoO$_2$セルの評価を行った。50サイクル後，双性イオンを含有するイオン液体電解質の方が，より高い放電容量とクーロン効率を維持した。オリゴエーテル電解質系と同様に，双性イオンを含有する電解質の方が電解質/正極界面の抵抗が低く抑えられていることがわかった。グラファイト/Liセルの場合，双性イオンの有無にかかわらず，放電容量およびクーロン効率のサイクル特性は同じであった。双性イオンはグラファイトへのリチウムイオンの挿入/脱離反応を阻害しないことがわかった。これらの結果から，双性イオンを含有する電解質材料を用いて作製したセルは，高電位で安定に作動することが期待できる。

4 双性イオン / 酸複合体

双性イオンとトリフルオロメタンスルホン酸（HTf）の複合体が室温で液体となることが2002年に報告されている[22]。この複合体を真空下で加熱してもHTfの大気下での沸点（162℃）近くまで重量減少は起こらず，不揮発性の酸性溶液として機能する。酸が触媒となる各種有機反応においても目的物の収率が高く，双性イオンに溶媒と触媒の2つの機能を賦与することができる[23,24]。上記の特徴は有機合成溶媒としての応用だけでなく，不揮発性プロトン伝導体としても応用可能であることを示唆する。最近は，双性イオン / 酸複合体を用いたバイオマス処理に関する報告が増えている。詳細は総説を参照されたい[9]。ここでは，双性イオン / 酸複合体中における高分子合成とプロトン伝導性について述べる。

4.1 高分子合成

双性イオン27/酸複合体中において，L-乳酸とε-カプロラクトンの共重合体が合成された[25]。酸として CF_3SO_3H, HBF_4, $p\text{-}CH_3(C_6H_4)SO_3H$, H_2SO_4, CH_3SO_3H を用いた。これら5種類の酸を用いて作製した複合体のハメットの酸度関数（H_0）が求められており，それぞれ−4.1, −3.7, −3.5, −3.3, −3.3であった。CF_3SO_3H複合体の酸性が強いことがわかる。反応温度130℃，減圧下50 Pa，反応時間6 hという条件で重合を行った結果，27/H_2SO_4中で合成した共重合体の質量平均モル質量（M_w）は 35,600 g mol^{-1}（モル質量分散度（$Đ_M$）と収率は1.68と85.5%）であり，他の酸を用いた複合体よりも高分子量体が得られた。得られた共重合体の分子量は酸性度に依存しないことがわかった。H_2SO_4は二価の酸であることから，プロトン数の相違が共重合体の分子量に影響をおよぼしたと考えられている。双性イオン 27/CF_3SO_3H と 27/H_2SO_4 の重合速度定数は，それぞれ 14.6×10^{-3} と 6.70×10^{-3} kg mol^{-1} min^{-1} であり，27/CF_3SO_3Hの方が2倍速いことがわかった。複合体の酸性度は重合速度に影響をおよぼすことがわかった。これら複合体を4回繰り返し使用しても，得られた共重合体の分子量に変化はなく，複合体をリサイクルできることが示された。

双性イオン 28/$(H_2SO_4)_2$ 複合体中において，乳酸とポリエチレングリコールの共重合体が合成された[26]。上記の例は重縮合と開環重合の組み合わせであったが，今回の例は重縮合のみである。スルホネートを2つ有する28とH_2SO_4の複合体のH_0は−5.0であり，27/H_2SO_4よりも強い酸性を示す。反応温度140℃，減圧下500 Pa，反応時間8 hという条件で重合を行った結果，28/$(H_2SO_4)_2$中で合成した共重合体のM_wは 56,900 g mol^{-1}（$Đ_M$と収率は1.45と97.8%）であり，酸性度に比例して高分子量体が得られた。得られた共重合体の結晶化度は42.9%であり，他の触媒を用いて合成した共重合体よりも高い値を示した。複合体を繰り返し使用しても共重合体の収率がほとんど変化しないことから，環境負荷の低い反応系を構築できるものと期待される。

第3章 双性イオン液体

4.2 プロトン伝導体

双性イオン 29 に所定量の 1,1,1-trifluoro-N-(trifluoromethylsulfonyl)methanesulfoneamide（HTFSA）を添加し，それら複合体のプロトン伝導性を評価した[27,28]。双性イオン 29 と HTFSA の融点はそれぞれ 179 と 56℃ であるが，それら複合体は室温で無色透明の液体となった。リチウム塩複合体と比較して比較的低い粘性である。DSC 測定の結果，HTFSA の濃度が 30～80 mol% の範囲において T_g のみ観測された。HTFSA 濃度が 50 mol% のとき，−55℃ という最も低い値を示し，それ以上の濃度領域では T_g は変化せず −55℃ 程度の値を示した。比較のため，29 に所定量の CF_3SO_3H と CH_3SO_3H を添加した各複合体を作製し，熱分析を行った。双性イオン 29/CF_3SO_3H および 29/CH_3SO_3H 複合体の T_g は酸濃度の増加に伴い直線的に低下し，90 mol% において，それぞれ −116 と −97℃ に達した。各複合体のイオン伝導度は，T_g の酸濃度依存性と同じ傾向を示した。HTFSA 濃度が 50 mol% のとき，複合体のイオン伝導度は最も高く，25℃ で 10^{-4} S cm^{-1} 程度であった。それ以上の酸濃度領域ではイオン伝導度は変化せず，一定の値を示した。双性イオン 29/CF_3SO_3H および 29/CH_3SO_3H 複合体の場合，酸濃度が 90 mol% のとき，複合体のイオン伝導度は最も高く，25℃ で 10^{-3} S cm^{-1} 程度であった。リチウム塩複合体と同様に，イオン伝導度と T_g には相関のあることがわかった。

PFG-NMR 測定により，双性イオン，HTFSA 由来の H^+，TFSA$^-$ の自己拡散係数を求めた[27]。HTFSA 濃度が 50 mol% 以上の領域において，いずれの拡散種に関しても自己拡散係数は増加し，T_g およびイオン伝導度とは異なる酸濃度依存性を示した。さらに，HTFSA 濃度が 50 mol% のとき，H^+ が最も速い拡散種であることがわかった。双性イオン 29 と HTFSA の複合体に関しては，等物質量比で作製した複合体がプロトン伝導性に優れることがわかった。

5 おわりに

双性イオンの低融点化には，カチオンの側鎖官能基の伸長が簡便かつ有効であることがわかった。特に，エーテル結合の導入は低融点化のみならず，リチウム塩添加後のイオン伝導度の向上に寄与することがわかった。リチウムイオン輸率に関してはさらなる改善を要するが，双性イオン液体およびリチウム塩のアニオン構造の最適化がポイントであろう。双性イオン液体を電解質材料として進化させるには，低融点化だけでなく，目的キャリアイオンに適したイオン伝導パスを分子設計に組み込む必要があり，双性イオンへの液晶性の賦与[29] および双性イオンの高分子化[30] が解決策になると期待される。双性イオンの活躍の場は確実に広がっており，共有結合で結ばれたカチオンとアニオンを起源とする特徴がそれらを可能にしている。双性イオン液体とのコラボレーションにより，新たな分野が開拓されることを期待する。

文　　献

1) M. Yoshizawa et al., *J. Mater. Chem.*, **11**, 1057 (2001)
2) M. Yoshizawa et al., *Asut. J. Chem.*, **57**, 139 (2004)
3) D. Q. Nguyen et al., *Electrochem. Commun.*, **9**, 109 (2007)
4) T. Mizumo et al., *Polym. J.*, **40**, 1099 (2008)
5) C. Tiyapiboonchaiya et al., *Nat. Mater.*, **3**, 29 (2004)
6) N. Byrne et al., *Electrochim. Acta*, **50**, 2733 (2005)
7) N. Byrne et al., *Adv. Mater.*, **17**, 2497 (2005)
8) H. Lee et al., *Angew. Chem. Int. Ed.*, **43**, 3053 (2004)
9) A. S. Amarasekara, *Chem. Rev.*, **116**, 6133 (2016)
10) M. Galin et al., *J. Chem. Soc. Perkin Trans.*, **2**, 545 (1993)
11) M. Yoshizawa et al., *Chem. Lett.*, **33**, 1594 (2004)
12) A. Narita et al., *J. Mater. Chem.*, **16**, 1475 (2006)
13) M. Yoshizawa-Fujita et al., *Chem. Commun.*, **47**, 2345 (2011)
14) R. Bordes et al., *French-Ukrainian J. Chem.*, **4**, 85 (2016)
15) Â. Rocha et al., *ChemPlusChem*, **77**, 1106 (2012)
16) M. Hirao et al., *J. Electrochem. Soc.*, **147**, 4168 (2000)
17) M. Suematsu et al., *Int. J. Electrochem. Sci.*, **10**, 248 (2015)
18) A. Narita et al., *Chem. Commun.*, 1926 (2006)
19) M. Suematsu et al., *Electrochim. Acta*, **175**, 209 (2015)
20) S. Yamaguchi et al., *Electrochim. Acta*, **186**, 471 (2015)
21) S. Yamaguchi et al., *J. Power Sources,* **331**, 308 (2016)
22) A. C. Cole et al., *J. Am. Chem. Soc.*, **124**, 5962 (2002)
23) D. Li et al., *J. Org. Chem.*, **69**, 3582 (2004)
24) S. Kitaoka et al., *Chem. Commun.*, 1902 (2004)
25) Q. Peng et al., *Green Chem.*, **16**, 2234 (2014)
26) H.-X. Ren et al., *Polym. Bull.*, **71**, 1173 (2014)
27) M. Yoshizawa-Fujita et al., *J. Phys. Chem. B*, **114**, 16373 (2010)
28) M. Yoshizawa et al., *Chem. Commun.*, 1828 (2004)
29) B. Soberats et al., *J. Mater. Chem. A*, **3**, 11232 (2015)
30) M. Yoshizawa-Fujita et al., *Kobunshi Ronbunshu*, **72**, 624 (2015)

第4章　金属錯体系イオン液体

持田智行[*]

1　はじめに

　イオン液体の多くはオニウム塩であり，主に有機カチオンとフッ素系などのアニオンの組み合わせで構成されている。ところが近年，金属イオンを含む分子からなる機能性イオン液体が種々合成されてきた。これらはイオン液体としての特性に加え，金属イオン由来の機能性を示す点が特徴である。構成イオンのうち，アニオン側に金属イオンを含むイオン液体は多数知られている。これらはオニウムカチオンに対してハロゲノ金属酸アニオン等を組み合わせたもの（[$C_n$mim][$FeCl_4$]など）が主だが[1]，キレート錯体をアニオンとするものもある[2]。これらの液体は，磁性，蛍光性，酸化還元発色，触媒能などの特性を示す。一方，カチオンに金属イオンが組み込まれた塩は報告例がより少ないが，分子骨格が多様であり，機能性にも富む。本稿では，後者の金属錯体カチオンを含むイオン液体について述べる。

　金属錯体とは金属イオンに配位子が結合した物質の総称だが，それらをカチオンとするイオン液体の性質は，この配位結合の強さにも依存する。金属イオンが溶媒和されたとみなせる系は，溶媒和イオン液体と呼ばれる。良く知られる例として，Li^+にポリエーテルが配位したイオン液体がある（[Li(G3)]Tf_2Nほか，次節参照）。Ag^Iほかのイオンにアセトニトリルやアルキルアミンが複数配位した系（[ML_n]Tf_2Nほか，図1a）も報告されているが[3,4]，これらも溶媒和イオン液体とみなせる。一方，より強い結合を含む金属錯体をカチオンに用いた場合は，通常のイオン液体とみなせる。例えば飯田らによって，キレート配位子を持つAg^I錯体をカチオンとする系が開発されている（図1b）[5]。ほかにも特徴ある金属錯体をカチオンとする系が各種報告されてい

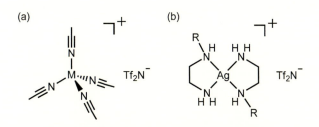

図1　金属錯体をカチオンとするイオン液体の例
（M = Cu^I，Ag^I；R = アルキル基）

---

[*] Tomoyuki Mochida　神戸大学　大学院理学研究科　化学専攻　教授

る[6]。ただし，熱物性が明らかでないものや，融点が本質的に高いものも多い。一方，中性の金属錯体が結合したオニウムカチオンからなるイオン液体は比較的多数知られている[7]。以上の液体は，主に電気化学的な機能性（電解液，電解還元，金属ナノ粒子生成等）を示す。

筆者らは，特徴ある遷移金属錯体カチオンを用いることにより，多彩な機能性を持つイオン液体の開発を行ってきた[8〜10]。遷移金属錯体は様々な物性・反応性を示す有用物質だが，多くは固体である。そこで筆者らは，金属錯体カチオンにアルキル基を導入し，Tf_2N などのフッ素系アニオンと組み合わせる分子設計により，種々の金属錯体のイオン液体化を実現してきた。これらは通常の液体もしくは溶液では実現不可能な優れた機能性を発現する。以下，①有機金属錯体をカチオンとするイオン液体，および②キレート錯体をカチオンとするイオン液体の2系統に分け，物質群と機能性の概要を述べる。個々の物性値については，原報を参照いただければ幸いである。

2 有機金属系イオン液体

サンドイッチ型またはハーフサンドイッチ型の有機金属錯体は，多彩な電子物性，化学反応性を示す。筆者らは以前に，単純なサンドイッチ錯体をカチオンとするイオン液体（図 2a-c）を開発し，その物性を調べた。これらの物質設計および電子物性については別稿に記した[8〜10]。続いて，特徴ある反応性や触媒能を有する有機金属錯体をイオン液体化した（図 2c-e）。本節では，それらの反応性に基づいて実現した機能について述べる。

2.1 サンドイッチ錯体系イオン液体と配位高分子との可逆転換

アレーン環（ベンゼン誘導体）を配位子とするサンドイッチ型 Ru^{II} 錯体（図 2c, M = Ru）を用いることにより，光と熱によって，イオン液体と配位高分子の間で可逆な相互変換を起こす

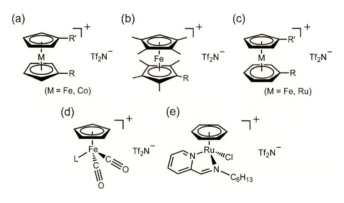

図 2　サンドイッチ錯体系イオン液体の構造式
　　　（R, R'：アルキル基；L：各種の単座配位子）

第4章　金属錯体系イオン液体

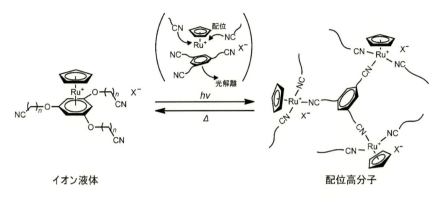

図3 イオン液体と配位高分子の光・熱による相互変換
($n = 6$, $X^- = (FSO_2)_2N^-$, 右図ではアルキル鎖を略記)

物質が実現した[11]。図3左のイオン液体を石英板にはさんで紫外光を照射すると，徐々に黄色固体に変化し，5時間後には全体が配位高分子（アモルファス固体）に変化する。また，この固体を130℃で加熱すると，1分程度で完全に元のイオン液体に戻る。一般の光硬化性樹脂の場合，光硬化後は液体には戻らないが，この配位高分子は液体に戻せるため，可逆的な硬化性を持つ。さらに重要なのは，単なる固液変化ではなく，イオン液体と配位高分子という，結合様式が全く異なる物質間の転換が起こっている点である。

以下に，この系の分子設計と転換機構を示す。アレーン配位子を持つサンドイッチ型 Ru^{II} 錯体は，溶液中で興味ある光反応を示すことが知られている（図4）[12]。図4左の錯体のアセトニトリル溶液に UV 光を照射すると，アレーン配位子（ベンゼン）が脱離し，Ru にアセトニトリルが3分子配位した錯体（以下，トリアセトニトリル錯体と略記）が生成する。また，この反応は熱で逆方向に進行する。筆者らは，この機構を利用すれば，光と熱による可逆な物質転換が実現できると考えた。つまり，出発物質のアレーン配位子にシアノ基を3個導入したイオン液体ができれば，この反応が溶媒なしに進行するはずである。図3左のイオン液体は，この考えのもとに設計された。3本のシアノヘキシル基は，イオン液体化（塩の低融点化）に寄与すると同時に，アレーン配位子の光解離後にルテニウム間を架橋する役割を持つ。液体の低粘度化のために，アニオンとして FSA($= (FSO_2)_2N^-$) を用いた。このイオン液体に UV 光を照射すると，

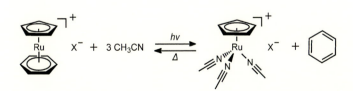

図4 サンドイッチ型ルテニウム錯体のアセトニトリル中での光反応および熱反応[12]

アレーン配位子が解離し，次いでRu中心に対して置換基のシアノ基が配位するため，架橋構造が生成する。ただし転換率は80％程度であり，サンドイッチ型構造が一部配位高分子内に取り込まれて残る。

実は，図3のイオン液体および配位高分子錯体は，同じ原料から，条件に応じてそれぞれ選択的に合成できる。イオン液体は，図4のスキームの逆反応に従い，トリアセトニトリル錯体とアレーン配位子をアセトニトリル中で加熱して合成する。一方，両者をジクロロメタン中，室温で反応させると，配位高分子が直接生成する。この結果は，サンドイッチ錯体が熱力学的に安定，配位高分子が速度論的に安定な生成物であることを示している。つまり本系では，アレーン配位子が光で解離する性質に加え，この相対的安定性が反応の可逆性を与えている。

近年，配位高分子に関する研究が内外で極めて盛んだが，それらは通常，溶液反応で合成され，可塑性を持たない。ところが本系では，液体がそのまま硬化して配位高分子となるため，溶媒が不要で，自由な形状制御が可能である。また通常の配位高分子は融解しないが，本系は熱で融ける配位高分子であり，原理的に自己修復能を持つ。この物質設計は光による造形を可能とする，配位高分子合成の新たな方法論である。

2．2　ハーフサンドイッチ錯体系イオン液体の反応性に基づく物質転換

配位子交換反応を起こすハーフサンドイッチFe^{II}錯体をカチオンに用いることにより，物質転換を起こすイオン液体を合成した（図2d）。図5に示した例では，左の液体をジメチルスルフィドの気体にさらすと，元の配位子を追い出し，ジメチルスルフィドがほぼ定量的に金属に配位する[13]。この場合には，生成物の融点が室温以上であるため，徐々に固体に転換する。このように，配位能がより強い小分子を吸収させると，異なるイオン液体への転換を無溶媒条件下で直接起こすことができる。各種の小分子（L）の配位能は，L = $CH_2CHC_4H_9$ < CH_3CN ≈ Py < NH_3 < Me_2S の順に強くなり，生成物が安定となる。これらの生成物は，それぞれ融点も異なる。加える配位子を過剰にすると転換率が向上し，余剰の配位子は減圧またはヘキサン洗浄で容易に除ける。原料と生成物の安定性の差が小さい場合には，配位子交換が完全には進行せず，混合物が生じる。ハーフサンドイッチ型Ru^{II}錯体からなるイオン液体でも，同じ原理に基づく物質転換を観測した[14]。

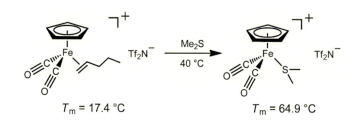

図5　ハーフメタロセン系イオン液体における無溶媒配位子交換反応の例

第4章　金属錯体系イオン液体

図2eは，触媒能を有するハーフサンドイッチ型Ru^{II}錯体からなるイオン液体の例である[15]。ただし分子がかさ高いため，融点が比較的高い。これらは酸化反応に対して良好な触媒能を示したが，反応中に錯体が分解しやすいことがわかった。錯体触媒のイオン液体化は若干難しい課題だが，新しい不均一液体触媒につながる可能性がある。

3　キレート錯体系イオン液体

光，熱，圧力，溶媒等の外場に応じて物性変化を起こすキレート型金属錯体が各種知られている。これらの錯体をイオン液体化することにより，色および磁性が外場に応じて変化するイオン液体を実現した。さらに，特徴あるキレート錯体のイオン液体化を試みた。

3.1　ベイポクロミックイオン液体

図6aに示したキレート錯体は，有機溶媒に溶かすと，溶媒の種類に応じて色変化を示す錯体（ソルバトクロミック錯体）である。この色変化は，溶媒分子が金属イオンに配位して，配位構造が平面四配位から八面体六配位に変化するために起こる。この錯体はイオン液体の溶媒極性の評価にも用いられてきた[16]。筆者らは，この錯体骨格をイオン液体化することにより，溶媒蒸気の雰囲気下に置くと，蒸気の種類に応じて色が変化するイオン液体（ベイポクロミックイオン液体）を開発した（図6b）[17]。これらの液体は，溶媒蒸気の検知・可視化の機能を持つ。ただし，検出感度自体は高くない。

Cu^{II}を中心金属とするイオン液体は，単体では暗紫色である。この液体を溶媒蒸気下に置くと，溶媒分子を2当量程度吸収し，数分で青紫色～緑色に変化する。ドナー数（金属イオンに対する配位能の尺度）の大きい溶媒では色変化がより顕著であり，例えばアセトン，メタノー

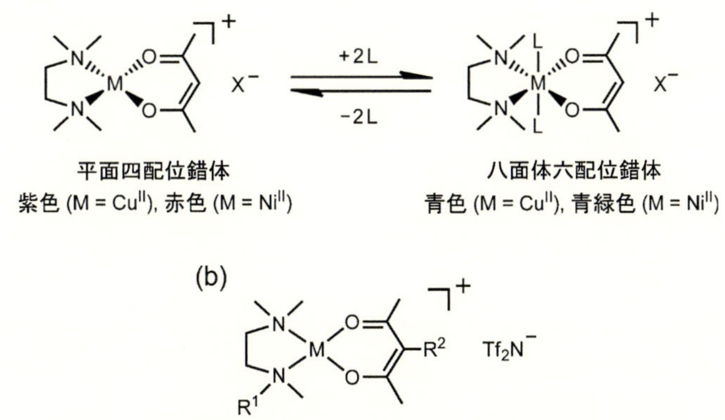

図6　(a) ソルバトクロミック錯体の変色原理，および (b) ベイポクロミックイオン液体の構造式
（M = Cu, Ni；R^1 = R^2 = アルキル基）

ル，ピリジンの蒸気下では，イオン液体はそれぞれ青紫色，青色，緑色に変化する。一方，Ni^{II} を中心金属とするイオン液体は赤色であり，ドナー数の大きい溶媒の雰囲気下では緑色に変化する。色変化はいずれも可逆であり，溶媒蒸気下から取り出すと元の色に戻る。溶媒蒸気以外に，アンモニアなどの配位性を持つガスでも同様に色変化を起こす。

　これらの液体は，磁性流体としても特徴ある性質を示す。Cu^{II} を含む液体は，蒸気吸収前後でともに磁性流体だが，Ni^{II} を含む液体は溶媒蒸気によって非磁性流体から磁性流体へと変化する。これは Ni^{II} 錯体の場合，平面四配位種が非磁性，八面体六配位種が常磁性となるためである。この液体がドナー数の小さい溶媒を吸収した場合には，平面四配位種と八面体六配位の平衡混合物が生じ，温度に応じてこの比率が変化する。そのため，磁性・色が可逆な温度変化を示す。これらの液体は，ゲル化剤の添加により，機能を保ったままフィルム化が可能である。

3.2　サーモクロミックイオン液体

　前項のイオン液体では，溶媒分子が金属に配位して色変化が起きている。一方，この骨格に適度な配位能を持つ置換基を導入すれば，溶媒分子の取り込みなしに色変化が生じる。この原理に基づいて，色および磁性が可逆な温度変化を示すイオン液体（サーモクロミックイオン液体）を開発した（図7）[18]。

　ここでは前項のキレート錯体に，エーテル置換基を導入した。この分子では，エントロピーおよびエンタルピー的に，高温では開環体（図7右），低温では閉環体（図7左）が安定となる。Ni^{II} が中心金属の場合，前者は赤色の非磁性分子，後者は青色の常磁性分子である。生成したイオン液体は両者の平衡混合物となり，その比率が温度に応じて変化するため，色変化（サーモクロミズム）および磁性変化を示すことになる。エーテル鎖長を変えると，液体温度領域・変色域が異なる液体が得られ，いずれも高温では赤色液体だが，より低温では鎖長に応じてオレンジ・青・緑等に変色する。これらの液体の冷却過程では，磁化率（磁気モーメント）の値が徐々に増加し，その解析から，図7の式に対する平衡定数および熱力学パラメーターが求まる。これらの物質は結晶状態では青色の閉環体構造を取るため，融解に伴って配座自由度が生じる。本系は，分子配座の多様性と関連した熱力学的現象の観点からも興味深い。一方，Cu^{II} が中心金属のイオン液体では，開環体と閉環体が共に常磁性分子であり，色も類似しているため，サーモクロ

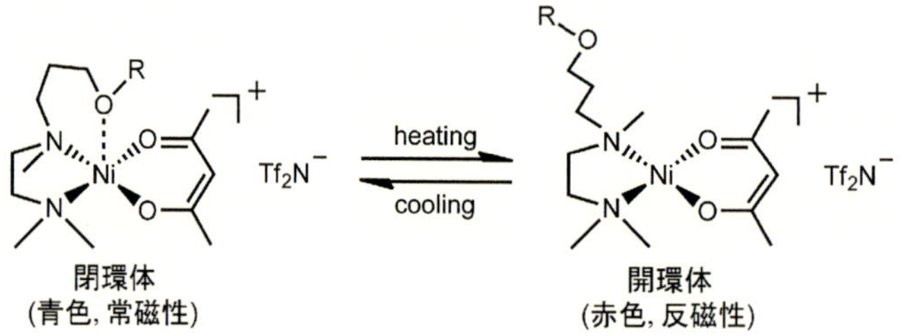

図7　エーテル置換基を有するサーモクロミックイオン液体における配位平衡

ミズムは顕著ではない[19]。Cu^{II}錯体の系では，エーテル置換基と溶媒の配位の競合によるソルバトクロミズム制御を確認することができた。

3.3 スピンクロスオーバーイオン液体

温度・圧力・光などの外部刺激によってスピン状態が変化する錯体として，スピンクロスオーバー錯体が有名である。これらの錯体の固体は，高温では高スピン状態，低温では低スピン状態を取り，スピン変化と同時に色変化を示すため，分子磁性やスイッチングの観点から興味を持たれてきた。筆者らは，こうした錯体をイオン液体化することによって，スピンクロスオーバー現象を示す液体を開発した[20]。

ここでは，シッフ塩基を配位子とするFe^{III}錯体に着目した。この錯体骨格は固体状態でスピンクロスオーバー現象を示すことで知られている。この骨格に，軸配位子としてアルキルイミダゾリウム配位子を導入し，Tf_2Nアニオンを組み合わせることにより，イオン液体が生成した（図8a）。この液体は磁性流体であり，低温では低スピン状態（$S = 1/2$）だが，室温付近でスピンクロスオーバーを起こし，昇温に伴って高スピン状態（$S = 5/2$）の分子が増える。そのため，磁気モーメントが急激に上昇する（図8b）。同時に色も変化し，緑色（-20℃）から青色（20℃）を経て，青紫色（40℃）に色変化する。ただし，この液体は熱や空気に不安定である。なお，対アニオンがPF_6の塩は固体だが，ほぼ同様の磁気挙動を示すため，良い参照物質となる。一方，中心金属をCo^{III}に変えると褐色の非磁性イオン液体となり，安定性は高くなる[21]。

3.4 その他の系

以上のほかにも，特徴ある骨格を持つキレート錯体をいくつかイオン液体化した。図9aは，ビスオキサゾリン骨格を持つAu^{III}錯体からなるイオン液体である[22]。ビスオキサゾリン錯体は有用な錯体触媒であり，このイオン液体も触媒能を示すが，反応中に分解する傾向があった。図9bは，ピンサー型配位子を有するPd^{II}錯体からなるイオン液体である。この系は舟浴らによっ

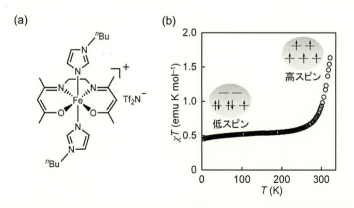

図8 (a) スピンクロスオーバーイオン液体の構造式，および (b) 磁化率の温度依存性

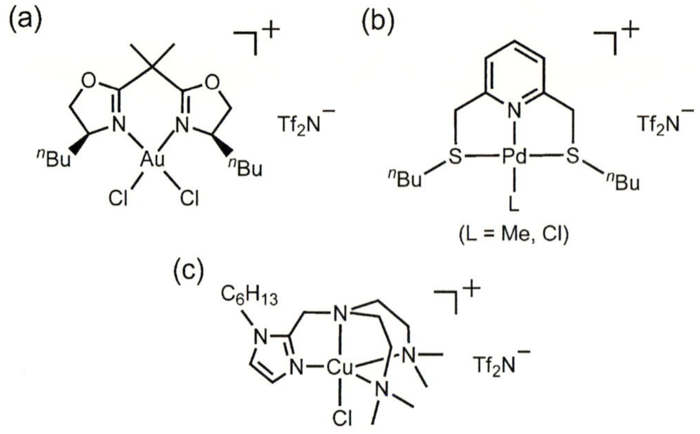

図9　各種のキレート錯体をカチオンとするイオン液体

て開発され，補助配位子（L = Me, Cl）の違いが融点および溶媒極性に及ぼす効果が検証されている[23]。図9cは，三脚型配位子を持つCu^{II}錯体からなるイオン液体である[24]。三脚型配位子を持つ錯体は，生物無機化学的な機能や，触媒能・気体吸脱着の点から興味を持たれる。なおこれらの塩は，カチオンの平面性やかさ高さが原因で，融点・粘度が高い傾向がある。

4　おわりに

筆者らは，「金属錯体をイオン液体化する」という概念に基づき，各種の機能性イオン液体の開拓を進めてきた。ここで改めて金属錯体のイオン液体と金属錯体の溶液との相違を考えてみると，純物質と溶液系が熱力学的に異なるのは自明だが，より重要なのは，金属錯体をそのまま液化すると，金属錯体固有の性質が顕在化する点である。実際，本稿で取り上げた液体機能の多くは，単なる溶液系では不可能であり，金属錯体の液化によって初めて実現したものである。

近年，イオン伝導性の観点から，イオン性柔粘性結晶が着目されている。筆者らが手掛けてきたサンドイッチ型錯体の塩は，分子に導入するアルキル基が長い場合にはイオン液体となるが，短い場合には柔粘性結晶相を与える[25]。これは分子骨格が球形に近いためであり，同一骨格で両方の相を与える点は特徴的である。本稿では省略したが，柔粘性結晶への展開も有用である。

以上，本稿で示したように，金属錯体系のイオン液体は優れた多機能液体であり，今後の展開の余地が大きい。

第4章　金属錯体系イオン液体

文　　献

1) 例えば，Y. Yoshida & G. Saito, in "Ionic Liquids: Theory, Properties, New Approaches", ed. A. Kokorin, p.723, InTech (2011)
2) 例えば，L. C. Branco et al., *Chem. Commun.*, **47**, 2300 (2011)
3) N. R. Brooks et al., *Chem. Eur. J.*, **17**, 5054 (2011) ほか
4) J. F. Huang et al., *J. Electrochem. Soc.*, **153**, J9 (2006)
5) M. Iida et al., *Chem. Eur. J.* **14**, 5047 (2008)
6) 例えば，H. Masui & R. W. Murray, *Inorg. Chem.*, **36**, 5118 (1997)
7) 例えば，Y. Miura et al., *Inorg. Chem.*, **49**, 10032 (2010)
8) 持田智行，溶融塩および高温化学，**52**, 29 (2009)
9) 持田智行，分子研レターズ，**67**(3), 30 (2013)
10) 持田智行，日本結晶学会誌，**58**, 2 (2016)
11) Y. Funasako et al., *Chem. Commun.*, **52**, 6277 (2016)
12) T. P. Gill & K. R. Mann, *Organometallics*, **1**, 485 (1982)
13) T. Inagaki & T. Mochida, *Chem. Eur. J.*, **18**, 8070 (2012)
14) S. Mori & T. Mochida, *Organometallics*, **32**, 780 (2013)
15) T. Inagaki et al., *Inorg. Chim. Acta*, **438**, 112 (2015)
16) M. J. Muldoon et al., *J. Chem. Soc. Perkin Trans.*, **2**, 433 (2001)
17) Y. Funasako et al., *Chem. Eur. J.*, **18**, 11929 (2012)
18) X. Lan et al., unpublished
19) X. Lan et al., *Eur. J. Inorg. Chem.*, **17**, 2804 (2016)
20) M. Okuhata et al., *Chem. Commun.*, **49**, 7662 (2013)
21) M. Okuhata & T. Mochida, *J. Coord. Chem.*, **67**, 1361 (2014)
22) Y. Miura et al., *Polyhedron*, **113**, 1 (2016)
23) Y. Funasako et al., *J. Organomet. Chem.*, **797**, 120 (2015)
24) Y. Funasako et al., *Dalton Trans.*, **42**, 10138 (2013)
25) T. Mochida et al., *Chem. Eur. J.*, **19**, 6257 (2013)

第5章　溶媒和イオン液体

獨古　薫[*1]，渡邉正義[*2]

1　はじめに

　溶媒和イオン液体とは溶融した溶媒和物である。多くの金属塩は，金属イオンに溶媒が定比で配位することで安定な溶媒和物（錯体）を形成することが知られている。融点が比較的低く，室温近傍で溶融状態となる溶媒和物の中にはイオン液体と類似の物性を示すものが見出されている。溶融状態の溶媒和物が常温溶融塩（イオン液体）と類似の挙動を示すことは Angell が 1965 年に最初に指摘している[1]。溶融した硝酸カルシウム四水和物 $Ca(NO_3)_2 \cdot 4H_2O$ は，水和イオン $[Ca(H_2O)_4]^{2+}$ と NO_3^- からなる融体として取り扱うことが可能であり，一種のイオン液体とみなすことができる。このように溶媒和イオンが構成イオンとなるようなイオン液体を溶媒和イオン液体（Solvate Ionic Liquids）と呼ぶ[2〜5]。溶媒和イオン液体は溶媒（配位子）と塩から構成されることから，濃厚電解質溶液と捉えることもできるし，溶媒和イオンからなるイオン液体と捉えることも可能であり，溶液化学分野では興味深い研究対象として注目を集めるとともに，次世代電池の電解液として応用が期待できることから，近年活発な研究がなされている。この章では，最近の研究で典型的な溶媒和イオン液体として振る舞うことが明らかになってきたグライム-リチウム塩溶融錯体の基礎物性および電池適用を中心に紹介する。

2　グライム-リチウム塩溶融錯体

　オリゴエーテルであるグライム類（$CH_3-O-(CH_2-CH_2-O)_n-CH_3$）とリチウム塩は定比で溶媒和物（錯体）を形成することが知られている[6,7]。グライム類は分子内に複数のエーテル酸素を有しており，エーテル酸素の非共有電子対のため電子供与性（ドナー性）が強くルイス塩基として働き，非共有電子対を金属イオンに供与することにより多座配位子となり錯体を形成する。グライムとアルカリ金属塩を混合するとルイス酸であるアルカリ金属イオンにルイス塩基であるグライム分子が定比で配位（溶媒和）して錯体（溶媒和物）を形成することが報告されており，その結晶構造などが詳細に解析されている[8〜10]。
　Li 塩の場合には，Li^+ イオンはイオン半径が小さいため電荷密度が高く，エーテル酸素の非共有電子対と強い相互作用（イオン-双極子相互作用およびイオン-誘起双極子相互作用）を示す。

[*1] Kaoru Dokko　横浜国立大学　大学院工学研究院　教授
[*2] Masayoshi Watanabe　横浜国立大学　大学院工学研究院　教授

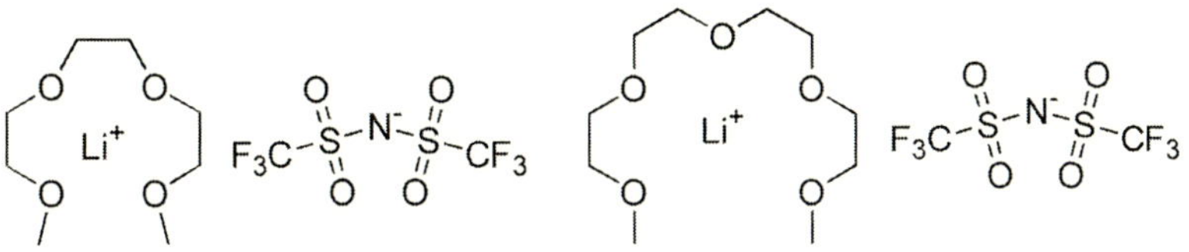

第5章　溶媒和イオン液体

図1　[Li(G3)][TFSA]（左）および [Li(G4)][TFSA]（右）

Li$^+$イオンは一般に4〜6の配位数をもつことが知られている。このため，グライム CH$_3$-O-(CH$_2$-CH$_2$-O)$_n$-CH$_3$ の鎖長によって，Li塩とグライム分子がどのような比で溶媒和物（錯体）を形成するかが決まる。例えば，$n=1$ のジメトキシエタン（モノグライム，G1）であれば，2個のエーテル酸素を有しているので，Li塩：G1 = 1：2 および 1：3 の比で溶媒和物を形成する場合が多い。$n=2$ のジグライム（G2）は3個のエーテル酸素なので Li塩：G2 = 1：2 の溶媒和物を形成する。グライムの鎖長が $n=3$（トリグライム，G3），4（テトラグライム，G4），5（ペンタグライム，G5）のとき，それぞれのグライム1分子はエーテル酸素を4，5，6個有しているが，これらはLi$^+$の配位数と一致する。このため，G3，G4，G5 は Li$^+$ イオンに1：1で配位することで，Li塩の溶媒和物を形成することができる。なお，溶媒和物の結晶状態におけるLi$^+$イオンの溶媒和構造は，配位子であるグライムの鎖長およびアニオンの種類・構造によって変化することが報告されている[8〜10]。Li(CF$_3$SO$_2$)$_2$N(Li[TFSA]) は G3 と 1：1 の錯体 [Li(G3)][TFSA] を形成するが，融点が比較的低く（融点：23℃）[11]，室温において液体状態で安定に存在する。Li[TFSA] と G4 の 1：1 の錯体 [Li(G4)][TFSA] は結晶化せず，低温ではガラス化する。[Li(G3)][TFSA] および [Li(G4)][TFSA] の場合，固体状態および溶融状態においても Li$^+$ にグライム分子がクラウンエーテルのように1：1で配位していること（図1）が分光学的な手法で確認されている[12]。

もちろん，G3 および G4 は常温で液体の溶媒であり，Li[TFSA] を G3 または G4 に任意の濃度で溶解させて電解質溶液を調製することができる。[Li(G3)][TFSA] および [Li(G4)][TFSA] は，Li[TFSA] を G3 または G4 に高濃度（3 mol/L 程度）となるように溶解させた電解質溶液ともいえるわけであるが，通常の濃度（0.1〜1 mol/L 程度）の電解質溶液とは決定的に異なるのは [Li(G3)][TFSA] および [Li(G4)][TFSA] では，液体中に Li$^+$ イオンの溶媒和に参加していないフリーなグライム（G3 または G4）がほとんど存在しないことである[12〜14]。これが [Li(G3)][TFSA] および [Li(G4)][TFSA] の物理化学特性に大きな影響を及ぼすことを後ほど紹介する。

3　グライム-リチウム塩溶融錯体への非対称構造の導入

グライム-リチウム塩錯体への非対称構造の導入により，錯体の物理化学特性は大きく変化する。図2に示すように，グライム分子の片末端にアルキル基などを導入することにより，非対

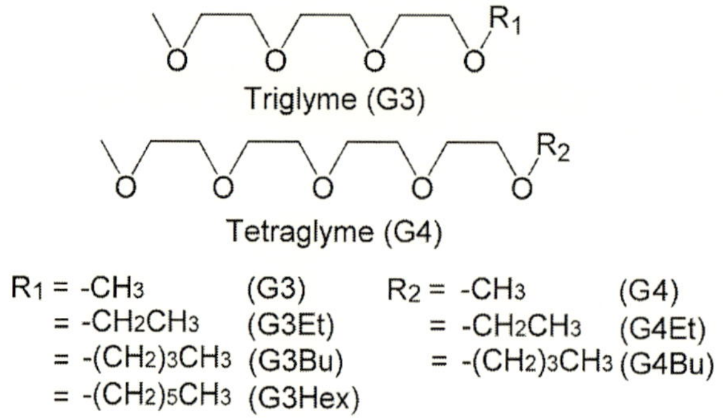

イオン液体研究最前線と社会実装

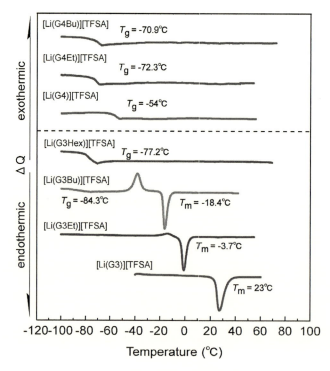

図2 非対称グライム[11]

Reprinted with permission from ref. 11. Copyright 2010, The Chemical Society of Japan.

称な構造を有するグライムを合成することができる[11]。これらの非対称グライムとLi[TFSA]を1：1で混合して調製した錯体の示差走査熱量測定（DSC）の結果を図3に示す。G3系の配位子を用いた場合，片末端に導入するアルキル鎖長が長くなるにしたがって錯体の融点が低下することが分かる。G4系の配位子の場合は，錯体の融点は観測されず，ガラス転移点のみが観測されるが，この場合もアルキル鎖長が長くなるにしたがってガラス転移点が低下する。この配位

図3 グライム-リチウム塩錯体の示差走査熱量測定（DSC）の結果[11]

Reprinted with permission from ref. 11. Copyright 2010, The Chemical Society of Japan.

第 5 章 溶媒和イオン液体

子への非対称構造導入による融点およびガラス転移点の変化は，配位子に非対称構造を導入すると錯カチオンのコンフォーマーの数が増えたためと考えることができる。コンフォーマーの数が増えると，融解のエントロピー変化 ΔS_m が増大し，その結果，融点 T_m（$T_m = \Delta S_m/\Delta H_m$）が低下する（ここで ΔH_m は融解のエンタルピー変化である）。このように，配位子に非対称構造を導入した結果，錯体の融点が低下し，錯体が液体状態を保つ温度範囲を拡大することが可能である。

非対称構造を導入したグライム-リチウム塩錯体の溶融状態における輸送特性を表 1 に示す。G3 系，G4 系いずれの場合にもエチル基を片末端に導入した錯体の粘度が最も小さいことが分かる。アルキル鎖長をさらに長くすると粘度は徐々に増大する。これは，アルキル鎖長が長くなるにしたがって液体中の塩濃度は低下するため，イオン-イオン間に働く静電相互作用は小さくなるが，分子サイズが大きくなるにしたがってファンデルワールス力が強くなるため，エチル基よりも長いアルキル基の場合には徐々に増加したものと考えられる。エチル基を片末端に導入した錯体が最も低い粘度を示すものの，G3 系，G4 系いずれの場合にも末端がメチルの錯体とほぼ同じイオン伝導率を示すことが分かる（表 1）。

磁場勾配 NMR 法で評価した溶融錯体中におけるグライム分子，Li^+ イオン，TFSA アニオンの自己拡散係数を表 1 に示す。配位子の拡散係数（D_{sol}）と Li^+ の拡散係数（D_{Li^+}）は，いずれの溶融錯体中でもほぼ等しいことから，溶融錯体中では配位子と Li^+ イオンが $[Li(glyme)]^+$ の錯カチオンとして拡散していることが示唆される。すなわち，グライム分子と Li^+ イオンが 1：1 の錯カチオン $[Li(glyme)]^+$ の構造は，溶融した状態でも安定に維持されていることが示唆される。これは，グライム分子は分子内に複数のエーテル酸素を有しているため，キレート効果により $[Li(glyme)]^+$ の錯カチオンの構造が安定化されている（寿命が長い）ためである。また，Li^+ イオンの拡散係数は溶融錯体の粘度が低くなるにしたがって大きくなることが分かる。[Li(G3)][TFSA] 中の拡散係数より [Li(G3Et)][TFSA] 中の拡散係数は大きいにもかかわらず，イオン伝導率はほぼ等しい。これは，G3Et の方が G3 よりも分子サイズが大きいため，溶融錯体中の Li 塩濃度は [Li(G3Et)][TFSA] の方が小さくなり，その結果，液体中のキャリヤーの濃度は [Li(G3)][TFSA] よりも [Li(G3Et)][TFSA] の方が低くなるためと考えられる。

表 1　グライム-リチウム塩溶融錯体の 30℃における粘度（η），密度（d），Li[TFSA] の濃度（M），イオン伝導率（σ），自己拡散係数（D）[11]

	η /mPa·s	d /g cm^{-3}	M /mol dm^{-3}	σ /mS cm^{-1}	Diffusion coefficient / 10^{-7} cm^2 s^{-1}		
					D_{sol}	D_{cation}	D_{anion}
[Li(G3)][TFSA]	156.0	1.46	3.14	1.0	0.84	0.89	0.57
[Li(G3Et)][TFSA]	107.0	1.40	2.86	1.0	0.93	0.97	0.70
[Li(G3Bu)][TFSA]	112.0	1.34	2.64	0.8	0.94	1.00	0.84
[Li(G3Hex)][TFSA]	115.0	1.31	2.44	0.6	0.82	0.86	0.77
[Li(G4)][TFSA]	94.6	1.40	2.75	1.6	1.26	1.26	1.22
[Li(G4Et)][TFSA]	68.9	1.37	2.62	1.6	1.47	1.55	1.47
[Li(G4Bu)][TFSA]	105.0	1.34	2.44	1.0	1.25	1.35	1.31

4 グライム-リチウム塩溶融錯体の熱安定性

溶融錯体［Li(G3)］[TFSA] および［Li(G4)］[TFSA] の燃焼試験をしたところ，引火することなく，難燃性であることが確認された。図4にLi[TFSA] とG3を様々な比で混合して調製した溶液の熱重量分析（TG）の結果を示す[13]。図中の x（［Li(G3)$_x$］[TFSA]（$x = 1, 2, 4, 8$））は Li[TFSA] とグライム（G3）のモル比を示している。Li[TFSA] を混合していない G3 では，100℃付近からグライム分子の蒸発に伴う重量減少が観測される。Li[TFSA] とグライムを混合した試料では，グライムのモル比が減少するにしたがって熱安定性が向上し，Li[TFSA]とグライムのモル比が1:1の錯体では，200℃程度までグライム分子の蒸発が抑制され，難揮発性であることが確認された。［Li(G3)$_x$］[TFSA]（$x = 2, 4, 8$）の試料では，100℃付近から急激なG3の蒸発が起きるが，200℃付近からG3の蒸発速度が遅くなることが分かる。これは，［Li(G3)$_x$］[TFSA]（$x = 2, 4, 8$）からG3が蒸発した結果，［Li(G3)$_1$］[TFSA] の組成となり，G3の蒸発が抑制されたためである。つまり，［Li(G3)$_x$］[TFSA]（$x = 2, 4, 8$）の液体中のLi$^+$イオンに配位していないフリーなG3分子は100℃程度で蒸発するのに対し，Li$^+$イオンに配位しているG3分子は，200℃程度まで蒸発しない。フリーなG3分子と比較して，錯カチオン［Li(G3)$_1$]$^+$を形成しているG3が蒸発するためにはLi$^+$イオンとG3分子の相互作用（イオン-双極子相互作用およびイオン-誘起双極子相互作用）に打ち勝ち，Li$^+$イオンが脱溶媒和するエネルギーが必要であるため蒸発が抑制されたのである。

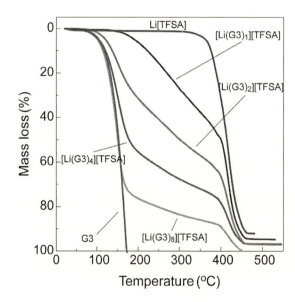

図4　［Li(G3)$_x$］[TFSA]（$x = 1, 2, 4, 8$）の熱重量分析（TG）の測定結果[13]
Reprinted with permission from ref. 13. Copyright 2011, American Chemical Society.

第 5 章　溶媒和イオン液体

5　グライム-リチウム塩溶融錯体の電気化学的安定性

　グライム類および Li[TFSA] は，還元安定性は比較的良好であることが知られており，[Li(G3 or G4)$_x$][TFSA] を電解液とした場合に電気化学的な Li 金属の析出・溶解を可逆的に行うことができる。次に，酸化安定性についてであるが，図 5 に [Li(G3 or G4)$_x$][TFSA] のリニアスウィープボルタンメトリー（LSV）の測定結果を示す[14]。グライムなどを溶媒として用いたエーテル系電解液では，電解液の酸化分解は 4V vs. Li/Li$^+$ 程度の電位でエーテル酸素の非共有電子対から電子が引き抜かれることにより進行することが知られている。この酸化分解のため，4V 級のリチウムイオン二次電池にはエーテル系電解液は使用されてこなかった。図 5 に示すとおり，G3 および G4 のいずれの電解液でもグライムが過剰な場合（$x>1$）には，4V 付近から酸化電流が観測される。しかし，グライムのモル比が減少するに従って酸化安定性が向上する。Li[TFSA] とグライムのモル比が 1：1 の錯体では，4.5V 程度まで酸化電流はほとんど流れず，酸化安定性が大幅に向上していることが分かる。これは，グライムのエーテル酸素が Li$^+$ イオンに非共有電子対を供与して錯カチオンを形成するため，非共有電子対が Li$^+$ イオンに強く引き付けられており，電極／電解液界面で非共有電子対からの電子の引き抜きが起こりにくくなるためと考えられる。第一原理計算でグライム分子の HOMO エネルギーレベルを計算したところ，錯体を形成していない G3 および G4 の HOMO レベルは −11.45 および −11.46 eV であるのに対し，Li[TFSA] と 1：1 で錯体を形成することで G3 と G4 の HOMO レベルは −12.10 および −11.80 eV に低下することが分かった[14]。つまり，錯体を形成することで HOMO レベルが低下し，その結果，グライム分子から電子を引き抜いて酸化するための電位が貴にシフトしたのである。

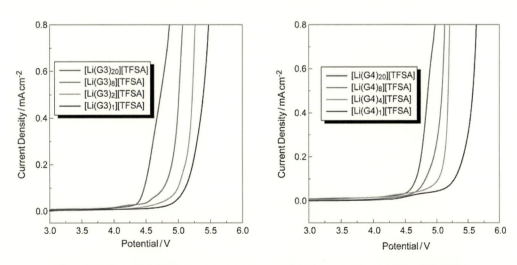

図 5　[Li(G3 or G4)$_x$][TFSA] のリニアスウィープボルタンメトリー（LSV）の測定結果[14]
Reprinted with permission from ref. 14. Copyright 2011, American Chemical Society.

6 グライム-リチウム塩溶融錯体の電池適用

次にグライム-リチウム塩溶融錯体の電池適用について紹介する。図6に負極にLi金属，正極にLiCoO$_2$を用いた電池に［Li(G3)］［TFSA］を電解液として適用し，充放電試験を行った結果を示す[14]。電池の充電時には負極でLi金属の析出，正極ではLiCoO$_2$ → Li$_{1-x}$CoO$_2$ + xLi$^+$ + xe$^-$の反応により，Li$^+$イオンの脱離反応が起きる。電池の放電時にはこれらの逆反応が起きる。図6の結果からわかるとおり，4V程度の電圧で可逆的な充電および放電を200回以上繰り返して行うことが可能で，安定した動作が確認された。リチウムイオン二次電池では，エーテル系電解液は酸化安定性が低いため従来は用いられてこなかったが，溶媒和イオン液体では，エーテル系溶媒を用いているにも関わらず，酸化安定性に優れているため，4V級電池への適用可能であることが示された。

また，Li［TFSA］塩もこれまで4V級リチウム二次電池には適用することは困難であるとされてきた。これは，Li［TFSA］を電解質塩として用いると正極の集電体として一般的に用いられるAlの腐食が4V vs. Li/Li$^+$の付近で起きるためである。しかし，図6に示した電池の試験でもAlを正極の集電体として用いていたがAlの腐食は観測されなかった。Alの腐食は，Alが酸化され，Al^{3+}が電解液中に溶解することで進行するが，グライム-リチウム塩溶融錯体［Li(glyme)］［TFSA］にはAl^{3+}が溶解しないため腐食が抑制されたと考えられる。溶媒（solv）が過剰に存在する電解液では，Al^{3+}が溶媒和されて電解液に溶解すると考えられる（Al^{3+} + x solv → ［Al(solv)$_x$］$^{3+}$）。一方，グライム-リチウム塩溶融錯体［Li(glyme)］［TFSA］を電解液に用いた場合，電解液中のほぼすべての溶媒（グライム）分子はルイス酸性の強いLi$^+$と錯カチオン［Li(glyme)］$^+$を形成しているため，Al^{3+}を溶媒和できるフリーな溶媒分子は存在していない。このため，Al^{3+}の溶解は抑制され，Alの腐食がほとんど進行しないと考えられる[15]。

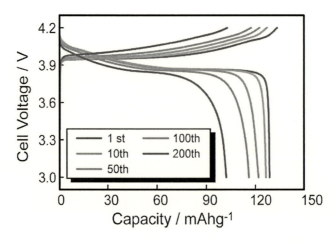

図6　リチウム二次電池［Li金属 | [Li(G3)][TFSA] | LiCoO$_2$］の定電流充放電の試験結果（30℃）[14]
Reprinted with permission from ref. 14. Copyright 2011, American Chemical Society.

第5章 溶媒和イオン液体

ここでは詳しく記述しないが,一般的にリチウムイオン二次電池の負極として用いられているグラファイトもグライム–リチウム塩錯体電解液中において安定に充放電できることが最近の検討で明らかになった[16]。これにより,グライム–リチウム塩錯体を電解液として用いて,Li金属を使用しないリチウムイオン二次電池を構築できることが示された。

最後にグライム–リチウム塩錯体をリチウム硫黄二次電池の電解液として適用した例を紹介する。リチウム硫黄二次電池は,負極にLi金属,正極に硫黄を電極活物質として用いた二次電池である。環状のS_8硫黄は,電気化学的にLi_2Sに還元することが可能であり,その放電容量が1,672 mAh/gと従来のリチウムイオン二次電池の正極活物質の充放電容量（$LiCoO_2$：140 mAh/g,$LiFePO_4$：170 mAh/g）と比較して大きいことから,次世代高エネルギー密度電池の正極活物質として注目されている。しかしながら,S_8が還元される過程で生成する多硫化リチウム（Li_2S_x）が電解液に溶解してしまい,充放電サイクル寿命や効率に問題があるため,広く実用化されるには至っていない。溶媒（solv）が過剰に存在する電解液では,Li_2S_xが溶媒和されて電解液に溶解する（$Li_2S_x + 2y\ solv \rightarrow 2[Li(solv)_y]^+ + S_x^{2-}$）。グライム–リチウム塩溶融錯体［Li(glyme)］［TFSA］を電解液に用いた場合,電解液中のほぼすべての溶媒（グライム）分子はルイス酸性の強いLi^+と錯カチオン［Li(glyme)］$^+$を形成しているため,Li_2S_xを溶媒和できるフリーな溶媒分子は存在していないため,Li_2S_xの溶解度は低く抑えられる。実際に［Li(glyme)］［TFSA］を電解液に用いたLi-S電池は安定な充放電が可能であり,長期にわたり運転することが可能であった（図7）[17]。

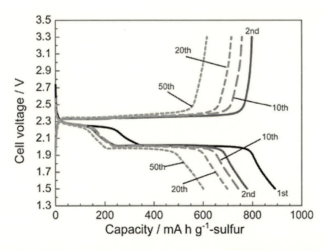

図7 リチウム硫黄二次電池［Li金属 | ［Li(G4)］［TFSA］| S_8］の定電流充放電の試験結果（30℃）[17]
Reprinted with permission from ref. 17. Copyright 2013, The Electrochemical Society.

7 おわりに

　本稿では，グライム-リチウム塩錯体を代表的な溶媒和イオン液体として取り上げて紹介した。ここで紹介した錯体以外にもグライム-ナトリウム塩錯体も溶媒和イオン液体として振る舞うことが分かっており，ナトリウム二次電池の電解液として検討した結果などが報告されている[18]。溶媒和イオン液体の物理化学特性および電気化学特性は，近年の活発な研究により徐々に明らかになってきた。溶媒和イオン液体は，濃厚電解液のカテゴリーにも入れることができるが，濃厚電解液の物理化学特性は，従来の希薄電解質溶液の理論（デバイ-ヒュッケルの理論やオンサガーの理論）では取り扱うことができない。溶液化学，電気化学，計算機化学の研究者が協力して研究を行うことで，今後さらに溶媒和イオン液体および濃厚電解液の研究が進展していくものと考えられる。また，溶媒和イオン液体や濃厚電解液を用いた電気化学デバイスやその他の応用についても同時に活発な研究開発がなされており，従来の電解液にはない特長を利用したデバイスの出現や産業利用が期待される。

文　　献

1) C. A. Angell, *J. Electrochem. Soc.*, **112**, 1224 (1965)
2) C. A. Angell et al., *Faraday Discuss.*, **154**, 9 (2012)
3) T. Mandai et al., *Phys. Chem. Chem. Phys.*, **16**, 8761 (2014)
4) K. Ueno et al., *J. Phys. Chem. B*, **116**, 11323 (2012)
5) C. Zhang et al., *J. Phys. Chem. B*, **118**, 5144 (2014)
6) D. Brouillette et al., *Phys. Chem. Chem. Phys.*, **4**, 6063 (2002)
7) W. A. Henderson, *J. Phys. Chem. B*, **110**, 13177 (2006)
8) W. A. Henderson et al., *Chem. Mater.*, **15**, 4679 (2003)
9) W. A. Henderson et al., *Chem. Mater.*, **15**, 4685 (2003)
10) T. Mandai et al., *J. Phys. Chem. B*, **119**, 1523 (2015)
11) T. Tamura et al., *Chem. Lett.*, **39**, 753 (2010)
12) K. Ueno et al., *Phys. Chem. Chem. Phys.*, **17**, 8248 (2015)
13) K. Yoshida et al., *J. Phys. Chem. C*, **115**, 18384 (2011)
14) K. Yoshida et al., *J. Am. Chem. Soc.*, **133**, 13121 (2011)
15) C. Zhang et al., *J. Phys. Chem. C*, **118**, 17362 (2014)
16) H. Moon et al., *J. Phys. Chem. C*, **118**, 20246 (2014)
17) K. Dokko et al., *J. Electrochem. Soc.*, **160**, A1304 (2013)
18) S. Terada et al., *Phys. Chem. Chem. Phys.*, **16**, 11737 (2014)

第6章 シルセスキオキサン/環状シロキサンイオン液体

金子芳郎*

1 はじめに

　イオン液体とは100℃以下（150℃以下という定義もある）で液体として存在するカチオンとアニオンのみから構成される塩であり、高イオン伝導性・難燃性・不揮発性などの特性をもち、近年非常に注目されている化合物である。多くのイオン液体はカチオン・アニオンのどちらか一方、あるいは両方が有機イオンから構成されており、シロキサン（Si–O–Si）骨格などの無機成分を含むイオン液体の報告例は少ない。このような無機成分をより多く含むイオン液体は、耐熱性や難燃性のさらなる向上が予想され、より安全な電解質やグリーンソルベント、さらには新たな無機フィラーとしての利用が期待される。

　一方で近年、Si–O–Si骨格材料であるシルセスキオキサン（SQ）が多分野で注目されている[1]。SQとは、三官能性シラン化合物（例えば、有機トリアルコキシシランなど）の加水分解とその後に続く縮合反応によって得られる化合物の総称であり（図1）、シロキサン主鎖骨格由来の熱的・力学的・化学的安定性を有することに加えて、有機側鎖置換基の存在により有機物（ポリマーなど）との相溶性にも優れ、さらに側鎖置換基の種類によっては機能材料としても広く用いられている。またSQは、かご型・不完全かご型・ダブルデッカー型・ラダー型・ランダム型などの様々な構造が知られ（図1）、基礎合成化学の分野においても興味深い化合物である。これらのSQの中で最も活発に研究されているものはかご型SQであり、POSS（polyhedral oligomeric silsesquioxaneの略称）とも呼ばれる[2]。このような構造や分子量が制御されたSQは、無機骨格をもちながら溶媒に可溶であるなど有機分子と同様なハンドリング性に優れる化合物である[2]。

　以上の背景より、無機骨格としてPOSS構造を有するイオン液体がChujo・Tanakaらによって世界で初めて報告された[3]。すなわち、側鎖にカルボキシレートアニオン、対イオンにイミダゾリウムカチオンを有するPOSSが23℃に融点（T_m）をもつイオン液体の性質を示すことが見出されている。このイオン液体は剛直なPOSS骨格を有するため、この化合物の側鎖と同じ構造をもつイオン液体に比べて、熱分解温度が向上することが報告されている。さらに、Feng・Zhangらが報告している側鎖にイミダゾリウムカチオン、対イオンにドデシル硫酸アニオンを有するPOSSイオン液体が18℃にT_mをもつイオン液体の性質を示すことが報告されている[4]。

＊　Yoshiro Kaneko　鹿児島大学　学術研究院理工学域工学系　准教授

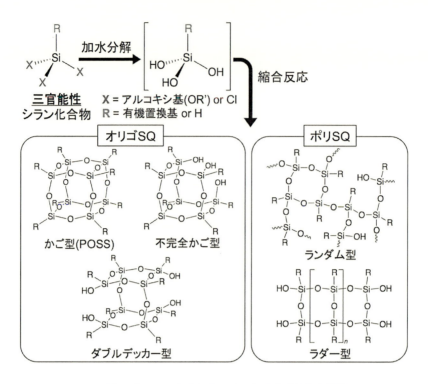

図1 シルセスキオキサン (SQ) の合成と主な構造

　一方で筆者らは，四級アンモニウム塩やイミダゾリウム塩を側鎖にもつランダム型オリゴSQやPOSSが，対応する原料である有機トリアルコキシシランの超強酸を触媒に用いた加水分解/縮合反応により簡便に合成できることを見出しており，これらSQの構造や側鎖の種類によってはイオン液体の性質を示すことを明らかにしてきた。さらに，これらのSQ構造を有するイオン液体の合成にヒントを得て，原料を有機ジアルコキシシランに代えて同様に超強酸触媒を用いた加水分解/縮合反応を検討したところ，環状オリゴシロキサンが簡便に得られ，これがイオン液体になることも見出してきた。本章では，これらのSi–O–Si骨格含有イオン液体の合成・構造解析・物性について紹介する。

2　ランダム型オリゴシルセスキオキサン骨格を含む四級アンモニウム塩型イオン液体の合成

　これまでに筆者らは，反応中にイオン性置換基に変換される官能基をもつトリアルコキシシランおよびジアルコキシシランを原料に用いて加水分解/縮合反応を行ったところ，イオン性側鎖置換基を有するラダー状ポリSQ[5]，POSS[6]，単一構造環状テトラシロキサン[7]などの構造制御されたSi–O–Si骨格材料が簡便に得られることを報告してきた（これらの研究については書籍・

第6章　シルセスキオキサン/環状シロキサンイオン液体

解説・総説などでもまとめられている[8])。これらの研究を行っている中で，四級アンモニウム塩をもつ有機トリアルコキシシランを原料に用いて超強酸であるビス(トリフルオロメタンスルホニル)イミド (HNTf$_2$) 水溶液中で加水分解/縮合反応を行ったところ，偶然にもイオン液体の性質を示すランダム型オリゴSQが得られることを見出した[9]。まず，このランダム型オリゴSQ骨格を含む四級アンモニウム塩型イオン液体（Am-Random-SQ-IL）の合成・構造解析・物性について説明する。

Am-Random-SQ-IL の合成は，原料であるトリメチル[3-(トリエトキシシリル)プロピル]アンモニウムクロリド (TTACl) に 0.5 mol/L HNTf$_2$ 水溶液を HNTf$_2$/TTACl (mol/mol) = 1.5 となるように加え，室温で2時間撹拌した後，粘性のある水不溶性の生成物をデカンテーションにより単離し，水で洗浄後，減圧乾燥することで行った。さらに，生成物中にわずかに含まれる水を取り除くために，メタノールに溶解させた後，開放系で加熱（60℃）しメタノールを蒸発させ，その後150℃のオーブンで約10時間加熱することで生成物（Am-Random-SQ-IL）を得た（図2a）。

エネルギー分散型X線（EDX）分析より，Si：Sの原子数比が1：2.04であることがわかり，これはアンモニウムカチオンとNTf$_2$アニオンのモル比が約1：1であることを示している。また，^{29}Si NMR スペクトルからは，T^2 ピーク（−56〜−61 ppm：2つのSi–O–Si結合，1つ

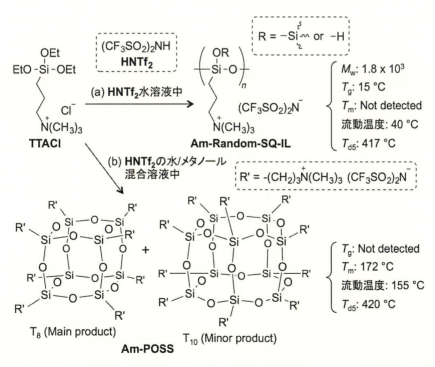

図2　(a) ランダム型オリゴシルセスキオキサン骨格を含む四級アンモニウム塩型イオン液体（Am-Random-SQ-IL）および (b) 四級アンモニウム基含有POSS（Am-POSS）の合成

のSi–OH基および1つの有機基が結合したSi原子由来）およびT³ピーク（－64～－70 ppm：3つのSi–O–Si結合および1つの有機基が結合したSi原子由来）が観測され，これらのピークの積分比は約44：56であり，比較的Si–OH基の多いランダム構造体であることが示唆された。さらに，X線回折（XRD）パターンからは回折ピークが観測されなかった。一方，静的光散乱測定より重量平均分子量（M_w）は$1.8×10^3$と算出された。以上の結果より，Am-Random-SQ-ILはランダムな構造をもつ非晶質なオリゴマーの塩であることがわかった。

Am-Random-SQ-ILの示差走査熱量（DSC）測定を行ったところ，15℃付近にガラス転移点（T_g）由来のベースラインシフトが観測され，一方非晶質な化合物であるためT_m由来の吸熱ピークは観測されなかった。また，Am-Random-SQ-ILの流動温度を確認するために，サンプルを入れたガラス容器を100℃で15分水平な状態で静置し，その後室温まで冷却して各温度のウォーターバス中で傾けて15分静置したところ，40℃以上で明らかに流動することがわかった。Am-Random-SQ-ILの合成に用いた原料のTTAClや触媒の$HNTf_2$はいずれも固体であり，さらにDSCおよび熱重量（TG）測定より100℃付近に水の蒸発に由来するピークや重量減少が見られなかったことから，ほかの媒体へ溶解したいわゆる"溶液"ではないことが確認された。以上の結果より，今回得られた生成物はイオン液体であることが明らかとなった。

一方，Am-Random-SQ-ILのTG測定から，3％，5％および10％重量減少温度（T_{d3} = 411℃，T_{d5} = 417℃，T_{d10} = 425℃）は，Am-Random-SQ-ILの側鎖部分と同じ構造のイオン液体であるN,N,N-トリメチル-N-プロピルアンモニウムビス（トリフルオロメタンスルホニル）イミド（[N_{1113}][NTf_2]）の重量減少温度（T_{d3} = 392℃，T_{d5} = 400℃，T_{d10} = 411℃）よりも高いことがわかった。これよりSQ構造がイオン液体の熱安定性の向上に影響を与えていることがわかった。

一方，前述の反応溶媒を水とメタノールの混合溶媒（1：19, v/v）に代えて同様の反応を行ったところ，8量体POSSが主生成物として，わずかに10量体POSSも含む混合物（Am-POSS）が得られたが（図2b），155℃程度まで加熱しないと流動せず，イオン液体ではなかった（T_mは172℃）。Am-POSSは結晶性の化合物であるためT_m程度まで加熱しないと流動しなかったのに対して，Am-Random-SQ-ILは非晶質のランダム型オリゴSQであるためT_mは存在せず，その結果T_gより少し高い温度で流動できたと考えている。

3　ランダム型オリゴシルセスキオキサンおよびPOSS骨格を含むイミダゾリウム塩型イオン液体の合成

前項で述べたランダム型オリゴSQ骨格を含む四級アンモニウム塩型イオン液体（Am-Random-SQ-IL）の流動性を示す温度は約40℃以上であり，多分野での利用を考慮した場合，室温付近で流動するイオン液体（室温イオン液体）となる分子設計が必要になる。一般に，イミダゾリウム塩型のイオン液体は，室温付近で液体となるものが多い。そこで，ランダム型オリゴ

第6章 シルセスキオキサン / 環状シロキサンイオン液体

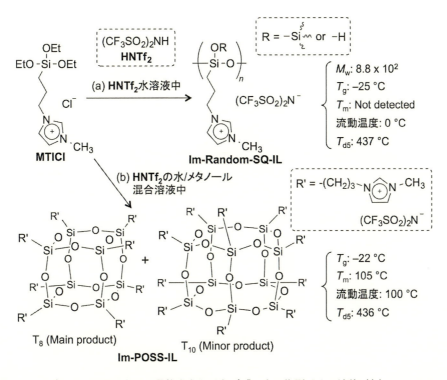

図3 オリゴシルセスキオキサン骨格を含むイミダゾリウム塩型イオン液体（(a) Im-Random-SQ-IL および (b) Im-POSS-IL）の合成

SQ構造を有するイミダゾリウム塩型イオン液体（Im-Random-SQ-IL）の合成を目的に，イミダゾリウム基含有機トリアルコキシシランの$HNTf_2$水溶液を触媒に用いた加水分解/縮合反応を検討した[10]。Im-Random-SQ-ILの合成は，原料に1-メチル-3-[3-(トリエトキシシリル)プロピル]イミダゾリウムクロリド（MTICl）を用いて，Am-Random-SQ-ILの合成と同様の手法により行った（図3a）。

EDX分析からは，Si：Sの原子数比が1：2.03であり，イミダゾリウムカチオンとNTf_2アニオンのモル比が約1：1であることがわかり，また^{29}Si NMRスペクトルからは，T^2ピーク（-53～-61 ppm）およびT^3ピーク（-64～-70 ppm）が約44：56の積分比で観測された。さらに，XRDパターンからは回折ピークが観測されず，静的光散乱測定よりM_wは$8.8×10^2$と算出された。以上の結果より，Im-Random-SQ-ILもAm-Random-SQ-ILと同様にランダムな構造をもつ非晶質なオリゴマーの塩であることが確認された。

Im-Random-SQ-ILのDSC測定より，-25℃付近にT_g由来のベースラインシフトが観測され，一方でT_m由来の吸熱ピークは観測されなかった。また，流動温度の確認は前述と同様の方法で行い，0℃でも流動性を示すことがわかった。すなわち，Im-Random-SQ-ILは室温以下で流動性を示す室温イオン液体であることが確認された。

前項の四級アンモニウム塩型イオン液体の場合と同様に，反応溶媒を水のみから水/メタノー

ル混合溶媒に代えて反応を行ったところ，8量体POSS（主生成物）と10量体POSSの混合物（Im-POSS-IL）が形成された（図3b）。DSC測定よりもとめたT_gは−22℃，T_mは105℃であり，さらに約100℃以上でサンプルが流動することを確認し，Im-POSS-ILはイオン液体であることがわかった。しかし，Im-POSS-ILはAm-POSSと同様に結晶性の化合物であるためT_m付近まで加熱しないと流動せず，Im-Random-SQ-ILよりもかなり高い流動温度を示した。

Im-Random-SQ-ILとIm-POSS-ILの熱重量減少温度（T_{d3}, T_{d5}, T_{d10}）をTG測定より確認したところ，それぞれ429, 437, 447℃および427, 436, 446℃であり，これらのイオン液体の側鎖部分と同じ構造のイオン液体である1-メチル-3-プロピルイミダゾリウムビス（トリフルオロメタンスルホニル）イミド（[C_3mim][NTf_2]）の重量減少温度（T_{d3} = 366℃，T_{d5} = 380℃，T_{d10} = 399℃）よりも高いことがわかり，前項の四級アンモニウム塩型イオン液体の場合と同様の傾向を示した。

4　2種類の側鎖置換基がランダムに配置されたPOSS骨格を含む室温イオン液体の合成

前項までに述べたように筆者らは，TTAClやMTIClを原料として用い，触媒に超強酸のHNTf$_2$を用いて加水分解/縮合反応を水中で行うことにより，約40および0℃以上で流動性を示す非晶質なランダム型オリゴSQ骨格を含むイオン液体（Am-Random-SQ-ILおよびIm-Random-SQ-IL）が得られることを見出している。一方，反応溶媒を水のみから水/メタノール混合溶媒に代えて同様の反応を行うことで，結晶性のPOSS（Am-POSSおよびIm-POSS-IL）がそれぞれ簡便に得られることも見出しているが，これらの結晶性POSSはT_m程度（172および105℃）まで加熱しないと流動性を示さなかった。長期安定性を考慮すると，Si–OH基の存在するランダム型SQよりも，Si–OH基の存在しないPOSS構造を有するイオン液体の方が有利であると思われるが，Am-POSSおよびIm-POSS-ILの比較的高い流動温度が電解質やグリーンソルベントとして利用する際の課題であった。

そこで筆者らは，前述のようなイオン性POSSの結晶性を低下させT_mを消失させることで，室温付近で流動性を示すPOSSイオン液体が得られるのではないかと考えた。POSSの高い結晶性は，対称性の高い分子構造に起因している。そこでPOSSの結晶性を低下させる方法として，これまでに筆者らが報告している2種類の側鎖置換基を有する低結晶性POSS[6b]や非晶質POSS連結型ポリマー[6c]の合成手法に着目した。これらのPOSS誘導体は，2種類のアミノ基含有有機トリアルコキシシラン混合物の超強酸触媒を用いた加水分解/縮合反応によって合成されており，得られたPOSS誘導体の側鎖には2種類の置換基がランダムに配置されている。その結果POSSの対称性は低下し，POSS同士が規則的に配列されにくくなった（結晶化しにくくなった）と推察している。そこで，TTAClとMTIClからなる混合物のHNTf$_2$を触媒に用いた加水分解/縮合反応を水/メタノール混合溶媒中で検討したところ，室温イオン液体の性質を示

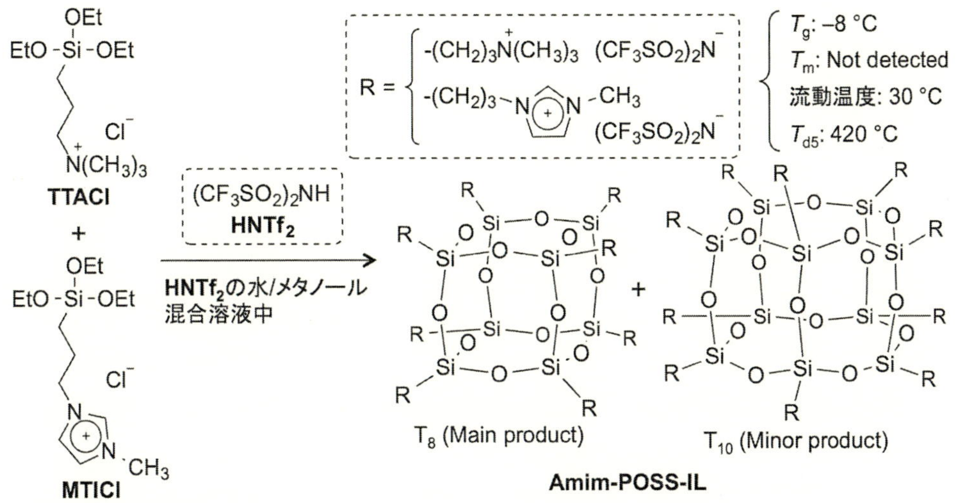

第6章 シルセスキオキサン/環状シロキサンイオン液体

図4 2種類の側鎖置換基がランダムに配置されたPOSS骨格を含む室温イオン液体(Amim-POSS-IL)の合成

　す2種類の側鎖置換基含有POSS(**Amim-POSS-IL**)が得られることを見出した[11]。

　Amim-POSS-ILの合成は，等モルのTTAClとMTIClをメタノール中で混合し，これらの原料に対して1.5当量のHNTf$_2$の水/メタノール混合溶液を加え室温で撹拌した後，溶液を加熱し溶媒を完全に蒸発させ，水で洗浄後，減圧乾燥することで行った。その後，生成物中にわずかに含まれる水を取り除くためにメタノールに溶解させ，溶液を加熱し溶媒を完全に蒸発させることで生成物(**Amim-POSS-IL**)を得た(図4)。

　EDX分析よりカチオンとアニオンのモル比が約1:1であることを，^{1}H NMRスペクトルからはTTACl成分とMTICl成分がほぼ等モルで存在していることを確認した。^{29}Si NMRスペクトルからは8量体POSSと10量体POSSのT^{3}構造由来のピークのみが観測され，これらのピークの積分比より8量体POSSと10量体POSSのモル比は0.81:0.19であり，8量体POSSが主生成物であることが確認された。さらにマトリックス支援レーザー脱離イオン化飛行時間型質量分析(MALDI-TOF MS)からは2種類の側鎖置換基の組成比が異なる7種類の8量体POSSの分子量と一致するピークが観測された(10量体POSS由来のピークは存在量が少ないために観測されなかった)。これらの結果より2種類の側鎖置換基を有するPOSSが形成されたことを確認した。

　Amim-POSS-ILのDSC測定を行ったところ，−8℃にT_g由来のベースラインシフトが観測され，T_m由来の吸熱ピークは観測されなかった。また，生成物の流動温度を目視で確認したところ，約30℃以上で流動性を示したことより，室温イオン液体であることがわかった。すなわち，**Amim-POSS-IL**は2種類の置換基がPOSSの側鎖にランダムに配置したことで分子の対称性が低下し，結晶化が抑制されT_mが消失し，その結果室温付近で流動性を示したと考えてい

る。

Amim-POSS-IL の TG 測定より，熱重量減少温度（T_{d3}, T_{d5}, T_{d10}）はそれぞれ 414, 420, 428℃であることがわかり，この POSS の側鎖部分と同じ構造のイオン液体である[N_{1113}][NTf_2]や[C_3mim][NTf_2]の熱重量減少温度よりも高いことが明らかとなった。

5 環状オリゴシロキサン骨格を含む室温イオン液体の合成

前項までで述べたように，筆者らは SQ 骨格を含むイオン液体が，対応する原料である有機トリアルコキシシランの超強酸触媒を用いた加水分解/縮合反応により，簡便に合成できることを見出してきた。特に，**Am-Random-SQ-IL，Im-Random-SQ-IL** および **Amim-POSS-IL** は，比較的低い流動温度（< 40℃）と高い熱分解温度（T_{d5} > 400℃）の両方を同時に満たしている。しかし，これらの SQ 骨格含有イオン液体は粘性が高く，これはおそらく SQ の重合度（DP）が比較的高いためであり，またランダム型 SQ においては Si–OH 基の存在により分子間水素結合が働くためと考えている。Si–OH 基が存在せず DP が低いシロキサン骨格含有イオン液体が得られれば，低い流動温度と高い熱分解温度に加えて，低い粘性も示すと予想される。そこで，これらを満たす骨格として環状オリゴシロキサンに着目し，これらを含むイオン液体の合成を検討した。

前述のように，イミダゾリウム塩を有する有機トリアルコキシシランを $HNTf_2$ の水/メタノール混合溶液中で加水分解/縮合反応することにより，ゲル化やポリマー化を起こすことなく，POSS（**Im-POSS-IL**）が簡便に得られることを報告している。そこで，イミダゾリウム塩を有する有機ジアルコキシシランを原料に，超強酸の $HNTf_2$ およびトリフルオロメタンスルホン酸（HOTf）を触媒に用いて同様の反応を行い，環状オリゴシロキサン骨格を含むイミダゾリウム塩型イオン液体（**Im-CyS-IL-NTf$_2$** および **Im-CyS-IL-OTf**）の合成を検討した[12]。

Im-CyS-IL-NTf$_2$ の合成は，1-[3-(ジメトキシメチルシリル)プロピル]-3-メチルイミダゾリウムクロリド（DSMIC）に $HNTf_2$ の水/メタノール混合溶液を加え，後は **Amim-POSS-IL** の合成と同様の手法により行った（図5a）。一方，**Im-CyS-IL-OTf** の合成は，DSMIC に HOTf の水溶液を加えて，その後の操作は **Im-CyS-IL-NTf$_2$** の合成と同様にして行った（図5b）。EDX 分析からカチオンとアニオンのモル比がいずれも約1：1であることを確認した。MALDI-TOF MS，^{1}H NMR および ^{29}Si NMR 測定より，**Im-CyS-IL-NTf$_2$** は4量体と5量体の環状シロキサンの混合物（4量体が主生成物）であり，**Im-CyS-IL-OTf** は4量体，5量体および6量体の環状シロキサンの混合物（4量体および5量体が主生成物）であることを確認し，いずれにおいても種々の立体異性体を有することがわかった。

Im-CyS-IL-NTf$_2$ および **Im-CyS-IL-OTf** の DSC 測定より，T_g 由来のベースラインシフトがそれぞれ −37 および 0℃に観測され，一方 T_m 由来のピークは見られなかった。また目視観察による流動温度はそれぞれ約 0 および 20℃であることがわかり，いずれも室温イオン液体である

第6章 シルセスキオキサン/環状シロキサンイオン液体

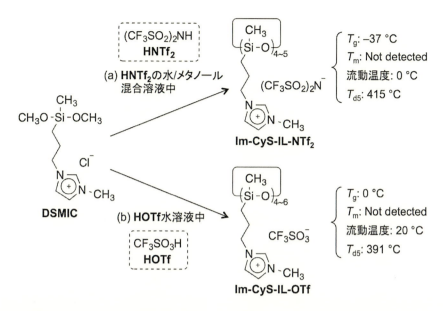

図5 環状オリゴシロキサン骨格を含む室温イオン液体((a) Im-CyS-IL-NTf$_2$ および (b) Im-CyS-IL-OTf) の合成

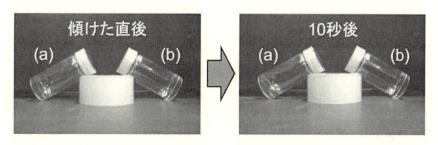

図6 (a) Im-CyS-IL-NTf$_2$ および (b) Im-Random-SQ-IL の粘性の比較

ことが確認された。さらに TG 測定からは，T_{d3}，T_{d5}，T_{d10} が **Im-CyS-IL-NTf$_2$** では 407，415，427℃，**Im-CyS-IL-OTf** では 380，391，402℃であり，特に **Im-CyS-IL-NTf$_2$** は高い熱分解温度を示した。

側鎖構造は同じであるが，主鎖骨格が環状オリゴシロキサンである **Im-CyS-IL-NTf$_2$** と，前述のランダム型オリゴ SQ である **Im-Random-SQ-IL** を，14℃で水平な状態から傾けることで流動するまでの時間により粘性の比較を行った。その結果，10 秒後において **Im-CyS-IL-NTf$_2$** は流動したのに対して(図 6a)，**Im-Random-SQ-IL** は流動せず(図 6b)，簡易的な手法ではあるが環状オリゴシロキサン骨格を含むイオン液体である **Im-CyS-IL-NTf$_2$** の方が粘性が低いことがわかった。

6 おわりに

　本章では，シロキサン骨格を含む熱的に非常に安定なイオン液体の合成・構造解析・物性について紹介した。通常のイオン液体に比べると粘性が高く，電解質やグリーンソルベントとしての用途においては課題も多いが，シロキサン骨格に由来する高い耐熱性を示すため，今後は新たなフィラー材料として有機−無機ハイブリッド材料分野への様々な応用を検討していきたい。

文　　献

1) (a) 伊藤真樹（監修），"シルセスキオキサン材料の最新技術と応用"，シーエムシー出版（2013）; (b) 金子芳郎，化学と工業，**65**(9)，694 (2012)
2) P. D. Lickiss et al., *Chem. Rev.*, **110**, 2081 (2010)
3) Y. Chujo et al., *J. Am. Chem. Soc.*, **132**, 17649 (2010)
4) C. Zhang et al., *Dalton Trans.*, **42**, 4337 (2013)
5) Y. Kaneko et al., (a) *Chem. Mater.*, **16**, 3417 (2004); (b) *Polymer*, **46**, 1828 (2005); (c) *Polymer*, **53**, 6021 (2012); (d) *Chem. Eur. J.*, **20**, 9394 (2014)
6) Y. Kaneko et al., (a) *J. Mater. Chem.*, **22**, 14475 (2012); (b) *J. Mater. Chem. C*, **2**, 2496 (2014); (c) *Polym. Chem.*, **6**, 3039 (2015)
7) Y. Kaneko et al., *J. Am. Chem. Soc.*, **137**, 5061 (2015)
8) Y. Kaneko et al., (a) *Z. Kristallogr.*, **222**, 656 (2007); (b) 高分子論文集，**67**，280 (2010); (c) *Int. J. Polym. Sci.*, Article ID 684278 (2012); (d) "シルセスキオキサン材料の最新技術と応用"，p.32，シーエムシー出版 (2013); (e) "ゾル−ゲル法の最新応用と展望"，p.7，シーエムシー出版 (2014); (f) 高分子論文集，**71**，443 (2014); (g) ケイ素化学協会誌，**32**，19 (2015); (h) "水溶性高分子の最新動向"，p.156，シーエムシー出版 (2015)
9) Y. Kaneko et al., *Bull. Chem. Soc. Jpn.*, **87**, 155 (2014)
10) Y. Kaneko et al., *RSC Adv.*, **5**, 15226 (2015)
11) Y. Kaneko et al., *Bull. Chem. Soc. Jpn.*, **89**, 1129 (2016)
12) Y. Kaneko et al., *Chem. Lett.*, **44**, 1362 (2015)

第7章　イオン液体中への高分子の溶解性と材料化

上木岳士[*1]，渡邉正義[*2]

1　はじめに

　社会実装を考えたとき，イオン液体はその特性から電解質膜，触媒担持膜，ガス吸収／分離膜など（擬）固体状態での利用が想定されるものも少なくない。したがってイオン液体自身を固体薄膜化するための要素技術開発は潜在的に大きな需要がある。（擬）固体化させるための一つの方法論として安価で軽量な合成高分子と組み合わせる手段が考えられる。このためには，まずどのような化学構造のイオン液体がどのような高分子を溶解させるのか理解する必要がある[1,2]。本章では合成高分子の溶媒としてのイオン液体の可能性を探り，イオン液体の固体薄膜化，プロセス化研究の最先端を紹介したい。図1に本章で取り扱う高分子の化学構造と略号をまとめる。

2　イオン液体の溶解度パラメータ

　ある液体が高分子の溶剤になるかどうかを判断する指標として溶解度パラメータ（SP値）が用いられる[3]。溶剤のSP値が高分子のそれに近ければ，よく溶かす良溶媒になりうる。ここではまずSP値にどのような熱力学的背景があるか考える。溶解現象は系の混合ギブズ自由エネルギー変化（ΔG_{mix}）が負になる条件において自発的に進行する。

$$\Delta G_{mix} = \Delta H_{mix} - T \Delta S_{mix} \tag{1}$$

ここでΔH_{mix}は混合のエンタルピー変化，Tは絶対温度，ΔS_{mix}は混合のエントロピー変化である。ΔH_{mix}はSP値（δ）と以下の関係にある。

$$\Delta H_{mix} = (v_{solvent} x_{solvent} + v_{polymer} x_{polymer})(\delta_{solvent} - \delta_{polymer})^2 \phi_{solvent} \phi_{polymer} \tag{2}$$

　v, x, ϕはそれぞれ溶媒（solvent）あるいは高分子（polymer）のモル体積，モル分率，体積分率である。式(2)からΔH_{mix}は常に正の値をとることがわかる。つまり高分子の溶解は吸熱的に進行する（実際には発熱的に溶解が進行するケースも数多く存在する）。つまり溶解現象においてエンタルピー項の寄与のみを考慮すると，$\delta_{solvent}$と$\delta_{polymer}$が近い値をとるとき，ΔH_{mix}は0

[*1]　Takeshi Ueki　物質・材料研究機構　機能性材料研究拠点　分離機能材料グループ　主任研究員
[*2]　Masayoshi Watanabe　横浜国立大学　大学院工学研究院　教授

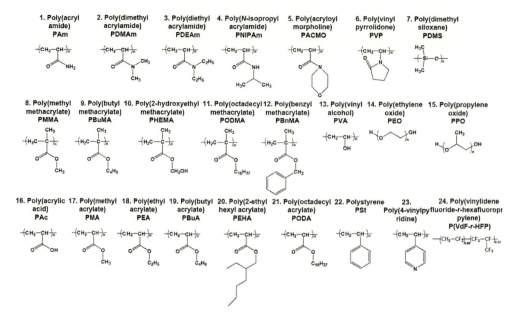

図1 本章で主に用いる高分子の構造と名前および略号

に近づき，ΔG_{mix} は負の値をとりやすくなる。これが SP 値が近いもの同士は溶けやすくなる理由である。また δ は凝集エネルギー密度（cohesive energy density：CED）の平方根の単位を持ち，化学物質の蒸発のエンタルピー変化 ΔH_v と気体定数 R を使って以下の式で定義される。

$$\delta = (\mathrm{CED})^{1/2} = [(\Delta H_v - RT)/v]^{1/2} \tag{3}$$

分子性液体の SP 値は多くの場合，実験的に求めた ΔH_v から得る。不揮発性のイオン液体の場合は高温減圧下での蒸発エネルギーの直接観測や[4]，一重項活性酸素と 1,4-ジメチルナフタレンの反応速度定数[5]，あるいは固有粘度法等を用いて SP 値が算出される[6]。代表的な分子性液体とイオン液体の SP 値を表1にまとめた[4〜9]。イオン液体の SP 値は 9.9〜17.2 [(cal cm^{-3})$^{1/2}$] であり，低級アルコールやジメチルスルホキシドのような高極性溶媒と同程度である。一方 SP 値（Hildebrand の SP 値）による溶解現象の予測は当てにならないことが多い。Hansen らは ΔH_v を分散エネルギー，分極エネルギー，水素結合エネルギーの3つの項に分解し，それを3次元ベクトルとして扱った。詳細は成書を参照されたいが[3]，Hansen の SP 値のスカラー量は Hildebrand の SP 値に対応しており Hildebrand の SP 値の実系との解離を補正した優れた考え方である。しかしながら Hansen の SP 値においても，溶解現象を描写できているとは言えない。これら考え方は個々の組み合わせにおける分子間相互作用は加味しておらず，高分子の場合は特に，濃度や分子量（分布）によって溶解性も大きく変化するからである。SP 値は溶剤選択の際の初期診断の目安にはなるが相溶性を完全に記述するものではないことを意識しておきたい。

第7章 イオン液体中への高分子の溶解性と材料化

表1 典型的有機溶媒と各種イミダゾリウム系イオン液体のSP値

物質名	SP値 [(cal cm^{-3})$^{1/2}$]
n-Hexane	7.3
Diethyl ether	7.4
Cyclohexane	8.2
Toluene	8.9
Ethyl acetate	9.1
Tetrahydrofuran	9.1
Benzene	9.2
Chloroform	9.3
Methylene chloride	9.7
Acetone	9.9
Carbondisulfide	10.0
1,4-Dioxane	10.0
Acetic acid	10.2
Acetaldehyde	10.3
1-Butanol	11.4
Ethanol	12.7
Dimethylsulfoxide	14.5
Methanol	14.5
Ethylene glycol	14.6
Water	23.4

イオン液体	SP値 [(cal cm^{-3})$^{1/2}$]						
	ref.4 exp.	ref.4 cal.	ref.5	ref.6	ref.7	ref.8	ref.9
[C$_2$mim][NTf$_2$]	11.4	12.2		13.5	14.1		
[C$_4$mim][NTf$_2$]	11.4	12.0	12.5	13.1	12.8		
[C$_4$dmim][NTf$_2$]			11.8				
[C$_6$mim][NTf$_2$]	11.3	11.7		12.5	12.5		9.9
[C$_8$mim][NTf$_2$]	11.3	11.6		12.2			
[C$_4$mim]PF$_6$				14.8	14.6		
[C$_6$mim]PF$_6$				14.0			
[C$_8$mim]PF$_6$				13.6			
[C$_2$mim]BF$_4$						11.9	
[C$_4$mim]BF$_4$			15.5			11.9	
[C$_6$mim]BF$_4$						11.4	
[C$_8$mim]BF$_4$						11.0	
[C$_4$mim][OTf]			12.2	12.4			11.1
[C$_4$mpyr][OTf]							11.2
[C$_2$mim][TFA]					17.1		11.1
[C$_4$mim][TFA]					15.5		
[C$_6$mim][TFA]					14.9		
[C$_2$mim][DCA]					17.2		
[C$_4$mim][DCA]					16.6		
[C$_6$mim][DCA]					15.7		
[C$_2$mim]SCN							12.3
[C$_4$mim]SCN							12.0
[C$_6$mim]SCN							11.6

3 イオン液体と相溶する高分子を用いた固体薄膜化

　イオン液体に限らず，結局のところ多成分の相溶性は実際に試さないとわからない。ここではイオン液体と相溶する高分子でイオン液体自身を機能化した研究を紹介する。渡邉らはポリ(4-ビニルピリジニウムハライド)をクロロアルミニウムと相溶化させた，イオン液体／高分子複合薄膜を1993年に初めて報告した。この複合薄膜は有機電解質溶液に匹敵するイオン導電率(室温で10^{-3} Scm^{-1})を示した[10]。その後，イオン液体中にメタクリル酸メチル(MMA)などの各種汎用ビニルモノマーのフリーラジカル重合が円滑に進行，かつ適当な組み合わせでは重合後も良好な相溶性を保つことに注目し，イオン液体中でMMAの重合架橋反応を行った。この固体薄膜は透明で柔軟，かつ自己支持性を有する高イオン導電体でありこれにイオンゲルと名付けた[11]。

　Wintertonらは[C$_2$mim]BF$_4$，[C$_4$mim]PF$_6$，[C$_8$mim][NTf$_2$]という異なる親水性を持つイオン液体に対して17種類の高分子化合物の溶解性をスクリーニングし，それら溶液の経時的相

溶性を調査した[12]。溶解性について統一的な解釈をするのは困難であったが，イオン液体に対する高分子の溶解性を最初に幅広くスクリーニングした点は意義深い。これに対し我々は24種類の高分子化合物（3 wt%）の [C_2mim][NTf_2], [C_4mim][NTf_2], [C_4mim]PF_6, [C_2mim]BF_4 という4種類の汎用イオン液体の溶解性を報告した[2]。用いた高分子のSP値と併せて表2に示す[2,3]。表中［Yes］が溶ける組み合わせで［No］が溶けない組み合わせ，UCST，LCSTは後述する温度変化に伴って溶解性が変化する組み合わせである。実験温度範囲は−20〜150℃である。イオン液体と高分子の相溶性はSP値からは系統的に説明できないが，大まかに言ってアニオン構造が同じものは似通った相溶性を示す。高分子構造内に水素結合部位が入っている高分子（PNIPAm，PAm，PHEMA，PAc，PVA等）は分子内／間で凝集する力が強く非相溶系やUCST系を与えることが多い。式(1)の考えから，与えられた温度範囲で ΔH_{mix} の絶対値が $T\Delta S_{mix}$ より大きければ非相溶系，小さければUCST系を与えると理解できる。一方，[C_2mim]BF_4 とPHEMAが相溶系を与える点は興味深い。BF_4 アニオンと高分子側鎖の水酸基との水素結合を介した溶媒和が良好な相溶性を示したと予想される。また，PACMOのようにあらゆる

表2 各種高分子のSP値および高分子濃度3 wt%に対する汎用イオン液体の溶解性スクリーニング（−20〜150℃）結果

Entry No.	1	2	3	4	5	6	7	8
Polymer	PAm	PDMAm	PDEAm	PNIPAm	PACMO	PVP	PDMS	PMMA
SP[$(cal\,cm^{-3})^{1/2}$]	27.1	18.1	10.5	19.8	n.d.	14.7	7.4	8.9
[C_2mim][NTf_2]	UCST	Yes	Yes	UCST	Yes	Yes	Yes	Yes
[C_4mim][NTf_2]	UCST	Yes	Yes	UCST	Yes	Yes	Yes	Yes
[C_4mim]PF_6	No	Yes	Yes	UCST	Yes	Yes	Yes	Yes
[C_2mim]BF_4	No	Yes	No	UCST	No	Yes	No	No

Entry No.	9	10	11	12	13	14	15	16
Polymer	PBuMA	PHEMA	PODMA	PBnMA	PVA	PEO	PPO	PAc
SP[$(cal\,cm^{-3})^{1/2}$]	9	16.8	7.8	n.d.	10.6	9.8	8	n.d.
[C_2mim][NTf_2]	Yes	No	UCST	LCST	No	Yes	No	No
[C_4mim][NTf_2]	Yes	No	UCST	LCST	No	Yes	No	No
[C_4mim]PF_6	Yes	No	UCST	LCST	No	Yes	No	No
[C_2mim]BF_4	No	Yes	UCST	No	No	UCST	LCST	No

Entry No.	17	18	19	20	21	22	23	24
Polymer	PMA	PEA	PBuA	PEHA	PODA	PSt	P4VP	P(VdF-r-HFP)
SP[$(cal\,cm^{-3})^{1/2}$]	8.9	8.9	10	9	n.d.	9.1	5.9	n.d.
[C_2mim][NTf_2]	Yes	Yes	Yes	Yes	UCST	No	No	UCST (sol-gel)
[C_4mim][NTf_2]	Yes	Yes	Yes	Yes	UCST	No	No	UCST (sol-gel)
[C_4mim]PF_6	Yes	Yes	Yes	Yes	UCST	No	No	UCST (sol-gel)
[C_2mim]BF_4	Yes	Yes	Yes	No	UCST	No	No	UCST (sol-gel)

Yes：相溶系　No：非相溶系　UCST：上限臨界溶液温度型　LCST：下限臨界溶液温度型

第 7 章　イオン液体中への高分子の溶解性と材料化

分子性液体に難溶な高分子が疎水性イオン液体に良好な相溶性を示すなど興味深い結果が得られている。

4　ブロック共重合体のナノ相分離を利用したイオン液体の擬固体化

　高分子と液体を混合し擬固体化（ゲル化）させるためには，両者が混ざり合うことが必要である。一方，液体と混ざる高分子骨格に，混ざり合わない構造を部分的に入れて微視的な相分離ドメインを作り，系をゲル化させることができる。このように互いに混ざり合わない高分子成分を連結したものを総称してブロック共重合体と呼ぶ[13, 14]。ブロック共重合体のナノ相分離を利用したイオンゲルについても研究が進んでおり，2007 年には P(St-b-EO-b-St) トリブロック共重合体において中央の PEO はイオン液体（$[C_4mim]PF_6$）に相溶するが末端の PSt が相溶しないことを利用し，PEO が PSt のナノ相分離ドメインで橋掛けされたユニークなイオンゲルが報告された。わずか 4% のトリブロック共重合体を添加するのみでイオン液体に自己支持性を与えられる点が興味深い[15]。

　ブロック共重合体が形成するナノ相分離ドメインは加熱によって可塑化し流動することから，成形加工可能なエラストマーとして用いられている。一方，ある種の高分子のイオン液体に対する溶解性が温度刺激によって可逆的にスイッチングできることが発見されると，温度変化によってイオン液体を成形できるブロック共重合体の研究が急速に広がった[16]。PNIPAm は水中で低温相溶―高温相分離の LCST（Lower Critical Solution Temperature）型に相転移することが知られているが，ある種のイオン液体中では逆に高温相溶―低温相分離の UCST（Upper Critical Solution Temperature）型に溶解性を変化させる[17,18]。この性質を利用し，中央に $[C_2mim][NTf_2]$ と相溶する PEO を，両末端に PNIPAm を配したトリブロック共重合体を合成したところ高温では成形可能なゾル状態，低温では PNIPAm 高分子鎖が物理架橋点を形成し，イオンゲルを与えることが報告された[19]。さらに PSt を PEO と PNIPAm セグメントの間に挿入したペンタブロック共重合体ではナノ相分離ドメインからの高分子鎖の引き抜きが抑制され，17～48℃ という広い温度範囲でゾル－ゲル転移点を制御することも成功している[20]。

　LCST 型相転移を利用したブロック共重合体の研究も活発に進んでいる。この場合，両端の高分子セグメントは高温で凝集するため，低温では液体状態，高温でイオンゲルを与える。Poly(benzyl methacrylate)（PBnMA）はイオン液体中で LCST 型に相転移する高分子化合物である[21,22]。中央にイオン液体と相溶する PMMA を，両端に PBnMA を有する ABA 型のトリブロック共重合体は高温で PBnMA が物理架橋点を形成するため低温ゾル-高温ゲル型の状態変化を示す[23]。イオン液体は蒸気圧がほぼゼロで，極めて広い温度範囲で安定な液体状態をとるため温度の昇降に応じて可逆的なゾル―ゲル転移サイクルが観測された。この他にも，より低温で LCST 転移する PPhEtMA を末端セグメントに導入して生活温度領域でイオンゲルを与えるブロック共重合体や[24]，PBnMA と PPhEtMA をそれぞれ両端に導入した ABC 型トリブロック共重合体

(P(BnMA-b-MMA-b-PhEtMA))の階層的な自己集合も報告されている。P(BnMA-b-MMA-b-PhEtMA)では温度上昇に伴って逐次的に自己集合することから，巨視的には同じゲルでも内部の微視的構造や粘弾性の挙動が著しく異なる事実が報告されている[25]。幅広い温度領域や極限環境における高分子溶液の振る舞いを観測できることもイオン液体をメディアに使った高分子科学の魅力と言えるかもしれない。

5　光によるブロック共重合体の凝集構造制御とプロセッサブルイオンゲル

　イオン液体中の高分子の溶解性や相挙動は高分子やイオン液体の僅かな化学構造に応じて大きく変化する。この性質を利用し，光刺激で微小な化学構造変化をもたらして相転移温度を任意の温度に制御することも可能である。例えばアゾベンゼンと呼ばれる光異性化分子はUV光照射をしていない状態，あるいは可視光照射下において基底状態の*trans*体となり，UV光を照射すると瞬時に励起状態の*cis*体となる（図2左上）[26]。また，アゾベンゼンを側鎖に有するメタクリル酸エステルとNIPAmを共重合させた高分子（P(AzoMA-r-NIPAm)）は光刺激によりそのUCST型相転移温度を最大で22℃も変化させる[27]。そこで我々はブロック共重合体のイオン液体中における集合状態を光刺激により制御することを試みた。図2にジブロック共重合体の温度刺激に応じた自己集合化の概念図と，動的光散乱測定によって評価した結果を示す[28]。*trans*, *cis*いずれの光異性化状態においても低温ではP(AzoMA-r-NIPAm)セグメントがイオン液体に溶けないため巨大な自己集合構造を形成するが，高温ではいずれの高分子も溶けるので単分子溶解する。注目したいのはUV光刺激がない場合（P(*trans*-AzoMA-r-NIPAm)）と，ある場合（P(*cis*-AzoMA-r-NIPAm)）において自己集合体を形成する温度に幅がある（図2(a,b)中グレーで示した双安定な温度領域が存在する）ことである。そこでこの温度領域で光刺激をスイッチングしたところUV光を照射した時には単分子溶解，可視光を照射するとミセル形成，というように光によって任意の自己集合状態をとることが明らかになった。さらに光可逆的な凝集構造形成をイオン液体の光誘起ゾル－ゲル変化に利用する事や[29]，光照射した局所部位のみの著しい流動性（緩和時間）変化で欠陥を自発的に塞ぐ光治癒イオンゲルも報告されている（図3）[30,31]。

　イオンゲルは今や高分子固体電解質，キャパシタ，アクチュエータ，ガス分離膜，フレキシブルディスプレイなど様々な用途が提案されている。一方，本稿で紹介したようなイオン液体の固体薄膜化のための要素研究は，これら機能材料化研究と両輪の輪となってますます研究が進むと考えられる[32]。イオンゲルを「切り貼り」できるような容易なプロセスはもちろん，時空間分解能が高く強度やon-offのスイッチング，照射光波長の制御も容易な光刺激等を用いたイオンゲルの加工技術も展開が期待される。

第7章 イオン液体中への高分子の溶解性と材料化

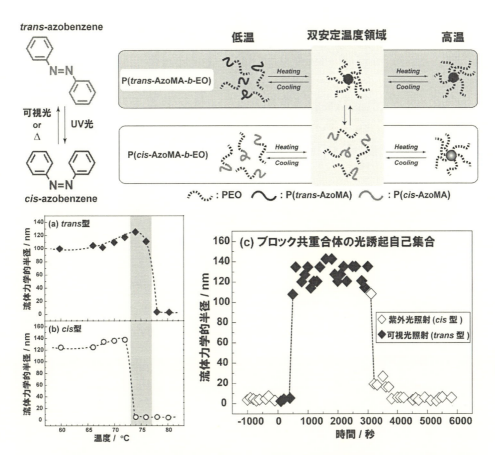

図2 （上左図）アゾベンゼンの光異性化反応と，（上右図）光誘起自己集合のイメージ図。（下図）(a) P(trans-AzoMA-b-EO) および (b) P(cis-AzoMA-b-EO) ジブロック共重合体の [C_4mim]PF_6 中における流体力学的半径の温度依存性。いずれの光異性化状態においても高温で単分子溶解状態，低温で自己集合体（ミセル）を形成するが，凝集温度は光異性化状態に依存して変化し双安定温度領域（図中グレーで示す領域）が存在する。(c) 双安定温度領域で照射光のスイッチングにより光誘起自己集合を起こした結果。時間0秒において照射光を紫外光から可視光に切り替えると流体力学的半径の上昇（ミセルの形成）が観測される。3,000秒経過時に再び紫外光に切り替えると迅速に自己集合体が崩壊し，単分子溶解状態に戻る。

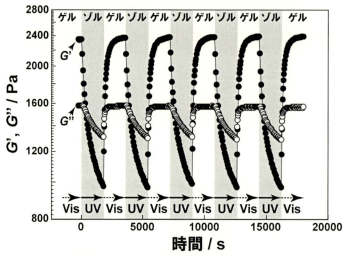

図3 （上図）アゾベンゼン含有トリブロック共重合体の [C_4mim]PF_6 中における自己集合現象を利用した光可逆イオンゲル。照射光波長を交互に切り替えることでゲル状態（G''（系の液体的性質）＜ G'（系の固体的性質））とゾル状態（G' ＜ G''）の明確な変化が観測される。（下図）光可逆イオンゲルの光治癒プロセス。成形したイオンゲルの中心部に入れた切り込み（点線の四角で強調した）が（a）光照射前でははっきり見えるが（b）UV光照射24時間後，（c）64時間後と経過するに従って流動し，融着することで消失することがわかる。

文　献

1) T. Ueki *et al.*, *Macromolecules*, **41**, 3739 (2008)
2) T. Ueki *et al.*, *Bull. Chem. Soc. Jpn.*, **85**, 33 (2012)
3) J. Brandrup *et al.*, "Polymer Handbook 4th Edition", Wiley-Interscience (1999)
4) L. M. N. B. F. Santos *et al.*, *J. Am. Chem. Soc.*, **129**, 284 (2007)
5) K. Swiderski *et al.*, *Chem. Commun.*, 2178 (2004)
6) S. H. Lee *et al.*, *Chem. Commun.*, 3469 (2005)
7) B. Derecskei *et al.*, *Mol. Simul.*, **34**, 1167 (2008)
8) G. M. Foco *et al.*, *J. Chem. Eng. Data*, **51**, 1088 (2006)
9) A. Marciniak, *Int. J. Mol. Sci.*, **11**, 1973 (2010)
10) M. Watanabe *et al.*, *Chem. Commun.*, 929 (1993)

11) M. A. B. H. Susan *et al.*, *J. Am. Chem. Soc.*, **127**, 4976 (2005)
12) P. Sneddon *et al.*, *Macromolecules*, **36**, 4549 (2003)
13) I. W. Hamley, "Block copolymer in solution: Fundamentals and applications", John Wiley & Sons (2005)
14) P. Alexandridis *et al.*, "Amphiphilic block copolymers: Self-assembly and applications", Elsevier (2000)
15) Y. He *et al.*, *J. Phys. Chem. B*, **111**, 4645 (2007)
16) T. Ueki, *Polym. J.*, **46**, 646 (2014)
17) T. Ueki *et al.*, *Chem. Lett.*, **35**, 964 (2006)
18) H. Asai *et al.*, *Macromolecules*, **46**, 1101 (2013)
19) Y. He *et al.*, *Chem. Commun.*, 2732 (2007)
20) Y. He *et al.*, *Macromolecules*, **41**, 167 (2008)
21) T. Ueki *et al.*, *Langmuir*, **23**, 988 (2007)
22) K. Fujii *et al.*, *Polymer*, **52**, 1589 (2011)
23) Y. Kitazawa *et al.*, *Soft Matter*, **8**, 8067 (2012)
24) Y. Kitazawa *et al.*, *Chem. Lett.*, **43**, 204 (2014)
25) Y. Kitazawa *et al.*, *Macromolecules*, **49**, 1414 (2016)
26) G. S. Kumar *et al.*, *Chem. Rev.*, **89**, 1915 (1989)
27) T. Ueki *et al.*, *Macromolecules*, **44**, 6908 (2011)
28) T. Ueki *et al.*, *Macromolecules*, **45**, 7566 (2012)
29) T. Ueki *et al.*, *Angew. Chem. Int. Ed.*, **54**, 3018 (2015)
30) T. Ueki *et al.*, *Macromolecules*, **48**, 5928 (2015)
31) X. Ma *et al.*, *Polymer*, **78**, 42 (2015)
32) T. P. Lodge *et al.*, *Acc. Chem. Res.*, **49**, 2107 (2016)

第8章 イオン性液晶を用いた三次元イオン伝導パスの設計

一川尚広*

1 緒言

　液晶は自己組織的に分子配列秩序構造を形成するため，ボトムアップ型のナノ構造材料を設計するためのツールとして強い期待を集めている。様々な機能性官能基を液晶分子設計に組み込むことで，自己組織化構造由来の機能を発揮する多彩な材料が開発されてきた[1]。物質を伝達するための材料としての研究も進められており，レイヤー状のスメクチック液晶相や筒状のカラムナー液晶相を電子[2]・イオン[3,4]などの異方的な輸送場として用いる研究や，実際に半導体[5]・電池[6]・発光素子[7]など様々なデバイスの構成部材としての展開も研究されている。イオン伝導性液晶としては，ポリエチレンオキシド鎖を有する液晶分子が設計され，電解質としての機能向上を目指し様々な工夫が進められてきた[8~12]。イオン液体がイオン伝導体として注目を集め始めたのと並行し，イオン性骨格を有するイオン伝導性液晶の設計についても多彩な報告が進んでいる。イオン性液晶の分子設計およびその機能に関してBinnemanらが総括的なReviewを執筆されているので参照されたい[13,14]。

　イオン伝導材料としてイオン液体とイオン性液晶を比較したとき，液晶材料のメリットとして異方的イオン伝導性の発現[3,4]・選択的イオン伝導性の付与[15]・伝導部位と絶縁部位（または機械的強度を担う部位）の役割分担[16]などが期待される。これらに関しては本シリーズの前巻も参照されたい[17~19]。液晶が形成するナノ構造は秩序の次元性により分類されており，スメクチック相やカラムナー相の他に，三次元チャンネル構造を有する双連続キュービック相，ミセルが配列したミセルキュービック相が代表的な例と言える。それぞれ固有の機能を発揮するため魅力的であるが，近年注目されている液晶相の一つとして双連続キュービック相が挙げられる[20]。双連続キュービック相は珍しい液晶相であるため，その機能材料としての展開は限られていたが，この十数年の間に機能性双連続キュービック液晶に関する文献も増え始め，イオン伝導性を示す双連続キュービック液晶の報告もされ始めた。本稿においては，イオン伝導体としての双連続キュービック液晶について概説する。

---

*　Takahiro Ichikawa　東京農工大学　テニュアトラック推進機構　特任准教授

第8章　イオン性液晶を用いた三次元イオン伝導パスの設計

2　双連続キュービック液晶を用いた三次元イオン伝導チャンネルの設計

　双連続キュービック液晶は一辺が約 10 nm ほどの立方格子中に三次元的に入り組んだチャンネル構造を形成する（図1）。この三次元チャンネル構造は耐欠陥性・チャンネル孔径の均一性といった優れた特性を有しているため，物質輸送場としての応用が強く期待されている。キュービック相を示すイオン伝導性液晶の例を図2に示す。Cho らが 2004 年に報告したデンドロン骨格を有するオリゴエチレン誘導体 1 が先駆け的な例と言える[12]。この化合物 1 はリチウム塩と均一な複合体を形成し，得られる複合体は 63 から 170℃ の温度域においてカラムナー相を，170 から 195℃ の温度域において双連続キュービック相を発現する。化合物 1 単体はイオン性の骨格を有していないが，リチウム塩との複合体は広義の意味でイオン性液晶と言えるであろう。昇温過程においてイオン伝導度を測定すると，カラムナー相からキュービック相へと転移する過程で伝導度が一桁ほど上昇し，約 10^{-4} S cm^{-1} の伝導度を示す。一般に液晶はミクロスケールのドメインからなるポリドメイン状態を形成するため，カラムナー相などの異方的なチャンネルを輸送場として用いるためには構造の配向制御が必要となるが，双連続キュービック液晶が形成する三次元チャンネル構造はポリドメイン状態でもマクロなスケールでのチャンネル連続性を維持できることを強く示唆している。

　イオン液体骨格を分子構造に有するイオン性液晶においても類似のイオン伝導現象が確認されている。2007 年に加藤らは扇型アンモニウム塩分子 2 が双連続キュービック相を発現し，液晶状態において効率的なイオン伝導挙動を示すことを見出しており[21]，2012 年には類似のホスホニウム塩型分子についても報告している[22]。さらに，アルキル鎖末端に重合性の官能基としてジエン基を導入した化合物 3 を設計し，液晶状態で *in situ* 重合することで，三次元イオン伝導性チャンネルを有するポリマーフィルムの開発に成功し[23]，さらにそのフィルムを分離膜として利用する展開も進めている[24]。

　温度変化に伴い液晶性を示すサーモトロピック液晶においては，双連続キュービック相を発現

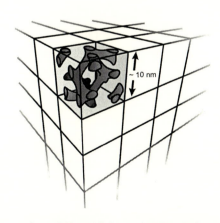

図1　双連続キュービック液晶が形成する三次元的に分岐したチャンネル構造

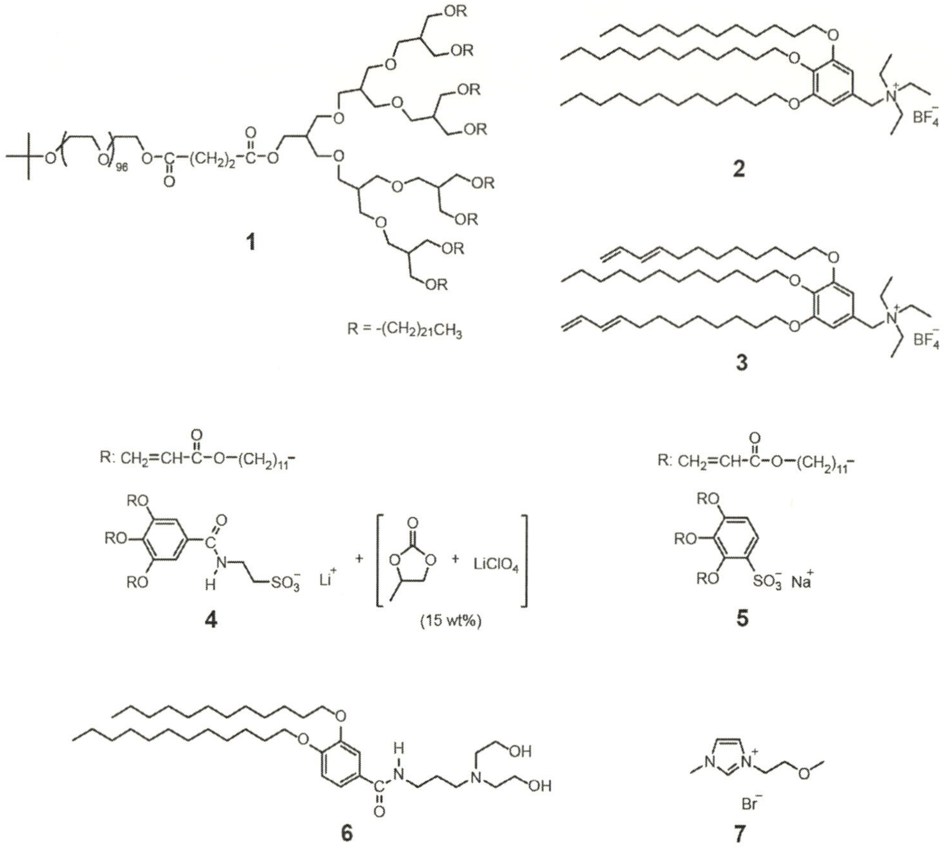

図2 イオン伝導性を示す双連続キュービック液晶

する分子例は非常に珍しいため，この液晶相を発現する分子を意図してデザインすることは容易ではない．一方，溶媒添加型の液晶システム（リオトロピック液晶）においては，溶媒の添加割合を調整することで双連続キュービック相の発現を誘起できるため，リオトロピック液晶を用いたイオン伝導双連続キュービック液晶も報告されている．例えば，Gin らがデザインした扇型分子4はプロピレンカーボネート存在下において双連続キュービック相を発現し，液晶状態において約 10^{-3} S cm^{-1} の伝導度を示すことを報告している[25]．また，これらの伝導膜をセパレータとしたボタン電池の作製にも成功している[26]．Ivanov らが設計したイオン性扇型分子5は単独ではカラムナー相を発現するが，吸湿に伴い双連続キュービック相へと転移し，三次元イオン伝導パスを形成することを報告している[27]．イオン液体を溶媒としたリオトロピック液晶も設計されており，例えば，化合物6と7を複合化すると混合比によって双連続キュービック相を含む様々な液晶相を発現する[28]．これらの系においてもキュービック相状態で効率的なイオン伝導挙動を示すことが報告されている．

第8章　イオン性液晶を用いた三次元イオン伝導パスの設計

3　ジャイロイド極小界面を用いたイオン伝導体の設計

双連続キュービック液晶の機能化に関する研究において，その三次元チャンネル構造を機能場として利用しようというものがほとんどであった。この三次元チャンネルを隔てる中点を連結していくとジャイロイド極小界面を得ることができる（図3）。この界面は立方空間を三次元的に二分する界面であり，やはり三次元連続性を有している。

我々はこの三次元極小界面上に機能性官能基を精緻に配列することができれば，新たな機能界面の創成に繋がるのではないかと考えている[29]。界面を機能場として利用する一つの展開として，プロトン伝導に着目した。水を含む系におけるプロトン伝導においては，プロトンは水分子の水素結合ネットワークを介した Grotthuss ホッピング伝導により高速に移動できることを考えると，イオンの伝導に「大きな自由体積」を必要としないため，界面をイオン伝導場として展開する上で最適な対象と考えた。プロトン伝導体として代表的な高分子材料であるナフィオンは，主鎖および側鎖のフッ素基が水をはじき出し，水分子のネットワーク構造を形成することでプロトン伝導パスを生み出していることを考えると，水分子を三次元ジャイロイド極小界面上にいかに選択的に配列させるかが材料設計の鍵となる。このような場を実現する上で，我々は，カチオンとアニオンが共有結合で連結された Zwitterion に着目した。種々の有機カチオン（例えば，イミダゾリウム，アンモニウム，ホスホニウム，ピリジニウムカチオン）とスルホン酸アニオンからなる Zwitterion を設計すると高融点の塩が得られるが，これらの塩に特定の酸またはリチウム塩を等モルで複合化すると常温でイオン液体様の流動性液体となることが報告されている[30]。これは2成分間でイオン交換が起こり，イオン液体様のイオンペアが形成されるためだと考えられる。このような Zwitterion/酸（またはリチウム塩）複合体はターゲットイオン（プロトンやリチウムイオン）の輸率を向上させる方法論として有用である[31]。この2成分系に関する詳細は『イオン液体Ⅱ』第16章等を参照されたい[32]。我々は，この2成分が形成する疎水的なイオン液体ペアと親水的なスルホン酸基のイオンペアを保ったまま連続的に配列させることがで

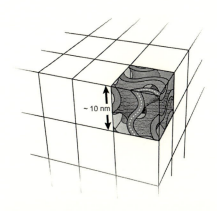

図3　三次元的に連続する Gyroid 極小界面

きれば，親水性界面が疎水性イオン液体でサンドイッチされたような場を創成できるのではないかと考えている（図4）。

このような構造を創成するために，様々な両親媒性 Zwitterion を設計・合成し検討したところ，ピリジニウム塩型 Zwitterion 8_{14}（図5a）が等モルの HTf_2N（図5b）存在下において目的の双連続キュービック相を発現することを見出した[29,33]。アルキル鎖長依存性についても調べられており，アルキル鎖の短い $n = 12$ の複合体はカラムナー相と双連続キュービック相を発現し，逆にアルキル鎖の長い $n = 16$ の複合体は双連続キュービック相とスメクチック相を発現する（図5c）。昇温過程においてイオン伝導度測定を行うと，液晶状態においてアレニウスの式に

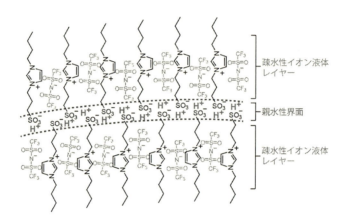

図4 Zwitterion/HTf_2N を配列することで得られると期待される界面構造

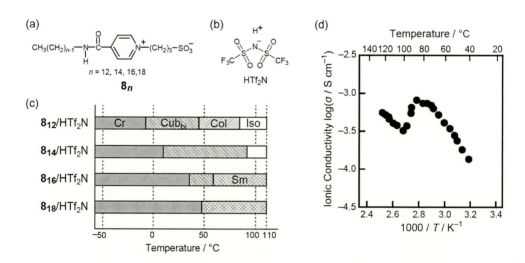

図5 a) 両親媒性 Zwitterion 8_{14} の分子構造，b) ビス（トリフルオロメタンスルホニル）イミド（HTf_2N），c) 8_n/HTf_2N 複合体のサーモトロピック液晶性，Cr, 結晶；Cub_{bi}, 双連続キュービック相；Col, カラムナー相；Sm, スメクチック相；Iso, 等方相。d) 8_{14}/HTf_2N 複合体のイオン伝導度

第8章 イオン性液晶を用いた三次元イオン伝導パスの設計

沿った伝導挙動を示すが,等方相転移においてジャイロイド構造が崩れると同時に伝導度が急激に低下する挙動が観測されている(図5d)。ジャイロイド極小界面に沿ったイオン性レイヤーの三次元的な連続性が効率的なイオン伝導の発現に寄与していると考えられる。これらの液晶材料に少量の水を添加するとイオン伝導度が劇的に上昇した。例えば,含水率2.6 wt%の状態では40℃において 1.4×10^{-4} S cm^{-1} の伝導度を示すのに対して,含水率9.4 wt%の状態では40℃において 3.2×10^{-2} S cm^{-1} の伝導度を示す。親水的なジャイロイド極小界面に沿って水分子が配列し,水分子の水素結合ネットワークが形成され,それを介したプロトンのホッピング伝導が誘起されたものと考えている。

4 おわりに

三次元周期構造を形成する双連続キュービック液晶を基盤としたイオン伝導材料について概説した。機能性液晶分子に関する長きに渡る研究の中でも,双連続キュービック相を発現する分子の報告例は多くはなかったが,イオン液体骨格を分子設計に組み込むことで多彩な機能性双連続キュービック液晶が生み出され始めており,キュービック液晶設計においてイオン液体は非常に優れたパートナーとも言える。イオン液体を溶媒として含むリオトロピック双連続キュービック液晶などの報告例も増えつつあることを考えると,イオン液体の物理化学的性質のさらなる理解の進展は,機能性双連続キュービック液晶研究の発展にも繋がるのではと強く期待している。

文 献

1) N. Mizoshita *et al.*, *Angew. Chem. Int. Ed.*, **45**, 38 (2006)
2) D. Adam *et al.*, *Nature*, **371**, 141 (1994)
3) M. Yoshio *et al.*, *Adv. Mater.*, **14**, 351 (2002)
4) M. Yoshio *et al.*, *J. Am. Chem. Soc.*, **126**, 994 (2004)
5) F. Zhang *et al.*, *Org. Electron.*, **11**, 363 (2010)
6) J. Sakuda *et al.*, *Adv. Funct. Mater.*, **25**, 1206 (2015)
7) M. P. Aldred *et al.*, *Adv. Mater.*, **17**, 1368 (2005)
8) P. V. Wright, *MRS Bull.*, **27**, 597 (2002)
9) V. Percec *et al.*, *J. Chem. Soc., Perkin Trans.*, **2**, 31 (1994)
10) T. Ohtake *et al.*, *Polym. J.*, **31**, 1155 (1999)
11) K. Kishimoto *et al.*, *J. Am. Chem. Soc.*, **127**, 15618 (2005)
12) B.-K. Cho *et al.*, *Science*, **305**, 1598 (2004)
13) K. Binnemans, *Chem. Rev.*, **105**, 4148 (2005)

14) K. Goossens *et al.*, *Chem. Rev.*, **116**, 4643 (2016)
15) S. Ueda *et al.*, *Adv. Mater.*, **23**, 3071 (2011)
16) M. Yoshio *et al.*, *J. Am. Chem. Soc.*, **128**, 5570 (2006)
17) 吉尾正史ほか，イオン性液晶―開発の最前線と未来―，p.161，シーエムシー出版 (2003)
18) 吉尾正史ほか，イオン液体Ⅱ―驚異的な進歩と多彩な近未来―，p.262，シーエムシー出版 (2006)
19) 一川尚広ほか，イオン液体Ⅲ―ナノ・バイオサイエンスへの挑戦―，p.112，シーエムシー出版 (2010)
20) M. Impéror-Clerc, *Curr. Opin. Colloid Interface Sci.*, **9**, 370 (2005)
21) T. Ichikawa *et al.*, *J. Am. Chem. Soc.*, **129**, 10662 (2007)
22) T. Ichikawa *et al.*, *J. Am. Chem. Soc.*, **134**, 2634 (2012)
23) T. Ichikawa *et al.*, *J. Am. Chem. Soc.*, **133**, 2163 (2011)
24) M. Henmi *et al.*, *Adv. Mater.*, **24**, 2238 (2012)
25) R. L. Kerr *et al.*, *J. Am. Chem. Soc.*, **131**, 15972 (2009)
26) R. L. Kerr *et al.*, *Polym. J.*, **48**, 635 (2016)
27) H. Zhang *et al.*, *Adv. Mater.*, **25**, 3543 (2013)
28) T. Ichikawa *et al.*, *Chem. Sci.*, **3**, 2001 (2012)
29) T. Ichikawa *et al.*, *J. Am. Chem. Soc.*, **134**, 11354 (2012)
30) H. Ohno *et al.*, *Electrochim. Acta*, **48**, 2079 (2003)
31) M. Yoshizawa *et al.*, *Chem. Commun.*, 1828 (2004)
32) 成田麻子ほか，イオン液体Ⅱ―驚異的な進歩と多彩な近未来―，p.194，シーエムシー出版 (2006)
33) T. Matsumoto *et al.*, *Bull. Chem. Soc. Jpn.*, **87**, 792 (2014)

第9章　ナノ粒子を用いたイオン液体の材料化

上野和英[*1], 渡邉正義[*2]

1　はじめに

　イオン液体は分子性溶媒に替わる溶媒として反応・抽出溶媒への適用が数多く検討され，また，難燃性，高イオン伝導性，高電気分解耐性などの特性から安全性，信頼性の高い電気化学デバイス用電解液としての利用も試みられている。さらに，イオン液体は近年コロイド界面分野においても新しい媒体として注目を集めている。特にイオン液体をナノ粒子の分散媒とした研究例は数多く，それらは主に以下の3つの分野に大別される：①金属ナノ粒子触媒を用いたイオン液体中での触媒反応，②イオン液体を媒体に用いた機能性ナノ材料（金属，半導体ナノ粒子など）の創製，③ナノ粒子とイオン液体の組み合わせから成るコンポジット材料。このようなイオン液体コロイド分散系に関わる応用分野以外にも，イオン液体中のナノ粒子の分散安定性に関する基礎的検討も行われてきた。いくつかの検討例では分散安定剤のない状態であってもナノ粒子がイオン液体中で凝集することなく，安定に分散するとの興味深い報告がなされている。本稿ではまず，ナノ粒子がイオン液体中に安定分散するメカニズムについて，粒子間に働く相互作用やイオン液体-固体界面の構造に関連させて紹介する。本稿後半では，ナノ粒子とイオン液体の組み合わせから成るコンポジット材料やナノ粒子の自己集合によるイオン液体ソフトマテリアルに関する研究について述べる。

2　イオン液体中でのナノ粒子の分散安定性

　ナノ粒子の分散安定性は媒体中で働く粒子間の引力・斥力相互作用のバランスによって支配されるため，それらの理解は特に，イオン液体以外の分散安定剤のない状態におけるナノ粒子の安定分散のメカニズムを議論する上で極めて重要である。粒子の凝集を引き起こす主な粒子間引力であるvan der Waals力に対して，代表的な粒子間斥力として静電斥力がある。この静電斥力は粒子/分散媒界面に形成される電気二重層に起因する。しかし，溶媒が存在しない極限イオン濃厚状態のイオン液体中では電気二重層の厚みは極めて薄く，イオンの分子サイズ以下と見積もられている[1]。これはイオン液体中において静電斥力はコロイド分散安定化にほとんど寄与しないことを示すものである[2]。

---

*1　Kazuhide Ueno　山口大学　大学院創成科学研究科　助教
*2　Masayoshi Watanabe　横浜国立大学　大学院工学研究院　教授

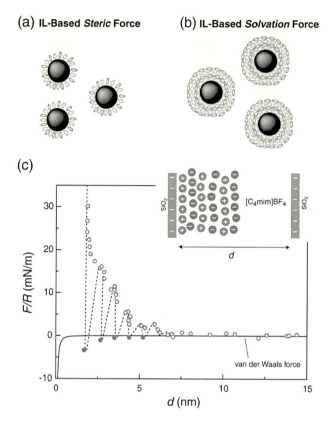

図1 (a) イオン液体分子由来の立体斥力，(b) イオン液体―粒子界面構造由来の斥力，(c) シリカ基板間に挟まれたイオン液体[C_4mim]BF_4の表面力測定装置による表面力測定結果

　これまでイオン液体中で実際に働く粒子間相互作用や固体―イオン液体の構造を調べるため，様々な検討が行われてきた。Finkeらはイオン液体中のコロイド安定性を調べるためにIr(0)ナノ粒子表面とイミダゾリウムカチオン（2位）が実際にパラジウムカルベン錯体を形成することを^{2}H-NMR等で確認し，それらがナノ粒子の分散安定性に寄与していることを報告した[3]。これはイオン液体分子自体がナノ粒子の立体反発的な保護層として働きナノ粒子の分散安定性を向上させている良い例である（図1a）。

　原子間力顕微鏡（AFM）や表面力測定装置（SFA）を用いた表面力測定は，イオン液体中において固体表面間に働く斥力・引力をサブナノメートルの精度で実際に測定することが可能で，それは固―液界面のイオン液体分子構造を反映したものとなる。様々な平滑基板（マイカ，シリカ，グラファイト，金）を用いて測定した結果，ほとんどのイオン液体が距離に対して斥力・引力が交互に振動する現象（図1c）が観測され，その間隔（振幅）はイオン液体のイオン対のサイズとほぼ一致することが報告されている[4,5]。これは，固体表面同士が近づくにつれ，間に挟まれていたイオン液体がイオン対として徐々に除かれていくことを表しており，イオン液体が固体表面上で数層にも渡るレイヤー構造を形成していることを示唆している。このようなイオン液

第 9 章 ナノ粒子を用いたイオン液体の材料化

体の固体表面における多層構造形成は MD シミュレーションの結果とも一致する[6]。また，サファイア（Al_2O_3）表面のイオン液体の構造について X 線反射率測定を行った結果では，負に帯電したサファイア表面に対してカチオン，アニオンが交互に層を形成することが示されている[7]。表面力測定，シミュレーションは 2 つの固体表面間のナノ領域に挟まれた際に得られた結果である一方で，X 線反射率測定の結果は片方の界面だけでも多層構造が形成されることを示すものである。このようなイオン液体の固体表面上（特に荷電表面）上での多層構造形成はイオン液体の特徴的な界面特性の一つであると言える。また，このようなレイヤー構造形成能はナノ粒子の分散安定性に寄与する重要な粒子間の斥力源と成り得ると考えられている（図 1b）[8]。

3 ナノ粒子とイオン液体の組み合わせから成るコンポジット材料

イオン液体中におけるナノ粒子の分散安定性を利用し，これまでに様々な機能性ナノ粒子とイオン液体から成るコンポジット材料が報告されている。Fukushima らはイオン液体と単層カーボンナノチューブ（SWCNT）を乳鉢中で混ぜ合わせることで強く相互作用した SWCNT バンドルが解け，ゲル化することを見出した[9]。これは，イオン液体（特にイミダゾリウムカチオン）と SWCNT 表面間の親和性が分散性に影響しているものと考えられている。さらに，SWCNT がよく分散することを利用し，重合可能なイオン液体と組み合わせることで，機械的強度，電子伝導性が高い，高分子コンポジット材料も作製可能であることが報告されている。同様に，重合可能なイオン液体中に半導体 CdTe ナノ粒子を均一に分散することで，半導体ナノ粒子—イオン液体高分子コンポジットも作製されている[10]。Schubert らはイオン液体中に磁性ナノ粒子を分散させた磁性流体を報告している[11]。この場合も，イオン液体を分散媒として用いることで，粒子の沈殿，凝集が抑えられている。

コロイド分散系はある粒子濃度で系全体の流動性がなくなる場合（ジャミング転移とも言う）があり，それらはナノ粒子の粒子集合体の内部構造によってコロイドゲルとコロイドガラスの 2 通りに分けられる（図 2）[12]。粒子間に強い引力が働く場合には，粒子が凝集することによってフラクタル状のネットワークが形成されるため，系は液体を保持したまま擬固体化する。これをコロイドゲルと呼ぶ。一方，ナノ粒子が安定に分散している場合，粒子濃度が高くなるとナノ粒子同士がランダムにパッキングした状態となり，各粒子の運動は近隣粒子によって阻害される状態になる（cage 効果）。このような擬固体状態をコロイドガラスと呼ぶ。これまでイオン液体中でも凝集するナノ粒子および安定分散するナノ粒子を用いて上記のソフトマテリアルが調製されてきた。次項ではイオン液体中でナノ粒子が凝集して形成するコロイドゲル，および安定に分散するナノ粒子が高濃度で形成するコロイドガラスについてそれぞれ研究例を紹介する。

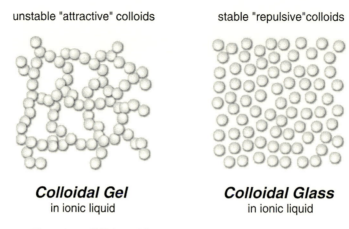

図2　イオン液体中で形成されるコロイドゲルとコロイドガラス

4　コロイドゲル

　イオン液体中でナノ粒子表面にイオン液体の多層構造が形成することを述べたが，この多層構造による斥力は必ずしも十分にナノ粒子を分散安定化させるとは限らない。例えば，直径10 nm程度のシリカナノ粒子（フュームドシリカ Aerosil 200）を分散させると数wt%の粒子濃度で多くのイオン液体が擬固体化する[13]。これはシリカナノ粒子がネットワーク状に凝集することで，コロイドゲルを形成することに起因する。このコロイドゲルは液体状態と同程度のイオン伝導性を示すだけでなく，せん断に応答したゲル–ゾル変化（塑性流動）を起こすことが明らかになっている（図3）。また，その機械的特性（弾性率，降伏応力）は粒子濃度を調整することで制御可能となる。

　上記のコロイドゲル作製法は非常に簡便であり，様々なイオン液体電解質へ適用可能であると同時に，特異的なレオロジー特性（塑性流動性）は電気化学デバイスの作製時にも有用な性質であると言える。Grätzelらはイオン液体にシリカナノ粒子を添加したゲル状電解質を用い，高性能の色素増感太陽電池を報告した[14]。さらにWatanabeらは色素増感太陽電池用のイオン液体電解質中へシリカナノ粒子を添加することでヨウ素レドックスカップル（I^-/I_3^-）の拡散係数上昇と界面電子移動抵抗の低下を引き起こすこと見出した[15]。これはI^-/I_3^-がシリカナノ粒子表面で高濃度に凝縮され局所的なI^-/I_3^-濃度が増大するために起こると考えられている。Honmaらはプロトン性イオン液体にシリカナノ粒子を添加した場合，高温でも安定で，且つ液体並みのイオン伝導率を示す固体電解質が得られることを見出し，その固体電解質を燃料電池発電へ応用した[16]。Forsythらはイオン液体類似構造を持ち，プラスチック結晶としての性質を示す[C_2mpyr][NTf_2]（[C_2mpyr]：N-methyl-N-ethylpyrrolidium）へシリカナノ粒子を添加することでイオン伝導性が数十倍も向上することを見出した[17]。シリカナノ粒子添加によって[C_2mpyr][NTf_2]結晶構造中に歪みが生じ，欠陥サイズと欠陥濃度が増加することでイオン伝導性が向上

第9章 ナノ粒子を用いたイオン液体の材料化

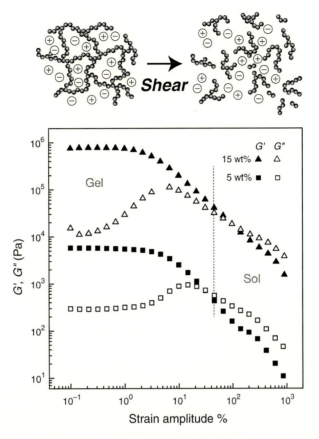

図3 [C_2mim][NTf_2]中でシリカナノ粒子 Aerosil200 が形成するコロイドゲルの貯蔵弾性率 G', 損失弾性率 G'' のひずみ分散測定結果
$G' > G''$ の範囲ではゲル状態,$G' < G''$ の範囲ではゾル状態となる。

していることを示した。このようにイオン液体電解質へナノ粒子を添加した場合,擬固体化し固体電解質として振る舞うだけでなく,イオン輸送の観点からも機能向上が期待できる。このような,粒子添加に伴うイオン輸送の向上はイオン液体―ナノ粒子界面の作り出す特異な界面構造と密接な関わりがあると考えられる。

シリカナノ粒子―イオン液体分散系はゲル状電解質としての利用だけでなく,レオロジー挙動についても様々なイオン液体との組み合わせで系統的に調べられている。シリカナノ粒子(フュームドシリカ Aerosil 200)を分散した場合,ある特定のイオン,[C_2OHmim]カチオンまたは[BF_4]アニオンを持つイオン液体中ではコロイドゲル化が起こらず,安定なコロイド分散系が得られる。また,それらはせん断速度,せん断応力の増加によって粘性が増大する shear thickening 挙動を示すことが見出された(図4)[18]。このようなイオン液体中ではシリカナノ粒子はイオン液体–ナノ粒子界面で形成される保護層や多層構造による斥力によって分散安定化されていると考えられる。しかし,ある程度のせん断を加えることによってイオン液体―ナノ粒子

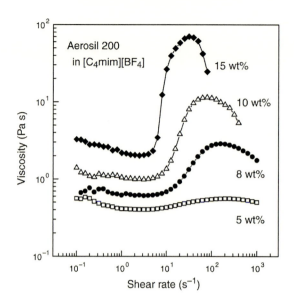

図4 シリカナノ粒子 Aerosil200 を[C_4mim]BF_4中に分散させた分散液のせん断速度に対する粘性率の測定結果

界面構造が破壊され,粒子同士が一時的に凝集し,shear thickening 挙動を示すと考えられている。このような特異なレオロジー挙動を示すイオン液体—ナノ粒子分散系は機能性ダンピング材料やケブラー等の高分子材料と組み合わせることで防弾チョッキなどへの応用も検討されている[19]。

5 コロイドガラス

一般にコロイドガラスの形成にはイオン液体中で安定に分散するナノ粒子が必要であるが,ここでは直径120 nm の単分散シリカ粒子に高分子を修飾した系について述べる。ポリメチルメタクリレート(PMMA)修飾シリカ粒子は PMMA と相溶するようなイオン液体中で PMMA 鎖の立体反発によって凝集せず,安定に分散することが分かっている[2]。PMMA 修飾シリカ粒子をイオン液体[C_2mim][NTf_2]中に分散させ,その粒子濃度を変化させていくと,図5a に示すように,低粒子濃度領域では分散,白濁している状態であるが,粒子濃度が増加すると,流動性がなくなることが観測された。コロイドガラスの形成は TEM 写真による粒子配列と TEM 写真を二次元フーリエ変換した際に得られるリング状のフーリエパワースペクトルによって確認できる。さらに,コロイドガラスの状態では色付き,その色調は粒子濃度によって赤から緑,青と変化することが分かった。反射スペクトルの最大反射波長が実際に観測される色と対応することから,本系で観測される色調は系中構成成分の可視光吸収による色ではなく,光の反射・干渉などによって起こる構造色であることが分かった(図5b)[20]。さらに興味深いことに,観測された構造

第9章 ナノ粒子を用いたイオン液体の材料化

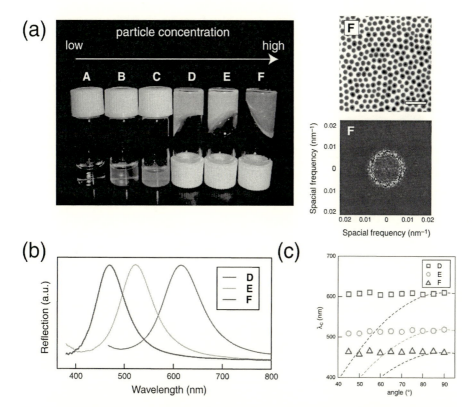

図5 (a) PMMA修飾シリカ粒子を[C_2mim][NTf_2]中に分散した際の外観写真とTEM写真, TEM写真を二次元フーリエ変換した際のフーリエパワースペクトルの一例(A：neat IL, B：1 wt%, C：3 wt%, D：14 wt%。E：25 wt%, F：33 wt%), (b) 反射スペクトルと (c) その角度依存性

色は一般的な構造色とは異なり, 角度依存性がないことも明らかとなった(図5c)。コロイドガラスは長距離的な結晶的粒子配列構造を持たず, 短距離的な秩序のみを有する。このような短距離的な配列構造が観測された特異な構造色に関係していると考えられている。

最近ではこの角度依存性のない構造色を温度刺激で制御する試みもなされている。分散させるシリカ粒子に修飾した高分子をイオン液体中で温度応答性を示す高分子に置き換えると, 温度によってコロイドガラス中の分散安定状態や粒子間の距離を制御することが可能となる。ポリベンジルメタクリレート (PBnMA) はイオン液体[C_2mim][NTf_2]中で低温相溶, 高温相分離のLCST型温度応答性を示すことが知られている。PBnMA修飾シリカ粒子を用いてコロイドガラスを形成させると, 低温ではコロイドガラス状態であるが, 相分離温度以上の高温ではPBnMA鎖が凝集するためコロイドゲル状態となり, 温度による角度依存性のない構造色のオンオフ制御が可能となる (図6a)[21]。さらに, 修飾高分子をPMMA-*b*-PBnMAのブロック共重合体とすると, PBnMA部位の高温での相分離に伴う粒子の凝集が抑えられ, 温度による構造色の制御も可能となることが報告されている (図6b)[22]。

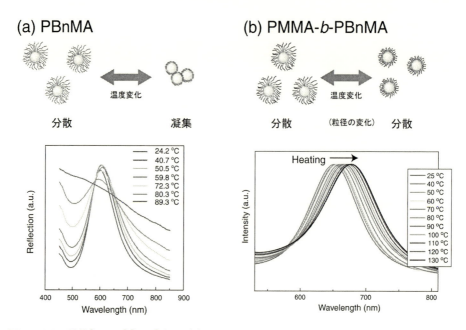

図6 イオン液体[C_2mim][NTf_2]中に (a) PBnMA修飾シリカ粒子, (b) PMMA-*b*-PBnMA修飾シリカ粒子を分散して得られるコロイドガラスの温度依存性の反射スペクトル変化

6 おわりに

　本稿では, イオン液体—コロイド分散系の基礎・応用に関する研究を幾つか紹介した。最近の研究の進展によって, 固体—イオン液体界面の構造の詳細が少しずつ明らかになってきており, その特異的な界面構造がイオン液体中におけるナノ粒子の分散安定性に重要な役割を果たしていることを述べた。このような界面構造の理解はコロイド分散系のみならず, イオン液体をナノレオロジー, ナノトライボロジー分野へ応用する際にも重要な情報を与えることが期待される。また, 固体表面におけるイオン液体の構造化はイオン液体中の電気二重層の構造を知る上でも新たな知見を与えるであろう。また, イオン液体中におけるコロイド分散安定性を利用した機能性ナノ粒子—イオン液体コンポジット材料や, ナノ粒子の自己集合を利用したソフトマテリアルについて紹介した。イオン液体とナノ粒子から成るコロイドゲルは, イオン液体の擬固体化を可能とするだけでなく, イオン液体/ナノ粒子界面のシナジー効果によって優れたイオン輸送特性を示した。さらに, イオン液体—ナノ粒子分散系はその特異なレオロジー特性から電解質以外の機能性材料としても興味深い対象である。高分子を修飾したナノ粒子を高濃度に分散させるとコロイドガラスを形成し, 角度依存性のない構造色を示した。また温度応答性の高分子を修飾したナノ粒子を用いることで, 角度依存性のない構造色の温度によるコントロールが可能であった。この角度依存性のない構造色発色メカニズムはイオン液体中のコロイドガラスに限定されるものではないが, 新規な光学機能材料の設計指針となることが期待される。イオン液体は機能性ナノ粒子

第9章 ナノ粒子を用いたイオン液体の材料化

だけでなく，タンパク質などの分散媒としても興味深い特性を示すことも報告されている[23]。コロイド粒子―イオン液体分散系ソフトマテリアルはイオン液体，分散粒子，コロイド表面の組み合わせとその考えられる応用用途は非常に多岐に渡るため，今後さらなる発展が期待される。

文　　献

1) J. B. Rollins et al., *J. Phys. Chem. B*, **111**, 4990 (2007)
2) K. Ueno et al., *Langmuir*, **24**, 5253 (2008)
3) L. S. Ott et al., *J. Am. Chem. Soc.*, **127**, 5758 (2005)
4) R. Hayes et al., *Phys. Chem. Chem. Phys.*, **12**, 1709 (2010)
5) K. Ueno et al., *Phys. Chem. Chem. Phys.*, **12**, 4066 (2010)
6) C. Pinilla et al., *J. Phys. Chem. B*, **109**, 17922 (2005)
7) M. Mezger et al., *Science*, **322**, 424 (2008)
8) K. Ueno & M. Watanabe, *Langmuir*, **27**, 9105 (2011)
9) T. Fukushima et al., *Science*, **300**, 2072 (2003)
10) T. Nakashima et al., *Chem. Lett.*, **34**, 1410 (2005)
11) C. Guerrero-Sanchez et al., *Adv. Mater.*, **19**, 1740 (2007)
12) J. R. Stokes & W. J. Frith, *Soft Matter*, **4**, 1133 (2008)
13) K. Ueno et al., *J. Phys. Chem. B*, **112**, 9013 (2008)
14) P. Wang et al., *J. Am. Chem. Soc.*, **125**, 1166 (2003)
15) T. Katakabe et al., *Electrochem. Solid-State Lett.*, **10**, F23 (2007)
16) S. Shimano et al., *Chem. Mater.*, **19**, 5216 (2007)
17) Y. Shekibi et al., *J. Phys. Chem. C*, **111**, 11463 (2007)
18) K. Ueno et al., *Langmuir*, **25**, 825 (2009)
19) J. Qin et al., *RSC Advances* (2016)
20) K. Ueno et al., *Chem. Commun.*, 3603 (2009)
21) K. Ueno et al., *Langmuir*, **26**, 18031 (2010)
22) K. Ueno et al., *Polym J*, **48**, 289 (2016)
23) N. Byrne et al., *Chem. Commun.*, 2714 (2007)

第Ⅲ編　応用

〈合成への利用〉

第1章　イオン液体を用いた高分子とバイオマスの化学変換

上村明男[*1]，吉本　誠[*2]

1　序論

　イオン液体はその特異な物性のために従来溶媒ではできなかった化学反応が可能となることが期待できる。特にその高温における特性や，脂溶性と水溶性の変化は，ほかのどの有機溶媒でも見られないユニークな特性であるので，これらを積極的に活用できれば新しい物質変換反応への応用が期待できる。高温における有機反応は，古くから研究されてきたものの，その選択性や副反応の誘発による収率の低下などから最近は低温反応へのシフトが積極的に進められてきた。しかし，どうしても高温で進めるべき反応も存在するため，それらの改良や新規な開発については近年はあまり顧みられてこなかったといえよう。

　プラスチックなどの高分子は我々の生活に欠くべからざる材料を提供する。しかしひとたび利用が終了して廃棄物になったとき，その破棄方法が問題になってくる。多くは，埋め立てなどの廃棄物処理に回されるものの，廃棄する場所の問題や，プラスチックの炭素資源の資源循環を考えたときには，これらの適切なリサイクル手法の開発が求められている。プラスチックのリサイクルにはマテリアルリサイクル，エネルギーリサイクル，化学リサイクルの方法があるが，中でもプラスチックを化学分解し，再びプラスチックなどの有用物質に変換する化学リサイクルが炭素資源循環として最も望ましい[1)]。そのためにはプラスチックなどの高分子を，モノマーなどに効果的に化学変換する解重合反応の開発が不可欠となる。解重合反応は吸熱反応であることが多いため，反応の促進には高温条件が必要となる。高温条件は，固体である高分子を融解することで反応を加速させるためにも効果的に作用する。高分子としてセルロースなどの生体由来の高分子を活用することもバイオマテリアルの活用として求められてきている。したがってこれらの条件を満たす溶媒を用いることが反応戦略の成否を握る重要なポイントとなる。

　我々はイオン液体の高温における特性と脂溶性の特性が，これらの条件にぴったりであり，きわめて有用な反応溶媒として作用すると考えた。そこでイオン液体を溶媒として用いたプラスチックやセルロースなどのバイオマスの変換反応の開発を検討した。また酵素的な反応にも着目し，イオン液体を用いたセルロースの酵素による変換反応についても検討した。

　[*1]　Akio Kamimura　山口大学　大学院創成科学研究科　化学系専攻　教授
　[*2]　Makoto Yoshimoto　山口大学　大学院創成科学研究科　化学系専攻　准教授

2 イオン液体中でのプラスチックの解重合

単純な熱反応によって解重合反応が期待できるナイロン6の解重合反応を検討した。ナイロン6のチップ（分子量約22,000）を種々の溶媒で加熱した。グリコールなどの通常の溶媒を用いて加熱しても解重合はほとんど起こらなかったが，[emim][BF$_4$]を用いて加熱するとナイロン6は均一になり反応が進行したことが示唆された。抽出によって生成物を回収したところ，解重合されたカプロラクタムが54％で得られた。しかし，この方法では抽出の効率が悪く，収率を上げるためには多数の繰り返し抽出が必須となる。操作の煩雑さを考え，容易な単離方法として反応蒸留を考えた。すなわち，イオン液体は揮発性がないので高真空にしても気化しない。それに対してカプロラクタムは十分に加熱できれば揮発して蒸留できる。反応温度は300℃が最も効率が良いことがわかっているので，この温度で減圧下に加熱することで，カプロラクタムの収率を86％に向上することができた。このときアミド化に有効に作用するジメチルアミノピリジン（DMAP）の添加が有効であった。イオン液体は回収して再利用でき，この方法で5回の繰り返し利用を，効率を落とすことなく可能であることを見出した（Scheme 1)[2]。

反応蒸留は生成物が揮発性の場合は大変有効であるが，不揮発性のモノマーを与えるプラスチック，例えばナイロン12の解重合ではうまく適用できず，収率は低くならざるを得ない[3]。しかし，不飽和ポリエステルの場合は，モノマーのうち一つの成分が無水フタル酸となるので蒸留可能となり，応化的な解重合が期待できる。不飽和プラスチックを母材として使ったガラス繊維強化プラスチック（gFRP）の解重合では，イオン液体[TMPA][TFSA]を用いてマイクロ波加熱をすることで，速やかに解重合が進行し，反応混合物をろ過および減圧蒸留することで，ガラス繊維と無水フタル酸をそれぞれ効率よく回収することに成功した[4]。マイクロ波による加熱は大変効果的に進行し，340℃に加熱することできわめて短時間（2分）で解重合が完全に進行することがわかった（Scheme 2）。このことは加熱時間の短縮によるエネルギー効率の向上も達成できるのでこの化学を実施する際には有用な改善となりうる。

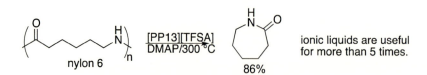

Scheme 1　イオン液体中でのナイロン6の解重合

第1章 イオン液体を用いた高分子とバイオマスの化学変換

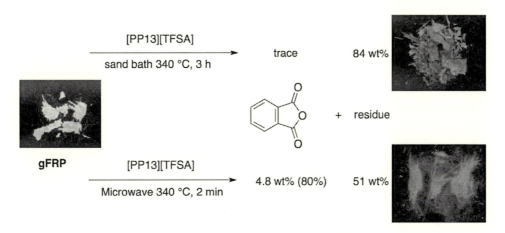

Scheme 2　イオン液体中でのgFRPの解重合

3　イオン液体中でのセルロースなどの化学変換

　バイオマス由来のセルロースは，いくつかの種類のイオン液体がそれを溶解することがRogersらによって示されて以来[5]，イオン液体を使った解重合ならびに材料変換に大変興味が持たれるようになった[6]。セルロースの解重合では，生成物としてグルコースだけでなく，それを脱水した5-ヒドロキシメチルフルフラール（5-HMF）やレブリン酸を与えることが知られている。しかしこれらの生成物を反応溶媒であるイオン液体から分離精製することは意外と困難である。というのもセルロースを効果的に溶解するイオン液体は対アニオンとして塩素イオンや酢酸イオンを有する必要があり，これらは本質的に水溶性であるので，水溶性の生成物であるグルコースとの分離が困難になるためである。もしこの反応に脂溶性イオン液体，例えば［TMPA］［TFSA］を用いることができれば，グルコースの単離生成を容易にするだけでなく，イオン液体の回収再利用も容易になることが期待され，実際に反応を行うときの問題の解決となるであろう。

　このアイデアに基づき，セルロースを脂溶性イオン液体である［TMPA］［TFSA］に混合し，加熱してみた。しかし脂溶性イオン液体は対アニオン部によるセルロースとの相互作用が期待できないので，セルロースはほとんど溶解せず期待した反応は全く進行しなかった。セルロースの解重合は本質的には酸触媒下での加水分解反応であるため，塩酸を触媒および反応に必要な水の供給源として添加して反応を行った。最終的に種々の添加物を検討し，塩化リチウムを加えることで反応が効果的に進行して，目的のグルコースを51％で得られることを明らかにした（Scheme 3）[7]。反応は速やかに進行し100℃で1時間の加熱で完了する。反応操作終了後，水と有機溶媒による抽出を行うことで，グルコールとイオン液体を完全に分離することができ，グルコースを単離することを可能にしたばかりでなく，回収したイオン液体を容易に再利用する道を開くことができた。回収されたイオン液体を用いても効率を落とすことなくセルロースの解重合が可能で

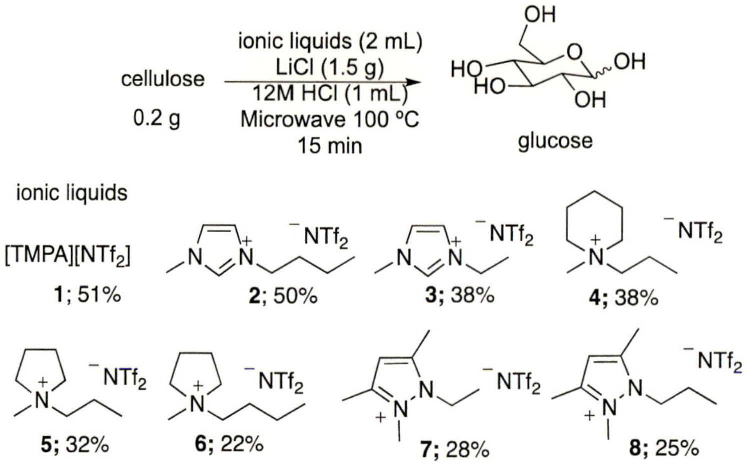

Scheme 3　疎水性イオン液体を用いたセルロースのグルコースへの変換

あった。塩化リチウムを添加することによるイオン液体のアニオン交換が懸念されたものの，この交換反応は全く進行せず，回収したイオン液体からTFSAアニオンが失われていないことが^{13}C-NMRによって確かめられた。生じたグルコースを脱塩し，酵母による発酵を行うことでエタノールが生成することも見出された。これらの反応はセルロース源としてパルプの残渣を使っても可能である。

　バイオマス由来の生成物としてソルビトールがある。これから2分子の水を脱離させて得られるイソソルビドは二環性のエーテルであり，ポリカーボネートの原料としても用いられている。また，イソソルビドは医薬品としても知られている化合物である。このためソルビトールの脱水反応はバイオマス活用の重要な反応であるとされている。この変換反応は酸などの触媒を用いて高温で行うことが多い[8]。最近白井らは亜臨界水を用いて数時間反応させることで変換が可能であることを示している（Scheme 4)[9]。

　そこで，この反応をイオン液体中で効果的に進行できれば，グリーンな変換反応になると考えた。イソソルビドやソルビトールは水溶性であるから，イオン液体との分離を考えると脂溶性イオン液体を活用するのが望ましい。そこでイオン液体として［TMPA］［TFSA］を用いてソルビトールを加熱して脱水反応を進行させる実験を行った。

　ソルビトールにイオン液体のみを加えて250℃に加熱すると，約1時間程度でソルビトールは消失する。しかし主として生成する化合物はイソソルビドではなく1,5-アンヒドロソルビトールであることがわかった（Scheme 5)。イソソルビドになる前駆体と考えられる1,4-アンヒドロソルビトールはほとんど観察されず，イソソルビドの生成は反応の後期にわずかに20%以下であることがわかった。すなわち，ソルビトールは反応するものの，この温度では反応温度が高すぎて脱水した生成物は後続反応のために目的物を効果的に与えないことがわかった。したがって反応温度を下げる必要があったが，残念ながらソルビトールをイオン液体中で加熱するだけの

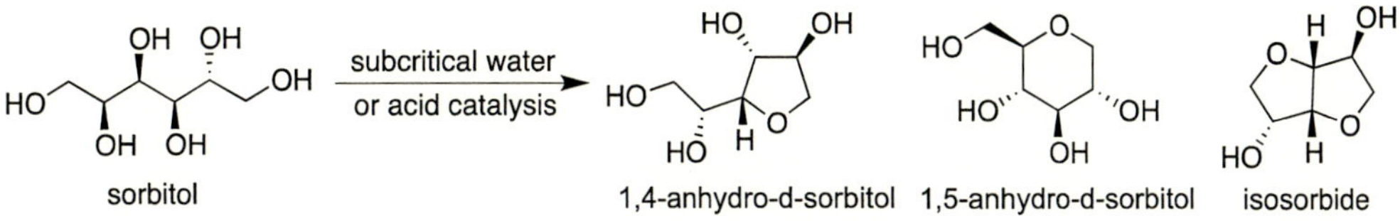

第1章　イオン液体を用いた高分子とバイオマスの化学変換

Scheme 4　ソルビトールの変換反応

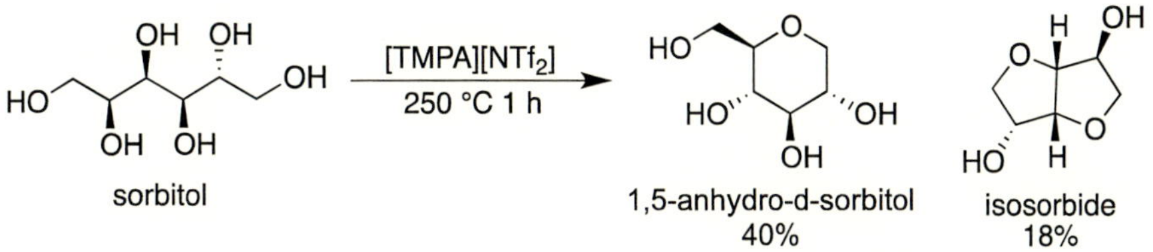

Scheme 5　ソルビトールを疎水性イオン液体中で加熱した反応

条件では200℃以下の温度では反応が全く進行せず，ソルビトールを回収することがわかった。
　そこで，より目的の脱水反応を効果的に進行するために反応の推定メカニズムについて考えた。亜臨界水やプロトン性溶媒中の反応ではソルビトールの水酸基は水素結合していると考えられる。目的のイソソルビドへの変換反応のためには，4位の水酸基酸素による1位炭素へのS_N2型求核置換反応と引き続く3位の水酸基酸素による6位炭素へのS_N2反応が必要となる。この反応の活性化のためには，1位および6位の水酸基の脱離性を高める必要があり，プロトン性溶媒による水素結合はそれを助けることによって反応加速が期待できる。一方求核種として作用することが期待される4位と3位の水酸基酸素への溶媒からの水素結合は，それらの求核性を下げる効果をもたらす。したがって目的反応を効果的に進行させるには，1位と6位の水酸基への水素結合生成による求核反応に対する脱離性の向上と，3位と4位の水酸基への水素結合をなくすことによる求核性の向上による反応加速が必要となる。疎水性イオン液体中の反応では溶媒からの水素結合の供与は全く期待できないので，3位と4位などの第2級炭素についた水酸基の求核性は十分高いものの，1位と6位の水酸基への水素結合形成による脱離能の向上は全く期待できないため，反応温度を高くせざるを得ない。加えて，4位だけでなく5位の水酸基も十分な求核性を持つために，1,5-アンヒドロソルビトールの生成も十分速くなり，この生成が副反応として進行してくる。このものはイソソルビドを与えないので，不要な副生成物となって反応の効率を下げる（Scheme 6）。
　以上の考えを元に疎水性イオン液体中での反応条件の改良を考えた。1位と6位の水酸基の水素結合による脱離能の向上さえ起これば，イオン液体中での反応は加速されるはずである。このためには酸を添加すれば，1位と6位は末端水酸基なので選択的にプロトン化され反応の加速が期待される。このアイデアに基づき酸としてp-トルエンスルホン酸を触媒量添加して反応を行った。反応加速の効果は大変大きく，無添加では全く反応しない180℃の条件でも，酸の添加に

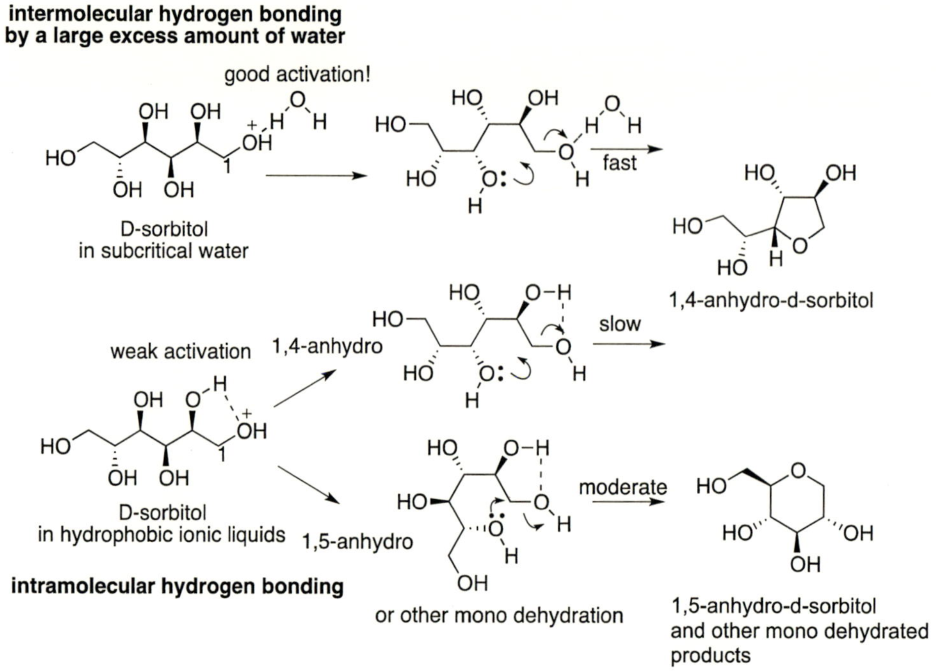

Scheme 6 水素結合形成によるソルビトールの活性化

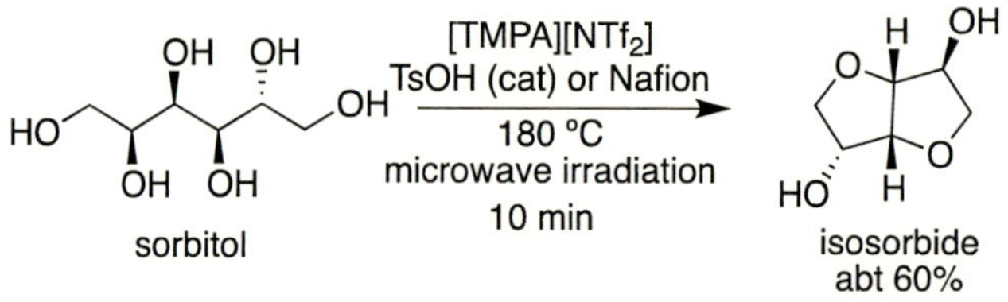

Scheme 7 疎水性イオン液体中でのソルビトールの脱水反応

よって反応は速やかに完了し，10分の加熱で目的のソルビトールのみを61％の収率で得ることができた[10]。このとき副生成物である1,5-アンヒドロソルビトールの生成は5％以下に抑えることができ，短時間かつ高効率にソルビトールのイソソルビドへの2分子脱水反応を進行させることに成功した（Scheme 7）。当初の予想通り，反応混合物は抽出操作だけでイオン液体とイソソルビドを完全に分離することができ，イオン液体の完全回収だけでなく生成物の単離も容易になることがわかった。回収されたイオン液体を同様の条件で反応させると，ソルビトールの脱水が同様の収率で進行し，回収されたイオン液体は5回の繰り返し利用が可能であることがわかった。また，反応に用いた酸の混入を防ぐためにイオン交換樹脂を固体酸として用いても変換反応が可能であることがわかった[11]。このとき用いる樹脂によって，ソルビトールへの変換と1,5-アンヒドロソルビトールへの変換が制御できることも興味深い。

第1章 イオン液体を用いた高分子とバイオマスの化学変換

4 イオン液体を用いたリポソーム中でのセルロースの加水分解反応

　酵素セルラーゼは不溶性セルロースの加水分解反応を触媒して，オリゴ糖やグルコースを生成させる。セルラーゼ反応は，副生成物がほとんどなく温和な条件下で進行する点で優れている。一方，本反応は，セルラーゼを構成する複数の酵素と固体基質が関与する不均一系複合反応であり，反応系の混合，基質の結晶状態，固体表面への酵素の吸着，さらに生成糖による酵素活性の阻害等のさまざまな要因に影響を受ける。実用的な不溶性セルロース糖化プロセスを構築するためには，これらの要因を適切に制御して，酵素活性を安定に発現させることが求められる。また，細胞系にみられるセルロソームやその模擬系[12]のように，逐次酵素反応を効率的に進行させる反応場の構築も重要となる。

　いくつかのイオン液体は，不溶性セルロースを効率的に可溶化するため，不均一系セルラーゼ反応の諸課題を解決し得る溶媒として注目されている。一方，イオン液体がセルラーゼの失活を引き起こす場合があるため，セルロースからイオン液体を精密に分離除去して酵素反応を行う必要がある。残留イオン液体の共存下でも安定なセルラーゼを開発できれば，イオン液体の分離過程を簡略化でき，プロセスを合理化する観点から有用である[13]。これまでに，セルラーゼのアミノ酸配列の置換[14]やポリエチレングリコール[15]への結合によりイオン液体中においてセルラーゼが安定化されることが報告されている。イオン液体と酵素の相互作用を理解して，さまざまなイオン液体中における酵素の失活機構や安定化法を明らかにすることは，セルラーゼ反応の実用化を促進するための重要なアプローチとなる。

　リン脂質分子が疎水性相互作用を介して形成する二分子膜状の閉鎖小胞体は「リポソーム」とよばれる。異種リン脂質や膜タンパク質から形成されるリポソームは，同じく脂質二分子膜を基本構造とする生体膜のモデル系として広く研究されてきた。また，リポソームの微小水相と二分子膜内・表面には多様な酵素分子を複合化できる。最近では，生細胞系が実現している空間・時間的にきわめて合理的に制御されたカスケード化学反応に着目して，リポソームあるいはポリマーベシクル系などが形成する微小空間・表面に複合酵素反応場を構築する研究も活発化している[16]。リポソームの内水相に酵素を可溶化すると，液本体中の基質分子が脂質膜を透過することにより酵素反応が起こる。一方，比較的疎水性が高い酵素は，脂質膜内部にも可溶化される。脂質膜に酵素が複合化されたリポソーム系では，リポソームと液本体の界面において酵素反応が進行するため，固体基質も反応対象に含めることができる。著者らは，リポソームの膜中にセルラーゼを複合化すると，イオン液体による酵素活性の阻害が緩和されて，イオン液体処理したセルロースの酵素糖化反応を効率化できることを見出した[17,18]。セルラーゼを複合化させたリポソームの概略を図1に示す。

　リポソームを構成する脂質として，双性の 1-Palmitoyl-2-oleoyl-*sn*-glycero-3-phosphocholine（POPC）と負電荷の 1-Palmitoyl-2-oleoyl-*sn*-glycero-3-phosphoglycerol（POPG）を用いた。リポソームはセルラーゼ反応に有利な pH 4.8 の酢酸緩衝液を用いて，乾

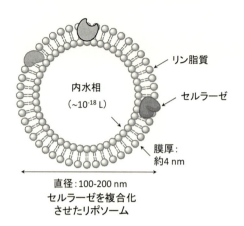

図1 セルラーゼを複合化させたリポソーム

燥脂質膜の水和・凍結融解とサイズ制御のための押出し操作により調製した。上述の緩衝液のpHは，セルラーゼのうち不溶性セルロースからオリゴ糖の生成反応を触媒するEndoglucanase（EG）とCellobiohydrolase（CBH）の等電点[19]付近に相当する。したがって，これらの酵素はリポソームの生成過程において疎水性が高い状態となり，脂質膜中に複合化される。POPCとPOPGの炭素鎖長と不飽和度は同一であり，脂質膜に疎水性相互作用で複合化されるセルラーゼの量は，POPG含有量を変化させてもほぼ一定と考えられる。リポソームに複合化されず液本体中に残存した遊離セルラーゼ分子は，Sepharose 4B担体によるゲルろ過クロマトグラフィーを用いてリポソームから分離した。セルラーゼ複合化リポソームの平均水和直径D_hを動的光散乱法で測定すると，160〜180 nm程度であり，リポソームはコロイド分散系を形成した。脂質組成によりD_h値は異なる傾向が認められた[18]。

結晶性セルロース微粉末（CC31）をイオン液体 1-Butyl-3-methylimidazolium chloride（[Bmim]Cl）中に懸濁させて，120℃で30分間処理するとCC31が完全に溶解した。酵素を失活させないために室温まで冷却した後，セルラーゼを複合化したリポソームの懸濁液と混合して，45℃に維持した振盪フラスコにおいて糖化反応を開始した。イオン液体中に可溶化したCC31は，結晶性が著しく低下した再生セルロースとして反応液中に析出した。反応液中においてイオン液体は15 wt%，リポソームは脂質濃度基準5.0 mMの各濃度で存在した。なお，反応後期では生成糖が高濃度に蓄積するため，雑菌汚染されにくい反応系を用いる必要がある。著者らは，リポソーム系のセルラーゼが遊離酵素に比べてイオン液体共存下で安定的に機能することを報告している[17]。ここでは，リポソームの脂質膜特性がセルラーゼ活性に及ぼす効果[18]について述べる。糖化反応操作48 h後の生成グルコース濃度に基づくと，POPC/POPG膜（モル比1：1）の方がPOPCのみから形成される膜に比べて有意に高いセルラーゼ活性を誘導した（図2）。この傾向は，基質として可溶性のCarboxymethyl cellulose（CMC）を用いた場合にも確認された。

第1章　イオン液体を用いた高分子とバイオマスの化学変換

［Bmim］$^+$，Cl$^-$ のいずれもセルラーゼ活性を阻害することが指摘されている[14,20]。一般に脂質膜はイオンに対して透過抵抗を示すため，Cl$^-$ とセルラーゼ間の相互作用は脂質膜内では液本体中に比べて抑制されると考えられる。この効果は負電荷脂質 POPG をリポソームに導入した場合に顕著となる。一方，［Bmim］$^+$ は，両親媒性の分子構造をもつため，同じく両親媒環境の脂質膜と親和性をもつ。表面が負電荷をもつリポソームに［Bmim］$^+$ が取り込まれることは，［Bmim］Cl 共存下において，POPC/POPG リポソームの膜流動性が顕著に増大する現象から明らかにされた[18]。リポソーム膜中に配向した［Bmim］$^+$ は，液本体中に比べてセルラーゼに対する活性阻害作用が抑制されるものと考えられる（図3）。さらに，イオン液体が脂質膜の流動性

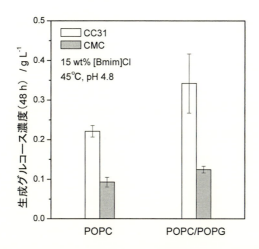

図2　リポソーム複合化セルラーゼによるセルロースの糖化反応に及ぼす脂質膜組成（POPC または POPC/50 mol% POPG）の影響（基質初濃度 2.0 g/L）[18]

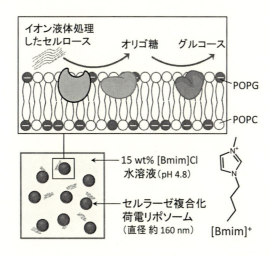

図3　荷電脂質膜内リポソームによるイオン液体共存下のセルロース糖化反応

を増加させることが酵素の活性発現に有利に働いている可能性があり，この点についてより詳細な検討が必要とされている．

　リポソームを酵素反応場として応用することにより，脂質分子集合体の特徴を生かして電荷密度・疎水性等が種々異なる複合酵素反応場を構築できる．脂質膜の疎水部位の構造や膜厚がセルラーゼ活性に影響を及ぼすことも示されており，リポソーム系を応用することにより，種々のイオン液体共存下において安定に活性発現するセルラーゼ反応系の開発が期待できる．

5　まとめ

　以上見てきたように，イオン液体は生体あるいは合成高分子の再資源化に有用な手段を与えることがわかってきた．これらの化学的な再資源化反応は21世紀の持続ある成長をもたらす社会のためには必要な技術であり，そのための新しい方法論をイオン液体の特性を用いることで切り拓くことができる．しかし，その反応はまだまだ改良すべき点も多く，特に反応効率やエネルギー効率などの観点からも，有効な触媒との組み合わせが検討されていくことが，今後の実用化に向けて必要であろう．本稿が今後のイオン液体の大きな活用の端緒になることを願っている．

文　献

1) プラスチック化学リサイクル研究会監修，プラスチックの化学再資源化技術，シーエムシー出版（2005）
2) *a*) A. Kamimura & S. Yamamoto, *Org. Lett.*, **9**, 2533（2007）; *b*) S. Yamamoto & A. Kamimura, *Chem. Lett.*, **39**, 1016（2009）
3) A. Kamimura & S. Yamamoto, *Polym. Adv. Technol.*, **19**, 1391（2008）
4) A. Kamimura *et al.*, *ChemSusChem*, **4**, 644（2011）
5) R. P. Swatloski *et al.*, *J. Am. Chem. Soc.*, **124**, 4974（2002）
6) *a*) R. Rinaldi *et al.*, *Angew. Chem. Int. Ed.*, **47**, 8047（2008）; *b*) R. Rinaldi *et al.*, *ChemSusChem*, **3**, 1151（2010）; *c*) H. Watanabe, *Carbohydrate Polym.*, **80**, 1168（2010）; *d*) B. Binder & R. T. Raines, *J. Am. Chem. Soc.*, **131**, 1979（2009）; *e*) Y. Su *et al.*, *Appl. Catal. A*, **361**, 117（2009）; *f*) N. Yan *et al.*, *J. Am. Chem. Soc.*, **128**, 8714（2006）; *g*) A. A. Dwiatmoko *et al.*, *Appl. Catal. A*, **387**, 209（2010）; *h*) Y. Su *et al.*, *Appl. Catal. A*, **391**, 436（2011）; *i*) I. A. Ignatyev *et al.*, *ChemSusChem*, **3**, 91（2010）; *j*) T. Ståhlberg *et al.*, *Chem. Eur. J.*, **17**, 1456（2010）; *k*) B. Kim *et al.*, *ChemSusChem*, **3**, 1273（2010）; *l*) B. Kim *et al.*, *Green Chem.*, **13**, 1503（2011）
7) A. Kamimura *et al.*, *Green Chem.*, **14**, 2816（2012）

第 1 章　イオン液体を用いた高分子とバイオマスの化学変換

8) *a*) F. Fenouillota *et al.*, *Prog. Polym. Sci.*, **35**, 578（2010）；*b*) M. Rose & R. Palkovits, *ChemSusChem*, **5**, 167（2012）；*c*) P. Sun *et al.*, *ChemSusChem*, **6**, 2190（2013）；*d*) S. Winterle & M. A. Liauw, *Chem. Ingen. Tech.*, **82**, 1211（2010）；*e*) M. Gu *et al.*, *Catal. Lett.*, **133**, 214（2009）；*f*) J. Xia *et al.*, *Catal. Commun.*, **12**, 544（2011）；*g*) A. A. Dabbawala *et al.*, *Catal. Commun.*, **42**, 1（2013）；*h*) I. Ahmed *et al.*, *Chem. Eng. Sci.*, **93**, 91（2013）；*i*) N. Li & G. W. Huber, *J. Catal.*, **270**, 48（2010）；*j*) J. Li *et al.*, *Catal. Sci. Technol.*, **3**, 1540（2013）；*k*) I. Polaert *et al.*, *Chem. Eng. J.*, **222**, 228（2013）；*l*) N. A. Khan *et al.*, *Res. Chem. Intermediat.*, **37**, 1231（2011）；*m*) G. Liang *et al.*, *Green Chem.*, **13**, 839（2011）

9) A. Yamaguchi *et al.*, *Green Chem.*, **13**, 873（2011）
10) A. Kamimura *et al.*, *ChemSusChem*, **7**, 3257（2014）
11) A. Kamimura & K. Murata, manuscript in preparation
12) Gunnoo *et al.*, *Adv. Mater.*, **28**, 5619（2016）
13) J. Xu *et al.*, *J. Chem. Technol. Biotechnol.*, **90**, 57（2015）
14) E. M. Nordwald *et al.*, *Biotechnol. Bioeng.*, **111**, 1541（2014）
15) L. Li *et al.*, *Green Chem.*, **15**, 1624（2013）
16) A. Küchler *et al.*, *Nat. Nanotechnol.*, **11**, 409（2016）
17) M. Yoshimoto *et al.*, *Biotechnol. Prog.*, **29**, 1190（2013）
18) K. Mihono *et al.*, *Colloids Surf. B*, **146**, 198（2016）
19) J. K. Ko *et al.*, *Biotechnol. Bioeng.*, **112**, 447（2015）
20) W. Li *et al.*, *Green Chem.*, **17**, 1618（2015）

第2章 イオン液体を用いたペプチド合成

古川真也[*1], 福山高英[*2]

1 はじめに

　現在，短鎖から長鎖にわたるさまざまなペプチド類が医薬品や食品添加物として幅広く利用されるようになってきており，今後も著しい伸長が期待される。食品用のペプチドの中でも特に有名な製品として，高甘味度甘味料アスパルテーム（アスパルチルフェニルアラニンメチルエステル）が知られている。また，短鎖から長鎖に至る種々のペプチドが医薬分野でもさまざまな治療薬，あるいは輸液成分として利用されており，数多くの用途が報告されている。

　これまでに知られている様々な短鎖ペプチドは，一般的には化学合成法により生産される。その場合，高価な縮合剤を使用し，さらに有機溶媒も使用することから耐溶媒性かつ防爆型の設備を必要とする。さらに，保護基の導入および除去のプロセスが必須で多数の工程が必要となることから原材料費のみならず製造設備に関わる費用も多大になる。したがって，今後期待されるさらなる需要の伸長に応え，このコスト構造の改善を行うには，これまでにない革新的なペプチド合成プロセスの構築が必須とされている。

　近年，水および有機溶媒に続く第3の溶媒としてイオン液体が注目されるようになってきた[1]。これまでに，触媒反応，イオン反応，ラジカル反応，および酵素反応等さまざまな反応の反応メディアとして用いられているが，その中でもペプチド合成においてイオン液体が新たな無水あるいは微水系ペプチド合成反応場として注目を集めている。本稿では近年発展著しいイオン液体を用いたペプチド合成について紹介する[2]。

2 イオン液体を用いたペプチドの酵素合成

　Erbeldingerらは，2000年にイオン液体中での酵素合成法により，アスパルテーム前駆体であるベンジルオキシカルボニルアスパルテーム（Z-APM）の合成を達成している[3]。1-ブチル-3-メチルイミダゾリウムヘキサフルオロホスフェート（[bmim]PF_6）中，サーモライシンを用い，N-ベンジルオキシカルボニル-L-アスパラギン酸とフェニルアラニンメチルエステルを反応させるとZ-APMが得られる（図1）。イオン液体を用いることでサーモライシンの安定性の向

[*1] Shin-ya Furukawa　味の素㈱　バイオ・ファイン研究所　プロセス開発研究所　プロセス開発研究室　単離・精製グループ　研究員

[*2] Takahide Fukuyama　大阪府立大学　大学院理学系研究科　准教授

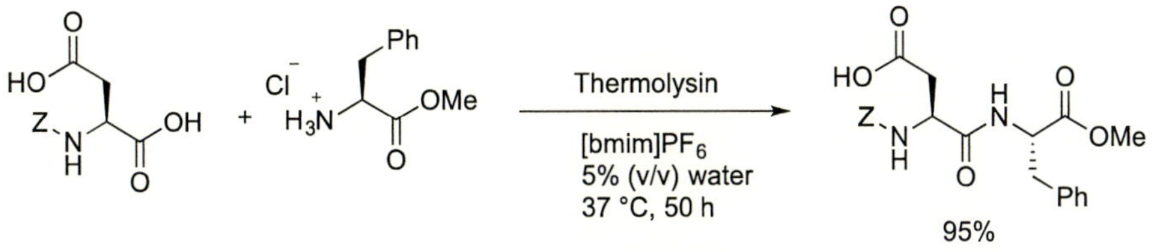

第2章　イオン液体を用いたペプチド合成

図1　[bmim]PF$_6$ でのサーモライシンによる Z-APM の合成

上が確認されている。

2007 年，Xing らは α-キモトリプシンを用いたペプチド合成を報告している。6種のイミダゾリウム系イオン液体中，Z-チロシンエチルエステルとグリシルグリシンエチルエステルとの反応を行ったところ 1-メトキシエチル-3-メチルイミダゾリウムヘキサフルオロホスフェート（[moeim]PF$_6$）を溶媒として用いた場合に良好に反応が進行し，Z-Tyr-Gly-Gly-OEt を 52% の収率で得ている（図2）[4]。また，本手法をさまざまなジペプチドおよびトリペプチド合成に応用している。

乗富らは，α-キモトリプシンを用いた Ac-Trp-Gly-Gly-NH$_2$ 合成にイオン液体を用いている[5]。1-エチル-3-メチルイミダゾリウムビスフルオロスルホニルイミド（[emim]N(SO$_2$F)$_2$）を用いた場合に，アセトニトリルにくらべ初期反応速度が 16 倍速くなることを見出している（図3）。

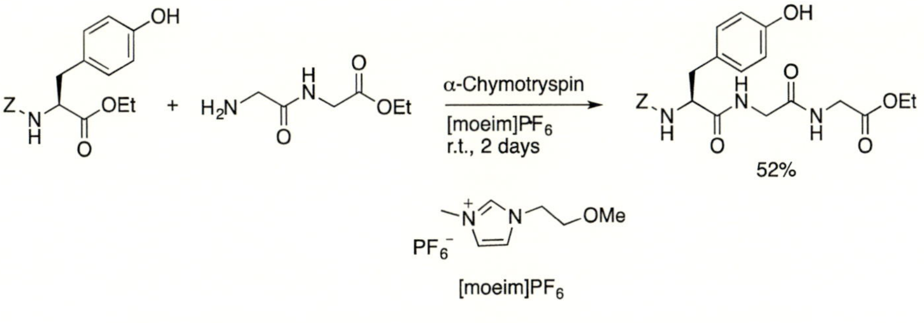

図2　[moeim]PF$_6$ 中での α-キモトリプシンによるトリペプチド合成

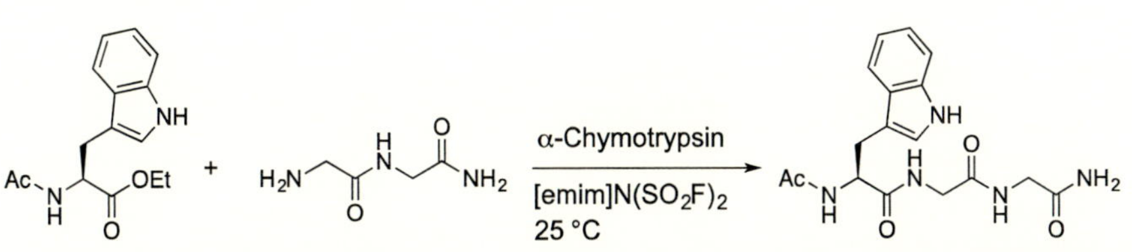

図3　[emim]N(SO$_2$F)$_2$ 中での α-キモトリプシンを用いた Ac-Trp-Gly-Gly-NH$_2$ 合成

3 イオン液体を用いたペプチドの化学合成

イオン液体を用いた化学合成法によるペプチド合成についても報告されるようになっている。2004年，Plaqueventらはイオン液体を用いた化学的なペプチド合成法を初めて報告した。[bmim]PF_6を溶媒として採用し，さらに縮合剤としてO-(7-アザベンゾトリアゾール-1-イル)-N, N, N', N'-テトラメチルウロニウムヘキサフルオロホスフェート（HATU）を用い，Z保護したグリシンと2-メチル-2-(p-トリル)グリシン（MPG）のメチルエステルとの反応を実施したところ，効率よく反応が進行することを見出した（図4）[6]。本手法をテトラペプチドZ-Gly-MPG-Gly-MPG-OMeの合成へも応用している。

また，Plaqueventらは1,1'-カルボニルビス(3-エチルイミダゾリウム)トリフレート（CBEIT）を縮合剤としたペプチド合成についても報告している（図5）[7]。エチルイミダゾールと基質であるロイシンメチルエステルトリフレートのアミン交換により，イオン液体エチルイミダゾリウムトリフレート[H-eim]OTfが生成する。また，反応の進行とともにCBEITにより[H-eim]OTfが生成する。なお，アミノ酸とベンジルアルコールとをCBEIT存在下で反応させることによりアミノ基のZ保護も可能となり，さらにアミノ酸の保護に続くペプチド合成も達成している。

最近Hongらは，イオン液体中での活性化チオエステルを用いたペプチド合成において，添加剤としてヘキサメチルジシロキサン（HMDO）を添加することにより，さらに反応が促進されることを報告した（図6）[8]。本反応はさまざまなジペプチド合成に適用可能であり，トリペプチド合成やリゾチームの修飾にも応用されている。

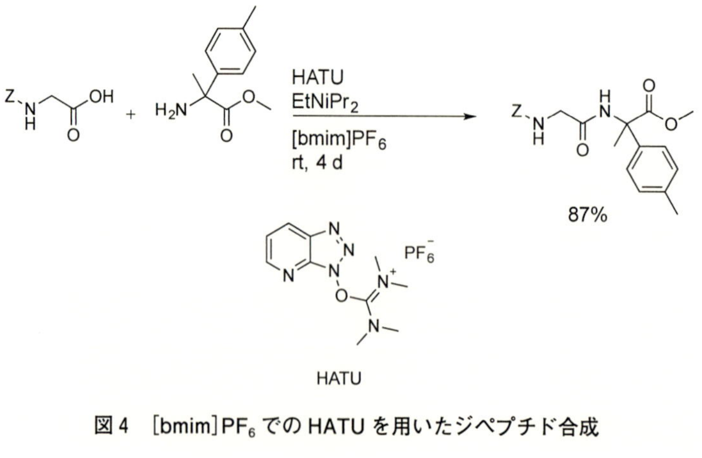

図4 [bmim]PF_6でのHATUを用いたジペプチド合成

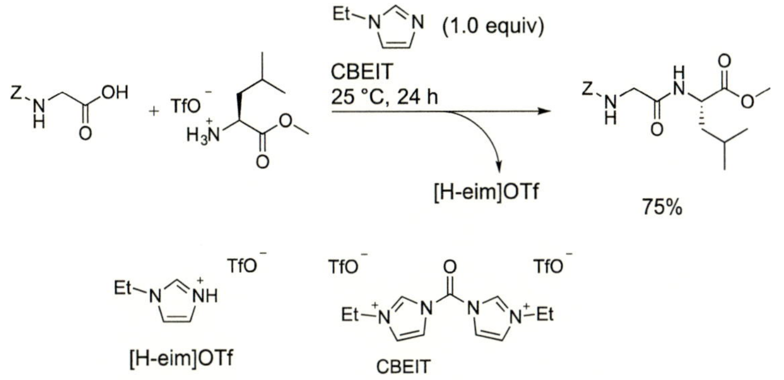

第 2 章　イオン液体を用いたペプチド合成

図5　[H-eim]OTf の発生を伴った CBEIT を用いたジペプチド合成

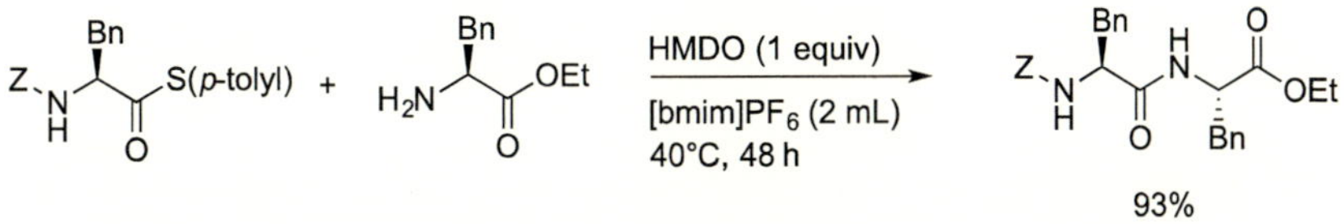

図6　[bmim]PF$_6$ 中での HMDO を用いたジペプチド合成

4　アミノ酸イオン液体を用いたペプチド合成

　前節までに示した例では，イオン液体が水あるいは有機溶媒と同様，溶質を溶解するための溶媒としての役割を担っていた。このことから，反応時の基質濃度はアミノ酸の溶解度に依存するため，反応基質の高濃度化が困難だった。その結果，反応容積当たりの生産性に優れた反応プロセス構築とはならず，実生産プロセスとしての採用は困難となる。

　このような中，2004 年に大野らの研究グループは，20 種類のアミノ酸のイミダゾリウム系やアルキルホスホニウム系イオン液体の合成を報告した[9]。筆者らはこのアミノ酸イオン液体を新たなペプチド合成反応場としてとらえ，酵素的あるいは化学合成的ペプチド合成について検討を開始した。本手法では，アミノ酸を溶媒に溶解させるという概念ではなく，アミノ酸イオン液体を基質かつ溶媒として利用するものである。これにより，直接反応には関与しない溶媒が不要となることから，基質のみで構成される超高濃度反応場を提供できることになる。本コンセプトを図 7 に示す。

　筆者らは，上記のアミノ酸イオン液体を用いて見かけ上溶媒フリーとなる超高濃度反応場を構築し，酵素反応による物質生産プロセスの構築を目指した。モデル反応としてサーモライシンによる Z-APM 合成を検討した。基質かつ溶媒として用いるベンジルオキシカルボニルアスパラギン酸（Z-Asp）をテトラブチルホスホニウム塩（PBu$_4$），フェニルアラニンメチルエステル（PheOMe）をモノメチル硫酸塩とすることでそれぞれイオン液体化した[10]。両イオン液体を基質とし，水を 10% 添加し，サーモライシンを添加して 40℃ で 48 時間反応させたところ，転化

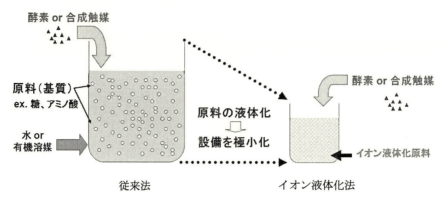

図7 アミノ酸イオン液体の反応基質かつ溶媒としての応用

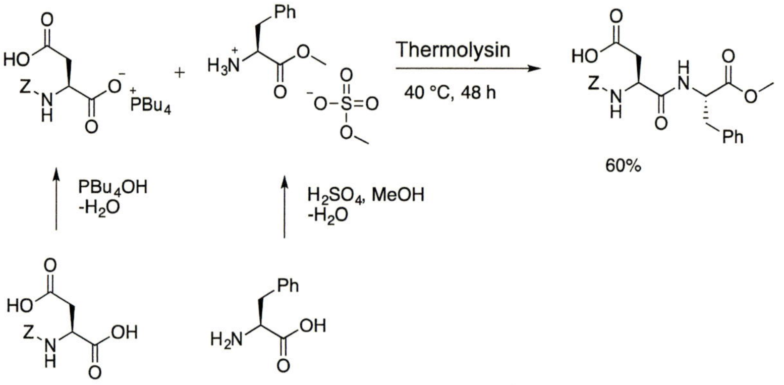

図8 アミノ酸イオン液体を用いた酵素法でのジペプチド合成

率60%でZ-APMが得られた（図8）。この手法において，Erbeldingerらの手法[3]と比較すると単位反応容積当たりのZ-APM生成量は34倍となり，著しく生産性に優れた反応プロセスであることを示した。

次に筆者らは，アミノ酸イオン液体を用いた化学的ペプチド合成に取り組んだ。グリシンのメチルエステル塩酸塩とグリシンのホスホニウムイオン液体を60℃で3時間加熱撹拌を行うことで期待される反応が進行し，最終的にグリシルグリシンのイオン液体が81%の収率で得られることがわかった（図9）[11]。これまでに示してきた反応例ではN-末端側のアミノ酸のアミノ基が保護されたものを用いているのに対し，本反応では興味深いことに保護されていない基質を用いても高収率で反応が進行することがわかった。また，本反応では縮合剤などの添加物および環境負荷の高い有機溶媒を全く必要とすることなく反応が進行することから，単なるコスト削減という観点だけでなく環境調和型の反応プロセスとなる可能性がある。本手法は，多種多様なジペプチド合成への応用も可能であり，トリペプチド合成への応用も可能であることを見出した。

さらに，本手法により合成されたジペプチドを反応液から酸処理を施すことによって，晶析に

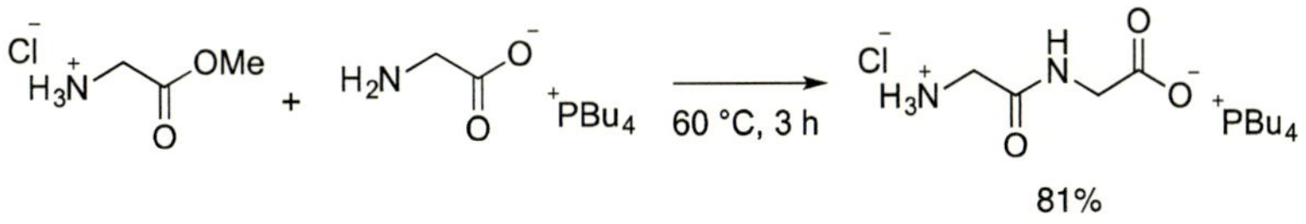

第2章 イオン液体を用いたペプチド合成

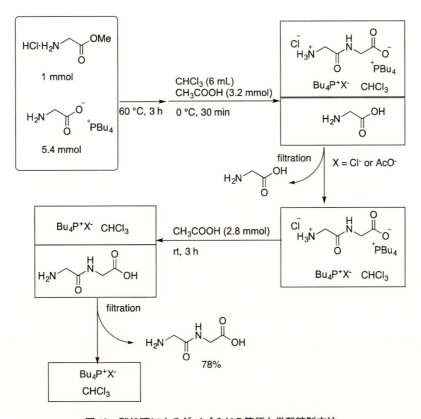

図9 アミノ酸イオン液体を用いた化学法でのジペプチド合成

図10 酸処理によるジペプチドの簡便な単離精製方法

より簡便に単離精製可能である．グリシルグリシンの単離精製方法を図10に示す．反応を実施するにあたり，過剰量のグリシンイオン液体を用いることから，反応終了後の反応混合物中にはグリシルグリシンイオン液体のほか，未反応のグリシンイオン液体が存在している．さらに，グリシンイオン液体とグリシンメチルエステル塩酸塩由来の塩酸との間にアニオン交換が生じ，その結果生成するグリシンと塩化テトラブチルホスホニウム塩も含まれる．この混合液中に，クロロホルムと酢酸を加え0℃，30分間撹拌することによってグリシンのイオン液体のみが酢酸と反応し，グリシンが析出する．この時，グリシルグリシンのイオン液体，ホスホニウム塩はクロロホルムに溶解したままである．析出したグリシン結晶を濾過により除去した後，さらに酢酸を加え室温で3時間反応させると，グリシルグリシンのイオン液体と酢酸の間で塩交換が生じ，結晶としてグリシルグリシンが析出する．再度，濾過によりグリシルグリシン結晶が回収され，

最終的に収率78%かつ高純度で得られることがわかった。

5 おわりに

　以上のように，イオン液体を用いたペプチド合成について紹介した。イオン液体を用いた酵素法においては，有機溶媒中での反応と比べ酵素の安定性の向上のみならず初期反応速度の向上なども観察され，イオン液体を用いる優位性が示されている。また，化学合成法においては，用いる縮合剤あるいは添加剤を適切に選択することにより効率よく反応が進行し，オリゴペプチド合成への応用もなされている。さらに，アミノ酸イオン液体をペプチド合成時の溶媒かつ基質として利用することで，超高濃度反応場を構築することが可能となり，さらに無触媒で反応が進行することから原材料費および設備費の両面で大幅なコスト削減が期待できる。このシステムには酵素を適用することも可能であることが示され，より広範囲な反応系への応用が期待できる。また，イオン液体特有の性質を利用した単純かつ効率的な単離精製プロセスの構築も可能であり，さらなる製造コスト削減に大きく貢献できるであろう。今後は，さらなる幅広い反応系への応用に加え，実用化へ向けての取り組みについても期待している。

文　　献

1) 大野弘幸監修，イオン液体II―驚異的な進歩と多彩な近未来―，シーエムシー出版（2006）
2) （*a*）J.-C. Plaquevent *et al.*, *Chem. Rev.*, **108**, 5035（2008）；（*b*）A. A. Tietze *et al.*, *Molecules*, **17**, 4158（2012）
3) M. Erbeldinger *et al.*, *Biotechnol. Prog.*, **16**, 1129（2000）
4) G.-W. Xing *et al.*, *Tetrahedron Lett.*, **48**, 4271（2007）
5) H. Noritomi *et al.*, *Biochem. Eng. J.*, **47**, 27（2009）
6) J.-C. Plaquevent *et al.*, *Tetrahedron Lett.*, **45**, 1617（2004）
7) J.-C. Plaquevent *et al.*, *Tetrahedron Lett.*, **54**, 2703（2013）
8) X. Hong *et al.*, *J. Org. Chem.* **78**, 7013（2013）
9) H. Ohno *et al.*, *J. Am. Chem. Soc.*, **127**, 2398（2005）
10) S. Furukawa *et al.*, *Biochem. Eng. J.*, **70**, 84（2013）
11) S. Furukawa, I. Ryu *et al.*, *Chem. Eur. J.*, **21**, 11980（2015）

第3章 高性能電極触媒の開発を目指したイオン液体／金属スパッタリングによる金属ナノ粒子合成

鳥本　司[*1]，杉岡大輔[*2]，亀山達矢[*3]，吉井一記[*4]，桑畑　進[*5]

1　緒言

　化学-電気エネルギー変換を高効率に行うことができる燃料電池は，エネルギー・環境問題を解決するための重要な方法の一つと考えられ，その高効率化と普及に向けた研究開発が活発に行われている。その電極触媒としては，現在，Ptナノ粒子が主に用いられているが，より広範囲に普及させるためには安価な電極触媒の開発と高効率化が必須であり，貴金属をベースとする金属・合金ナノ粒子触媒の探索が続けられている[1～3]。

　金属をナノ粒子化すると，その物理化学特性は粒子サイズや形状によって変化する[4,5]。これは，サイズ減少に伴って粒子体積に対する表面積の割合（比表面積）が非常に大きくなることと，粒子形状によって表面に露出する結晶面の割合が変化することによる。また，金属ナノ粒子に異なる金属種を添加して合金化すると，粒子の電子状態が変調されるために触媒活性に大きな影響が現れる。さらにこれらナノ粒子をカーボン材料などの担体に担持して複合化すると，複合粒子の微細構造に依存して触媒活性や安定性が変わる。このように，電極触媒となる金属・合金ナノ粒子やその複合体粒子のナノ構造を精密に制御することが，燃料電池の性能を高精度に制御するために非常に重要である。

　液相コロイド合成法の近年の飛躍的な進歩によって，様々なサイズと形状を持つ金属ナノ粒子が化学合成できるようになった。これらの方法では，前駆体となる金属イオンや金属錯体を液相中で化学還元あるいは熱分解することによって金属ナノ粒子を析出させる。このとき，粒子表面に強く吸着する高分子やチオールなどの安定化剤を添加して，生成するナノ粒子のサイズや形状を安定に保つ必要がある。一方でこの安定化剤の表面への吸着によって活性な触媒サイトがブロックされ，金属ナノ粒子の触媒性能が低下する場合がある。したがって，従来法で合成した金属ナノ粒子を触媒として利用する場合には，熱処理など何らかの活性化処理が必要になることが多い。これに対し，著者らの研究グループでは，イオン液体を用いることで，安定化剤の添加が

[*1]　Tsukasa Torimoto　名古屋大学　大学院工学研究科　結晶材料工学専攻　教授
[*2]　Daisuke Sugioka　名古屋大学　大学院工学研究科　結晶材料工学専攻
[*3]　Tatsuya Kameyama　名古屋大学　大学院工学研究科　結晶材料工学専攻　助教
[*4]　Kazuki Yoshii　大阪大学　大学院工学研究科　応用化学専攻
[*5]　Susumu Kuwabata　大阪大学　大学院工学研究科　応用化学専攻　教授

必要なく,副生成物も生じないクリーンな金属ナノ粒子合成法を開発した[6,7]。この方法は,イオン液体の特徴の一つである"蒸気圧が限りなくゼロに近いためにほとんど揮発しない"ことを利用し,減圧下でイオン液体に対して金属スパッタ蒸着を行うことで,液体中に均一に分散した金属ナノ粒子を合成するものである(イオン液体／金属スパッタリング法)。生成したナノ粒子の表面には,イオン液体が弱く吸着してアニオン性の超分子構造体($[(Cation)_{x-n}(Anion)_x]^{n-}$)が形成され,それによる静電反発や立体障害によって粒子どうしの凝集が妨げられていると考えられる[8,9]。したがって未修飾な表面を持つナノ粒子が得られ,高い触媒活性が期待できる。本章では,この手法による金属ナノ粒子および複合ナノ粒子の合成を概説するとともに,得られた粒子の固定化と電極触媒特性について述べる。

2 イオン液体／金属スパッタリングによる金属ナノ粒子の作製

2.1 金属・合金ナノ粒子の作製と組成制御

物理的な手法である金属スパッタ蒸着は,一般的には固体基板上に高純度の金属薄膜あるいは

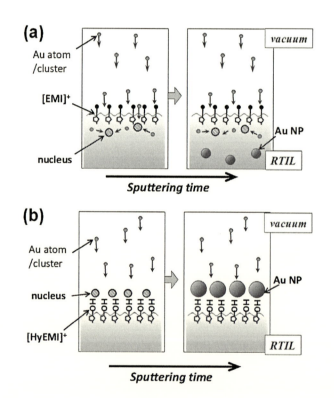

図1 イオン液体(RTIL)として(a)官能基を持たない EMI-BF4 および(b)水酸基を持つカチオンからなる HyEMI-BF4 を用い,これらに Au スパッタ蒸着した際の Au ナノ粒子の形成メカニズム

文献10)より許可を得て転載。

第3章 高性能電極触媒の開発を目指したイオン液体／金属スパッタリングによる金属ナノ粒子合成

金属ナノ粒子を作製する手法である。しかしイオン液体／金属スパッタリングでは，金属スパッタ蒸着を液体であるイオン液体に対して行う[6,7]。この手法によるナノ粒子生成メカニズムを図1aに示す[7,10]。ここでは例として，官能基を持たないイオン液体である 1-ethyl-3-methylimidazolium tetrafluoroborate（EMI-BF4）を用いている。Ar^+ などのイオン化したガスが衝突して金属ターゲットプレート表面からはじき飛ばされた金属原子あるいは金属クラスターは，イオン液体表面にトラップされることでエネルギーを失い，液体表面あるいはその近傍の溶液相に濃縮されて微細な結晶核を形成する。この結晶核は，ガス相から連続的に供給される活性な金属種とさらに反応して成長し，ナノ粒子を形成する。粒子成長は，ナノ粒子がイオン液体表面からバルク相に拡散し，ガス相から供給される活性な金属種と反応できなくなると停止する。この方法では，$Ag^{11,12)}$，$Au^{13)}$，$Pd^{14,15)}$，$Pt^{16\sim18)}$ などの貴金属プレートをスパッタターゲットに用いることによって，対応する純金属ナノ粒子を作製することができる。さらに，複数の貴金属を同時にスパッタ蒸着することで，それらの合金ナノ粒子を合成できる。例えば，扇形のAuプレートとPdプレートを交互配列させたAu-Pd二元金属ターゲットを用いて，イオン液体である 1-butyl-3-methylimidazolium bis(trifluoromethanesulfonyl)amide（BMI-TFSA）にAuとPdを同時スパッタ蒸着すると，液体中で球状AuPd合金ナノ粒子が形成された[19]。図2に，得られたAuPd粒子のTEM像を示す。平均粒径が約2 nmのAuPd粒子が生成し，その粒子サイズはAu-Pd複合ターゲットプレート中のAuプレート面積比（f_{Au}）を変えてもほとんど変化しなかった。一方，AuPdナノ粒子の組成は，f_{Au} の増加によって粒子のAu含有量が増大した。同様の手法により，$AuAg^{11)}$，$AuPt^{18)}$，$AuCu^{20,21)}$ などの合金ナノ粒子の作製と組成制御が

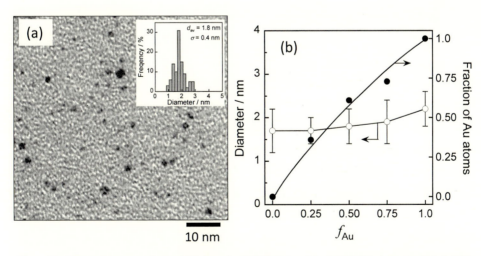

図2 (a) BMI-TFSAにAuとPdを同時スパッタ蒸着することにより作製したAuPd合金ナノ粒子（f_{Au} = 0.5）のTEM像。（挿入図）AuPd粒子のサイズ分布。(b) イオン液体中に生成したAuPdナノ粒子の平均粒径と合金組成に及ぼすAu-Pdスパッタターゲットの f_{Au} 値の影響。図中のエラーバーは，粒径分布の標準偏差を表す。
文献19)より許可を得て転載。

可能である。特にAuとPtはごく狭い組成範囲でしか固溶しない金属の組み合わせであるが，本手法を用いると1〜2 nmのサイズの均一な組成のAuPt合金ナノ粒子が生成し，その組成は幅広い範囲で自在に制御可能であった[18]。また，酸化されやすいW，Mo，Nb，Tiなどの遷移金属もイオン液体にスパッタ蒸着することが可能である。この場合には，蒸着された金属がイオン液体中で部分酸化され，金属と金属酸化物からなる複合ナノ粒子が生成した[22]。特にBF_4^-をアニオンとして持つイオン液体にInをスパッタ蒸着した場合には，In金属粒子の表面が酸化されてIn_2O_3薄膜（膜厚：約2 nm）が形成され，Inコア・In_2O_3シェル粒子（In@In_2O_3）が生成した[23]。これまでに，イオン液体／金属スパッタリングを用いた金属ナノ粒子合成がいくつかの研究グループによって行われ，イオン液体の種類やスパッタ条件（電圧，放電電流など）を変えることでナノ粒子のサイズ制御が可能であることを報告している[12,24〜27]。

2.2 逐次金属スパッタリングによるコア・シェル構造粒子の作製

コア・シェル構造体は，コアであるナノ粒子のサイズや形状を変化させることなく，シェルの持つ特性を利用して新たな機能を発現させることができ，様々な分野で非常に注目を集めている材料である。著者らは，イオン液体／金属スパッタリングを用いて逐次的に金属スパッタリングを行い，安定化剤を必要としない非常に簡便なプロセスで，ナノ構造を精度良く制御してコア・シェル構造体を作製することに成功した[28]。EMI-BF4をイオン液体として用い，まず貴金属（Au，AuPd，あるいはPt）をスパッタ蒸着し，サイズが約1〜2 nmの貴金属ナノ粒子（M）が分散したEMI-BF4溶液を作製する。つづいてこの溶液にInをスパッタ蒸着すると，イオン液体中の貴金属ナノ粒子のそれぞれがIn_2O_3シェルで均一に被覆され，貴金属ナノ粒子コア・In_2O_3シェル粒子（M@In_2O_3）が生成する。図3は，コアとして用いたAuナノ粒子とその表面をIn_2O_3シェルで被覆したAu@In_2O_3コア・シェル粒子のTEM像である。1段階目のAuスパッタ蒸着によりAu粒子（粒径：2.2 nm）がイオン液体中に均一に分散して生成し（図3a），2段階目のInスパッタ蒸着によってAu粒子が非常に薄いIn_2O_3シェル（膜厚：約1.1 nm）で被覆されて，すべての粒子がコア・シェル構造粒子になった（図3b）。Au@In_2O_3粒子中のAuコアサイズは2.2 nmであり，In_2O_3シェル被覆後もサイズはほとんど変化しなかった。一方，蒸着順序を入れ替えて，Inスパッタ蒸着を行った後にAuスパッタ蒸着を行うと，Au@In_2O_3粒子は全く生成せず，表面がIn_2O_3で被覆された金属Inナノ粒子（In@In_2O_3，サイズ：14 nm）とAuナノ粒子（粒径：2.2 nm）の単純な混合物となった。これらのことよりコア・シェル構造の生成メカニズムは，図4のように提案できる。非常に小さいAuナノ粒子を含むイオン液体に対してInスパッタ蒸着を行うと，Auナノ粒子が種結晶となってInの不均一核生成が起こり，Au粒子表面にIn金属膜が析出する。その後，In金属はイオン液体中の水分あるいは空気中に取り出した際に酸素と反応して酸化され，In_2O_3シェルが形成される。

コア・シェル構造体を形成させると，コアであるAu粒子の熱安定性は飛躍的に向上する。未修飾のAuナノ粒子を空気中250℃で1時間熱処理すると，μmサイズの非常に大きな不定形の

第3章 高性能電極触媒の開発を目指したイオン液体／金属スパッタリングによる金属ナノ粒子合成

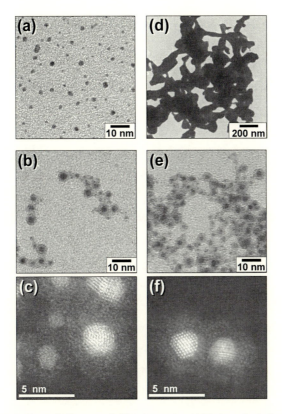

図3 EMI-BF4へのスパッタ蒸着により作製したAuナノ粒子（a, d）およびAu@In$_2$O$_3$ナノ粒子（b, e）のTEM像。スパッタリングにより作製した直後のナノ粒子（a, b）と，EMI-BF4中において250℃で熱処理した粒子（d, e）。パネルcおよびfは，それぞれパネルbおよびeのAu@In$_2$O$_3$粒子の高分解能HAADF-STEM像。
文献28)より許可を得て転載。

Au粒子が生成したが（図3d），Au@In$_2$O$_3$粒子を同様に処理しても，In$_2$O$_3$シェルどうしが融着するもののAuコアサイズは全く変化しなかった（図3e）。さらに高分解能HAADF-STEM観察から（図3c, f），熱処理を行った後も，(111)面に対応する明瞭な格子縞を持つAuコア粒子をIn$_2$O$_3$シェルが完全に被覆したコア・シェル構造を保持していることが確認された。このような1〜2 nm程度の非常に微細な貴金属ナノ粒子をコアとするコア・シェル構造粒子の作製と精密構造制御は，安定化剤の添加を必要とする従来の液相化学法では非常に困難であり，イオン液体／金属スパッタリングによるナノ粒子合成の大きな利点といえる。

2.3 イオン液体表面を利用する金属ナノ粒子自己組織化膜の作製

イオン液体／金属スパッタリングによる金属ナノ粒子の合成では，生成する金属ナノ粒子の粒径は，用いるイオン液体の種類に依存する。さらに官能基を持つイオン液体を用いると，得られる粒子の形状が大きく変化する[29,30]。例えばDupontらは，イミダゾリウムカチオンのアルキル

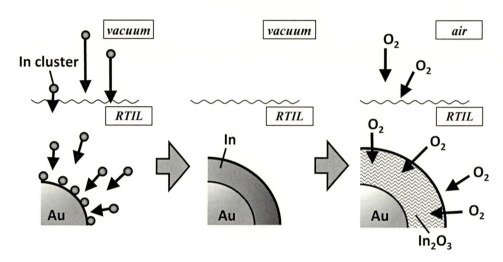

図4 AuとInの逐次スパッタリングによるAu@In$_2$O$_3$ナノ粒子の生成メカニズム
文献28)より許可を得て転載。

鎖の末端にニトリル基を持つイオン液体にAuをスパッタ蒸着すると，生成したAuナノ粒子形状が球状からディスク状へと変化することを報告した[29]。これは，真空／イオン液体界面ではイミダゾリウムカチオンのアルキル鎖が配列しやすいために，その末端に導入された官能基がイオン液体の最表面層を形成し，スパッタされた金属種とより結合しやすくなることによると説明されている。

著者らはこの結果に着目し，末端に水酸基を持つカチオンで構成されるイオン液体に対してAuをスパッタ蒸着した[10,31]。イオン液体として1-(2-hydroxyethyl)-3-methylimidazolium tetrafluoroborate（HyEMI-BF4）を用い，これにAuを300秒間スパッタリングした。Auスパッタ蒸着後のHyEMI-BF4表面は，Auナノ粒子薄膜が形成されて青紫色に呈色したが（図5a, b），内部のイオン液体はスパッタ前と同様の無色透明であった[10]。液体表面のAuナノ粒子膜は，水平付着法を利用して様々な固体基板上に固定化することができる。HOPG上に固定したAuナノ粒子薄膜のAFM像を図5cに示す。固定された薄膜は，サイズが5.1 nmのAuナノ粒子が密に集合した構造を持つ単粒子層からなり，広範囲で均一な構造であった。Auスパッタ蒸着時間により生成するAu粒子サイズを制御でき，蒸着時間を30秒から300秒へと長くすると，単粒子膜中のAu粒子サイズが2.7 nmから5.1 nmに増大した。図1bにAuナノ粒子単粒子膜の形成メカニズムを示す。ターゲットからはじき飛ばされたAu原子あるいはクラスターなどのAu活性種は，AuとOH基との間の強い相互作用によってイオン液体表面のみにトラップされて結晶核を形成する。結晶核は，連続的に供給されるAu活性種と反応してさらに成長し，スパッタ時間を長くすればするほど大きなサイズのAuナノ粒子が液体表面に生成する。同様の手法を利用して，Ag, Pd, Pt粒子からなる単粒子膜が作製できた。一方で，前述のような官能基を持たない一般的なイオン液体を用いてイオン液体／金属スパッタリング法によりAuやPt

第3章　高性能電極触媒の開発を目指したイオン液体／金属スパッタリングによる金属ナノ粒子合成

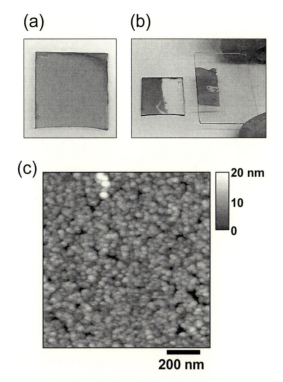

図5　(a, b) HyEMI-BF4 に Au スパッタ蒸着することにより作製した Au ナノ粒子単粒子膜の写真 (a) と，水平付着法により液表面の単粒子膜をガラス基板に転写したものの写真 (b)。(c) HOPG 表面に移し取った Au ナノ粒子単粒子膜の AFM 像
文献10)より許可を得て転載。

ナノ粒子を作製すると（図 1a），生成した粒子がイオン液体中に均一に分散し，その粒子サイズはスパッタ蒸着時間に依存せずに一定となる[13,16]。このように，水酸基を持つイオン液体表面でのナノ粒子形成プロセスは，官能基を持たないイオン液体の場合とは大きく異なる。

　イオン液体表面でのナノ粒子単粒子膜作製法に逐次金属スパッタリングを組み合わせると，二元金属ナノ粒子からなる単粒子膜を簡便に作製することができる（図 6a）。あらかじめ HyEMI-BF4 上に作製した Au ナノ粒子単粒子膜に対して，Pt スパッタ蒸着（5～120 分間）を行うと，蒸着時間が長くなるにつれて Au ナノ粒子のプラズモンピークが減少し，Au ナノ粒子膜の青紫色が次第に褐色に変化した[31]。Au-Pt 複合ナノ粒子の粒径は Pt スパッタ蒸着により変化し，Pt 蒸着を 120 分間行うと Au ナノ粒子の粒径が 4.2 nm から 4.8 nm に増加した。80 分間 Pt スパッタ蒸着を行うことにより得た Au-Pt 複合ナノ粒子の HAADF-STEM 像を図 6b に示す。粒子中には複数の結晶粒界がみられ，多結晶からなるナノ粒子が生成したことがわかる。単一粒子の EDS ライン分析により Au と Pt の組成分析を行うと，粒子表面に近くなるほど Pt の含有割合が増加し，粒子表面では約 50％となった（図 6c）。また，XRD 測定から Au-Pt 複合粒子中では Au ナノ粒子がコアとして存在していること，XPS スペクトルから粒子表面では AuPt 合金が生

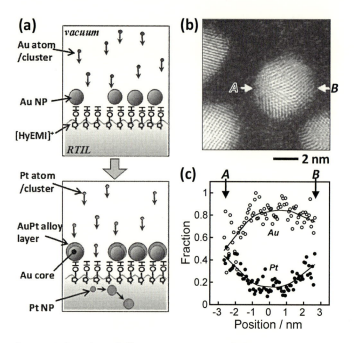

図6 (a) AuとPtの逐次スパッタ蒸着によるHyEMI-BF4表面でのAu@AuPtナノ粒子単粒子膜の生成メカニズム。(b, c) 80分間Ptスパッタ蒸着することにより作製したAu@AuPt粒子の高分解能HAADF-STEM像(b)と，単一粒子のEDSライン分析による粒子中のAuとPtの含有割合の変化(c)

文献31)より許可を得て転載。

成していることが確認された。これらのことから，AuとPtを逐次スパッタリングすることで，Auコア・AuPt合金シェル複合粒子（Au@AuPt）からなる単粒子膜がHyEMI-BF4表面に形成されたといえる。電気化学測定から求めたPt原子の粒子表面被覆率はPtスパッタ時間の増加とともに増大し，7〜56 mol%の間で自在に制御できた。

3 電極触媒への応用

3.1 カーボン材料へのPtナノ粒子の担持と酸素還元反応の電極触媒活性

イオン液体／金属スパッタリングにより作製したPtナノ粒子は，イオン液体によってそのサイズは異なるものの，多くの場合，粒子サイズが約3 nm以下と非常に小さいために高い触媒活性が発現すると期待される。著者らは，この手法で作製したPtナノ粒子の電極触媒活性を評価した[16,32]。

スパッタ蒸着によりイオン液体中に均一に分散させたAuナノ粒子は，分散液をHOPGに塗布して加熱することによって，反応部位がほぼ皆無のHOPG表面にも密にAuナノ粒子が担持できる[33]。そこで，Pt粒子の電極触媒活性評価のための担体として，高い比表面積をもち，

第3章　高性能電極触媒の開発を目指したイオン液体／金属スパッタリングによる金属ナノ粒子合成

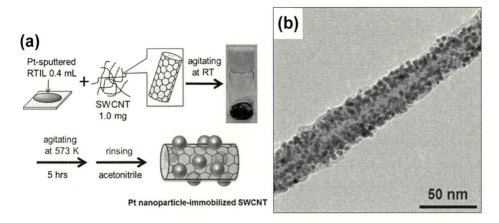

図7　(a) Ptナノ粒子分散イオン液体を用いるカーボンナノチューブへのPtナノ粒子の担持法。
(b) 調製されたPt担持カーボンナノチューブ（Pt-SWCNT）のTEM像。
文献17)より許可を得て転載。

HOPGと類似の表面状態を持つ単層カーボンナノチューブ（SWCNT）を利用した。N,N,N-trimethyl-N-propylammonium bis(trifluoromethanesulfonyl)amideをイオン液体として用い，これにスパッタ蒸着することによりPtナノ粒子（サイズ：2.4 nm）を作製した。得られた溶液をSWCNTと混合したのち，300℃に加熱しながら5時間撹拌することで，Ptナノ粒子担持SWCNTを作製した（Pt-SWCNT）（図7a)[17]。得られた粒子のTEM画像（図7b）から，SWCNT表面にPtナノ粒子が高密度に担持されている様子が確認できる。この方法では，イオン液体中に存在するPtナノ粒子のほぼ全量をSWCNT表面に担持することができ，Ptナノ粒子分散イオン液体とSWCNTの量比を変えて作製することで，Pt-SWCNT中のPtナノ粒子担持量を任意に変化させることができた。

　Ptナノ粒子担持カーボン材料の合成法については，既に色々な方法が考案されてきており，燃料電池電極触媒用に合成されたPt-カーボン材料そのものも市販されている。そこで本手法で作製したPtナノ粒子担持カーボン材料の有用性を評価するために，従来法で作製された材料との電気化学的特性，とくに電極触媒の耐久性の違いを調査した[32]。Ptナノ粒子担持カーボン材料として，① 前述のPt-SWCNT，② Pt粒子の化学還元析出法によるPt担時SWCNT（Pt-SWCNT$_{CONV}$），③ ①と同じ方法でPtナノ粒子を担持させたVulcan®カーボン粉末（Pt-Vulcan®），④ 市販のPtナノ粒子担持カーボン粉末（TEC10V30E，田中貴金属）を使用した。それぞれの材料の適量をグラッシーカーボン回転ディスク電極表面にナフィオンを用いて固定して電気化学測定を行った。耐久試験は，燃料電池実用化推進協議会（FCCJ）が規定する「触媒耐久性（カソード）」に基づいて行った。すなわち，窒素を飽和した0.1 mol/dm^3 HClO$_4$水溶液に電極を入れ，$1.0 \rightarrow 1.5 \rightarrow 1.0$ V vs. RHEの電位走査を0.5 V s^{-1}で繰り返したのち，Ptナノ粒子の電気化学的表面積（ECSA）と酸素還元反応（ORR）の質量活性をそれぞれ測定してその変化から触媒の耐久性を評価した。図8aに，電位走査サイクル回数に対する触媒中のPtの

イオン液体研究最前線と社会実装

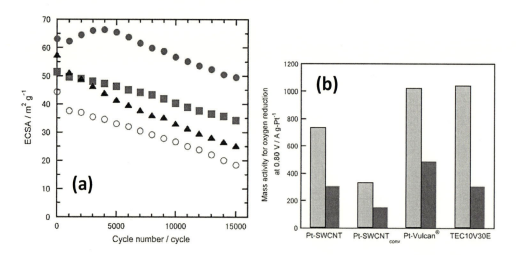

図8 (a) Pt-SWCNT (●), Pt-SWCNT$_{CONV}$ (○), Pt-Vulcan® (■), およびTEC10V30E (▲) のECSAの耐久試験サイクル数による変化。(b) Pt担持カーボン触媒の酸素還元反応に対する電極触媒活性。耐久試験前（灰色）および耐久試験後（15,000サイクル）（黒色）のPt質量活性を示す。

文献32)より許可を得て転載。

ECSAの変化を示す。イオン液体／金属スパッタリングにより作製したPt-SWCNTは最初の5,000サイクルまではECSAが増加し，その後減少する挙動を示したが，15,000サイクルでも最大値の70％以上の値を維持した。Pt-Vulcan®のECSAはサイクルとともに減少する傾向を示したが，15,000サイクル時で初期の68％の値であった。一方，Pt-SWCNT$_{conv}$とTEC10V30のECSAは，サイクルとともに減少し，15,000サイクル時にはどちらも初期値の約40％にまで低下した。それぞれの触媒のORRに対するPt質量活性を測定し，その初期値と15,000サイクルの耐久試験後の値との比較を図8bに示す。いずれの触媒でも耐久試験後には活性が低下した。しかし試験後の質量活性値は，Pt-SWCNT$_{conv}$とTEC10V30Eよりも，イオン液体／金属スパッタリング法を利用して合成したPt-SWCNTとPt-Vulcan®の方が大きかった。質量活性値は，Ptナノ粒子のモルフォロジーと大きく関係する。TEM観察により触媒中のPt粒子形状を評価したところ，耐久試験後に質量活性の低い2種の触媒では，初期に観察されたPtナノ粒子の多くが凝集して大きな粒子となっていた。一方，Pt-SWCNT上のPtナノ粒子は耐久試験後においてもほとんど凝集せず，Pt-Vulcan®ではPtナノ粒子の凝集はある程度見られたものの，カーボン粒子上にPt粒子が比較的均一に分散していた。イオン液体／金属スパッタリングにより合成したPtナノ粒子をカーボン表面に担持させた場合，その調製手順より，Ptナノ粒子とカーボン材料表面の間にはごく少量のイオン液体層が存在する[17]。これがPtナノ粒子とカーボン材料との直接的接触を妨げ，カーボン材料のPtナノ粒子触媒による燃焼分解が抑制された結果，担体上でのPtナノ粒子の移動，凝集および剥離があまり起こらずに比較的高い質量活性を維持したと考えられる。

3.2 二元合金ナノ粒子のアルコール酸化に対する電極触媒活性

　直接アルコール燃料電池の高効率化を目指して,様々な合金ナノ粒子が作製されている[2]。前述のように,イオン液体／金属スパッタリングを用いることで様々な合金ナノ粒子の作製と組成制御が可能となる。著者らは,BMI-TFSAに対してAuとPdを同時スパッタすることにより作製したAuPd合金ナノ粒子について,そのエタノール酸化に対する電極触媒活性を評価した[10]。AuPdナノ粒子分散イオン液体をHOPG上に均一に塗布し,加熱処理することによってナノ粒子を担持した。AuPdナノ粒子固定HOPG電極を0.5 mol/dm^{3}エタノールを含む0.5 mol/dm^{3}KOH水溶液に浸漬し,エタノール酸化に対するサイクリックボルタモグラムを測定すると,エタノール酸化反応の電流ピークが0.8〜0.9 V vs. RHEに観察された。用いたAu-Pd二元ターゲットにおけるf_{Au}値に対してエタノール酸化のピーク電流値をプロットすると,火山型の依存性が得られ,f_{Au} = 0.5で作製したAuPdナノ粒子(合金組成Au：Pd = ca. 0.6：0.4)が最も高い活性を示した。一方,逐次金属スパッタリングによりHyEMI-BF4上に作製したAu@AuPt単粒子膜は,メタノール酸化に対して高い電極触媒活性を示した[31]。Au@AuPt単粒子膜をHOPG電極に担持し,0.5 mol/dm^{3}メタノールを含む0.5 mol/dm^3 KOH水溶液中でサイクリックボルタモグラムを測定した。メタノール酸化に対する電流ピークが0.84 V vs RHE付近に観察され,その値はPtスパッタ蒸着時間の増加とともに増大した(図9a)。Auナノ粒子はメタノール酸化に対してほとんど電極触媒活性を示さないので,メタノール酸化ピーク電流値をPtのECSAあたりに換算した。図9bに示すように,そのピーク電流密度は,Au@AuPt粒子表面のPt被覆率に対して火山型の依存性を示した。最大の電極触媒活性はPt原子の粒子表面被覆率が49 mol%のAu@AuPtナノ粒子において得られ,純粋なPtナノ粒子と比べて約120倍も高い値となった。

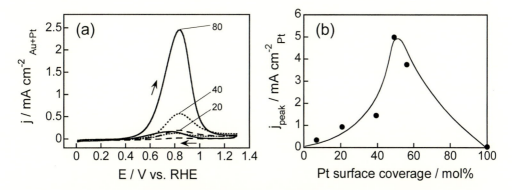

図9　(a) Au@AuPtナノ粒子単粒子膜を担持したHOPG電極によるメタノール酸化のサイクリックボルタモグラム。電流密度は,担持した粒子表面のAuおよびPtのECSAの総和で計算したもの。図中の数字はPtスパッタ蒸着時間(分)。(b) Au@AuPt粒子表面のPt被覆率とPtのECSAあたりのメタノール酸化ピーク電流値の関係。
文献31)より許可を得て転載。

4 結言

　従来の液相化学合成法に代わる新規なナノ粒子合成法として，著者らはイオン液体／金属スパッタリング法を開発した。これまでにこの方法を用いて金属ナノ粒子や複合ナノ粒子の合成が数多く行われており，著者らの研究グループ以外からの報告も年々増加している。また，得られた合金ナノ粒子は，粒子表面に安定化剤の吸着がなく，さらに合金組成がスパッタ蒸着条件によって簡便に制御可能なことから，高活性な触媒粒子として有望である。今後，イオン液体中において金属ナノ粒子が引き起こす化学反応と本手法をうまく組み合わせることで，様々な新規ナノ構造体粒子の開発が可能になるであろう。近い将来，触媒合成・ナノ材料合成のごく一般的な手法として，イオン液体／金属スパッタリング法が多くの研究者に利用されることを期待する。

文　　献

1) R. Ferrando et al., *Chem. Rev.*, **108**, 845 (2008)
2) C. Bianchini & P. K. Shen, *Chem. Rev.*, **109**, 4183 (2009)
3) Y. Bing et al., *Chem. Soc. Rev.*, **39**, 2184 (2010)
4) N. Toshima, *Pure Appl. Chem.*, **72**, 317 (2000)
5) J. Dupont & J. D. Scholten, *Chem. Soc. Rev.*, **39**, 1780 (2010)
6) T. Torimoto et al., *Adv. Mater.*, **22**, 1196 (2010)
7) S. Kuwabata et al., *J. Phys. Chem. Lett.*, **1**, 3177 (2010)
8) C. W. Scheeren et al., *J. Phys. Chem. B*, **110**, 13011 (2006)
9) H. Wender et al., *Coord. Chem. Rev.*, **257**, 2468 (2013)
10) D. Sugioka et al., *Phys. Chem. Chem. Phys.*, **17**, 13150 (2015)
11) K. I. Okazaki et al., *Chem. Commun.*, 691 (2008)
12) T. Suzuki et al., *Electrochemistry*, **77**, 636 (2009)
13) T. Torimoto et al., *Appl. Phys. Lett.*, **89**, 243117 (2006)
14) Y. Oda et al., *Chem. Lett.*, **39**, 1069 (2010)
15) C.-H. Liu et al., *Carbon*, **50**, 3008 (2012)
16) T. Tsuda et al., *J. Power Sources*, **195**, 5980 (2010)
17) K. Yoshii et al., *RSC Adv.*, **2**, 8262 (2012)
18) S. Suzuki et al., *CrystEngComm*, **14**, 4922 (2012)
19) M. Hirano et al., *Phys. Chem. Chem. Phys.*, **15**, 7286 (2013)
20) D. Koenig et al., *Adv. Func. Mater.*, **24**, 2049 (2014)
21) S. Suzuki et al., *Dalton Trans.*, **44**, 4186 (2015)
22) T. Suzuki et al., *Chem. Lett.*, **39**, 1072 (2010)
23) T. Suzuki et al., *Chem. Mater.*, **22**, 5209 (2010)

24) H. Wender *et al.*, *J. Phys. Chem. C*, **114**, 11764 (2010)
25) Y. Hatakeyama *et al.*, *J. Phys. Chem. C*, **114**, 11098 (2010)
26) Y. Hatakeyama *et al.*, *RSC Adv.*, **1**, 1815 (2011)
27) Y. Hatakeyama *et al.*, *J. Phys. Chem. C*, **118**, 27973 (2014)
28) T. Torimoto *et al.*, *J. Mater. Chem. A*, **3**, 6177 (2015)
29) H. Wender *et al.*, *Phys. Chem. Chem. Phys.*, **13**, 13552 (2011)
30) A. Kauling *et al.*, *Langmuir*, **29**, 14301 (2013)
31) D. Sugioka *et al.*, *ACS Appl. Mater. Interfaces*, **8**, 10874 (2016)
32) K. Yoshii *et al.*, *J. Mater. Chem. A*, **4**, 12152 (2016)
33) K. Okazaki *et al.*, *Chem. Lett.*, **38**, 330 (2009)

〈分離・回収への利用〉

第4章　イオン液体を用いた溶媒抽出法と協同効果

岡村浩之[*1]，下条晃司郎[*2]

1　はじめに

　一般的な溶媒抽出法は，目的物質を含む水溶液と抽出剤を含む有機溶媒を接触させ，二液相間における溶質の分配性の違いを利用して目的物質を分離する手法である。これまで，抽出分離効率を向上させるためには，高性能な抽出剤を開発することが鍵であるとされてきた。しかし，近年，溶媒抽出法の常識を変える物質が現れた。そう，イオン液体である。イオン液体は構成イオンの組合せによって溶媒特性を調節することが可能で，イオン性でありながら水と混ざらないという抽出媒体として魅力的な反応場を提供することができる。さらには，イオン液体自身のイオン交換体としての機能も相まって，従来の水/有機溶媒系にはないイオン液体特有の抽出現象が起こり得る。本稿では，金属イオンの抽出や協同効果を例として，水/イオン液体系にて起こる特異的な抽出現象について紹介する。他にも多くの優れた総説などが発表されているので併せて参照されたい[1〜5]。

2　クラウンエーテルを用いた金属抽出

　水/イオン液体間の物質分配に関して，有機化合物の溶媒抽出法が1998年に初めて報告されたが[6]，当時，イオン液体は，有害な揮発性有機溶媒の代替となる環境調和型溶媒として利用されるに過ぎなかった。しかし，1999年にDaiらはイオン液体を抽出媒体とすることで，ジシクロヘキサノ-18-クラウン-6(DCH18C6)によるSr^{2+}の抽出効率が有機溶媒系よりも大幅に向上することを見出した[7]。何故，イオン液体を用いると抽出効率が向上するのであろうか？その理由は図1に示すような抽出メカニズムの違いに起因する。有機溶媒系ではクラウンエーテルを用いてSr^{2+}を抽出する際に，水相中のアニオンとイオン対を形成し，電荷を打ち消すことで(1)式のような抽出が起こる。

$$Sr^{2+}_{aq} + DCH18C6_{org} + 2NO_3^-{}_{aq} \rightleftharpoons Sr(DCH18C6)(NO_3)_{2,org} \tag{1}$$

[*1]　Hiroyuki Okamura　　日本原子力研究開発機構　先端基礎研究センター
　　　　　　　　　　　　　界面反応場化学研究グループ　研究員
[*2]　Kojiro Shimojo　　　日本原子力研究開発機構　先端基礎研究センター
　　　　　　　　　　　　　界面反応場化学研究グループ　研究副主幹

第4章　イオン液体を用いた溶媒抽出法と協同効果

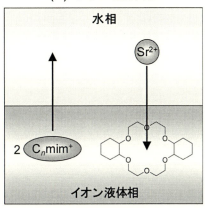

図1　クラウンエーテルによる Sr^{2+} の抽出機構
(a) 有機溶媒系，(b) イオン液体系

一方，イオン液体系では $Sr(DCH18C6)^{2+}$ 錯体とイオン液体のカチオン成分 $C_n mim^+$ との交換反応によって，二相間での電荷のバランスが保たれ，(2)式のような抽出が起こる[8]。

$$Sr^{2+}{}_{aq} + DCH18C6_{IL} + 2C_n mim^+{}_{IL} \rightleftharpoons Sr(DCH18C6)^{2+}{}_{IL} + 2C_n mim^+{}_{aq} \tag{2}$$

さらに，Jensen らは，広域X線吸収微細構造（EXAFS）分光法によってイオン液体中における $Sr(DCH18C6)^{2+}$ 錯体の構造解析を行い，有機溶媒中で見られる2つの硝酸イオンの配位がイオン液体中では観測されず，代わりに水分子が配位していることを明らかにした[9]。以上のように，イオン液体は溶媒としてだけでなく，カチオン交換体としても機能し，アニオンに依存することなく抽出が可能となるため，一般有機溶媒に比べて抽出能が劇的に向上する。ただし，$C_n mim^+$ の疎水性が高い場合はカチオン交換が起こりにくく，イオン対抽出が優勢となる[10,11]。クラウンエーテル以外にも，同じようにイオン対抽出からカチオン交換抽出に変化する種々の抽出剤があるが，詳しくは原著論文を参照されたい[12~17]。

3　β-ジケトンを用いたランタノイド抽出

酸性キレート抽出剤をイオン液体で用いた場合，別のユニークな抽出現象が起こる。例えば，β-ジケトンである 2-テノイルトリフルオロアセトン（Htta）を用いて三価ランタノイド（Ln^{3+}）の抽出を行った場合，図2のように有機溶媒系では Ln^{3+} が Htta のプロトンと交換することで中性錯体 $Ln(tta)_3$ を形成し，(3)式のような抽出が起こる。

$$Ln^{3+}{}_{aq} + 3Htta_{org} \rightleftharpoons Ln(tta)_{3,org} + 3H^+{}_{aq} \tag{3}$$

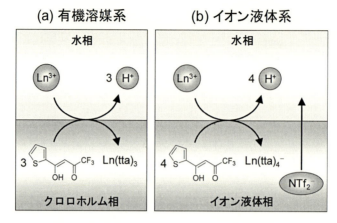

図2 β-ジケトンによるランタノイドの抽出機構
(a) 有機溶媒系, (b) イオン液体系

一方, イオン液体[C_4mim][NTf_2]系では高濃度(0.5 mol dm^{-3})のHttaを用いた場合, アニオン性のLn(tta)$_4^-$がイオン液体のアニオン成分 NTf_2^- と交換することによって, (4)式のように抽出される[18]。

$$Ln^{3+}_{aq} + 4Htta_{IL} + NTf_2^-{}_{IL} \rightleftarrows Ln(tta)_4^-{}_{IL} + 4H^+{}_{aq} + NTf_2^-{}_{aq} \qquad (4)$$

また, 筆者らはさまざまなHtta濃度, pH条件において[C_4mim][NTf_2]へのEu^{3+}の抽出挙動を検討したところ, 水相中のtta$^-$濃度の増加とともに中性錯体Eu(tta)$_3$からアニオン性錯体Eu(tta)$_4^-$へと変化することを明らかにした[19]。つまり, Htta初濃度の増大とともに中性錯体抽出(3)式からアニオン性錯体抽出(4)式へと移行し, イオン液体がアニオン交換体として機能することが示された。

さらに, これら中性錯体とアニオン性錯体の抽出定数を求め, さまざまな種類の有機溶媒系における抽出定数と比較したところ, [C_4mim][NTf_2]系の中性錯体の抽出定数は, 配位性のあるメチルイソブチルケトンよりも高く, 不活性溶媒であるベンゼンよりも著しく高いことがわかった。配位性のメチルイソブチルケトンを用いたときに見られる中性錯体と溶媒間の相互作用が[C_4mim][NTf_2]でも起こるかどうかを調べるために, [C_4mim][NTf_2]に抽出されたEu(III)錯体の水和状態を時間分解レーザー励起蛍光分光法により調べた。[C_4mim][NTf_2]系では, Eu^{3+}は中性錯体Eu(tta)$_3$およびアニオン性錯体Eu(tta)$_4^-$として抽出されるため, Eu(III)錯体の溶液は, 水相中のtta$^-$濃度を注意深く変化させて調製した。その結果, [C_4mim][NTf_2]中では, アニオン性錯体Eu(tta)$_4^-$だけでなく, 中性錯体Eu(tta)$_3$もほぼ完全に脱水和されていることが明らかになった。一般に, Eu(III)の配位数は, 溶液中で8あるいは9であることから, [C_4mim][NTf_2]中では, アニオン成分であるNTf$_2^-$がEu(tta)$_3$に配位し, 疎水性の高い錯体が形成されていると考えられる。

第4章 イオン液体を用いた溶媒抽出法と協同効果

4 β-ジケトンとクラウンエーテルによるイオン液体協同効果

　協同効果は，2種類の抽出剤を併用した場合，個々の抽出剤をそれぞれ単独で用いたときの和よりも抽出性が高くなる現象である。一般有機溶媒を用いた抽出系において，酸性抽出剤と中性抽出剤を併用することで協同効果が発現し，その抽出性だけでなく選択性も高まる場合がある。イオン液体を用いた溶媒抽出系では，中性錯体の二相間分配に加えて，荷電錯体のイオン交換に基づく抽出も起こるため，適切な抽出系を構築することで従来の有機溶媒系よりも高い抽出分離特性を示すことが期待される。筆者らは，より高い分離能を有するランタノイド抽出系を開発することを目的として，イオン液体を用いたβ-ジケトンとクラウンエーテルによる協同効果について検討を行った[20, 21]。

　抽出剤としてHttaのみを用いた場合と，HttaとDCH18C6を共存させた場合における[C_4mim][NTf_2]へのLa^{3+}（軽希土），Eu^{3+}（中希土），Lu^{3+}（重希土）の抽出挙動を図3に示す。Htta単独の場合は，$Lu^{3+} \approx Eu^{3+} > La^{3+}$の順に抽出されるが，HttaとDCH18C6を共存させると，La^{3+}に対して大きな協同効果が発現し，抽出性が大幅に向上した。イオン液体協同効果系の抽出化学種を評価するために，La^{3+}の抽出平衡解析を行ったところ，次式のようにカチオン性の三元錯体$La(tta)(DCH18C6)^{2+}$および$La(tta)_2(DCH18C6)^+$が競合して抽出されていることが示された。

$$La^{3+}{}_{aq} + Htta_{IL} + DCH18C6_{IL} + 2C_4mim^+{}_{IL} \rightleftarrows La(tta)(DCH18C6)^{2+}{}_{IL} + H^+{}_{aq} + 2C_4mim^+{}_{aq}$$

(5)

$$La^{3+}{}_{aq} + 2Htta_{IL} + DCH18C6_{IL} + C_4mim^+{}_{IL} \rightleftarrows La(tta)_2(DCH18C6)^+{}_{IL} + 2H^+{}_{aq} + C_4mim^+{}_{aq}$$

(6)

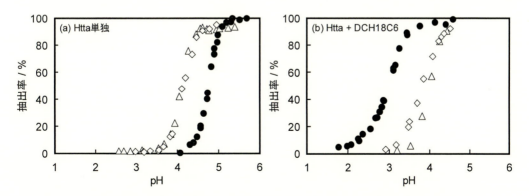

図3　(a) Htta単独系　(b) Htta + DCH18C6共存系における[C_4mim][NTf_2]へのランタノイドの抽出挙動
　　　La^{3+} (●), Eu^{3+} (◇), Lu^{3+} (△)

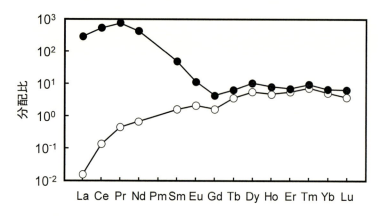

図4 Htta 単独系および Htta + DCH18C6 共存系における各ランタノイドの分配比の比較
Htta 単独系（○），Htta + DCH18C6 共存系（●）

また，ランタノイドの抽出選択性を評価するために，pH 4 における各ランタノイドの分配比を比較した（図4）。Htta 単独の場合，抽出選択性は有機溶媒系と同様に重希土が有利であるが，Htta と DCH18C6 を共存させると，軽希土に対して顕著な協同効果が発現し，抽出選択性が逆転することが明らかになった。これらの結果から，軽希土との錯形成において DCH18C6 のサイズ適合が協同効果に寄与していると考えられる。

5 分子内における擬似的な協同作用

協同効果は2種類の抽出剤を混ぜたときに生じる現象であるが，このような2種類の抽出剤を結合して1分子にした場合でも，その分子内で協同効果のような現象は生じるのであろうか？筆者らは，ジアザクラウンエーテルに2つの β-ジケトンを結合した抽出剤（$H_2\beta DA18C6$，図5）を開発し，放射性核種の処分を視野に入れて Sr^{2+} の抽出挙動について検討を行った[22, 23]。ここでは，$H_2\beta DA18C6$ の抽出能力を明らかにするために，その部分構造である β-ジケトン（HPMBP），クラウンエーテル（DBzDA18C6）および両者の混合系（HPMBP + DBzDA18C6）を用いて比較を行った。また，抽出溶媒として一般有機溶媒クロロホルムとイオン液体[C_2mim][NTf_2]を用いて，両溶媒における抽出挙動を比較した。

図6（a）に示すように，クロロホルムを用いた場合，β-ジケトンおよびクラウンエーテル単独では Sr^{2+} をほとんど抽出することができない。しかし，β-ジケトンおよびクラウンエーテルを混合すると，協同効果が発現し，Sr^{2+} を定量的に抽出できるようになった。これは，β-ジケトンが Sr^{2+} の正電荷を打ち消し，クラウンエーテルが Sr^{2+} に結合している水分子を脱水和することで，金属錯体の疎水性が向上するためである。また，両抽出剤を結合して1分子にした $H_2\beta DA18C6$ の場合でも Sr^{2+} を抽出できるため，β-ジケトンとクラウンエーテルは同一分子内でもそれぞれ前述のように機能していると考えられるが，混合系に対する優位性はあまり見られ

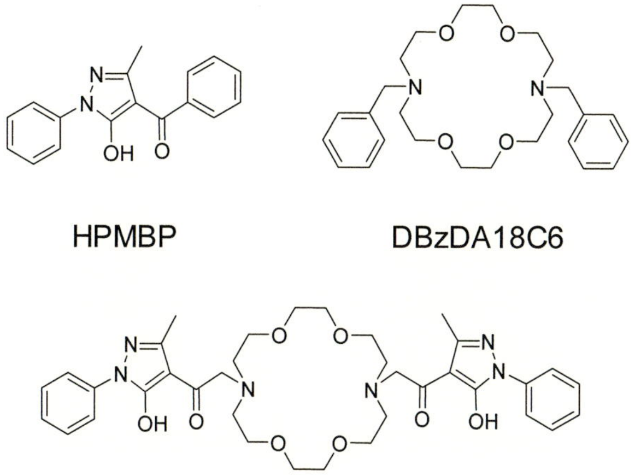

第4章 イオン液体を用いた溶媒抽出法と協同効果

図5 β-ジケトン，ジアザクラウンエーテルおよびβ-ジケトン結合クラウンエーテルの分子構造と略号

なかった。

　一方，イオン液体を用いた場合，図6 (b) に示すようにクロロホルム系とは異なる抽出挙動を示した。例えば，β-ジケトン単独ではSr^{2+}の抽出は起こらないが，クラウンエーテル単独ではSr^{2+}が定量的に抽出されるようになった。これは，前項で示したようにSr^{2+}とC_2mim^+とのカチオン交換反応が起こるためである。また，β-ジケトン＋クラウンエーテル混合系では，クラウンエーテル単独系とほぼ同じ抽出挙動を示すことから，β-ジケトンはイオン液体中では協同試薬として機能しないことが示唆された。さらに，興味深いことに，β-ジケトン結合クラウンエーテル$H_2\beta DA18C6$を用いた場合，混合系（HPMBP + DBzDA18C6）に比べて抽出能が劇的に向上し，より酸性側でSr^{2+}の抽出が起こった。また，クロロホルムで$H_2\beta DA18C6$を用

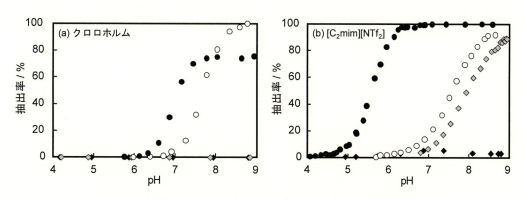

図6 (a) クロロホルム，(b) $[C_2mim][NTf_2]$へのSr^{2+}の抽出挙動
　HPMBP (◆), DBzDA18C6 (◇), HPMBP + DBzDA18C6 (○), $H_2\beta DA18C6$ (●)

いた場合と比較すると，抽出能が500倍以上も向上することが明らかとなった。このイオン液体による特殊な現象のメカニズムを解明するために，抽出平衡解析を行ったところ，意外なことにイオン液体系でもクロロホルム系と同様にプロトン交換反応（(7)式）で抽出が起こっていた。

$$Sr^{2+}_{aq} + H_2\beta DA18C6_{ext} \rightleftharpoons Sr(\beta DA18C6)_{ext} + 2H^+_{aq} \qquad (7)$$

それでは，同一の抽出メカニズムであるにもかかわらず，なぜイオン液体ではこのように抽出能が向上するのであろうか？その原因を明らかにするために，抽出金属錯体の構造解析を行った。まず，クロロホルムに抽出した金属錯体から単結晶を作製し，X線構造解析を行ったところ，Sr^{2+}はクラウンエーテルとβ-ジケトンによりアーム状に包接されていることが明らかとなった。残念なことにイオン液体の場合，不揮発性かつ有機溶媒と混ざりにくいなどの性質上，抽出金属錯体の単結晶を得ることが困難であったため，EXAFS分光法により，溶液状態のまま錯体構造解析を行った。その結果，イオン液体中でも金属錯体の基本構造はクロロホルム中と同じであるが，イオン液体中ではSr^{2+}と酸素原子間の結合距離がクロロホルム中に比べて大幅に短く，Sr^{2+}と酸素が通常より強固に結合していることが明らかとなった。また，このような分子内での擬似的な協同作用は金属イオンのサイズが$H_2\beta DA18C6$の空孔サイズと適合する時のみ発現することも確認しており，イオン液体による溶媒効果やサイズ認識効果が抽出能を支配する重要な要因であるものと考えられる。

6 おわりに

以上，イオン液体を媒体とした金属イオンの溶媒抽出法について概説した。溶媒抽出法の歴史は長く，現在では金属資源の分離精製や希少金属のリサイクルなど産業を支える重要な分離技術の一つとして広く利用されている。一方，イオン液体を用いた溶媒抽出法の歴史は浅く，これからの益々の発展が期待できる。実際，我々がイオン液体の研究を始めて15年が経つが，当時では想像もできなかったユニークな抽出系が次々と開発されている。その飛躍的な発展は，イオン液体の持つ不思議な溶媒特性に起因するが，それだけでなく，様々な分野の研究者がイオン液体に魅了され，多元的に研究が進歩を遂げたことも大きい。本稿を読んで，イオン液体を用いた溶媒抽出法に僅かでも興味を抱き，新たに参入する研究者が増えてくれることを心から願う次第である。

第4章　イオン液体を用いた溶媒抽出法と協同効果

文　　献

1) 下条晃司郎, 後藤雅宏, 日本イオン交換学会誌, **22**, 65 (2011)
2) 平山直紀, 日本イオン交換学会誌, **22**, 73 (2011)
3) 平山直紀, ぶんせき, 177 (2014)
4) X. Sun *et al.*, *Chem. Rev.*, **112**, 2100 (2012)
5) Z. Kolarik, *Solvent Extr. Ion Exch.*, **31**, 24 (2013)
6) J. G. Huddleston *et al.*, *Chem. Commun.*, 1765 (1998)
7) S. Dai *et al.*, *J. Chem. Soc. Dalton Trans.*, 1201 (1999)
8) M. L. Dietz & J. A. Dzielawa, *Chem. Commun.*, 2124 (2001)
9) M. P. Jensen *et al.*, *J. Am. Chem. Soc.*, **124**, 10664 (2002)
10) M. L. Dietz *et al.*, *Green Chem.*, **5**, 682 (2003)
11) M. L. Dietz & D. C. Stepinski, *Green Chem.*, **7**, 747 (2005)
12) K. Shimojo & M. Goto, *Anal. Chem.*, **76**, 5039 (2004)
13) H. Luo *et al.*, *Anal. Chem.*, **76**, 3078 (2004)
14) K. Nakashima *et al.*, *Ind. End. Chem. Res.*, **44**, 4368 (2005)
15) K. Shimojo *et al.*, *Chem. Lett.*, **35**, 484 (2006)
16) K. Shimojo *et al.*, *Dalton Trans.*, 5083 (2008)
17) H. Zhou *et al.*, *RSC Adv.*, **4**, 45612 (2014)
18) M. P. Jensen *et al.*, *J. Am. Chem. Soc.*, **125**, 15466 (2003)
19) H. Okamura, K. Shimojo *et al.*, *Polyhedron*, **31**, 748 (2012)
20) N. Hirayama, H. Okamura *et al.*, *Anal. Sci.*, **24**, 697 (2008)
21) H. Okamura, K. Shimojo *et al.*, *Anal. Sci.*, **26**, 607 (2010)
22) K. Shimojo, H. Okamura *et al.*, *Dalton Trans.*, 4850 (2009)
23) H. Okamura, K. Shimojo *et al.*, *Anal. Chem.*, **84**, 9332 (2012)

第5章 イオン液体を利用した経済的希土類回収技術

松宮正彦*

1 緒言

　希土類資源の安定供給策は国家規模で対応が求められており，リサイクル技術は代替材料開発や備蓄対策に続く三大重要テーマに相当する。希土類資源問題の中で注目度の高いNd，Dyは高性能Nd-Fe-B磁石に必要不可欠な重要元素であり，Nd-Fe-B磁石の国内生産量は2015年で約15,000 tに相当し，今後さらなる増加傾向にある。ここで，金属リサイクルの場合，これまでに我々が使用してきた廃家電製品である「都市鉱山」の有効利用が鍵となる。また，我が国の持続的発展に伴う循環型社会形成推進の概念に基づき，「廃棄物抑制」と「使用エネルギー削減」を両立できるリサイクル技術が有望視されている。本研究ではイオン液体を希土類回収媒体に適用することで，低温電析を可能にしてきた。ここで，希土類金属1 tの回収に要するエネルギー[1]の比較結果を表1に示す。「イオン液体電析法」では1.8 MWht^{-1}であり，溶融塩電解法に対して，約1/10に削減できる省エネルギー指向の回収技術である。

2 実廃棄物からの希土類回収プロセス

　HDDを解体した実廃棄物：Voice Coil Motor（VCMと略記）にはNd-Fe-B磁石が含まれており，Nd，Dy含有率は25.95%，1.57%に相当する。本研究では省エネルギー指向の希土類回収に向けて，「湿式精錬工程」と「イオン液体電析工程」を連携させたプロセス[2~4]（図1参照）を構築してきた。各プロセスの技術的方法を以下に示す。

（I）前処理工程

　解体・分別～熱減磁～メッキ剥離～酸化焙焼～微粉化工程を実施することで，VCM部材から

表1 希土類金属1 tの回収に要するエネルギー比較

回収手法	反応媒体もしくは電析媒体	還元温度もしくは電解温度	希土類金属1 tの回収に要するエネルギー
熱還元法	溶融塩および溶融金属	1,000~1,600℃	約 22.4 MWh/t
溶融塩電解法	フッ化物系溶融塩	900~1,000℃	約 14 MWh/t[1]
イオン液体電析	イオン液体	100~150℃	約 1.8 MWh/t

---

* Masahiko Matsumiya　横浜国立大学　大学院環境情報研究院　人工環境と情報部門
　准教授

第5章　イオン液体を利用した経済的希土類回収技術

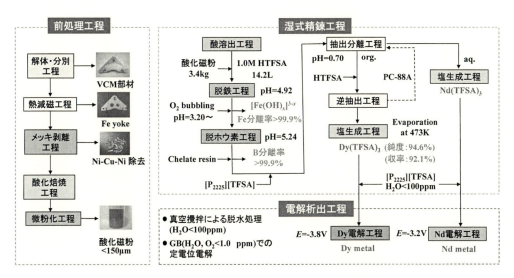

図1　湿式精錬およびイオン液体電析の連携による希土類回収プロセス

酸化磁粉（< 150 μm）を生成させる。

（Ⅱ）湿式精錬工程[5~9]

（Ⅱ-ⅰ）酸溶出工程

上記の酸化磁粉微粉末に対して，1,1,1-trifluoro-N-[(trifluoromethyl)sulfonyl]methanesulfon amide（$HN(SO_2CF_3)_2$，HTFSAと略記）中に希土類種を選択的に浸出させる。

（Ⅱ-ⅱ）脱鉄・脱ホウ素工程

酸素バブリングにより，Fe^{2+}をFe^{3+}に転換し，pH = 4.9で選択的に$[Fe(OH)_x]^{3-x}$沈殿（最終的にはFeOOH，goethite）を形成させることで完全なる脱鉄処理を行う。脱鉄処理後，キレート樹脂によりホウ素を選択的に分離する。

（Ⅱ-ⅲ）溶媒抽出工程

ミキサセトラによる多段抽出工程によりDy^{3+}を有機相側に選択的に濃縮させる。その後，HTFSAによる逆抽出工程にてDy^{3+}を水相側に逆抽出させる。別系統の抽出分離工程では，Nd^{3+} richとなる水相を回収する。

（Ⅱ-ⅳ）塩生成工程

逆抽出後のDy^{3+}を含むHTFSA溶液およびNd^{3+} richとなる水相をSpray dryerにより噴霧乾燥させることで，高純度の希土類アミド塩：$Dy(TFSA)_3$，$Nd(TFSA)_3$を大量に生成する。

（Ⅲ）イオン液体電析工程[10~14]

（Ⅲ-ⅰ）Nd電解析出工程

塩生成工程で生成した$Nd(TFSA)_3$塩をイオン液体に溶解させて，Nd rich電解液を調製後，加温により過電圧を減少させ，定電位電解にて電位を適切に制御することにより，Nd金属を選択的に回収する。

（Ⅲ-ⅱ）Dy 電解析出工程

塩生成工程で生成した高純度 Dy(TFSA)$_3$ 塩をイオン液体に溶解させて，定電位電解にて Nd よりも卑な電位を印加することで，Dy を選択的に回収する。

3 各プロセスの結果・考察

3.1 前処理工程

3.5 inch-HDD の VCM 部材を連携企業側で回収後，Nd-Fe-B 部材の熱減磁は連続炉にて 400℃で実施した。熱減磁は Curie 温度以上で 99.9%以上の減磁率を示し，完全に脱磁させた。脱磁後，Ni-Cu-Ni メッキ層は研磨処理により剥離した。メッキ剥離後の Nd-Fe-B バルク体は荒粉砕を経て，微粉化した後，900℃で 3 h 焼成した。焼成後の粉末をさらに微粉化し，最終的に 150 μm 以下の酸化磁粉を 3.4 kg 作製した。

3.2 湿式精錬工程

3.2.1 酸溶出工程

本工程では HTFSA 14.2 L に対して酸化磁粉 3.4 kg を 70℃，300 rpm の条件下で投与した。Nd-Fe-B 微粉末中の希土類と鉄成分に対する HTFSA への溶出反応は以下で表される。

$$RE_2O_3 + 6HTFSA \rightarrow 2RE^{3+} + 6TFSA^- + 3H_2O \quad (RE = Pr, Nd, Dy)$$
$$Fe_3O_4 + 8HTFSA \rightarrow Fe^{2+} + 2Fe^{3+} + 8TFSA^- + 4H_2O$$

Fe^{3+}，Nd^{3+}の溶出量から，Fe-H$_2$O 系，Nd-H$_2$O 系の電位（E）-pH 図[5]を作成した結果を図 2 に示す。また，実際の酸溶出過程での pH，ORP 値の測定結果も図中に示した。溶出時間の増加に伴い，高 pH 側に移行しており，本溶出条件下では Nd^{3+} が選択浸出されることが判明した。最終的に 40.5 h 後の酸溶出試験では，Nd 溶出率：92.0%，Fe 溶出率：0.0%に到達した。

3.2.2 脱鉄・脱ホウ素工程

酸溶出工程後，Fe^{2+} の残存があるため，環境負荷の少ない酸素酸化による Fe^{3+} への転換が有効である。実用化では沈殿物の含水率と固液分離に対する濾過速度も重要となる。[Fe(OH)$_x$]$^{3-x}$ 形態の水酸化物はコロイド状態であり，一般に濾過性が悪い。それゆえ，種結晶法を導入することにより沈殿物を生成しやすくすることが有効である。最終的に，工業的な濾過速度条件：50 L/m^2·min を満たした上で，Fe 分離率＞99.9%の完全分離を達成できた。

脱ホウ素工程ではキレート樹脂を利用したイオン交換による選択的分離が有効である。キレート樹脂を適切に選定することによりホウ素の完全分離が可能となる。

3.2.3 溶媒抽出工程

溶媒抽出法は二相分離した液相間での分配現象を利用した分離手法である。イオン液体抽出法では，中性錯体だけではなく荷電錯体を抽出できるため，新しい抽出機構が発現できる。これま

第5章　イオン液体を利用した経済的希土類回収技術

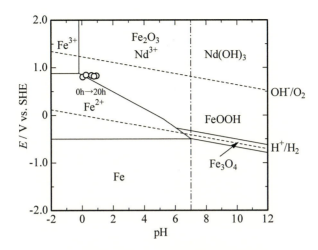

図2　Fe-H_2O，Nd-H_2O系電位-pH図
○：酸溶出工程における0→20 hの変化

でに種々の抽出剤をイオン液体系に適用し，希土類種の抽出機構および抽出錯体の電気化学挙動[6~8]を明らかにしてきた。工業用抽出剤として，酸性抽出剤：PC-88A（2-ethylhexyl hydrogen-2-ethylhexylphosphonate）や溶媒和抽出剤：TBP（tri-n-butyl-phosphate）がある。ここでは，PC88AによるNd，Dyの抽出曲線を図3に示す。Dy^{3+}は以下のカチオン交換抽出機構によって進行する。

（正抽出工程）$[Dy^{3+}]_{aq} + 3[(HR)_2]_{org} \rightarrow [DyR_3 \cdot 3HR]_{org} + 3[H^+]_{aq}$（pH = 0.70）

上式でHRはリン酸エステル化合物を示す。抽出曲線から判断し，Dy^{3+}の選択的抽出にはpH = 0.70が有効である。溶媒抽出法を利用して工業的に希土類元素を分離精製するためには，連続抽出システムが必要不可欠となる。連続抽出システムの一例としてミキサセトラに代表される多段向流抽出がある。ミキサセトラではミキサ部で水相と有機相を撹拌混合し，接触面積の増大により短時間で抽出平衡に至る。その後，水相と有機相の混合溶液はセトラ部に送液され，比重差によって分相される。実際に10段の多段抽出工程を4セット行うことにより，Dy^{3+}を濃縮させた。その後，酸性領域にてHTFSAによる以下の逆抽出反応により，水相側にDy^{3+}を単離させた。

（逆抽出工程）$[DyR_3 \cdot 3HR]_{org} + 3[HTFSA]_{aq} \rightarrow [Dy^{3+}]_{aq} + 3[TFSA^-]_{aq} + 3[(HR)_2]_{org}$

単離したDy^{3+}は後続の塩生成工程で高純度$Dy(TFSA)_3$塩に転換できる。また，逆抽出後の抽出剤は有機相側に残存するため，正抽出工程で再利用が可能となる。

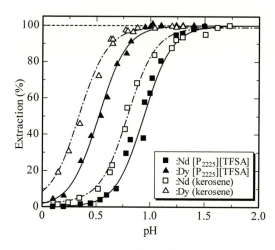

図3 PC-88A による Nd^{3+}, Dy^{3+} に対する抽出曲線

3.2.4 塩生成工程

抽出分離後，HTFSA を蒸発乾固させることで希土類種をアミド塩の形態で回収できる。kg オーダーの大量生成には Spray dryer による噴霧乾燥が適している。本研究では HTFSA 溶液に対して，流速 2.9 mL min^{-1}，入口温度：200℃，ブロアー流速：0.35 m^3 min^{-1} の条件下で一流体加圧ノズル方式の Spray dryer を連続的に稼働した。Dy 単離を目的とした逆抽出媒体からの塩生成では，純度：94.6％の Dy(TFSA)$_3$（収率：92.1％）が得られた。一方，Nd(TFSA)$_3$ を主体とする塩生成では，平均 509 g/batch による 8 回の連続稼働により，希土類アミド塩の総回収量は 4072.2 g（収率：86.9％，純度：94.1％）であった。

3.3 電解析出工程
3.3.1 Nd 電析工程

イオン液体（triethyl-pentyl-phosphonium bis(trifluoromethyl-sulfonyl)amide，[P$_{2225}$][TFSA]$^{15)}$ と略記）中での希土類電析では 100℃以上の加温により，電析媒体の粘度を減少させ，Nd 析出反応の過電圧を抑制することが重要となる。基礎研究として加温状態で電気化学水晶振動子マイクロバランス法（EQCM）を適用した Nd(Ⅲ)の還元挙動を図4に示す。加温による周波数変化$^{16)}$，温度補正を考慮した上で，-2.79 V の還元ピークを解析した結果，図4(b) に示した通り，Nd(Ⅲ) + 3e$^-$ → Nd(0) の理論値：M_{app} = 144.24 に近い値が確認された。また，図4(c) から電極界面の局所的な粘性減少に相当する $\Delta \eta \rho$ の減少も確認された。このことから，-2.79 V の還元ピークは [Nd$^{(Ⅲ)}$(TFSA)$_5$]$^{2-}$ + 3e$^-$ → Nd(0) + 5[TFSA]$^-$ に相当すると判断した。ここで，[Nd$^{(Ⅲ)}$(TFSA)$_5$]$^{2-}$ の錯体構造はラマン分光測定による溶媒和構造解析$^{17〜19)}$ から決定した。なお，-0.5〜-2.5 V において，主たる還元ピークは生じていないが，Δm が徐々に上昇し，M_{app} = 221.1〜273.6 の値に対応する挙動については，電極表面上へのイ

第5章　イオン液体を利用した経済的希土類回収技術

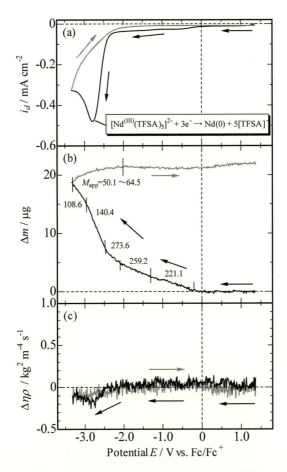

図4　加温 EQCM 法による Nd(Ⅲ) の還元挙動

オン液体の被膜形成等が要因であると推測される。

上記の基礎的な電気化学解析に基づいて，定電位電解は擬似参照極に対して -3.25 V に設定した。カソードには Cu 基板，アノードは減磁処理済の Nd-Fe-B rod，擬似参照極は Pt 線を使用した。電解浴は [P_{2225}][TFSA] に上記塩生成工程で作製した希土類アミド塩を濃度：0.5 mol dm^{-3} で溶解させた。電解温度は 120℃，浴塩は 500 rpm で撹拌させ，Glovebox 内で電解試験を実施した。電極反応は以下の通りである。

(Cathode) $[Nd^{(Ⅲ)}(TFSA)_5]^{2-} + 3e^- \rightarrow Nd(0) + 5[TFSA]^-$
(Anode) $3Fe(0) + 9[TFSA]^- \rightarrow 3[Fe^{(Ⅱ)}(TFSA)_3]^- + 6e^-$

電解試験中，アノード側で溶解した Fe 系錯体の電解浴中への拡散を Vycor glass で抑制した。このようにアノード部材を犠牲アノードとすることで，[P_{2225}][TFSA] を分解・劣化させることなく，継続的な電解析出を進行させた。電析前後のアノードおよび電解浴の状況から，

Fe系錯体が拡散することなく,アノード部に蓄積されることおよびイオン液体は変色しておらず,$[P_{2225}][TFSA]$の分解・劣化を伴わないことが確認できた。

電析試験後の陰極側では黒色の電析物が得られた。この電析物のXRD測定結果を図5に示す。電析物のピークは,Nd金属の2θに対応する面指数と一致していた。また,XPSによる深さ方向解析からも981 eV[20]にNd3d$_{5/2}$ピークを生じており,Nd金属であることを確認できた。さらに,C1s,O1sスペクトルは深さ方向が増加するに従って減少していき,深さ方向0.9 μm時点でC1s,O1sの含有量が0.1 at.%以下になることを確認できた。電解試験後のNd-Fe-B rodの重量減少から評価した陽極電流効率は91.2%であった。陰極電流効率は70.6%であり,電析物の落下,Nd(II)を伴う不均化反応等が電流効率低下の要因として挙げられる。8回の連続的なNd電解試験における最終的な陰極析出物は平均2.5 g/batchに相当し,陰極回収率は76.8%であった。

3.3.2 Dy電析工程

本研究において,$[P_{2225}][TFSA]$中のDy(III)の電気化学的挙動[12,13]を解析した結果,Dy(0)の析出反応は,Dy(III)→Dy(II)を経由する二段階反応であった。

$$[Dy^{(III)}(TFSA)_5]^{2-} + e^- \rightarrow [Dy^{(II)}(TFSA)_4]^{2-} + [TFSA]^-$$
$$[Dy^{(II)}(TFSA)_4]^{2-} + 2e^- \rightarrow Dy(0) + 4[TFSA]^-$$

Dy金属の電析過程における核生成挙動解析[12]の結果,-3.6 Vから-3.8 Vの電位範囲で核生成機構は同時核生成(-3.6 V)から逐次核生成(-3.8 V)に変わることが明らかとなった。核生成機構の電位による相違は,長期電解におけるDy電析物の形態に反映されるため,電位の適切な制御が重要となる。

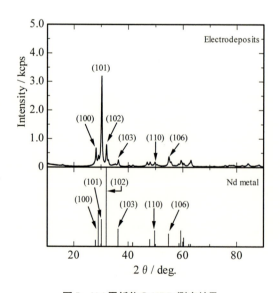

図5 Nd電析物のXRD測定結果

第 5 章　イオン液体を利用した経済的希土類回収技術

　Dy 金属の定電位電解における設定電位は，擬似参照極に対して −3.8 V に設定した。電解試験中，電流値は拡散律速に伴い，緩やかな減少傾向を示した。アノード側の重量減少から評価した陽極電流効率は 91.6％であった。Cu 基板側には黒色の電析物が得られた。SEM/EDX 解析から粒子状析出物は Dy スペクトルが顕著に観測されていた。また，XPS による酸化状態評価と深さ方向解析から，Dy 電析物の最表面層に近い 0.25 μm の位置では，$Dy3d_{5/2}$ スペクトルのピークトップは 1295.8 eV[20]であり，Dy 金属の存在が示唆された。深さ方向 1.05 μm では，C1s の含有量が 0.1 at.％以下になることを確認できた。

4　結言

　本稿では「イオン液体」という環境調和型物質に着目して，その応用性を希土類回収技術に適用した研究事例を述べてきた。イオン液体系の電解技術は，従来技術の溶融塩電解法に比べて，電解プロセスの評価に関する知見が少ないため，さらなる研究蓄積が必要になる。また，イオン液体電析工程だけではなく，実廃棄物から分離・精製工程を経由して，最終的な電析工程に結び付ける湿式精錬工程との連携要素も重要である。さらには，次世代型回収技術として，プロセスの経済性評価も不可欠となる。

　本研究を遂行するにあたり，DOWA エコシステム株式会社環境技術研究所 川上智 所長，藤田哲雄 博士および和歌山工業高等専門学校物質工学科 綱島克彦 教授に貴重なるご意見を賜った。本研究は平成 27 年度科学研究費基盤研究（B）（課題番号：15H02848）により実施した研究成果の一環である。関係者各位に謝意を表する。

文　　献

1) 原田幸明，希土類，**57**, 31 (2010)
2) 松宮正彦，化学工業，**66**(9), 688 (2015)
3) 松宮正彦，溶融塩および高温化学，**57**(3), 105 (2014)
4) 松宮正彦，川上智，セラミックス，**49**(1), 22 (2014)
5) H. Ota *et al.*, *Sep. Purif. Technol.*, **170**, 417 (2016)
6) M. Matsumiya *et al.*, *Solvent Extr. Ion Ex.*, **34**(5), 454 (2016)
7) S. Murakami *et al.*, *Solvent Extr. Ion Ex.*, **34**(2), 172 (2016)
8) M. Matsumiya *et al.*, *Sep. Purif. Technol.*, **130**, 91 (2014)
9) K. Ishioka *et al.*, *Hydrometallurgy*, **144-145**, 186 (2014)
10) M. Matsumiya, Application of Ionic Liquids on Rare Earth Green Separation and Utilization, p.117 (2016)

11) M. Matsumiya *et al.*, *Electrochim. Acta*, **146**, 371 (2014)
12) R. Kazama *et al.*, *Electrochim. Acta*, **113**, 269 (2013)
13) A. Kurachi *et al.*, *J. Appl. Electrochem.*, **42**(11), 961 (2012)
14) H. Kondo *et al.*, *Electrochim. Acta*, **66**(1), 313 (2012)
15) 綱島克彦,溶融塩および高温化学,**57**(2), 67 (2014)
16) N. Sasaya *et al.*, *Electrochim. Acta*, **194**, 304 (2016)
17) N. Tsuda *et al.*, *ECS Trans.*, **50**(11), 539 (2012)
18) M. Matsumiya *et al.*, *J. Mol. Liq.*, **215**, 308 (2015)
19) K. Kuribara *et al.*, *J. Mol. Liq.*, **1125**, 186 (2016)
20) J. F. Moulder *et al.*, Handbook of X-ray Photoelectron Spectroscopy, ULBAC-PHI Inc. (1995)

第6章　イオン液体物理吸収法によるCO_2分離・回収

児玉大輔[*1]，牧野貴至[*2]，金久保光央[*3]

1　はじめに

2015年11月30日から12月11日まで，フランス・パリで開催されていた気候変動枠組み条約第21回締約国会議（COP21）で，新たな地球温暖化対策「パリ協定」が採択された。中国や米国など主要排出国が参加しなかった「京都議定書」と異なり，途上国も含めたすべての国が参加する画期的な協定であり，二酸化炭素（CO_2）をはじめとした温室効果ガスの排出を大幅に抑制するとともに低炭素社会への道筋をつける技術開発が，より重要になってくるはずである。

2　研究背景

地球温暖化対策技術の一つとして，火力発電所など大規模固定発生源の排出ガスに含まれる二酸化炭素を大気中に拡散させることなく分離回収し，地中や海洋に隔離貯留するCCS（Carbon-dioxide Capture and Storage）プロセスの開発が進められている。国内では，日本CCS調査㈱が，2016年度からの実証試験に向けた試運転を北海道苫小牧市の出光興産㈱北海道製油所の隣接地で2015年12月から始めている。このような大規模技術を実現するためには，二酸化炭素の分離回収コストを大幅に削減することが重要である。現在，アルカノールアミン類などを利用した二酸化炭素化学吸収プロセスが一部の商用プラントで稼動しているが，吸収液の再生コストが50％を占め，エネルギー消費に著しい問題がある。コスト削減のため，低エネルギー再生型吸収液の開発が望まれている。

イオン液体（Ionic Liquid：IL）は，陽イオン（カチオン）と陰イオン（アニオン）のみからなる室温で液体状態の塩（えん）である。イオン液体の蒸気圧はほぼゼロであることから，大気中への拡散を防ぐことができ，リサイクルが容易で環境にやさしく，揮発性有機化合物（Volatile Organic Compound：VOC）に代わるグリーン溶媒として期待されている。また，イオン液体は難燃性で，熱および化学的安定性に優れ，幅広い温度範囲で使用することができる。さらに，イオン液体には，二酸化炭素など酸性ガスを選択的かつ大量に吸収する性質があり，CCSプロセスでのガス吸収液として利用可能である。図1や表1に示すように，このイオン液体を利用

[*1]　Daisuke Kodama　日本大学　工学部　生命応用化学科　准教授
[*2]　Takashi Makino　産業技術総合研究所　化学プロセス研究部門　主任研究員
[*3]　Mitsuhiro Kanakubo　産業技術総合研究所　化学プロセス研究部門　研究グループ長

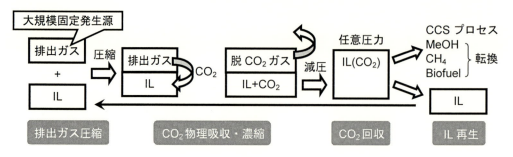

図1 イオン液体を利用した二酸化炭素物理吸収プロセス概念図

表1 アミン法とイオン液体法の比較

	アミン法	イオン液体法
吸収原理	化学吸収	物理吸収
吸収条件	常温，常圧	常温，高圧（〜10 MPa）
再生条件	高温，常圧	常温，任意圧力
吸収液再利用	高温処理必要	容易

し，二酸化炭素の分離回収状態を常圧から高圧へ変換することができれば，吸収液の再生に熱エネルギーを大量に消費する蒸留操作などを一切必要とせず，従来の吸収液再生エネルギーコストを大幅に削減できる。イオン液体を利用し二酸化炭素を分離回収する方法は，温度，圧力変化のみによる物理吸収・再生メカニズムを利用したものであり，簡便な操作によりプロセスを構築できる。また，再生により回収される二酸化炭素も，常圧ガスとしてではなく，隔離貯留に有利な液化炭酸あるいは任意の高圧状態の二酸化炭素として回収できるという利点がある。

イオン液体は，電池を始めとした電気化学デバイス，有機合成などの化学反応溶媒，さらには触媒としての利用など，様々な分野で応用研究が積極的に行われており，その用途に合わせて構造を自由にデザインできることから「デザイナー流体」とも呼ばれている。一方，近年，イオン液体そのものが持つ特殊な物性解明に関する研究は進んだものの，実用を意識したプロセス検討はあまり行われていないため，未解明な課題も多い。本研究では，従来のイオン液体に加えて溶媒和イオン液体に注目した。これにより，新規なイオン液体を基礎科学的な観点から様々な現象を明らかにできるだけでなく，日本発の地球温暖化対策技術を国外に広く発信できる。

第6章 イオン液体物理吸収法によるCO$_2$分離・回収

3 従来のイオン液体研究

イオン液体を利用したCCSプロセスを設計操作する際，イオン液体がどのくらい二酸化炭素を吸収するのか？について，詳細に把握しておく必要がある。1999年に，アメリカNotre Dame大学のProf. Joan F. Brenncke[1]により，イオン液体-CO$_2$系のガス溶解度に関する論文が報告されて以降，欧米各国[2~4]を中心に研究が精力的に進められてきた。CO$_2$を加圧していくと，CO$_2$はイオン液体に容易に溶解し，圧力の上昇に伴い，CO$_2$モル分率が0.8程度まで溶解する。この圧力変化には温度依存性があるが，約～10 MPa以下でおおよそ飽和溶解に達する。さらにCO$_2$を加圧していくと，CO$_2$は液化炭酸もしくは超臨界状態になる。そのような高圧条件下では，アルコールをはじめとした多くの分子性液体はCO$_2$と均一相を形成し，CO$_2$中に吸収液が溶出するが，ほとんどのイオン液体は，CO$_2$と均一相を形成しないことが報告されている。低圧下におけるガスの溶解度は，ヘンリーの法則で説明できることが知られており，ヘンリー定数が小さいほどガスの溶解度が大きくなる。イオン液体は，CO$_2$やSO$_x$，NO$_x$などの酸性ガスを選択的に吸収する一方，窒素や水素などのガスのヘンリー定数はCO$_2$と比較し20倍以上大きく，ほとんど吸収されない。イオン液体のガス溶解度は，カチオンよりアニオンの依存性が高く，アニオンにフッ素やトリフルオロメチル（CF$_3$）基を導入することにより，CO$_2$吸収量が増加することが知られている[3]。

我々の研究グループでは，アミド型構造（N,N-ジメチルホルムアミド：DMF）を持つイオン液体［DMFH］［TFSA］を合成し，このイオン液体に対するガス溶解性や選択性などについて明らかにし発表した[5,6]。［DMFH］［TFSA］の二酸化炭素溶解度は，同じアニオン構造を持つイミダゾリウム系イオン液体［Bmim］［TFSA］と同等で，同圧下では温度降下に伴い溶解度が増加することを明らかにした。一方，図2に示すとおり，体積濃度基準では，カチオンの式量に起因し，二酸化炭素の吸収量が増大することを確認した。今後さらに低エネルギー再生型吸収液を開発するため，高価なイミダゾリウム系イオン液体ではなく，安価で化学的安定性に優れるイオン液体を対象に，二酸化炭素など酸性ガス溶解メカニズムの検討を進めてきた。

4 ガス吸収液の開発と評価

従来のイオン液体が持つ高粘度・高価格といった問題は，温室効果ガス吸収など大規模プロセスにおける工業的利用だけでなく，電気化学デバイスなどでの実用化を妨げる大きな要因になっていた。そこで我々は，粘度が低く，二酸化炭素をはじめとした温室効果ガスの吸収特性に優れる低コスト型ガス吸収液の開発を目指し，図3に化学構造を示す対称グリコールエーテルのジグライム（Diglyme）とリチウム塩を混合した溶液（溶媒和イオン液体）[7]に注目し，溶液の基本的性質の解明と二酸化炭素吸収特性についての評価を進めてきた。ここで主に用いたリチウム塩は，リチウムイオン二次電池や電解コンデンサーなどの電解質として幅広く検討が進められてい

239

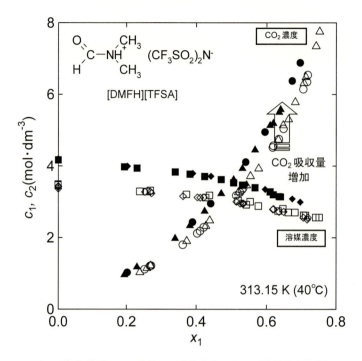

図2 酸–塩基型イオン液体の二酸化炭素吸収量（体積濃度基準）
[DMFH][TFSA]
二酸化炭素体積濃度 c_1；●：25℃，▲：40℃
イオン液体体積濃度 c_2；■：25℃，◆：40℃
[Bmim][TFSA]
二酸化炭素体積濃度 c_1；○：25℃，△：40℃
イオン液体体積濃度 c_2；□：25℃，◇：40℃

る。

　イオン液体のガス吸収特性評価は，我々の研究グループで開発した体積可変セルと振動管式密度計を備えた高圧溶解度測定装置（図4）など独自の装置と技術を駆使しながら進めている。図5に，313.15 K（40℃）におけるジグライム–リチウム塩溶液に対する二酸化炭素溶解度の測定結果を示す。ジグライムにLi[BF_4]やLi[TFSA]を添加すると二酸化炭素溶解度は低下したが，Li[BETA]を添加した場合，ジグライムより二酸化炭素溶解度が若干増加した。Li[BF_4]やLi[TFSA]では塩析の影響で溶解度向上に繋がらなかったが，Li[BETA]では，二酸化炭素に対する親和性が高いフッ素の相互作用による効果が大きかったためと考えられる。また，比較的対照的なアニオン（Li[BF_4]，Li[TFSA]，Li[BETA]）と非対称なアニオン（Li[NFBS]，Li[HFOS]）とでは，かさ高い構造を有した前者のアニオンの方が高い二酸化炭素溶解度を示した。また，欧米の研究者による既報[3]では，最も優れる二酸化炭素溶解度を示すアニオンは[TFSA]であったが，本研究によって，さらに優れる二酸化炭素溶解度を示すアニオンはLi[BETA]であることを明らかにした。

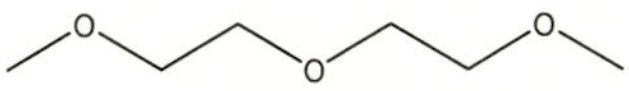

第6章　イオン液体物理吸収法によるCO$_2$分離・回収

Diglyme

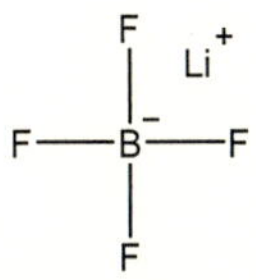

Li[BF$_4$]: Lithium tetrafluoroborate

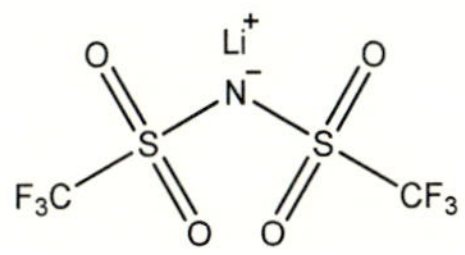

Li[TFSA]: Lithium bis(trifluoromethanesulfonyl)amide

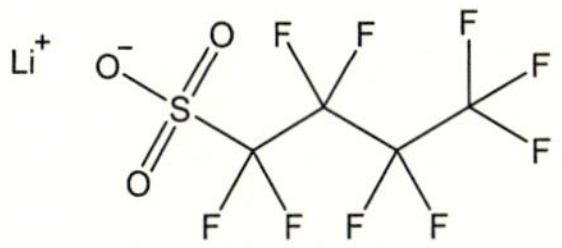

Li[NFBS]: Lithium nonafluorobutane sulfonate

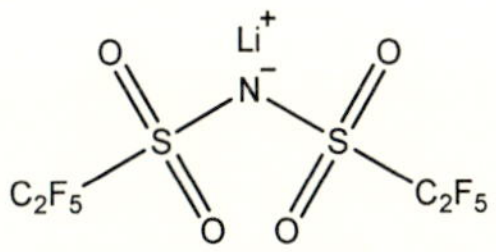

Li[BETA]: Lithium bis(pentafluoroethanesulfonyl)amide

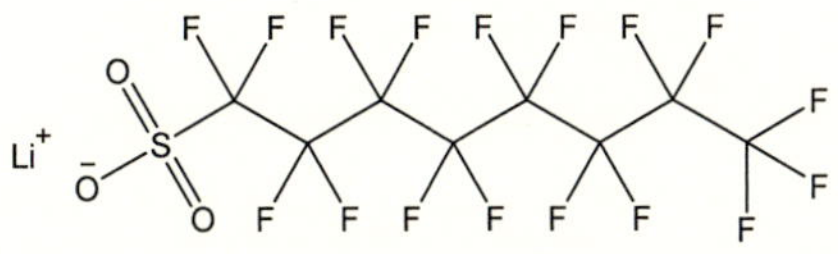

Li[HFOS]: Lithium heptadecafluorooctane sulfonate

図3　ジグライムとリチウム塩の化学構造

　これらジグライム-リチウム塩溶液は，SelexolやGenosorbなどとして市販されている既存の物理吸収液と比較しても優れた二酸化炭素吸収性能を示している。また，プロセスシミュレーションの結果から，ガス吸収装置の小型化，CCSプロセスにおける圧縮工程削減，吸収液使用量抑制の可能性などが示唆され，二酸化炭素排出の総合収支からも，本研究で開発したガス吸収液に大きな優位性があると考えられる。

イオン液体研究最前線と社会実装

図4　高圧溶解度測定装置

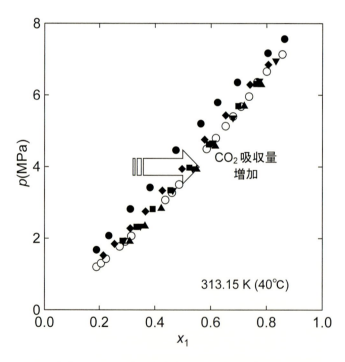

図5　ジグライム-リチウム塩溶液の CO_2 吸収量（モル分率基準）
　　○：Diglyme
　　●：Li[BF_4]　10 wt%　(13.7 mol%)
　　◆：Li[TFSA]　10 wt%　(4.9 mol%)
　　■：Li[NFBS]　10 wt%　(4.6 mol%)
　　▲：Li[BETA]　10 wt%　(3.7 mol%)
　　▼：Li[HFOS]　10 wt%　(2.9 mol%)

第6章　イオン液体物理吸収法による CO$_2$ 分離・回収

5　おわりに

　今後の日本経済の成長に必要なエネルギーを安定的に確保しつつ，二酸化炭素削減を着実に進めるにはどうしたらよいか。再生可能エネルギーの普及，脱化石燃料に向かうにしても，そのスピード感はどの程度なのかが不透明であり，しばらくの間は，火力発電所を利用し続けることになるであろう。COP21 で採択された「パリ協定」を順守し，地球温暖化を防止するためには，火力発電所などの排出ガスに含まれる二酸化炭素を分離回収し，地中や海洋に隔離貯留する CCS プロセスの重要性は増すものと考えられる。

　イオン液体をガス吸収液として工業的に利用するためには，吸収液の価格を低減するだけでなく，ガス吸収プロセス全体をデザインし，パッケージとして完成させる必要がある。今後，ベンチ・パイロットスケールでの実証実験を進めることにより，ガス吸収分離性能が改善できることが明確になれば，アルカノールアミン類などを利用した化学吸収法に代わり，低コストで環境負荷の低い二酸化炭素物理吸収プロセス実現に繋がっていくであろう。

文　　献

1) L. A. Blanchard et al., *Nature*, **399**, 28 (1999)
2) Á. P.-S. Kamps et al., *J. Chem. Eng. Data*, **48**, 746 (2003)
3) S. N. V. K Aki et al., *J. Phys. Chem. B*, **108**, 20355 (2004)
4) K. I. Gutkowski et al., *J. Supercrit. Fluids*, **39**, 187 (2006)
5) 特開 2009-106909 (2009)
6) D. Kodama et al., *J. Supercrit. Fluids*, **52**, 189 (2010)
7) T. Tamura et al., *Chem. Lett.*, **39**, 753 (2010)

第7章　イオン液体を用いたタンパク質の分離

藤田恭子[*1]，大野弘幸[*2]

1　はじめに

　イオン液体の特異的な溶液特性は幅広い分野で注目され，多くの研究に発展，応用されている。急増している分野の一つがバイオサイエンス分野であり，中でもイオン液体を用いたタンパク質の分離については近年，数多くの報告を見出すことができる。その多くは水との混合二相系として用いるものである。イオン液体の「イオンのみからなる液体」や「蒸気圧がほとんどない」といった代表的な特徴は失われるものの，無機塩では達成不可能な高塩濃度の環境が提供されている。しかも「官能基の導入を含めたイオン構造のデザイン性」を利用することで，無機塩やポリマーでは得られなかった興味深い結果が多く報告されている。イオン液体を用いたタンパク質の分離という観点では，クロマトグラフィーの移動相へのイオン液体の添加[1]や，磁性を付与したカーボンナノチューブへのイオン液体の修飾，導入[2]といった固相抽出に関する報告も多くなされているが，本章では，液・液抽出によるタンパク質分離の研究を中心に紹介する。最後に，分離操作の次の課題である，タンパク質の変性に関する研究展開の最前線として，難溶である凝集体タンパク質をイオン液体で溶解させ，リフォールディングさせる試みも紹介する。

2　水性二相分配法におけるイオン液体添加

　1950年代半ばに開発された水性二相分配は，デキストランとPEGに代表されるような様々な親水性ポリマーを用いて形成される二相系を用いて，生体高分子や酵素の抽出・分離に応用するものである[3]。親水性ポリマーの相分離に基づく二相系はいずれの相も水溶液であるため，有機溶媒を使った二相系に比べタンパク質への影響が小さい。二相間の疎水性差や，塩添加により生じた塩の分配による静電ポテンシャルの差，電荷の偏りを利用して，タンパク質だけでなくDNA，RNA，さらには細胞の分離まで評価・検討されてきた。
　この水性二相分配法に10〜30 wt%のイオン液体を添加して二相形成を制御することで，目的タンパク質の抽出効率の向上[4]や，イオン液体濃度の高い相へ抽出後のタンパク質の安定性の向上[5]が達成されるという。Quentalらは，コリニウムカチオンからなるイオン液体と，ポリプロピレングリコール（PPG）と水を混合することで形成される二相系を用いて，ウシ血漿アルブ

[*1]　Kyoko Fujita　東京薬科大学　薬学部　病態生理学教室　講師
[*2]　Hiroyuki Ohno　東京農工大学　大学院工学研究院　生命工学専攻　教授

第7章　イオン液体を用いたタンパク質の分離

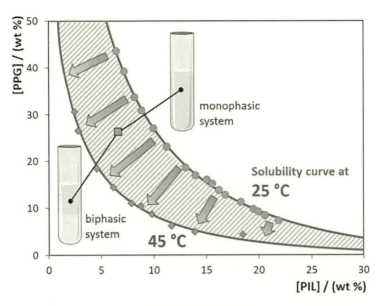

図1　プロトン性イオン液体を用いた水性二相系のバイノーダル曲線[6]
● 25℃；◆ 45℃

ミン（BSA）の抽出を行っている[4]。その結果，従来のポリマー二相系よりも効率が上がり，イミダゾリウム系のイオン液体よりも高い抽出効率が達成されたことを報告している。またLiらは，同様のコリニウム系イオン液体を用いて，いくつかの種類のタンパク質の抽出を試みている[5]。その結果，BSAよりリゾチームの抽出効率が高いことや，イオン液体相（1.237 mol L^{-1}）に抽出したトリプシンの活性はbuffer中に比べて向上し，さらに13ヶ月後でも高い活性を維持することが報告されている。

また，水性二相系にプロトン性イオン液体を添加することで，温度によって相溶状態と相分離状態を繰り返し制御できる下限臨界溶解温度（LCST）挙動を示し，これを用いてタンパク質の抽出，分離を行ったという報告もある[6]。Passosらは，ジメチルエチルアミンなどの第3級アミンにプロトンを付加させて生成させたカチオンを成分とするイオン液体をPPGと水と混合することで水性二相系を形成し，温度によって相転移を制御し（図1），チトクロムc（Cyt.c）とアゾカゼイン（Azo）の分離抽出を行っている。25℃で均一相，45℃で二相という比較的低い温度域での相転移が可能なことから，熱変性が懸念されるタンパク質でも未変性のまま抽出，分離が可能であると考えられる。Cyt.cとAzoの等電点（pI）は10.2と4.8と大きく異なる。しかし，いずれのタンパク質も1〜3 g・L^{-1}の濃度で95〜100％の高い効率で抽出可能であるという。

水性二相分配においてイオン液体を添加してタンパク質の抽出，分離を行う場合，目的タンパク質は1ステップでイオン液体濃度の高い相に効率良く抽出される。しかし，イオン液体の構造や用いるタンパク質によって，抽出率や，高次構造への影響が異なるため，実際に用いる場合

にはそれぞれの系にあった分離条件の最適化が必要である。

3 イオン液体／無機塩／水二相系

　PEGやPPGといったポリマーを使わずに，イオン液体と水の二相系でタンパク質の分離を行った報告としては，イオン液体のバイオ分野への応用が始まった初期のクラウンエーテルを用いたGotoらの例があげられる[7]。添加したクラウンエーテルがタンパク質と静電相互作用によって複合体を形成し，タンパク質の疎水性が増大することでイオン液体相への抽出が可能になると考えられている。

　また，イオン液体／無機塩／水からなる二相分離系を用いたタンパク質の分離，抽出に関しては，2003年のRogersらによる報告[8]がなされてから近年まで頻繁に目にするようになってきた。イオン液体としては，既存のものから新規に合成されたものなど様々な構造が報告されている。添加無機塩としては，水の構造形成能の高い塩が分離，抽出に有効であると言われているため，スルホン酸塩やカルボン酸塩による検討も行われてきた[8,9]。しかし水の構造形成能の高い無機塩でも，形成する二相系の安定性や，塩の溶解性，タンパク質の抽出能などは異なり，近年では主にリン酸塩を添加塩として用いるのが主流となってきている。

　イオン液体／無機塩／水二相系では，疎水性相互作用のみならず，塩析効果や，静電相互作用が関わることでタンパク質が水相からイオン液体相へと移動し，上述の効果の程度によって抽出効率が変わると考えられる[10]。熱力学的な解析を通じ，タンパク質の二相間の移動がエントロピー支配であることが実験的に示されている[11]。イオン液体水／無機塩／水二相系におけるタンパク質の相間移動は，イオン液体，無機塩，タンパク質の濃度と，分離時間，温度に影響を受ける。Wangらは，環境に低負荷で，生体分子との高い親和性や安定性を期待し，グアニジンカチオンとカルボキシル基を有するアニオンからなるイオン液体と水の二相系を用いてBSAの抽出を行っている。BSAの高次構造に大きな変化はなく，イミダゾリウム系イオン液体を用いた場合に比べ効率は向上し，99％以上の抽出が可能であった[12]。この結果から，カチオン，アニオンの有する水素結合形成能がタンパク質の相移動に影響を及ぼすことが考えられる。

4 LCST型イオン液体／水二相系

　高温で二相，低温で一相となる下限臨界溶解温度（LCST）挙動を示すイオン液体／水混合系を用いたタンパク質の分離については，著者らの研究室で見出されたアミノ酸イオン液体／水混合系の報告以降[13]，異なるイオン液体による検討や，LCST挙動のメカニズム，様々な応用も含めて報告してきた[14〜16]。LCST型イオン液体／水混合系の特徴は，わずかな温度差を利用して瞬時にタンパク質の抽出が行える点である。抽出が瞬時に行える理由としては，LCST挙動で生じる塩濃度変化が引き起こすタンパク質の塩析効果が大きく関わっていることが報告されてい

第7章　イオン液体を用いたタンパク質の分離

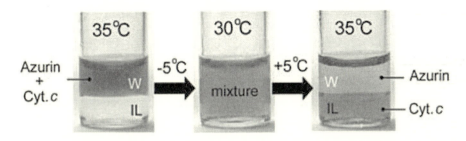

図2　LCST型イオン液体/水二相系によるチトクロムc（Cyt.c）とアズリン（Azurin）の分離

る[14]。この塩析効果による分配はタンパク質の表面電荷状態によって大きく影響を受ける，すなわち，タンパク質の等電点（pI）によって水溶液中への溶解度は異なってくる。そのため，タンパク質のpIの違いを利用すれば，複数のタンパク質の混合溶液から目的のタンパク質だけを抽出できる[14]。図2にはチトクロムc（Cyt.c）とブルー銅タンパク質であるアズリン（Azurin）の混合溶液から，わずか±5℃の温度変化により，それぞれを異なる相へと分配している状態を示した。このようにわずかな温度差で目的タンパク質をそれ以外のタンパク質と分離することが簡便にできれば，新規分離抽出系として有望なものになる。

5　大腸菌内に形成した封入体からのタンパク質の溶解・分離・リフォールディング

大腸菌を宿主として用いた各種タンパク質の発現は低コスト，簡便であり広く利用されている。しかし，大量に発現したタンパク質が高い確率で凝集体である封入体として回収されてしまうという欠点がある。この封入体から活性を持つタンパク質に再生する方法として，高濃度の変性剤で可溶化し，その後，希釈と透析を繰り返しながら除々に変性剤を除去し，タンパク質をリフォールディングさせるのが一般的である。しかし，この方法は時間がかかるだけでなく，大量の廃水が出たり，操作が煩雑であると共に，高い割合で再び凝集体を形成する問題を持つ。そこで我々は，タンパク質など生体分子の高次構造を保持したまま溶解できる水和イオン液体を用いて，効率的に封入体を再生する方法の検討を進めている。

封入体の再生でまず問題となるのが，封入体の溶解である。グアニジン塩酸塩などの変性剤の高濃度添加による溶解が一般的である。イオン液体はセルロース[17]やリグニン[18]，キチン[19]など，これまで良好な溶媒がなく，応用が難しかった難溶性物質の溶解を可能とし，今後の有効活用に大きな進展をもたらすものと期待されている。これらの溶解の実現にはイオン構造の選択が非常に重要である。上記のような難溶性高分子の溶解には，溶媒の極性が溶解に寄与することが多い。そこで，封入体の溶解にも極性が有効であると予測し，検討を行った。高い極性を有しセルロースを温和な条件で溶解する1エチル3メチルイミダゾリウムリン酸メチル（[C_2mim]

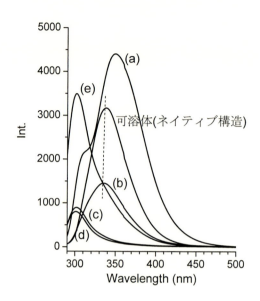

図3 各種溶液中で封入体を混合，遠心後の上清の蛍光スペクトル
(a) 水和グアニジン塩酸塩，(b) 水和 [ch][dhp]，(c) 水和 [C$_2$mim][MeO(H)PO$_2$]，
(d) 水和[C$_2$mim]BF$_4$，(e) 純水

[MeO(H)PO$_2$]）を用いて，大腸菌を宿主とする異種発現により形成した，セルラーゼ封入体の溶解を検討した．加えて，我々が生体分子の高次構造を保持したまま溶解可能であることを報告してきたコリニウムリン酸二水素（[ch][dhp]）と，生体分子の溶媒とした検討で比較的良く用いられる1エチル3メチルイミダゾリウムテトラフルオロボレート（[C$_2$mim]BF$_4$）を用いて同様の検討を行った．これらのイオン液体に，1イオンペアに対して水が4分子となるよう混合し，水和イオン液体とした．封入体を発現した大腸菌を超音波破砕後，それぞれの水和イオン液体と混合し，遠心分離後の上清について蛍光測定を行った（図3）．蛍光スペクトルはトリプトファン残基が存在する環境の疎水性によって最大蛍光波長がシフトするため，タンパク質のフォールディング状態の解析によく用いられる．測定の結果，水和 [C$_2$mim][MeO(H)PO$_2$]，水和 [C$_2$mim]BF$_4$ 中では，300 nm 付近に最大蛍光波長を持つスペクトルが得られた．これは，封入体の溶解能を持たない水溶液中で撹拌後の結果と類似した．このスペクトルは，トリプトファンが極性の低い環境に存在する，つまり凝集体になっていることを示している．これに対して，水和 [ch][dhp] に溶解した場合，340 nm 付近に最大蛍光波長を示し，緩衝液中に溶解したnativeなセルラーゼと同様であった．すなわち，封入体はこの水和イオン液体に溶解し，nativeと類似のコンフォメーションにリフォールディングしていることが示唆された（図3(b)）．

次に，水和 [ch][dhp] 中の含水率が諸物性に及ぼす影響について検討を行った．1イオンペアに対して4分子の水が存在する系に加え，7，10，50，さらには2,800分子の水が存在するよ

第 7 章　イオン液体を用いたタンパク質の分離

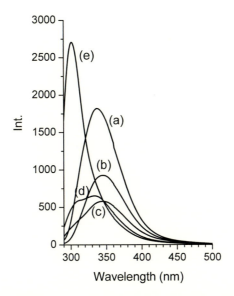

図 4　封入体を含水率の異なる [ch][dhp] 中で混合，遠心後の上清の蛍光スペクトル
(a) 1:4, (b) 1:7, (c) 1:10, (d) 1:50, (e) 1:2800 = [ch][dhp]:H_2O

うに水和 [ch][dhp] を調整した（2,800 分子の場合，約 20 mM のイオン液体水溶液に相当する）。これらの混合液では，含水率が高くなるにつれ粘度は大きく低下した。前述と同様に，それぞれの溶液に封入体を混合し，遠心分離後の上清を蛍光測定した。その結果，蛍光強度は含水率が高くなるにつれ低下した（図 4）。すなわち，含水率が低いほど溶液粘度は高く，溶解には不利であると考えられるものの，実際には封入体の溶解性に優れていることが示された。さらに，1 イオンペアに対して 4, 7, 10 分子程度までの含水状態では最大蛍光波長は 340 nm 付近に観測されたものの，水分子の添加量の増大に伴い，徐々に短波長側へのシフトが確認された。1 イオンペアに対して 50 分子の水が存在する場合には，スペクトルは 2 つの極大を示した。通常の緩衝液と同等の 20 mM の塩濃度では（1 イオンペアあたり 2,800 分子の水が存在），最大蛍光波長は 300 nm 付近に認められ，封入体は溶解していないことが示唆された。これまでもイオン液体中の含水率が LCST 挙動や，溶解した生体分子の活性に影響することを報告してきたが[20]，今回の結果から，封入体の溶解や，溶解後の高次構造の形成にもイオン液体中の含水率が大きく影響することが明らかとなった。封入体の溶解には親水性の環境より，水分子が少ない疎水的な環境の方が適していることが示された。さらに，水分子が少なく，且つ生体分子の高次構造の形成が可能な水和 [ch][dhp] 中で撹拌を行うことで，溶解後に native と同様のフォールディングを形成するものと予測される。詳細は割愛するが，[ch][dhp] 中で封入体から溶解し，フォールディング状態を再形成したセルラーゼによるセルロースの加水分解が，[ch][dhp] の脱塩後に観測されている。今後，[ch][dhp] 中での溶解とフォールディング条件の最適化が必要であるが，簡便な封入体の再生につながるものと期待される。またこれらの知見を基に，封入

体を含めた凝集体からのフォールディングについて，イオン液体を用いた二相系でより簡便に進めるための検討も行っている。二相系を用いることで，フォールディングしたタンパク質の分離をより高効率に行え，再生法の大幅な発展につながると期待できる。

6　おわりに

　本章では，イオン液体を用いたタンパク質分離に関する知見をまとめた。組成は異なるが，二相系を形成して目的タンパク質を抽出，分離するという点においては全てに共通していた。操作により目的タンパク質は水相からイオン液体を高濃度に含む相へ抽出されるが，抽出後のタンパク質の利用を考えた場合には再び水相への溶解が必要になる。もともと水溶性のポリマーやイオン液体を用いているため，希釈と脱塩処理により水相に戻すことは可能であると考えられるが，タンパク質とイオン間の相互作用は決して弱いものではないことから，その操作は長時間にわたる煩雑なものになると予想される。実際に我々もイオン液体中に溶解したタンパク質を水溶液中に移動させるための検討を行っているが，容易ではない。疎水性イオン液体と無機塩を用いることで，イオン液体相に分配したタンパク質の水相への再溶解については報告した[15]。また，タンパク質を用いた研究ではないが，ペニシリンやバニリン酸などの低分子をイオン液体相から水相へ逆抽出した報告がなされている[21,22]。これらは，逆抽出するために疎水性イオン液体を経由させたり，添加無機塩の濃度を調整したりすることで実現している。タンパク質をターゲットとした場合，安定性の問題から同じ方法ではうまくいかない可能性も高いが，イオン液体中に溶解していることを特徴とした逆抽出法を構築できれば，本章で示した研究のさらなる発展が期待できる。

文　　献

1) S. A. Shamsi & N. D. Danielson, *J. Sep. Sci.*, **30**, 1729 (2007)
2) J. Chen *et al.*, *Analyst*, **140**, 3747 (2015)
3) H. Walter *et al.* eds., Partitioning in Aqueous Two-Phase Systems: Theory, Methods, Uses and Applications to Biotechnology, Academic Press, New York (1985)
4) M. V. Quental *et al.*, *Biotechnol. J.*, **10**, 1457 (2015)
5) Z. Li *et al.*, *Green Chem.*, **14**, 2941 (2012)
6) H. Passos *et al.*, *Sci. Rep.*, **4**, 20276 (2016)
7) K. Shimojo *et al.*, *Anal. Chem.*, **78**, 7735 (2006)
8) K. E. Gutowski *et al.*, *J. Am. Chem. Soc.*, **125**, 6632 (2003)
9) C. Y. He *et al.*, *J. Chromatogr. A*, **143**, 1082 (2005)
10) X. Lin *et al.*, *Analyst*, **138**, 6445 (2013)

11) Y. Pei *et al., Sep. Purif. Technol.*, **64**, 288 (2009)
12) Q. Zeng *et al., Talanta*, **116**, 409 (2013)
13) Y. Kohno *et al., Polym. Chem.*, **2**, 862 (2011)
14) Y. Kohno *et al., Aust. J. Chem.*, **65**, 1548 (2012)
15) Y. Ito *et al., Int. J. Mol. Sci.*, **14**, 18350 (2013)
16) Y. Kohno *et al., Aust. J. Chem.*, **64**, 1560 (2011)
17) H. Ohno & Y. Fukaya, *Chem. Lett.*, **38**, 2 (2009)
18) T. Itoh, Patent WO201400267A1
19) M. Shimo *et al., ACS Sus. Chem. Eng.*, **4**, 3722 (2016)
20) H. Ohno *et al., Phys. Chem. Chem. Phys.*, **17**, 14454 (2015)
21) Y. Jiang *et al., Ind. Eng. Chem. Res.*, **46**, 6303 (2007)
22) A. F. M. Claudio *et al., Green Chem.*, **16**, 259 (2014)

〈電池への利用〉

第8章　リチウムイオン電池とイオン液体（総論）

松本　一*

1　はじめに

　リチウムイオン電池（以下 LIB と略す）の発明は，従来の水系二次電池と比べて高電圧（4 V）であることから体積あたりの充放電容量が格段に大きく，携帯用電子機器の利便性を大幅に向上させただけでなく，電気自動車の実用化に大いに貢献してきた。しかしながら，高電圧を担保するためには引火性の有機溶媒を用いる必要があり，特に炭素負極の安定作動に必須である SEI と呼ばれる不動態皮膜を形成するのはカーボネート系混合有機溶媒電解液のみであることから，電解液の難燃化や固体電解質の開発が安全性向上のための重要な研究課題となっている[1]。
　[BF_4]$^-$ や [NTf_2]$^-$ のような低配位性パーフルオロアニオンからなるイオン液体は，大気雰囲気で安定かつ難燃性であることから，難燃性電解液として注目され，2000年代初頭には，実際の LIB に用いられる正極やチタン酸リチウム（LTO）負極を用いた電池の充放電が可能であることが報告されている。このことは有機溶媒に最適化された正極，負極がそのままイオン液体に適用可能であることを示しており，その後のイオン液体ブームとともに電池へのイオン液体の応用に関する論文数が指数関数的に増加してきた（図1）。
　しかしながら，これらイオン液体では，LIB 構築に必須である炭素負極が良好には作動しな

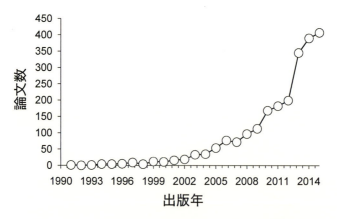

図1　トムソン・ロイター web of science による検索結果
　　　（検索キー：ionic liquid and (lithium and battery)）

---

*　Hajime Matsumoto　産業技術総合研究所　電池技術研究部門　エネルギー材料グループ　主任研究員

いことや，従来の有機溶媒電解液には全く及ばない低い電池性能にとどまることが大きな問題であった。高粘性が原因とも考えられてきたが，新規なアニオン種（$[(FSO_2)_2N]^-$）からなるイオン液体を用いることで有機溶媒電解液に匹敵する電池性能，および炭素負極からなるフルセルの構築が可能となることが明らかとなり[2]，これを突破口として，イオン液体の難揮発性を生かした人工衛星向けの電池や[3]，ナトリウムイオン二次電池による大型実電池の実用化にまで至っている[4]。

本稿では紙数の関係から，LIBへの適用についての研究開発の歴史を概観する。この分野への興味を持つ研究者への理解の一助となれば幸いである。

2 リチウムイオン電池について

詳細は教科書に譲るとして[5]，ここでは簡単にリチウムイオン電池（LIB）の構造・構成について簡単に説明する。LIBでは負極に炭素材料からなる電極を，正極には主としてコバルト酸リチウム（$LiCoO_2$）のような遷移金属層状酸化物，あるいはリン酸鉄リチウム（$LiFePO_4$）のようなポリアニオンからなる電極を用い，その電極間に20 μm程度の厚みのポリオレフィン微多孔膜を配した構造となっている。電解液には1 M（= mol L^{-1}）程度の$LiPF_6$を含む混合カーボネート溶媒からなる電解液からなる（図2）。正極や負極単独での作動を確認するためにリチウム金属箔を電極として用いる検討もなされる。高効率かつ平滑なリチウム金属析出・再溶解がイオン液体で可能となれば，現状のLIBよりも高容量が期待されるリチウム金属二次電池となる。

電極構造を模式的に表したものを図3に示す。炭素材料や$LiCoO_2$のような活物質粒子は，活物質上での電気化学反応を円滑にするための導電助剤（アセチレンブラックなど）とともにバイ

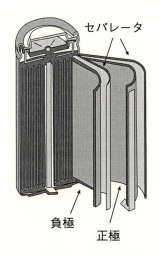

図2　18650セル内部の模式図

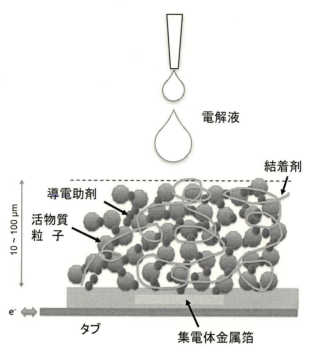

図3 合剤電極の断面の模式図

ンダー（PVdF，ポリイミドなど）で集電体金属箔の上に厚さ数10～100 μm となるように固定されており，電解液はこのような合剤電極内部にくまなく含浸し，活物質への Li^+ の供給をサポートする。合剤電極は粒子の集合体であることから比表面積が大きく，高い電流密度を実現するためにも有効であるが，固体電解質では多孔質内部まで接触を保ちながら充填することは困難であり，液体電解液が有利である。

3 コバルト酸リチウム合剤正極のレート特性に及ぼすアニオン種の影響

イオン液体のリチウム二次電池への適用は2000年代の初頭に，代表的イオン液体である BF_4^- 系，NTf_2^- 系イオン液体を用いた検討がなされ，還元電位がリチウムの酸化還元電位に対して+0.7 Vの電位で電気化学的酸化がおこる（+0.7 V vs Li/Li$^+$）[C_2mim]$^+$系では，負極にリチウム金属ではなく+1.5 V vs Li/Li$^+$で作動するチタン酸リチウム（LTO）を，正極には+4.2 V vs Li/Li$^+$で作動するコバルト酸リチウム（LCO，+4.2 V vs Li/Li$^+$）を組み合わせた構成での充放電が報告されている。フルセル構成ではあるが，作動電圧が2V程度となってしまう。一方，我々は[C_3mpip]$^+$のような脂肪族4級アンモニウム中でリチウム金属の析出・再溶解が可能であることから，LCO正極とリチウム金属から4.2 Vでの充放電が可能であることを報告した[2]。しかしながら，その性能は有機溶媒電解液と比べて著しく低く，その高粘性に起因する

第8章 リチウムイオン電池とイオン液体（総論）

と考え，カチオンを変更することで粘性を半分程度に低減させたが，電池特性はほとんど改善することがなかった。そこでカチオンではなく，アニオンを工夫することによる物性改良に取り組んだ結果，$[NTf_2]^-$と同じイミドアニオンであるビスフルオロスルホニルイミド（$[(FSO_2)_2N]^-$，以後FSIと略す）が粘性の低減だけでなく，著しく電池性能を向上させることを見出した[6]。そこでアニオン種にフォーカスするため，様々なアニオンと容易にイオン液体を形成する脂肪族4級アンモニウムである$[N_{2212O1}]^+$系イオン液体を用いたLCOハーフセル（負極には十分な量のリチウム金属箔をもちいる）を構築し，その充放電容量と充放電電流の関係（レート特性という）を図4に，また使用したイオン液体電解液の物性値を表1にそれぞれ示す。これから明らかなように，FSIアニオンが検討したイオン液体の中では特に優れており，交流インピーダンス測定などから正極上およびリチウム金属上での電荷移動反応が速いことがわかる。表1から，レート特性と系の粘性が単純には比例していない部分があることがわかるが，電極界面反応速度が単純に粘度だけで支配されていないことを示唆する[7]。

　FSIアニオンからなるイオン液体は，単にレート特性を向上させるのみならず，実用化にとって不可欠である実用炭素負極が高レートで作動する現時点で唯一の系であり[8]，$[C_2mim]^+$中でもリチウムの析出・再溶解が可能となるなど，カーボネート系有機溶媒電解液に匹敵するユニークな特徴を備えている。これらのことからリチウム二次電池系へのイオン液体としては，$[C_2mim][FSI]$が最も優れたイオン液体であると言える。

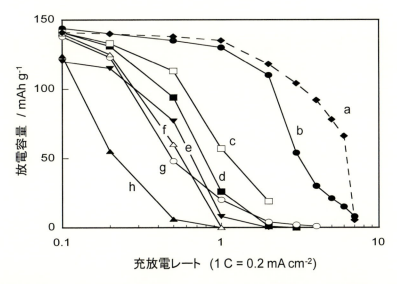

図4 種々の$[N_{2212O1}]^+$イオン液体を用いたLi/LiCoO$_2$セルの室温における充放電レートと放電容量の関係

Li塩濃度~0.5 mol dm^{-3}． a：1 M LiPF$_6$（エチレンカーボネート／メチルカーボネート（1:1 vol%）），b：FSI$^-$，$[(FSO_2)_2N]^-$，c：$[BF_3CF_3]^-$，d：TFSI$^-$，$[(CF_3SO_2)_2N]^-$，e：TSAC$^-$ $[(CF_3CO)(CF_3SO_2)N]^-$，f：$[BF_3C_2F_5]^-$，g：$[BF_4]^-$，h：BETI$^-$，$[(C_2F_5SO_2)_2N]^-$

表1 [N_{221201}]$^+$イオン液体の25℃における物性（およそ0.5 M Li塩を含む）

	対アニオン	導電率 [mS/cm]	粘度 [mPa s]
a	1M LiPF$_6$ EC/DMC	11	3.3
b	FSI	4.2	65
c	BF$_3$CF$_3$	1.6	231
d	TFSI (NTf$_2$)	1.4	142
e	TSAC	2.2	85
f	BF$_3$C$_2$F$_5$	1.9	130
g	BF$_4$	0.81	721
h	BETI	0.35	448

4 フルオロスルホニル基（FSO$_2$–）の効果

前節で述べたように，FSIアニオンからなるイオン液体は明らかに従来のイオン液体に比べると，粘性低減，モル導電率向上などの物性の改良以上の電池性能向上をリチウム二次電池系にもたらすことがわかる。理論計算とラマン分光を組み合わせ，リチウムカチオンとアニオン間の錯体形成能やその構造に違いがあることは明らかになっているが，イオン液体では溶液構造そのものよりも電極-電解液界面に何らかの特異的な状況が存在しているものと考えられている。我々は，以前からTSACのような非対称構造を有するアミドアニオンが，従来のNTf$_2^-$やBF$_4^-$のようなアニオンでは固体となるテトラエチルアンモニウムのような対称カチオンでも融点を低減させる能力があることを示してきた[9]。特にFTFSI$^-$（[(CF$_3$SO$_2$)(FSO$_2$)N]$^-$）も同様のオニウム塩の低融点化に優れたアニオンであるが，それだけでなくリチウム塩（LiFTFSI）がパーフルオロアニオンからなるLi塩では低い融点（T_m = 100℃）を示すことから，この溶融リチウム塩単独での電池電解液特性を検討し，リン酸鉄リチウム（LiFePO$_4$）正極ハーフセルが作動すること[10]，さらに異種アルカリ金属FTFSI塩を混合させ低温溶融塩とし，FSIイオン液体と同様に炭素負極が作動することを報告した[11]。これらに共通する因子としては，イミドアニオンの構造中にFSO$_2$–基が含まれていることである。この置換基上のフッ素原子による電極界面皮膜形成や，アニオンの負電荷の分散に大きく寄与することで，Liカチオンとの相互作用が弱まるなどが影響しているものと考えられる[12]。

5 さいごに

イオン液体は不燃性の電解液として期待され，FSI系イオン液体の登場によって，さらに大型セルの構築まで見通せる段階にきた。これまでは単にLIBへの適用が主として検討されてきたが，図1の2012年頃の論文数の大幅な増加に見られるように，単にLIBへの応用にとどまらず，高容量ポストリチウム二次電池，例えば，リチウム金属負極を用いた空気電池，硫黄正極，マグネシウム，アルミニウムなどの多価金属負極電池など，LIBにおけるカーボネート系有機

第 8 章 リチウムイオン電池とイオン液体（総論）

溶媒のようなすぐれた電解液が探索中であるために電池全体の研究開発が進まない分野への適用可能性が検討され始めている。特に，リチウム金属負極ではリチウムの析出形態の抑制に繋がる結果が報告され[13]，また硫黄正極においては，従来の有機溶媒で懸案であった硫黄溶出の問題がなくなるなど[14]，イオン液体に特徴的な結果が報告されている。また従来の炭素負極の 10 倍の容量が期待されるシリコン負極ではイオン液体が安定した充放電をもたらすという報告もある[15]。さらに最近では，炭素層間へのアニオンの挿入・脱離現象が 4.5 V vs Li/Li$^+$ という高い電位で起こることからアニオン型二次電池などの新しい二次電池への応用が検討されるなど[16]，イオン液体による新しい二次電池開発がますます期待される状況といえる。

文　　献

1) 鳶島真一監修, 蓄電デバイスの今後の展開と電解液の研究開発, シーエムシー出版 (2014)
2) H. Matsumoto, in "Electrolytes for Lithium-ion Batteries", T. R. Jow *et al.* Eds., ch.4 and references therein, Springer (2014)
3) 本書 第Ⅲ編 第 9 章
4) 本書 第Ⅲ編 第 10 章
5) 芳尾真幸, 小沢昭弥編, リチウムイオン二次電池―材料と応用―, 日刊工業新聞社 (2000)
6) H. Matsumoto *et al.*, *J. Power Sources*, **160**, 1308 (2006)
7) H. Matsumoto *et al.*, *ECS Trans.*, **16**, 59 (2009)
8) M. Ishikawa *et al.*, *J. Power Sources*, **162**, 658 (2006)
9) H. Matsumoto *et al.*, *Chem. Commun.*, **16**, 1726 (2002)
10) K. Kubota & H. Matsumoto, *J. Phys. Chem. C*, **117**, 18829 (2013)
11) K. Kubota & H. Matsumoto, *ECS Trans.*, **62**, 231 (2014)
12) S. Tsuzuki *et al.*, *J. Phys. Chem. B*, **117**, 16212 (2013)
13) H. Sano *et al.*, *J. Electrochem. Soc.*, **161**, A1236 (2014)
14) K. Dokko *et al.*, *J. Electrochem. Soc.*, **160**, A1304 (2013)
15) H. Usui *et al.*, *J. Power Sources*, **235**, 29 (2013)
16) T. Placke *et al.*, *J. Electrochem. Soc.*, **159**, A1755 (2012)

第9章 イオン液体を用いた人工衛星に搭載されたリチウムイオン電池

石川正司[*1], 山縣雅紀[*2]

1 はじめに

　近年，非水系電解質から構成されるエネルギー貯蔵デバイス用の新しい電解質材料として，イオン液体が注目を集めている。これは，イオン液体独特の性質である難燃性，低揮発性，熱的安定性，そして高いイオン濃度といった特徴が，電解質材料として使用する上での大きなメリットになるからである。これまでに，イオン液体を電解質材料としたリチウムイオン二次電池の構築が試みられているが，粘性が高い，あるいはイオン液体の還元分解電位がリチウムイオン挿入／脱離の電位に比べて高いため，負極特性が悪い，といった問題を抱えていた。これらが要因となり，イオン液体を有機系電解質の代替材料として実用化するのは困難とされてきた。問題であった負極特性の改善策として，Holzapfel らが vinylene carbonate（VC）を添加することにより，リチウムイオンのグラファイト負極への可逆的な挿入／脱離に成功[1,2]して以来，有機添加剤を利用することが代表的な対応方策となった。これは添加物の還元分解による固体界面層（SEI）の形成により，イオン液体自身の還元分解の抑制を狙ったものである。しかしながらSEIの形成は，電極/電解質界面抵抗の増加が避けられず，元々高粘性のイオン液体系の電流特性がさらに悪化してしまう。

　我々は，上述のような問題点の根本的解決を目指して検討した結果，有機溶媒の添加剤なしで，グラファイトに対してリチウムイオンを可逆的に挿入／脱離させることが可能であることを見出している[3,4]。ここでは，その発見当時の報告以降，特に最近の検討を紹介し，典型的な難燃性イオン液体を用いた高性能リチウムイオン電池の開発状況と今後の展望を述べる。

2 負極の可逆化と高レート特性の機構解明

　我々はビス（フルオロスルホニル）イミド（bis(fluorosulfonyl)imide：FSI^-）アニオン塩[5〜12]の中で，低粘度で知られていた FSI イオン液体[13]（図1）が，Li イオンセル系各種負極および正極において従来の有機電解液以上に高性能な挙動を示すことを見出してきた。FSI アニオンを用いたイオン液体電解液は，溶媒，添加剤を一切必要とせず，LIB 黒鉛質負極の充放電を可能と

　[*1]　Masashi Ishikawa　関西大学　化学生命工学部　教授／イノベーション創生センター長
　[*2]　Masaki Yamagata　関西大学　化学生命工学部　准教授

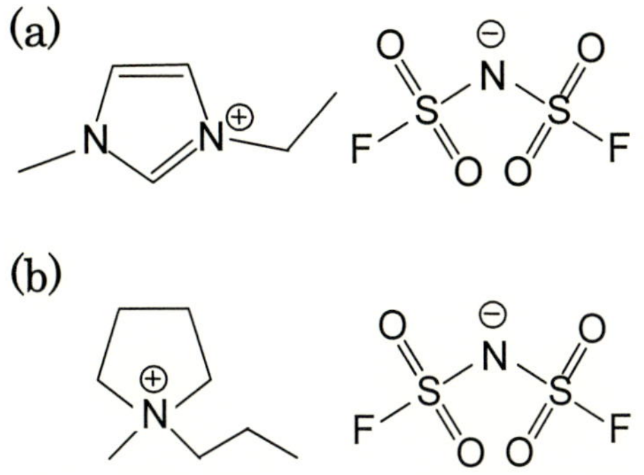

第9章 イオン液体を用いた人工衛星に搭載されたリチウムイオン電池

図1 FSIアニオンによるイオン液体：(a) EMImFSI および (b) P_{13}FSI

するが，リチウム塩（Li塩）を含む純粋なイオン液体系でこれを可能とする他の例は今日でもほとんど知られていない。また可逆性を付与するだけでなく，高粘度にもかかわらず，負極反応，正極反応において通常電解液を凌駕する速度特性が発現する。この特異性は，SEIを形成する通常電解液とは異なる，特異な二重層界面に起因することが明らかになってきた。

研究の発端として，2005年に電解液にEMImFSI（EMIm$^+$ = 1-ethyl-3-methylimidazolium）を用いると，炭素負極が従来の有機系電解液と同等に作動することが明らかになった[3]。これは従来のTFSIイオン液体系では全く不可能だった充放電反応である。図2のように黒鉛負極が完全不可逆であったTFSIイオン液体系をFSI系に変えると，驚くべきことにほぼ完全な可逆反応になる。なお，イオン液体にFSIを使用すれば溶解させるLi塩はLiTFSIでも構わない。

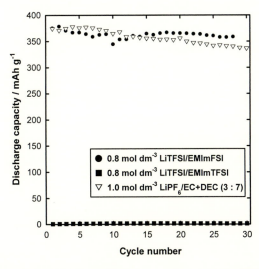

図2 FSIおよびTFSIをアニオンとするEMImイオン液体中ならびに通常電解液中での黒鉛負極の0.2 C充放電サイクルにおける放電容量

このように研究初期から黒鉛負極に対してFSIイオン液体系は良好な可逆性を与えることが明らかになり[3,14~21]，次いで，Si負極でも図3のようにFSIイオン液体系では高い可逆性で充放電が可能であることも判明した[19,20]。一方，正極に対しての適用では，良好な高レート特性が特徴として顕著であった。例としてEC + DMCを電解液に用いた試験セル，およびEMImFSIを電解液に用いた試験セルについて，0.1～5 Cの各レートにて充放電試験を行った結果を図4に示す。各充放電レートでのNMC正極の容量発現率は，EMImFSIはEC + DMCと比較してむしろ優れ，しかも高レートになるほど顕著であることが判明した[22]。このように，単に可逆性

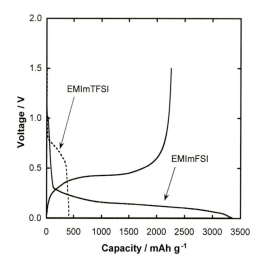

図3 EMImFSIおよびEMImTFSI中（LiTFSI含有）におけるSi-Ni負極の充放電カーブ，充放電電流：50 mA g^{-1}

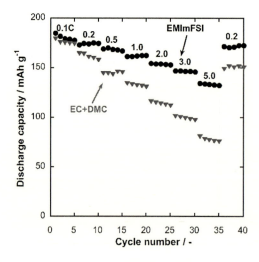

図4 EMImFSI（●）およびEC + DMC（▼）電解液（Li塩含有）を用いたLi/NMCセルのレート特性

第9章 イオン液体を用いた人工衛星に搭載されたリチウムイオン電池

を与えるのみならず，粘度の高いイオン液体系のほうが，通常溶媒系よりレート特性に優れるという興味深い知見が得られている。

3 FSIイオン液体系を特徴づける電極界面構造[23]

このような正負極の良好な作動特性が数々見出されたため，これを説明できる界面解析による界面の構造提案が進められた。交流インピーダンス解析では，正負極とも通常電解液で観測される界面抵抗に比べ，FSI系では数分の一から一桁近く低い際立った低抵抗性が得られた。また，単掃引による安定電位窓測定では，Li塩の添加により，FSIイオン液体の時のみ電位窓が負側に1V近くも広がること，またLi塩の添加で，TFSI系では微分二重層容量が減少するのに対し，FSI系では反対に大きく増加することが明らかとなった。

これらの結果を総合的に考慮し，FSIの与える界面構造が提案された（図5）。従来のTFSI系ではLiイオンとTFSIの相互作用が強いため，配位全電荷が負極に対して適正な拡散種でないことから負極に近接できず，代わりにイオン液体カチオンが接近（場合によっては次いで分解）してしまうのに対し，FSI系では第一層に弱配位Li層を与え，この近接Liが反応性の高さ（高速反応特性）と不可逆副反応の寄与の少なさを説明できると思われる。初回充電では電極の高活性点で不可逆反応が少し起こるものの，それ以降ではSEI形成を含む界面反応はほとんど起こらない。よってFSIイオン液体系は前述の特異な二重層構造を与えることでSEIに頼らずとも充放電が可逆化し，そしてSEIが少ないゆえに界面の反応抵抗が顕著に低く高速充放電が可能になったと解釈し得る。非常に高粘度であるイオン液体系であっても通常電解液よりしばしば高レート特性が得られるのは大変興味深い現象であり，このような機構説明によってFSIイオン液体の特別な振る舞いが明らかになった。

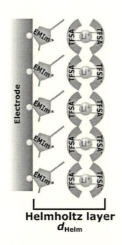 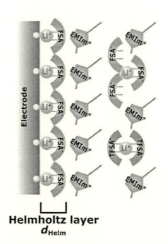

図5 LiTFSI存在下で陰分極した電極の界面構造：EMImTFSI（左）およびEMImFSI（右）

4 FSIイオン液体電解液の最適化による炭素負極のレート特性向上[24]

これまでに，FSIイオン液体中での黒鉛負極の充放電は可逆であるものの初回充電で多少の不可逆反応があり，それは活物質材料依存性すなわち黒鉛系負極材料表面の構造に影響されることが判っていた。そこでこの解決のためエッジの多い黒鉛負極に対し，FSI系イオン液体電解液に導入するLi塩種効果が評価された。具体的にはlithium bis(oxalate)borate (LiBOB) を電解液に添加，一方で主要Li塩としてLiFSIを選択することで黒鉛系負極材料界面の制御を行い，レート特性の向上について検討がなされた。

0.01 mol dm^{-3} LiBOBを添加した0.45 mol dm^{-3} LiFSI/EMImFSIおよび0.45 mol dm^{-3} LiTFSI/EMImFSI，0.45 mol dm^{-3} LiTFSI/EMImFSIの3種類の電解液中における黒鉛系負極のレート特性を図6に示す。LiBOBを添加した2つの系は，LiTFSI/EMImFSIと比較して高い放電容量を有する。これは，LiBOBを添加することで，人造黒鉛負極（エッジ残存の未加工品）でみられるイオン液体種と活物質との反応による初回の不可逆反応が抑制されたことに起因すると考えられる。また，LiFSI + LiBOB/EMImFSI系は5.0Cにおいても高い放電容量を維持していることを示した。以上の結果より，Li塩としてLiFSIとLiBOB添加剤を用いることで，レート特性について良好な結果が得られることが確認された。

5 イオン液体による実用リチウムイオン電池の設計[25]

これまでの研究成果で最適化されたNMC正極と炭素系負極とを組み合わせ，電解液にEMImFSIを用い，リチウムイオン電池を構築することでレート特性が評価された。実用を想定

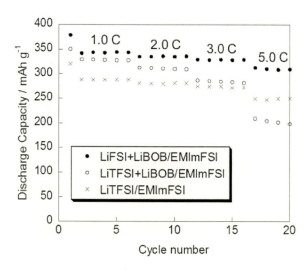

図6 LiFSI + LiBOB/EMImFSI，LiTFSI + LiBOB/EMImFSI，およびLiTFSI/EMImFSI中での黒鉛負極のレート特性

第9章　イオン液体を用いた人工衛星に搭載されたリチウムイオン電池

したGraphite/NMCセルの出力特性を考慮して採用したのが，LiFSIの導入とLiBOBの添加である。LiFSIの導入はイオン液体電解液のイオン伝導性および電極／電解液界面の安定化に寄与し，LiBOBの添加で効果的な界面初期形成による電解液分解抑制が可能となる。このLiFSIおよびLiBOBの導入の場合に出力特性が最も向上し，$LiPF_6$の通常電解液系の特性を上回った。このように，イオン液体電解液はイオン液体の選択だけではなく，それにマッチするLi塩，添加剤の利用が適正であれば，フルセルでも通常電解液系の特性を凌駕できる。

6　FSIイオン液体電解液中におけるSi薄膜電極の挙動[26]

リチウムイオン電池の高容量負極材料として注目されているSi負極に対し，FSIイオン液体系が優れた充放電可逆性を与えることを研究開始初期から見出していることは前述した。グラファイト負極とは異なり，特異的な界面現象を有するSi負極の理解が必要であるが，一般的な合剤電極では多様な構成材料が電極/電解液界面に影響を与えるため，詳細な解析は困難である。我々は，Si電極/電解液界面に焦点を当て，界面状態と充放電特性との相関を探るため，活物質のみから構成されるアモルファスシリコン（a-Si）薄膜負極を使用した。電解液には非水系有機溶媒とイオン液体を用い，界面状態の違いを見出すとともに，FSIイオン液体がSi負極に適した電解液であることも明らかにした。

図7に各電解液におけるa-Si薄膜負極の50サイクル後のSEM像を示す。Si電極の充放電に伴う体積変化によって生じる割れが観察できる。しかし，EMImFSI系のサイクル特性の結果から推察すると厚さ方向の割れは抑制されていると考えられる。EMImFSI系ではSiの細かい割れが観察できるが，有機溶媒系では同サイクルにおいて電解液の分解によって形成したと考えられるSEIがこの細かい割れを埋め尽くしてしまっている。以上のことから，両電解液におけるa-Si薄膜負極の電池特性の違いは電極上のSEIが強く影響し，その形成状況の大きな違いか

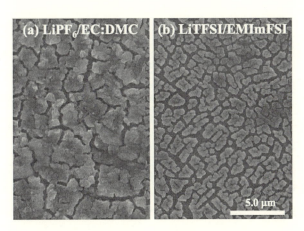

図7　(a) $LiPF_6$/EC：DMC, (b) LiTFSI/EMImFSI電解液中で充放電50サイクル後のアモルファスシリコン（a-Si）負極のSEM画像

ら，やはり FSI 系の電解液界面構造の特殊性が理解できる。過剰な SEI に頼らない FSI 系は，割れが生じるこのような Si 系で特に有利である可能性がある。また，可逆性のみならず，大変高いレートでの充放電が可能であることも特徴である。

7　無溶媒イオン液体電解液による「宇宙用リチウム二次電池」[27,28]

　以上のような電池開発の現状から，将来的には EV 関連に期待するにしても，現時点でニーズのある分野を我々は探求していた。その際に，宇宙分野において，補強のための余分な体積や重量を極力排除した安定で安全な蓄電池が要望されていることが判った。そこで，イオン液体が極めて低蒸気圧であり，高真空下でも安定に存在できることに着目し，宇宙環境を想定した極限環境下での利用が可能なリチウムイオン電池を構築した。平成 25 年に開発から試作に至ったセルは，極限環境下を想定した種々の地上試験を経て，東京大学開発の小型人工衛星「ほどよし衛星3 号機」に搭載され，平成 26 年 6 月 20 日（日本時間）に，ロシア宇宙基地から打ち上げに成功した。現在，この電池は「ほどよし衛星」とともに地球周回軌道上にあり，宇宙空間での充放電テストをコマンド制御下で可能としており，平成 26 年 8 月 5 日には軌道上で世界初のイオン液体電池の短時間作動に成功，長期作動にも同年 10 月 27 日に成功した。

　宇宙用電池として用いた材料は，黒鉛負極，リチウム NMC 酸化物正極，FSI をアニオンとするイオン液体を無溶媒で充填したラミネートセルである。このように，できるだけシンプルな形で超高真空の宇宙空間でも耐性があること（もちろん打ち上げ時の高加速 G にも耐えることが必要）を実証するため，ラミネート外装のみで，補強を一切していない。その保証として衛星搭載前に，宇宙環境への適応性を確認するため，放射線試験，高真空試験，温度試験を実施し，その性能および耐久性を評価した。これらにより想定宇宙環境に耐えることを確認したうえで衛星へ搭載した（図 8）。衛星には，上記セルを 2 直列に接続，定負荷放電が可能な状態で搭載した。

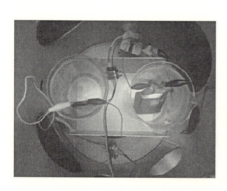

図 8　（左）宇宙用イオン液体リチウム二次電池の地上における超高真空試験の様子，（右）人工衛星搭載のラミネートセルと制御モジュール（背後の黒ブロック）

第9章 イオン液体を用いた人工衛星に搭載されたリチウムイオン電池

ロケット打上げ基地にて充電状態データを取得し，打ち上げ前の電池健全性も確認した。電池の充放電試験は地上の管制システムから可視時間にリアルタイムコマンド送信などを行い，ダウンロードしたデータを解析することが可能である。実施した結果，50 msec の高速サンプリングにおいてもデータ取得できることが確認された。このように，宇宙空間軌道上で本システムを使った充放電試験に成功し，アルミラミネート外装のみの軽量蓄電池が宇宙空間で健全であることが確認できた。

8 おわりに

難燃性という良さをもちながらも特に元来，レート特性および可逆性に難があるイオン液体電解液に対し，FSI系はそれらを解決するのみならず，従来のイオン液体系の常識を覆すハイレート特性を有することが明らかになった。実際，粘度から見て不利と思われるにも関わらず，通常電解系よりハイレート充放電作動が有利であるケースを多く見出せた。そしてその理由がSEIに頼らず，特徴的な二重層構造形成によることも次第に明らかになってきた。この技術の流れにより，従来の界面形成機能の限界を巧妙に打破できる可能性が感じられる。また，自動車電池への応用は生産量から考えて直ちに席巻とはいかないが，前述のように，地球周回軌道上にて宇宙用蓄電デバイスを想定した運用試験を行っており，原理的に難揮発性・難燃性のFSIイオン液体電解液を活かしたリチウムイオン電池が本格的に活躍する日は遠くない状況にある。

ここで紹介した我々の研究は，文部科学省・私立大学戦略的研究基盤形成支援事業（平成21-25年度），ならびに基盤研究B（21350106）をはじめ科研費助成，またNEDO Li-EAD（平成19-23年度）の委託を得て実施した結果を含んでいる。なお，イオン液体系は第一工業製薬㈱，エレクセル㈱ならびに㈱アイ・エレクトロライトとの共同研究，シリコン系は日産自動車㈱との共同研究として一部実施しており，関係各位に謝意を表する。宇宙用イオン液体リチウム二次電池は，JAXA曽根理嗣博士，東京大中須賀真一教授および衛星運用メンバー，総研大田中康平氏，ベンチャー企業㈱アイ・エレクトロライト（代表河野通之氏）との共同研究開発であり，ここに謝意を表する。

文　献

1) M. Holzapfel *et al.*, *Chem. Commun.*, **10**, 2098 (2004)
2) M. Holzapfel *et al.*, *Carbon*, **43**, 1488 (2005)
3) M. Ishikawa *et al.*, *J. Power Sources*, **162**, 658, (2006)
4) 石川正司ほか，電池技術，**21**, 49 (2009)

5) J. K. Ruff et al., *Inorg. Synth.*, **11**, 138 (1968)
6) J. K. Ruff, *Inorg. Chem.* **4**, 1446 (1965); *Inorg. Chem.*, **6**, 2108 (1967)
7) M. Beran & J. Příhoda, *Z. Anorg. Allg. Chem.*, **631**, 55 (2005)
8) M. Beran et al., *Polyhedron*, **25**, 1292 (2006)
9) A. Růžička & L. Zatloukalová, *Z. Chem.*, **27**, 227 (1987)
10) S. Singh et al., *Indian J. Chem. A*, **28**, 890 (1989)
11) S. Singh & D. D. DesMarteau, *Inorg. Chem.*, **25**, 4596 (1986)
12) A. Vij et al., *Bull. Soc. Chim. Fr.*, 331 (1989)
13) C. Michot et al., World Patent, WO/1999/40025 (1999)
14) T. Sugimoto et al., *J. Power Sources*, **183**, 436 (2008)
15) T. Sugimoto et al., Proceedings of 2008 Joint Symposium on Molten Salts, p.817 (2008)
16) M. Ishikawa et al., *ECS Transactions*, **16**(35), 67 (2009)
17) T. Sugimoto et al., *J. Power Sources*, **189**, 802 (2009)
18) T. Sugimoto et al., *Electrochemistry*, **77**, 696 (2009)
19) T. Sugimoto et al., *J. Power Sources*, **195**, 6153 (2010)
20) M. Ishikawa et al., *ECS Transactions*, **33**(28), 29 (2011)
21) M. Yamagata et al., *J. Power Sources*, **227**, 60 (2013)
22) Y. Matsui et al., *Electrochemistry*, **80**, 808 (2012)
23) M. Yamagata et al., *Electrochim. Acta*, **110**, 181 (2013)
24) 西垣信秀ほか, 2013年電気化学秋季大会講演要旨集, 2L06, p.221, 東京 (2013)
25) 松井由紀子ほか, 第54回電池討論会講演要旨集, 1F24, p.376, 大阪 (2013)
26) 高橋卓矢ほか, 電気化学会創立第80周年記念大会講演要旨集, 2H05, p.233, 仙台 (2013)
27) アイ・エレクトロライト合同会社 WEB, http://www.ielectrolyte.com/#!news/cizm; 関西大学プレスリリース, http://www.kansai-u.ac.jp/global/guide/pressrelease/2014/No32.pdf；石川正司ほか, 第55回電池討論会講演要旨集, 2A02, 京都 (2014)
28) M. Yamagata et al., *Electrochemistry*, **83**, 918 (2015)

第10章　広温度域対応ナトリウム二次電池

萩原理加[*1], 松本一彦[*2], 野平俊之[*3],
福永篤史[*4], 酒井将一郎[*5], 新田耕司[*6]

1　はじめに

　風力発電や太陽光発電といった再生可能エネルギーを大量に導入するためには，不安定な出力を安定化させるための電力貯蔵用大型蓄電池が必要である。このような大規模電力貯蔵へのリチウムイオン電池の適用を考えた場合，リチウム自体の高品位資源が南米に集中しているため，将来の大量需要時の安定供給に不安がある。また，近年普及が急速に進んでいるHEV，PHEV，EVでは，高エネルギー密度・高出力密度・高安全性の蓄電池が求められている。しかし，既存のリチウムイオン電池は可燃性・揮発性の有機電解液を使用しているため，安全面に課題が残っている。また，作動温度上限は約60℃であり，大型化した場合に放熱の問題から電池を密に並べることが困難となり，その最大の特長の一つである高エネルギー密度を活かすことが難しい。近年，既存リチウムイオン電池の次の蓄電池としてナトリウム二次電池が注目され，研究が活発化しつつある[1~3]。しかし，そのほとんどの研究においては電解液に上述の有機電解液が用いられており，本質的に安全性および耐熱性の課題が残っている。

　安全性の課題を解決する方法として，電解液にイオン液体を用いることが考えられる。イオン液体は難燃性・難揮発性・高耐熱性という特長を持ち，二次電池用電解液として非常に有望である。筆者らは，電力貯蔵用途およびEV用途を念頭に，高安全かつ高性能なナトリウム二次電池の開発を目指し，低融点で電気化学的安定性に優れるアルカリ金属ビス（フルオロスルホニル）アミド（FSA（f_2Nとも略される））アニオンから構成される塩に着目した[4~6]。これらの塩は，融点や粘性率を低下させる目的でナトリウム塩にそれ以外のアルカリ金属塩を混合させて使用する（無機FSA系イオン液体）。代表的な組み合わせはNa[FSA]-K[FSA]二元系である[6]。また

[*1]　Rika Hagiwara　京都大学　大学院エネルギー科学研究科　教授
[*2]　Kazuhiko Matsumoto　京都大学　大学院エネルギー科学研究科　准教授
[*3]　Toshiyuki Nohira　京都大学　エネルギー理工学研究所　教授
[*4]　Atsushi Fukunaga　住友電気工業㈱
[*5]　Shoichiro Sakai　住友電気工業㈱
[*6]　Koji Nitta　住友電気工業㈱

EV用など広い温度域での作動が求められる用途のために，四級アンモニウムカチオンとFSAアニオンからなる室温イオン液体にNa[FSA]を添加した無機-有機ハイブリッドFSA系イオン液体を開発した[7,8]。本章では，筆者らがこれまで開発してきた大型ナトリウム二次電池用イオン液体電解液の基礎物性と蓄電池応用について紹介する。

2 無機FSA系イオン液体の性質

図1にFSAおよびTFSA(ビス(トリフルオロメチルスルホニル)アミド)アニオンの構造を示す。アルカリ金属FSA塩は同じアルカリ金属のTFSA塩と比較して融点が低いが，熱分解温度も低く，電解液として安定に利用できる範囲は狭くなる[4~6,9~12]。一般的に，これらのアルカリ金属塩は，他のアルカリ金属塩と混合して融点を低下させることが有効である。図2にNa[FSA]-K[FSA] 二元系状態図を示す[5]。この系の共晶温度（Na[FSA]：K[FSA] = 56：46（モル比））は61℃である。イオン伝導率は90℃において3.3 mS cm^{-1}であり[6]，電池用電解液としてはやや低いが，Naイオン濃度が大きい（5.6 mol L^{-1}）ため実用上問題はない。

共晶Na[FSA]-K[FSA]の90℃における電位窓は約5.2 Vであり，カソード限界（Cu電極）

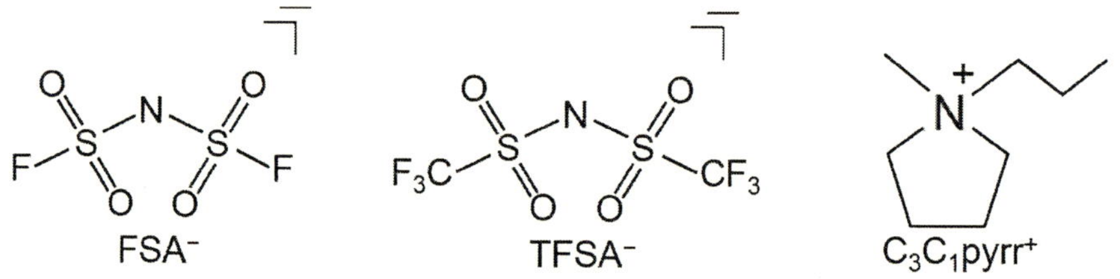

図1 FSA$^-$，TFSA$^-$，C$_3$C$_1$pyrr$^+$の構造

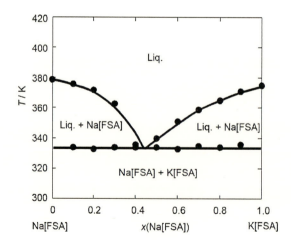

図2 Na[FSA]-K[FSA] 二元系状態図[5]

第10章 広温度域対応ナトリウム二次電池

ではNa金属の析出，アノード限界（グラッシーカーボン電極）ではアニオンの酸化分解が起こる[6]。また，このイオン液体中でAl電極を4.5 V vs. Na/Na$^+$に保持すると，初期に少し電流が流れるが，すぐに電流値はほぼゼロとなるため，正極用集電体としてAl金属が使用できる[6]。

3 無機-有機ハイブリッドFSA系イオン液体の性質

筆者らは無機-有機ハイブリッドイオン液体として，Na[FSA]と5種類の有機FSA塩（[OCat][FSA]）との組み合わせについてその性質を明らかにした。具体的には，N-メチルN-プロピルピロリジニウム（C_3C_1pyrr，図1）[7,8]，1-エチル-3-メチルイミダゾリウム（C_2C_1im）[13]，トリメチルヘキシルアンモニウム（TMHA）[14]，ジブチルジメチルアンモニウム（DBDM）[14]，5-アゾニアスピロ[4.5]ノナン（AS[4.5]）[14]である。これらはすべてNa[FSA]と混合することにより液相線の低下がみられた。代表例として，図3にNa[FSA]-[C_2C_1im][FSA]系の状態図を示す[8]。TFSA系イオン液体を用いた場合と比べて，液相温度範囲はかなり広くなる[15]。

イオン伝導率はC_2C_1imカチオンを用いた場合が最も高く，Na[FSA]：[C_2C_1im][FSA]＝3：7（モル比）は，25℃で5.4 mS cm^{-1}，90℃で31 mS cm^{-1}である。ナトリウム二次電池用電解液としては，イオン伝導率にNa$^+$輸率を乗じたNa$^+$イオン伝導率が重要である。Na[FSA]-[C_3C_1pyrr][FSA]系についてNa$^+$輸率を測定し，Na$^+$イオン伝導率を求めたところNa[FSA]のモル分率が0.2～0.4付近で最大となった[8]。

これらの無機-有機ハイブリッドイオン液体の電位窓は約5Vであり，カソード限界（Cu電極）ではNa金属析出，アノード限界（グラッシーカーボン電極）ではアニオンの酸化分解が起きる[7,8,13,14]。また，Na金属の析出溶解効率は室温より高温の方が高くなることが分かってい

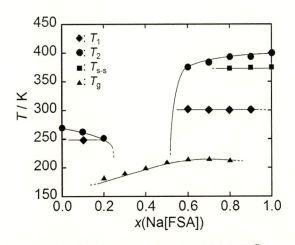

図3 Na[FSA]-[C_2C_1im][FSA]二元系状態図[8]

る[13,14]。さらに，無機 FSA 系イオン液体と同様に，正極集電体として Al 金属が使用できることが確認されている[7]。

4　FSA 系イオン液体のナトリウム二次電池への応用

Na[FSA]-K[FSA]（56：44）系では，負極として Sn および Sn 合金[16~19]，正極として $NaCrO_2$[20,21] および $Na_2FeP_2O_7$[22] に関する検討がなされている。図 4 に 90℃における Na 金属/$NaCrO_2$ セルの各種充放電レートでの充放電曲線を示す[20]。レート 125 mA (g-$NaCrO_2$)$^{-1}$（1C 相当）の場合の放電容量は 113 mAh g^{-1} であり，理論容量 125 mAh g^{-1} に近い値が得られた。レート特性も良好であり，2,000 mA g^{-1}（16C 相当）において 63 mAh g^{-1} の放電容量を示した。また 100 サイクル後にも初回放電容量の 98%が維持されることが確認された。

Na[FSA]-[C_3C_1pyrr][FSA]（20：80）系については負極材料としてハードカーボン[23]，正極材料として $NaCrO_2$[24,25]，$Na_2FeP_2O_7$[26,27]，$Na_{1.56}Fe_{1.22}P_2O_7$[28]，Na_2MnSiO_4[29] を用いた検討が行われている。ハードカーボンは有機溶媒を用いたナトリウム二次電池への適用が検討されているが[30]，このイオン液体系でも，90℃においてレート 50 mA (g-HC)$^{-1}$ で容量 260 mAh (g-HC)$^{-1}$ と良好な充放電特性が得られている[23]。また，$NaCrO_2$ 正極については，充放電レートを 20~500 mA g^{-1} 間で変化させたところ，20 mA (g-$NaCrO_2$)$^{-1}$ では理論容量に近い値が得られたが，レートが大きくなるにつれて容量は減少した。しかし，再び 20 mA g^{-1} とすると初

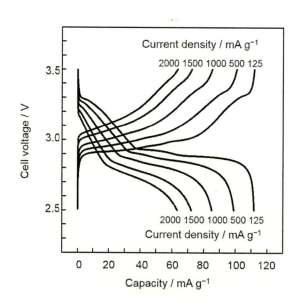

図 4　90℃において充放電レートを変化させた Na/Na[FSA]-K[FSA]/$NaCrO_2$ セルの充放電曲線[20]
充放電レート：125，500，1,000，1,500，2,000 mA (g-$NaCrO_2$)$^{-1}$，カットオフ電圧：2.5 V および 3.5 V

第10章　広温度域対応ナトリウム二次電池

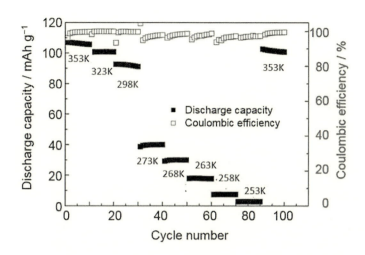

図5　−20～80℃で測定したNa/Na[FSA]-[C$_3$C$_1$pyrr][FSA]/NaCrO$_2$電池のサイクル特性[31]
充放電レート：20 mA (g-NaCrO$_2$)$^{-1}$，カットオフ電圧：2.5 Vおよび3.5 V

期とほぼ同じ充放電曲線が得られたため，電極自身の劣化はほとんど起きていないと考えられる。また，このイオン液体は，氷点下から中温域までの広い温度域で電池を作動させることが可能である。図5に運転温度を80℃から−20℃まで変化させた際のサイクル特性を示す[31]。0℃以下では放電容量は大幅に低下したが，−20℃でも充放電が可能であった。−20℃の試験後に80℃で再び充放電試験を行ったところ，初期に近い放電容量を示したことから電極等の劣化はほとんど起きていないと考えられる。いずれの充放電試験においても，温度変化直後のサイクル以外では，クーロン効率は99％以上であった。Na$_2$FeP$_2$O$_7$正極についても広い温度範囲で良好な充放電特性が得られた[26, 27]。

5　FSAイオン液体を用いたナトリウム二次電池の実用化

FSAイオン液体を用いたナトリウム二次電池として，kWhクラスの大型電池の性能について，住友電気工業㈱において検討されている[21,32]。まず，各20枚の正負極をセパレータを介して積層させた後アルミケースに収納し，イオン液体を注入した後に蓋をレーザー溶接で封着して，250 Wh-3 Vの素電池（外寸150×180×40 mm）を作製した（図6 (a)）。この電池のエネルギー密度は，重量エネルギー密度で167 Wh kg^{-1}，体積エネルギー密度で270 Wh L^{-1}であった。この素電池を4個直列に接続し，1 kWh-12 Vユニットとし，これを基礎単位とした電池構成で充放電試験を行った。図6 (b) に素電池を36個並べて試験している様子を，図6 (c) に1 kWhユニットを36個組み合わせた36 kWh組電池の写真を示す。現在，構内の電力系統に接続し，実証試験を行っている。

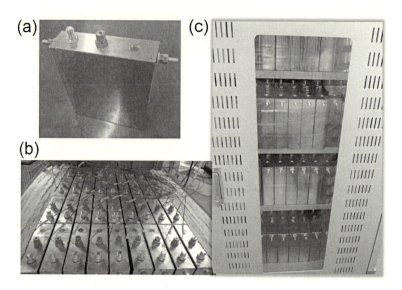

図6 (a) 250 Wh-3 V の素電池(外寸150×180×40 mm), (b) 素電池を36個並べて試験している様子, (c) 36 kWh 組電池の外観[32]

FSA イオン液体を用いたナトリウム二次電池の大きな特長として高い安全性が期待される。安全性試験として，上述の 250 Wh 素電池に対する振動および衝撃試験，また，ラミネート電池に対する釘刺し，水注入および水没試験を実施した[32]。詳細は割愛するが，振動および衝撃試験に関しては，内部短絡を含め電池の異常は一切観測されなかった。釘刺し試験については，自動車用リチウムイオン電池の試験法である SAEJ2464 釘刺し試験法に基づき実施したが，急激な発熱や発火は一切認められず，本質的に安全であることが示された。水注入および水没試験においても，急激な反応は観測されず，優れた安全性を有することが分かった。安全性評価については，実際の使用時に想定される上記以外の種々の条件下での試験をさらに行っていく必要がある。FSA イオン液体を用いたナトリウム二次電池には，既存のリチウムイオン二次電池には見られない安全上の特徴があり，大型化した際にも安全性の高い電池の構築が期待できる。

6 おわりに

今回紹介した FSA 系イオン液体を用いたナトリウム二次電池は，「レアメタル不使用」，「不燃性・不揮発性電解液」，「広作動温度域」という既存のリチウムイオン電池にはない特長を有し，中・大型蓄電池として様々な分野への展開が期待できる。エネルギー密度の観点からはまだリチウムイオン電池には及ばないが，今後の新たな正極および負極の開発によって肩を並べ，さらには超える可能性も十分期待できる。研究開発手法および実電池の製造方法は，リチウムイオン電池で蓄積されたものを多く適用できることから，実用化に最も近い次世代蓄電池と言える。

第10章　広温度域対応ナトリウム二次電池

謝辞

本研究の一部は，JST-ALCA プログラムの支援，および文部科学省の委託（元素戦略拠点形成型プロジェクト）を受けて行われた。関係各位に感謝する。

文　献

1) H. Pan *et al.*, *Energy Environ. Sci.*, **6**, 2338 (2013)
2) N. Yabuuchi *et al.*, *Chem. Rev.*, **114**, 11636 (2014)
3) 岡田重人ほか，*Electrochemistry*, **83**, 170 (2015)
4) K. Kubota *et al.*, *Electrochem. Commun.*, **10**, 1886 (2008)
5) K. Kubota *et al.*, *J. Chem. Eng. Data*, **55**, 3142 (2010)
6) A. Fukunaga *et al.*, *J. Power Sources*, **209**, 52 (2012)
7) C. Ding *et al.*, *J. Power Sources*, **238**, 296 (2013)
8) K. Matsumoto *et al.*, *J. Phys. Chem. C*, **119**, 7648 (2015)
9) R. Hagiwara *et al.*, *J. Chem. Eng. Data*, **53**, 355 (2008)
10) K. Kubota *et al.*, *J. Chem. Eng. Data*, **53**, 2144 (2008)
11) K. Kubota *et al.*, *Electrochim. Acta*, **55**, 1113 (2010)
12) D. R. MacFarlane *et al.*, *J. Phys. Chem. B*, **103**, 4164 (1999)
13) K. Matsumoto *et al.*, *J. Power Sources*, **265**, 36 (2014)
14) K. Matsumotoa *et al.*, *J. Electrochem. Soc.*, **162**, A1409 (2015)
15) D. Monti *et al.*, *J. Power Sources*, **245**, 630 (2014)
16) T. Yamamoto *et al.*, *J. Power Sources*, **217**, 479 (2012)
17) T. Yamamoto *et al.*, *Electrochim. Acta*, **135**, 60 (2014)
18) T. Yamamoto *et al.*, *Electrochim. Acta*, **193**, 275 (2016)
19) T. Yamamoto *et al.*, *Electrochim. Acta*, **211**, 234 (2016)
20) C. Chen *et al.*, *J. Power Sources*, **237**, 52 (2013)
21) A. Fukunaga *et al.*, *J. Appl. Electrochem.*, **46**, 487 (2016)
22) C. Chen *et al.*, *J. Power Sources*, **246**, 783 (2014)
23) A. Fukunaga *et al.*, *J. Power Sources*, **246**, 387 (2014)
24) A. Fukunaga *et al.*, *J. Power Sources*, **209**, 52 (2012)
25) C. Ding *et al.*, *J. Power Sources*, **269**, 124 (2014)
26) C. Chen *et al.*, *Electrochim. Acta*, **133**, 583 (2014)
27) C. Chen *et al.*, *J. Power Sources*, **332**, 51 (2016)
28) C. Chen *et al.*, *J. Electrochem. Soc.*, **162**, A176 (2015)
29) C. Chen *et al.*, *Electrochem. Commun.*, **45**, 63 (2014)
30) S. Komaba *et al.*, *Adv. Funct. Mater.*, **21**, 3859 (2011)
31) C. Ding *et al.*, *Electrochemistry*, **83**, 91 (2015)
32) 新田耕司ほか，SEI テクニカルレビュー，**182**, 27 (2013)

第11章　プロトン性イオン液体を用いた無加湿燃料電池

安田友洋[*1]，渡邉正義[*2]

1　はじめに

　水素と酸素から電気を取り出す燃料電池は，排ガスが水のみであること，カルノーサイクルの制約を受けず，高いエネルギー利用効率が望めることから，注目されている次世代のエネルギーシステムである。半世紀以上前から研究が活発になされてきたが，近年，ようやく家庭用および車載用の燃料電池発電システムが市販されるようになってきた。燃料電池の普及が妨げられてきた一番の要因はコストである。燃料電池はアノードおよびカソードの電極反応の化学ポテンシャル差を外部に電力として取り出す装置である。室温から80℃程度で運転される固体高分子形燃料電池（Polymer Electrolyte Fuel Cell：PEFC）の場合，各電極反応の過電圧を小さくするために使われる白金触媒の量は，自動車一台当たり約100 gにもなる。また，両電極の隔壁となるプロトン伝導性高分子膜として一般的に広く採用されているDupont社のNafion®は，フッ素系樹脂であり，その合成工程の多さから非常に高価である。さらに，セルとセルの隔壁とガス流路を兼ねるセパレータも，軽くて丈夫な炭素製のものは掘削工程のため高価である。

　リン酸ドープポリベンズイミダゾール（PBI/H_3PO_4）膜を用いた燃料電池は，160～200℃の中温域で無加湿運転ができる[1]。中温無加湿運転では，水管理システムの排除，排熱の効率的な利用，触媒活性の向上，触媒CO被毒の低下，ラジエータの冷却効率の向上などにより，PEFC発電システムの高効率化，低コスト化が期待できる。しかしながら，リン酸は腐食性が高く，また，低温では電極反応過電圧が高く，スタートアップに時間が掛るため，自動車などの用途には適さない。そのため，リン酸に代わるプロトン伝導体の開発が待たれている。

　構造中に活性プロトンを有するイオン液体をプロトン性イオン液体と呼んでいる。図1に代表的な化学構造を示す。プロトン性イオン液体はイオン液体としての特性に加え，活性プロトンのメディエーターとしての機能も有するため，無加湿中温型燃料電池の新たなプロトン伝導体として注目されている。本稿ではプロトン性イオン液体について，燃料電池電解質として特に重要な性質である熱特性，プロトン伝導性，および，電極反応活性とプロトン性イオン液体を含有する固体薄膜の無加湿発電特性についてご紹介する。

[*1]　Tomohiro Yasuda　北海道大学　触媒科学研究所　准教授
[*2]　Masayoshi Watanabe　横浜国立大学　大学院工学研究院　教授

第11章 プロトン性イオン液体を用いた無加湿燃料電池

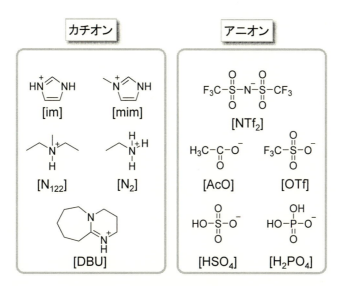

図1 プロトン性イオン液体を構成する代表的なカチオンとアニオン
本稿ではアンモニウムカチオンはNの後ろにアルキル炭素数を付けて表す。

2 熱安定性

一般的なプロトン性イオン液体はブレンステッド酸，および，ブレンステッド塩基の中和反応により合成される。したがって，下記に示すようにアニオン，カチオンの他，酸塩基平衡の平衡定数に応じて元の酸や塩基などの中性分子も存在している。

AH（ブレンステッド酸）＋ B（ブレンステッド塩基）⇄ A⁻（アニオン）＋ BH⁺（カチオン）

強力なクーロン相互作用の働かないこれらの中性分子が蒸気圧の原因となり，プロトン性イオン液体の熱安定性を決めると考えられる。このことを初めて報告したのは Angell らのグループである。Angell らは元のブレンステッド酸とブレンステッド塩基の pK_a の差（ΔpK_a）と重量減少開始温度の間にリニアーな関係を見出した（図2）[2]。すなわち，ΔpK_a が大きいほど重量減少開始温度が上昇した。彼らは ΔpK_a が大きい組み合わせでは，酸塩基平衡におけるギブスの自由エネルギー変化が大きく，蒸気圧の原因となる中性分子の方に平衡が偏るのに，より高い温度が必要となるためと解説している。続いて，渡邉らは様々なプロトン性イオン液体に対して一定温度での重量減少速度を評価し，ΔpK_a が15以上の組み合わせでは，非イオン性プロトン性イオン液体に匹敵する熱安定性を示すことを報告している[3]。

一方，Sheng Dai らは超強酸である HTFSA に有機強塩基であるフォスファゼン系の塩基を組み合わせることにより，非プロトン性イオン液体に匹敵する熱安定性を有するプロトン性イオン液体を報告している[4]。この報告をもとに，渡邉らは高耐熱性について検討を進め，1,8-diazabicyclo[5.4.0]undec-7-ene（DBU）と TFSA の組み合わせでは重量減少開始温度が

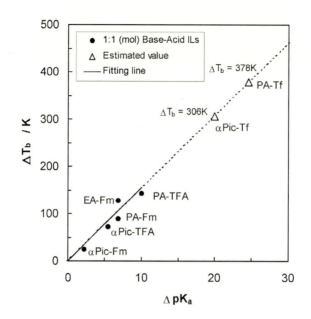

図2　ΔpK_aと重量減少開始温度（T_d）との関係
参考文献3）より転載。本稿の書き方に合わせるため，軸のタイトルを一部改変した。

400℃以上となることを報告している[3]。

3　Melting point

車載用PEFCなどでは，室温から氷点下の低温領域でも短時間で作動開始できることが必要である。そのためには，プロトン性イオン液体が望みの温度領域よりも低い融点（t_m）を持つことが必要である。一般的に融点は，融点における固体と液体のギブスエネルギーが等しいことを利用し，$t_m = \Delta H/\Delta S$で表される。ここで，ΔH，ΔSは状態変化前後でのエンタルピー，および，エントロピー変化である。すなわち，分子間力が小さくエンタルピー変化が小さいほど，また，エントロピー変化が大きいほど融点は低くなる。

図3にプロトン性イオン液体の化学構造と融点の例を示す。[N_{122}][TFSA] と [im][NTf_2] の融点はそれぞれ24℃，および，73℃である[5]。これはイミダゾリウムカチオンが平面的で相互作用しやすい構造をしているのに対し，3級アンモニウムカチオンは立体的であり，分子間相互作用が比較的小さいためであると考えられる。次に，同じアンモニウムカチオン同士の例を示す。[N_{222}][OTf] の融点が34.3℃であるのに対し[5]，エチル基の1つの炭素を他のエチル基に移動した [N_{123}][OTf] の融点は−25℃である[6]。これは [N_{222}] カチオンと比較して [N_{123}] カチオンは対称性が低く，局所安定構造が増えるため，相変化に伴うエントロピー変化が大きいことによると考えられる。

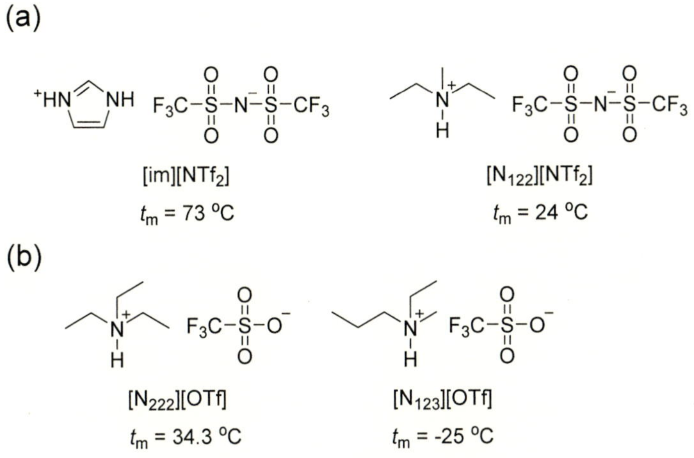

第11章　プロトン性イオン液体を用いた無加湿燃料電池

(a)

[im][NTf$_2$]
t_m = 73 ℃

[N$_{122}$][NTf$_2$]
t_m = 24 ℃

(b)

[N$_{222}$][OTf]
t_m = 34.3 ℃

[N$_{123}$][OTf]
t_m = -25 ℃

図3　プロトン性イオン液体の化学構造と融点

4　Proton conductivity

Nafion®膜のようなプロトン伝導性高分子電解質の場合，構造中に含まれる酸性基が水により解離してヒドロニウムカチオンが生成し，プロトン伝導のメディエーターとなる。この時，ヒドロニウムイオンが動くことにより伝導するプロセスをvehicle機構，ヒドロニウムイオンと水分子が形成する水素結合ネットワークを介して，プロトンがホッピングして伝導するプロセスをGrotthuss機構と呼んでいる（図4(a)）[7]。一方，プロトン性イオン液体中は活性プロトンを有するイオンが動くことで，プロトン伝導が起こる。[N$_{122}$][NTf$_2$]のようなプロトン性イオン液

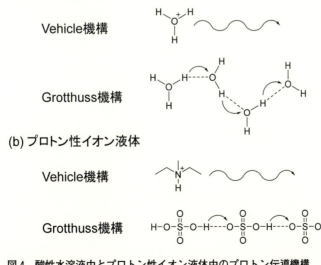

図4　酸性水溶液中とプロトン性イオン液体中のプロトン伝導機構

体ではカチオン構造に存在する活性プロトンを受容できる分子がいないため，vehicle 機構が主な伝導メカニズムになると考えられる。一方，$[N_{122}]HSO_4$ のような分子では，アニオン構造にプロトンを受容できる部位を有しているため，水素結合ネットワークを形成し，Grotthuss 機構による伝導も起こると考えられる（図4(b)）。

このような特性を大まかに把握する手法に Walden プロットがある。Walden プロットは粘度の逆数とモル伝導度の両対数プロットである（図5）[8]。図中，傾き1で表される実線は 10 mM KCl 水溶液の測定値から引かれた線で，Grotthuss 機構が働かず，かつ，完全解離している系のモデルと考えることができる。Grotthuss 機構が働かず，完全解離していない場合はこの理想ラインよりも下側にくることになる。プロトン性イオン液体の場合，ΔpK_a が小さい組み合わせほど，酸塩基平衡が中性分子へ傾き，かつ，イオンの会合性も大きくなるため，下の方にプロットされる傾向がある。一方，粘度の影響が vehicle 機構よりも小さい Grotthuss 機構が働く場合は，理想ラインよりも上にプロットされやすくなる。

プロトン性イオン液体には荷電粒子としてアニオンとカチオンが存在するため，プロトン伝導を評価するためには，カチオン輸率が重要である。一般的なプロトン性イオン液体はカチオン輸率とアニオン輸率がほぼ同等であることが多い。したがって，Grotthuss 機構が働かない場合，

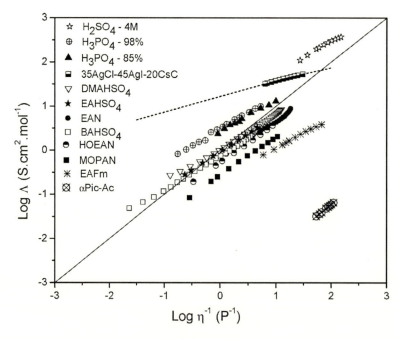

図5 Walden プロット

リン酸，および，硫酸水溶液は水素結合ネットワークを形成しており，Grotthuss 機構によるプロトン伝導を起こす。プロトン性イオン液体のうち HSO_4 塩（DMAHSO$_4$，EAHSO$_4$，および，BAHSO$_4$）は実線を跨いでプロットされる。一方，酢酸塩（aPic-Ac）は実線よりもかなり下方にプロットされる。参考文献8）より転載。物質の表記は文献のまま。

第11章 プロトン性イオン液体を用いた無加湿燃料電池

プロトン伝導度はイオン伝導度の約半分と考えることができる。

5　Electrochemical activity

以下に酸性水溶液中の燃料電池電極反応を示す。

アノード　　$H_2 + 2H_2O \rightarrow 2H_3O^+ + 2e^-$　　　（水素酸化反応）
カソード　　$1/2\,O_2 + 2H_3O^+ + 2e^- \rightarrow 3H_2O$　　（酸素還元反応）
全反応　　　$H_2 + 1/2\,O_2 \rightarrow H_2O$

プロトンは単独では存在できないため，水和されヒドロニウムイオンとして存在する。この時，アノードでは水素と水が反応し，電子とヒドロニウムイオンを生じる（水素酸化反応）。一方，カソードではヒドロニウムイオンと酸素と電子が反応し，水が生成する（酸素還元反応）。渡邉らは図6に挙げるような測定セルを用い，酸性水溶液の代わりにプロトン性イオン液体を用いた場合も，作用極に水素を吹き込んだ場合は酸化電流が，酸素を吹き込んだ場合は還元電流が観測されることを確認した[9]。さらに，様々な ΔpK_a を有するプロトン性イオン液体に注目し，定性的にではあるが ΔpK_a が18付近となる組み合わせの時，大きな解回路電圧（open

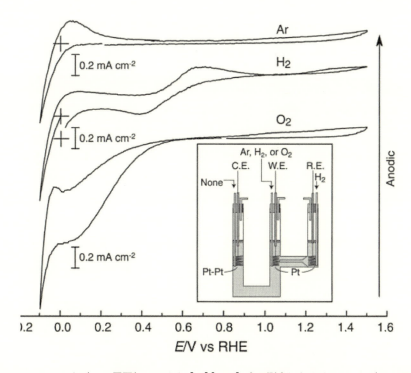

図6　O_2，H_2，および，Ar雰囲気における［im］［NTf_2］中で測定したサイクリックボルタモグラム
図中十字のマークは原点を表す。参考文献9）より転載。

circuit potential：OCP）が得られることも報告している[10]。何が起こっているのであろうか？プロトン性イオン液体中ではプロトンは塩基に溶媒和されカチオンとして存在している。酸性水溶液の場合を参考にすると，下のような反応が起こっていると予想される。

アノード　　　$H_2 + 2B$（または $2A^-$）$\rightarrow 2BH^+$（または $2AH$）$+ 2e^-$
カソード　　　$1/2\,O_2 + 2H_3O^+$（または $2AH$）$+ 2e^- \rightarrow H_2O + 2B$（または $2A^-$）
全反応　　　　$H_2 + 1/2\,O_2 \rightarrow H_2O$

ここで，B，AH，BH^+，A^-はプロトン性イオン液体を構成する塩基，酸，カチオン，アニオンである。すなわち，アノードでは水分子の代わりにアニオン（A^-）または塩基（B）が，カソードではヒドロニウムイオンの代わりにカチオン（BH^+）または酸（AH）が反応に参加していると考えられる。いずれにしても，プロトン性イオン液体の化学構造が，電極反応特性に大きく影響していると考えられる。

6　プロトン性イオン液体の固体薄膜化と無加湿発電特性

プロトン性イオン液体は液体であるため，燃料電池セルに適用するためには固体薄膜化する必要がある。固体薄膜化法としては高分子をマトリックスとして利用する方法がある。これまで，PVDF（poly(vinylidene difluoride)），Nafion®，ビニル系ポリマー，縮合系芳香族ポリマーなどのポリマーが検討されてきたが，本稿では熱安定性，機械強度，および，薄膜形成性に優れる縮合系芳香族ポリマーを用いた例をご紹介する。

渡邉らはスーパーエンプラとして知られるポリイミド構造に，プロトン性イオン液体と同じカチオンを対カチオンとするスルホネート基（$-SO_3^- A^+$（A^+：担持するプロトン性イオン液体と同じカチオン））を導入したスルホン化ポリイミド（sulfonated polyimide：SPI）が，対応するプロトン性イオン液体と高い親和性を示し，マトリックスポリマーとして用いた場合に均質な複合膜を与えることを報告した[11]。$[N_{122}][OTf]$は融点が-6℃，熱分解温度が360℃，150℃無加湿におけるイオン伝導度，および，開回路電圧がそれぞれ51 mS cm^{-1}，および，1.03 Vと，燃料電池用電解質として好ましい特性を有している。この$[N_{122}][TfO]$を75 wt％含有する$[N_{122}][TfO]$/SPI複合膜は，SPI由来の高い熱安定性に加え，120℃で約20 mS cm^{-1}のイオン伝導度を示す。さらに，この膜を用いた120℃における無加湿発電試験で約400 mA cm^{-2}の電流が得られたことを報告している（図7）[12]。

7　まとめ

本稿では燃料電池への応用についてご紹介した。イオン液体を用いた無加湿中温型燃料電池の開発はまだまだ初期の段階にあり，実用化までは越えなければならない課題が山積している。し

第11章　プロトン性イオン液体を用いた無加湿燃料電池

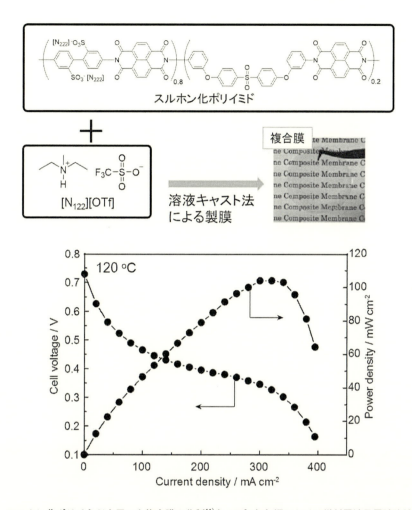

図7　スルホン化ポリイミドを用いた複合膜の作製[11]と120℃無加湿における燃料電池発電試験結果[12]

かしながら，実現できれば現在のエネルギー環境を一変させる可能性がある大変魅力的なシステムであり，今後の進展を期待したい。

文　献

1) J. S. Wainright et al., *J. Electrochem. Soc.*, **142**, L121 (1995)
2) M. Yoshizawa et al., *J. Am. Chem. Soc.*, **125**, 15411 (2003)
3) M. S. Miran et al., *Phys. Chem. Chem. Phys.*, **14**, 5178 (2012)
4) H. Luo et al., *J. Phys. Chem. B*, **113**, 4181 (2009)

5) H. Nakamoto et al., *Chem. Commun.*, 2539 (2007)
6) K. Mori et al., *Chem. Lett.*, **40**, 690 (2011)
7) K.-D. Kreuer, *Chem. Mater.*, **8**, 610 (1996)
8) J.-P. Belieres et al., *J. Phys. Chem. B*, **111**, 4926 (2007)
9) M. A. B. H. Susan et al., *Chem. Commun.*, 938 (2003)
10) M. S. Miran et al., *RSC Advances*, **3**, 4141 (2013)
11) S.-Y. Lee et al., *J. Am. Chem. Soc.*, **132**, 9764 (2010)
12) T. Yasuda et al., *MRS Bull.*, **38**, 560 (2013)

〈バイオ関連分野〉

第12章 イオン液体を用いたバイオマス処理

鈴木 栞[*1], 高橋憲司[*2]

1 はじめに

 2002年,Rogersらによりイオン液体[C_4mim]Clへのセルロースの溶解が報告され,2007年には同グループによりバイオマスをも可溶であることが報告された[1,2]。以来,イオン液体を用いたバイオマス処理に関する研究は数多く行われてきた。セルロースなどを主成分とするリグノセルロース系バイオマスは,結晶化したセルロースとヘミセルロースが高分子複合体を形成し,さらにリグニンがそれを強固に覆う構造を有する。このような構造のバイオマスをある種のイオン液体は溶解することは驚きに値する。

 セルロースは古くからパルプ等の素材として利用されるばかりでなく,化学修飾によりその用途を拡大してきた。セルロースの水酸基を様々な官能基で置換することにより,機能性を付与したセルロース誘導体が得られる。このように化学修飾したセルロース誘導体を二次原料とする場合には,汎用有機溶剤への溶解性が向上するとともに加熱溶融成型も一部で適用可能となるので,現在では様々な分野で使用されている。セルロースアセテート(CA)をはじめとするセルロース有機酸エステル(CE)は,フィルム,繊維,コーティング,薬物包埋剤,分離膜などの分野において既に一定の需要がある。特にCAは,本質的に生分解性を有するCEの中で最も汎用性が高く,工業的に利用されている[3]。

 一方,リグノセルロース系バイオマスの20~40%を占めるリグニンはほとんど利用されていない。パルプ製造時に排出される黒液が,製造プロセスの燃料として利用されるのみである。バイオマスのトータルリファイナリーを将来達成するためには,リグニン成分の有効利用は非常に重要な位置を占める。そこで我々は,イオン液体の特徴を生かして,セルロースに加え,リグニン成分も同時に機能性材料として有効利用するプロセスの開発を試みた。本章ではイオン液体を用いたバイオマス処理,特にセルロースやリグニンに関わる基礎研究から実バイオマスへの適用までの最新の我々の知見を紹介したい。

---

*1 Shiori Suzuki 金沢大学 大学院自然科学研究科 自然システム学専攻
*2 Kenji Takahashi 金沢大学 理工研究域 自然システム学系
　　　　　　　　教授(リサーチプロフェッサー)

2 イオン液体を用いたセルロースの無触媒高分子反応

　イオン液体を用いたバイオマスの溶解や前処理法については，大野らにより既にまとめられている[4]。ここではその報告以降のイオン液体の新しい使用法について紹介する。

　イオン液体を溶媒として用いたセルロースの有効利用に関する研究の例として，セルロースの高分子反応が挙げられる。Heinzeらはイオン液体中でのセルロースの高分子反応により様々なセルロース誘導体を生成している[5]。汎用有機溶媒に難溶であるセルロースの高分子反応は，これまで非効率な固液不均一反応でしか行われていなかった。しかし，イオン液体を溶媒として用いることにより，均一系としての反応が可能となった。また，イミダゾリウム骨格を有する一部のイオン液体は，ある種の反応の触媒としても作用することが知られてきた[6]。

　我々はまず，イオン液体の触媒作用を検討するために，モデル反応として，イソプロペニルアセテート（IPA）をアセチル化剤として用いた，2-フェニルエチルアルコール（2-PA）のエステル交換反応を行った。塩基性が異なるアニオンを有するイオン液体を溶媒かつ触媒として使用した際の2-PAのエステル転換率を表1に示した。塩基性の高い酢酸アニオンを用いた場合のみ，エステル交換反応の触媒として機能したことから，エステル交換反応へのイオン液体の触媒能はアニオンの塩基性が関係することが示唆された。

　我々はこのようなイオン液体の特殊な性質を応用し，イオン液体を溶媒かつ触媒として用いることによりセルロースの水酸基をアセチル化することに成功した（図1）。イオン液体として1-エチル3-メチルイミダゾリウムアセテート（[C_2mim]OAc）を使用し，系中において[C_2mim]OAcがセルロースの溶媒かつエステル交換反応の触媒としても機能することを明らかとした[7]。原料セルロースの水酸基に対する生成したCAのアセチル置換度DS値を決定した。

表1　アニオンの塩基性がエステル交換反応に及ぼす影響

イオン液体		pKa値[a]	転換率[b] / %
カチオン	アニオン		
[C_2mim]$^+$	CH_3COO^-	12.3	63
	CF_3COO^-	3.5	1.8
	Cl^-	1.8	1.3
	Br^-	0.9	1.0

[a] DMSO溶液中の値を掲載．[b] ^{1}H NMRにより算出

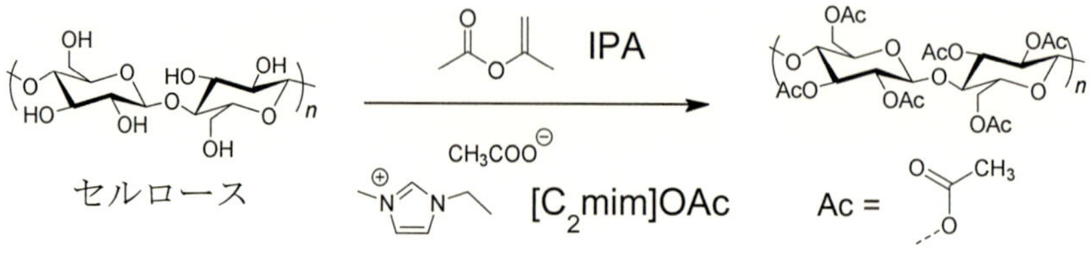

図1　イオン液体を用いたセルロースのアセチル化

第 12 章　イオン液体を用いたバイオマス処理

セルロースは 1 ユニット当たり 3 つの水酸基を有するため，セルロースのすべての水酸基がアセチル基に変換された場合，その DS 値は 3.0 となる。図 2 に得られた CA の DS 値と反応時間の相関を示した。80℃，15 分間の反応により得られた CA の DS 値は 2.33 であり，イオン液体中で高い反応性を有することを確認した。

　従来行われてきた CA の製造方法では，原料となる漂白木材パルプや綿セルロースを，酢酸-無水酢酸-硫酸系混合溶液を用いた高温不均一反応（固体-液体反応）という過酷な条件でセルロースの水酸基をアセチル化する。この製造方法は工業的に採用されているが，セルロースの難溶性ゆえに不均一反応を行わなければならない。加えて，強酸性触媒や高温が必要であるため，セルロースの分子量低下などの問題がある。一方，イオン液体を用いた場合，[C_2mim]OAc はセルロースを可溶であるため均一系の反応となり，80℃，1 時間と比較的温和な条件下で約 99% の水酸基がアセチル基へと置換可能であった（図 2）。さらに，イオン液体が有機分子性触媒として働くため，硫酸などの強酸性触媒の添加が不要となり，環境負荷の少ない CA 製造プロセスが実現可能となった。

3　イオン液体中でのリグニンの修飾反応による機能化

　リグニンの応用についてはこれまでに数多くの研究がされているにも関わらず，機能的な化学製品を見つけ出すことは困難である。リグニンの化学製品への利用は，現段階において紙パルプ製造工程から副生されるリグニンスルホン酸を除いて実用化の例はない[8]。このような問題の要因として，効率的な集荷・製材システムの未確立，施設費や運転費をまかなう収益性の不足，リグニンの実用化に取り組む事業主体の少なさなどが挙げられる。リグニンの実用化には化学技術だけにとどまらず，これらの問題を総合的に解決していく必要がある。

　一般的に，現在考えられているリグニンの利用方法として二つの方向性がある。一つは，何ら

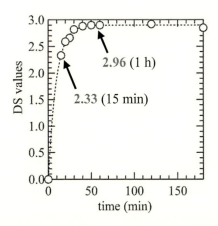

図 2　アセチル置換度（DS 値）の反応時間依存性

かの方法で低分子化し，芳香族化合物として回収する方法である[9]。もう一つは，リグニンのオリジナル構造を活かして高分子材料として利用する方法である[10]。前者の方法では，非常に多種類のリグニン由来低分子が生成され，それをどのように分離し，利用するかが問題となる。一方，後者の高分子として利用する方法では，フェノール樹脂の原料として利用する方法や，生分解性プラスチックとして応用する方法が挙げられる。

近年，炭素繊維（Carbon Fiber：CF）が軽量高強度材料として注目を集めており，主にプラスチックとの複合材料（CF reinforced plastics：CFRP）の形態で利用されている。このCFを，燃料以外有効に活用されていないリグニンから製造しようとする試みもある。クラフトリグニンなどは熱溶融しないが，リグニンに存在する水酸基を修飾することにより分子間水素結合の形成を妨げると熱溶融性が発現する。実際，アセチル化という化学修飾で熱溶融性が現れることが報告されている[11]。

そこで我々は，イオン液体を溶媒かつ触媒として使用したエステル交換反応をリグニン中に存在する水酸基へ適用し，アセチル化することにより新規バイオマス由来材料としての利用を検討した。リグニン試料として，バガスをイオン液体で前処理後，酵素糖化して得られた酵素糖化残渣リグニンを使用した。溶媒かつ触媒として［C_2mim］OAcを用いて，80℃，1時間のエステル交換反応により，リグニンアセテート（LA）を得た（図3）。生成したLAはメタノールやDMF等の有機溶媒に可溶化であった。さらに，大きな分子量変化を伴わずにLAは170℃で熱溶融性を示すことを確認した（表2）。

熱溶融性は樹脂材料としての重要な特性であり，成形加工の容易性に直結する。イオン液体中で処理した酵素糖化残渣リグニンが比較的低い温度（170℃）で溶融したことから，炭素繊維や樹脂としての利用も期待できる。

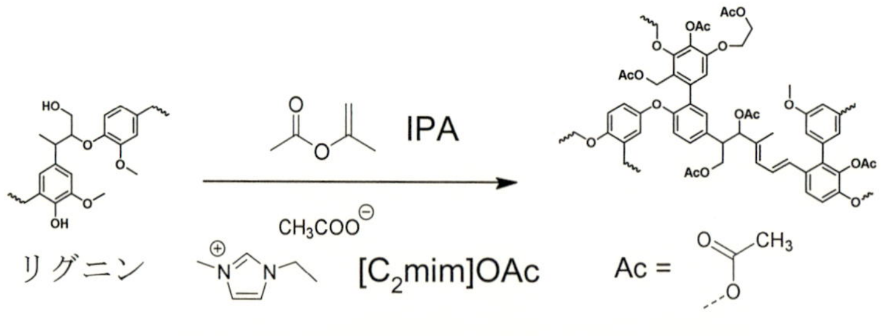

図3 イオン液体を用いたリグニンのアセチル化

表2 生成したアセチル化リグニン（LA）の分子量と熱特性

	M_w [a]	M_w/M_n [a]	熱溶融温度
生成物（LA）	2.2×10^3	6.4	170℃
リグニン試料	2.6×10^3	5.5	－[b]

[a] サイズ排除クロマトグラフィー（SEC）により測定，[b] 熱溶融せず

第12章　イオン液体を用いたバイオマス処理

4　イオン液体触媒によるバイオマスの直接誘導体化

アセチル化のようなセルロースおよびリグニンの化学修飾は，パルプ化等の分画処理を行い，各成分それぞれ別個に反応させることにより，従来達成されてきた。しかし，この分画処理には多量の酸・アルカリ，有機溶媒を使用せねばならず，環境負荷やコストなどが問題となる。実バイオマスを出発原料として，上記のような分画処理を伴わない直接反応を行うことができれば，反応プロセスの簡略化および環境負荷，コストの削減にもつながる[12]。

そこで我々は，上述したイオン液体中でのセルロースおよびリグニンのエステル交換反応が，スギなどの実バイオマスにも適用できるのではないかと考えた。我々が考案した木質系バイオマスの直接誘導体化および分離・回収の一連のプロセスを図4および図5に示した。このプロセスでは，粉砕したバイオマス試料をイオン液体に溶解させた後，セルロースとリグニン成分をあらかじめ分離することなく一挙にエステル化する。その後，得られた各成分のエステル誘導体をメタノールなどの有機溶媒への溶解度の差を用いて分離・回収することにより，バイオマス成分をマテリアルとして有効利用できる。バイオマス中に含まれるセルロースのみならず，リグニンも同時に誘導体化し，分離・回収することにより，これまで化学資源としての有効な利用がなされていないリグニンの活用が可能となった。これは，バイオマス由来高分子材料の生産方法としては革新的であり，バイオリファイナリー社会への転換に向けた強力な推進力となり得るもので

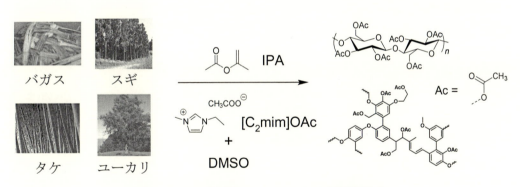

図4　イオン液体を用いたバイオマスの直接誘導体化

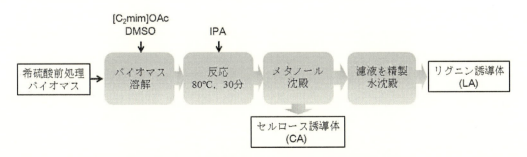

図5　バイオマスの直接誘導体化および生成物の分画プロセス

あると考えている。

　リグノセルロース系バイオマス原料としては，バガス，スギ，タケ，ユーカリの4種類を使用した。それぞれ希硫酸処理によりヘミセルロース成分を除去した。[C_2mim]OAcおよび共溶媒としてDMSOを加えて試料を溶解した後，アセチル化剤として過剰量のIPAを反応系に添加し，80℃，30分間のエステル交換反応を行った。反応終了後，メタノールを用いて再沈殿処理を行った後，セルロース誘導体を濾別し，濾液からリグニン誘導体を回収した。得られた誘導体はヘミセルロースや他の不純物の混入はなく，高純度のCAおよびLAであることを確認した。バイオマスの種類に関わらず，エステル交換反応が進行したことから，本手法は種々のバイオマスに適応可能であり，CAとLAを同時に生成可能であることが示された。生成したCAはセルロースが持つ水酸基の約96%が30分間の反応によりアセチル基に置換されたことから，高い反応性を示した。前述したように，CAは実際に広く利用されている製品であるが，バイオマスからパルプに変換し，酢化するという製造方法は効率的とは言い難い。一方，本プロセスでは温和な条件下，また均一系において，簡便にCAを生成可能である。同時にリグニン成分もアセチル化し分離・回収が可能であることから，熱的・経済的に有利かつ工業的にも実用性があるといえる。

　上述したバイオマスの直接変換プロセスの場合，木質系バイオマスから直接LAを生成・回収可能であるため，リグニンを高分子材料として利用するにあたり非常に有利であり，環境に優しく安価な生産が可能である。一方で，セルロース成分に関しては，直接誘導体化によって得られたCAを二次原料として使用し，熱可塑性や機械的強度等のさらなる機能性を付与することができる。現在我々はこの技術を応用し，既存の石油由来CFRPに置き換わる，バイオマス由来のCFRPの開発を目標としている（図6）。

　CFRPの製造に用いられる樹脂としては，熱硬化性樹脂であるエポキシ樹脂および熱可塑性樹脂であるポリプロピレンやナイロン系などが挙げられる。しかし，これらはすべて石油原料から製造された石油由来樹脂である。これらは最終的には地球温暖化につながる物質である。環境省による2016年8月31日の報告によると，沖縄県にある国内最大のサンゴ礁「石西礁湖（せきせいしょうこ）」の9割で「白化現象」が起きている。地球温暖化などに伴う海水温の上昇が原因とみられる。科学技術の発展とともに我々の日常生活はますます便利となる一方，このような環境問題の発生は後を絶たない。このような問題に立ち向かうべく，グリーンソルベントと謳われるイオン液体を用いたバイオマス処理の早急な実用化が望まれている。既存の石油由来樹脂に劣らない，熱的・機械的特性を持つバイオマス由来の機能性樹脂が，イオン液体を用いて低コスト・高効率にて生成可能となれば，石油依存社会からの脱却も遠い未来の話ではなくなるだろう。

第 12 章　イオン液体を用いたバイオマス処理

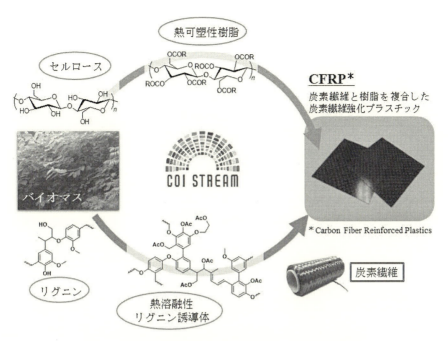

図6　バイオマス由来の炭素繊維複合材料（CFRP）の開発

5　おわりに

　本章では，イオン液体を溶媒として用いるだけではなく，分子性触媒として利用した，セルロースおよびリグニンのエステル交換反応について述べた。加えて，バイオマスの直接誘導体化により各成分を効率的に機能化し，簡便な分離・回収プロセスを可能とした。これにより，従来利用がなされていなかったリグニンに対する，新たな応用先の提案がなされるようになってきている。今後ますます，イオン液体の類稀な溶解能や分子性触媒機能はバイオマス処理技術の革新に大きく貢献するだろう。しかしながら，イオン液体のコストを考えると繰り返し利用が必須であることは変わらない。反応に用いたイオン液体の再利用は，イオン液体を用いたバイオマス由来材料の社会実装に向けた大きな課題となるだろう。

文　　　献

1) R. P. Swatloski *et al.*, *J. Am. Chem. Soc.*, **124**, 4974 (2002)
2) D. A. Fort *et al.*, *Green Chem.*, **9**, 63 (2007)
3) 近藤哲男監修，機能性セルロース次元材料の開発と応用，シーエムシー出版 (2013)

4) 大野弘幸監修, イオン液体Ⅲ―ナノ・バイオサイエンスへの挑戦―, シーエムシー出版 (2010)
5) C. S. P. Zarth et al., *Cellulose*, **18**, 1315 (2011)
6) D. D. Liu et al., *Green Chem.*, **14**, 2738 (2012)
7) R. Kakuchi et al., *RSC Adv.*, **5**, 72071 (2015)
8) 田淵敦士, 木質バイオマスのマテリアル利用・市場動向, シーエムシー出版 (2015)
9) S. K. Singh & P. L. Dhepe, *Green Chem.*, **18**, 4098 (2016)
10) J. Zakzeski et al., *Chem. Rev.*, **110**, 3552 (2010)
11) Y. Uraki et al., *Biomacromolecules*, **13**, 867 (2012)
12) 坂志朗監修, リグニン利用の最新動向, シーエムシー出版 (2014)

第13章 イオン液体の木材難燃剤および木材保存剤としての利用

宮藤久士*

1 はじめに

　近年，わが国では公共建築物等における木材利用の促進に関する法律が施行され，低層の公共建築物は原則木造化が定められるなど，木材の利用促進に向けた動きが活発化してきている。しかしながら，木材は「燃える」，「腐る」，「寸法が変化する」という特徴を有しており，建築物への利用に際しては，これらは欠点とみなされ改善が要求される。これらの性質の改善については，これまでにも多くの研究が行われてきているが，新規な方法として近年イオン液体を用いた研究が盛んとなっている。本稿では，我々の研究グループでの成果を中心に，木材難燃剤としてのイオン液体の利用や実用化に向けた研究，耐朽性（木材腐朽菌による腐朽に対する抵抗性）や耐蟻性（シロアリの食害に対する抵抗性）の向上を可能とする木材保存剤としてのイオン液体の効果について紹介する。なお表1には，木材処理に用いられた主なイオン液体を示している。

2 木材難燃剤としての利用

　各種イオン液体の中で，常温で固体のものはそのまま木材処理に用いることはできないので，何らかの溶剤に溶かし溶液として木材を処理する必要があり，ここではメタノールを溶剤として用いた。イオン液体をメタノールに溶解後，木材を浸漬させ，減圧下で24時間含浸処理を行った。その後105℃にて処理を行い，メタノールを乾燥させ，イオン液体処理木材を得た。得られた処理木材の外観を図1に示す。木材のようなバイオマスに対するイオン液体処理に関する研究では，成分分離や有用化学物質への変換といった研究が多くあるが，本稿で紹介しているような木材を材料として利用するための高機能化処理においては，処理過程においてイオン液体が木材に影響を及ぼさないことが要求される。図1に示すように，1-エチル-3-メチルイミダゾリウムテトラフルオロボレート（[EMIM]BF_4）や1-エチル-3-メチルイミダゾリウムヘキサフルオロフォスフェート（[EMIM]PF_6）で処理を行っても割れや反り，変色などの目立った変化は見られず，もとの木材の風合いを維持していることから，これらのイオン液体は木材に対して，低分子化や液化といった分解反応は引き起こしていないと考えられる。

　これらのイオン液体処理木材の難燃性に関する評価として，熱重量分析（TG）および示差熱

---

　*　Hisashi Miyafuji　京都府立大学　大学院生命環境科学研究科　環境科学専攻　教授

イオン液体研究最前線と社会実装

表1 木材処理に用いられた各種イオン液体

イオン液体	常温での状態	構造式
1-エチル-3-メチルイミダゾリウム テトラフルオロボレート ([EMIM]BF₄)	液体	[イミダゾリウムカチオン] [BF₄]⁻
1-エチル-3-メチルイミダゾリウム ヘキサフルオロフォスフェート ([EMIM]PF₆)	固体	[イミダゾリウムカチオン] [PF₆]⁻
1-エチル-3-メチルイミダゾリウム メチルフォスフォネート ([EMIM](MeO)(H)PO₂)	液体	[イミダゾリウムカチオン] [(H₃CO)(H)PO₂]⁻
テトラブチルホスホニウム ヘキサフルオロフォスフェート ([TBP]PF₆)	固体	(C₄H₇)₄P⁺ [PF₆]⁻
1-メチル-1-プロピルピロリジニウム ヘキサフルオロホスフェート ([MPPL]PF₆)	固体	[ピロリジニウムカチオン] [PF₆]⁻

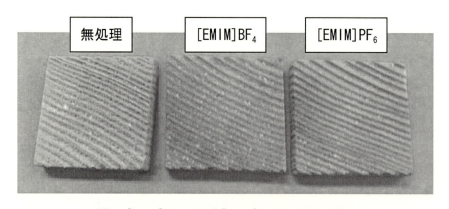

図1 [EMIM]BF₄ および [EMIM]PF₆ 処理木材の外観

分析（DTA）を行った結果を図2に示す。図2上図に示している無処理木材の TG 曲線では，300℃から350℃にかけて発炎燃焼による大きな重量減少が見られ，発炎燃焼終了時の残渣率は約30%であった。その後，400℃付近で表面燃焼によって大きな重量減少を起こし，450℃で残渣率はほぼ0%となった。[EMIM]BF₄ および [EMIM]PF₆ 処理木材では，発炎燃焼終了時における残渣率は，約50%であり，無処理木材における発炎燃焼終了時の残渣率よりも高い値となるとともに，その後の温度域での重量減少も緩やかであった。図2下図に示している無処理

第 13 章　イオン液体の木材難燃剤および木材保存剤としての利用

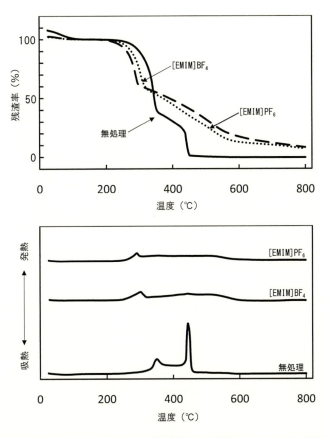

図2　[EMIM]BF$_4$ および [EMIM]PF$_6$ 処理木材の TG 曲線（上）および DTA 曲線（下）

木材の DTA 曲線では，発炎燃焼および表面燃焼が発生した 300℃ から 450℃ の温度域において 2 つの発熱ピークを見ることができる。この発熱ピークは，TG における重量減少の温度域とほぼ対応しているが，[EMIM]BF$_4$ および [EMIM]PF$_6$ 処理木材ではこれらの顕著な発熱ピークは見られず，燃焼が抑制されていることが分かる。これら TG および DTA の結果から，イオン液体処理木材が難燃性を発現していることが分かる[1]。これまで木材の難燃化処理においては，無機塩がよく使われているが，イオン液体のような有機塩であっても木材に難燃性を付与しうることが明らかとなったと言える。一般に，ハロゲン，リン，ホウ素は木材に難燃性を付与しうる元素であると言われており，上述のイオン液体はこれらの元素を含有している。しかしながら，イオン液体のような有機塩を木材に含浸することは可燃物を導入することとなり，木材の難燃性向上には不利に働くとも考えられるが，イオン液体中のハロゲン，リン，ホウ素などが効果的に機能し，難燃性が発現したものと考えらえる。

さらに別のイオン液体として 1-エチル-3-メチルイミダゾリウムメチルフォスフォネート（[EMIM](MeO)(H)PO$_2$）を用い，木材表面に塗布処理を行い，得られた [EMIM](MeO)(H)PO$_2$ 処理木材に関して，鉄道車両用材料燃焼試験（車材燃試）に従って評価を行い，防火性能が

無処理　　　　　　　[EMIM](MeO)(H)PO₂塗布処理

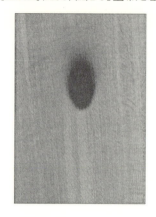

図3　鉄道車両用材料燃焼試験後のサンプル

得られるか確認した。車材燃試は，鉄道車両の内装材料に関する燃焼性評価の試験方法であり，0.5 ccのアルコールに着火し，その炎に対して材料を45°傾斜させ，アルコールが燃え尽きるまでかざす。その時の材料への着炎や残炎の有無，炭化長など，様々な評価項目で評価を行う試験である。評価結果は「不燃性」，「極難燃性」，「難燃性」，「緩燃性」，「可燃性」の5段階で示され，「難燃性」基準をクリヤーすれば鉄道内装材として利用することが可能である。

図3に，試験後のサンプルの様子を示す。無処理に比べ，[EMIM](MeO)(H)PO₂処理木材では黒く炭化している部分の長さが短く，[EMIM](MeO)(H)PO₂の塗布処理による効果が見て取れる。さらに，無処理では試験に用いたアルコールが全て消失した後も，サンプル上に残炎が見られたが，イオン液体処理サンプルでは残炎は見られなかった。全ての評価項目から総合的に判断すると，イオン液体処理木材は「難燃性」をクリヤーしており，鉄道車両用内装材料として利用可能であることが明らかとなった[2]。含浸ではなく，塗布のような簡便な処理方法であっても，イオン液体は木材の難燃性付与に効果的であり，実用化の可能性が示されたと言える。

3　木材保存剤としての利用

木材の利用上の欠点である「腐る」あるいは「シロアリに食害を受ける」といった生物劣化を防ぐための薬剤（木材保存剤）としての，イオン液体の効果に関する研究も進んでいる。

木材は白色腐朽菌や褐色腐朽菌などにより腐朽を受け，美観を損なうだけでなく強度低下も引き起こすため，木材の耐朽性の向上は利用上，大変重要な課題である。第四級アンモニウム塩は，木材に耐朽性を付与しうることが知られており，第四級アンモニウム塩の一種であるジメチルジデシルアンモニウムクロリド（DDAC）やベンザルコニウムクロリド（BAC）を含む薬剤で処理された木材は実用化されている。イオン液体は，様々な分子設計が可能で，親・疎水性や

第 13 章　イオン液体の木材難燃剤および木材保存剤としての利用

粘度など，様々な物性の異なるものを容易に調製できることから，DDAC や BAC と類似の化学構造を持つアンモニウム系イオン液体を中心に，木材保存剤としての応用に関する研究が近年なされている。

　DDAC および BAC のアニオンである Cl⁻ を D,L-乳酸イオンに置換した，ジメチルジデシルアンモニウム D,L-ラクテートおよびベンザルコニウム D,L-ラクテートでは，白色腐朽菌であるカワラタケ（*Trametes versicolor*）や褐色腐朽菌であるイドタケ（*Coniophora puteana*）に対して，良好な耐腐朽性能は得られなかったと報告されている[3]。しかしながら，1-メチル-3-オクチロキシメチルイミダゾリウムテトラフルオロボレートおよび 1-メチル-3-ノニロキシメチルイミダゾリウムテトラフルオロボレートでは，市販の DDAC や BAC と同等の耐腐朽性能を示すことが寒天培地試験により明らかとなっている[4]。さらに，カチオンにピロリジニウム環を有する，各種イオン液体を用いて処理された木材について，耐腐朽性能を検討した結果，1-デシロキシメチル-4-ジメチルアミノピロリジニウムクロリドおよび 1-デシロキシメチル-4-ジメチルアミノピロリジニウムアセサルフェメートが良好な耐腐朽性を発現することが報告されている[5]。

　一方，シロアリによる食害においても，建築物の美観の低下および強度劣化を招くため，様々な薬剤を用いた木材の耐蟻性の向上が図られてきた。その中で，近年イオン液体がシロアリの防除に対して効果的であることが分かってきている。上述の難燃化処理の場合と同様な方法で，表 1 中の［EMIM］PF₆，［TBP］PF₆，［MPPL］PF₆ のメタノール溶液を木材に含浸させ，その後，乾燥させることでイオン液体処理木材を得た。図 4 に，得られた各種イオン液体処理木材を示しているが，無処理木材と外観上の変化は見られず，処理による木材への悪影響は見られない。これらのイオン液体処理木材を，イエシロアリ（*Coptotermes formosanus*（Shiraki））またはヤマトシロアリ（*Reticulitermes speratus*（Kolbe））の職蟻 150 頭と兵蟻 5 頭を入れた容器に

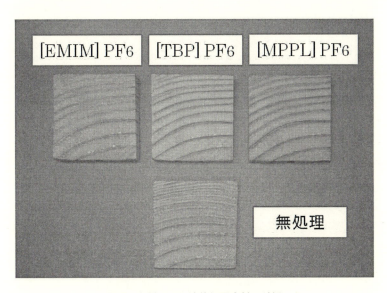

図 4　各種イオン液体処理木材の外観

イオン液体研究最前線と社会実装

入れ，その容器を温湿度が管理されたチャンバー内に3週間静置し，食害試験を行った。図5には，イエシロアリを用いた食害試験後のサンプルの様子を示す。無処理では，穴があくほどの激しい食害を受けているが，イオン液体処理木材では食害がほとんど見られない。また表2には，食害試験後の重量減少率（食害率）を示しているが，イエシロアリ，ヤマトシロアリのどちらを用いても，無処理木材に比べてイオン液体処理木材では重量減少率は著しく低く，イオン液体はシロアリの防除に効果的であると言える[6]。しかしながら，イオン液体間でも食害率に差が見られる。イオン液体の耐蟻性の発現機構は明らかではないが，一般に $[PF_6]^-$ アニオンは加水分解に対する抵抗性が弱く，毒性を持つHFやフッ化物が生成すると言われており，イオン液体処理木材を食害したシロアリの体内でそのようなフッ化物が生成し，死に至ったと推察できるが，ここで用いたイオン液体のアニオンは全て $[PF_6]^-$ であるにも関わらず，表2のように用いたイオン液体間で食害率に差が出ていることを考えると，カチオン構造の違いも耐蟻性の発現に関連していると考えられる。

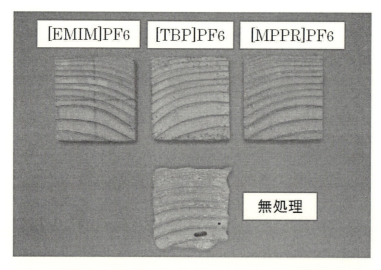

図5 各種イオン液体処理木材のイエシロアリを用いた耐蟻試験後の外観

表2 耐蟻試験後における各種イオン液体処理木材の重量減少率（食害率）(%)

イオン液体処理木材	食害率（%）	
	イエシロアリ	ヤマトシロアリ
無処理	12.2	6.4
[EMIM]PF_6	0.6	0.4
[TBP]PF_6	0.1	0.4
[MPPR]PF_6	0.0	0.4

第 13 章　イオン液体の木材難燃剤および木材保存剤としての利用

4　おわりに

　イオン液体の新たな用途として，木材の難燃剤および保存剤として応用可能であることを示した。これまでにも木材の難燃性，耐朽性，耐蟻性を向上させるための様々な薬剤が報告されているが，これらの性質を1つの薬剤で一度に改善できるものはそれほど多くはない。上述のように［PF_6］$^-$をアニオンに持つイオン液体は，これらを一度に改善しうる可能性がある。また，イオン液体は分子設計の自由度が高いことから，他にも木材保存剤として効果的なものがある可能性は十分に考えらえる。しかしながら，イオン液体の木材保存剤としての利用に関する研究はまだ少なく，さらなる研究が待たれる分野である。

文　　献

1) H. Miyafuji & Y. Fujiwara, *Holzforschung*, **67**, 787 (2013)
2) 横川紀，宮藤久士，第 64 回日本木材学会大会研究発表要旨集，J14-05-1415 (2014)
3) J. Cybulski *et al.*, *Chem. A Eur. J.*, **14**, 9035 (2008)
4) J. Pernak *et al.*, *Holzforschung*, **58**, 286 (2004)
5) M. Stasiewicz *et al.*, *Holzforschung*, **62**, 309 (2008)
6) 源康治，宮藤久士，第 64 回日本木材学会大会研究発表要旨集，N13-P-24 (2014)

〈さらなる広がり〉

第14章　イオン液体型潤滑剤の開発

近藤洋文[*]

1　序論

　通常の液体潤滑剤と比較してイオン液体はアンカー効果が高い極性基を持つことから，大きな潤滑効果を持つことが期待されている。過去にもイオン液体がスチール／スチール，アルミニウム，銅などの金属間の組み合わせで摩擦を低減すること，また優れた耐磨耗性や耐荷重能を持つことが報告されている[1~5]。加えてイオン液体の耐熱安定性は通常の潤滑剤と比較して格段に高い。ここではイオン液体によって形成された単分子レベルの分子薄膜の磁気記録媒体用途の潤滑剤としての応用を考えてみたいと思う。

　図1にハードディスクの磁気ヘッドとメディアインターフェイスの模式図を示すが，ヘッドとメディアのスペーシング量は10 nm程度で制御されていて，これが高記録密度の実現につながっている[6]。しかし2020年の目標である記録密度4 $Tbin^{-2}$ を達成するにはさらに60％の低減が要求されていて，潤滑剤や保護膜の厚さも薄くする必要がある。最近のハードディスクの潤滑剤の膜厚は1 nm程度であるが，さらなる高記録密度化のためにはその厚さを薄くする必要がある。

　ハードディスクの潤滑剤は単分子レベルの膜厚でそのトライボロジー特性を満足させなければならず，代表的な要求特性として以下がある。

（1）　低揮発性であること。
（2）　表面補充機能のために低表面張力であること。
（3）　末端極性基とディスク表面への相互作用があること。
（4）　使用期間での分解，減少がないように，熱的および酸化安定性が高いこと。
（5）　金属，ガラス，高分子に対して化学的に不活性であること。
（6）　金属あるいはハロゲン不純物イオンはppm以下。
（7）　フッ素系有機溶媒に溶解すること。

　さらに次世代の記録システムとして考えられているHeat-assisted magnetic recording system（HAMR）では，レーザー光を照射時の記録スポットの表面温度はフラッシュではあるが400℃以上になると計算されていて，潤滑剤の蒸発・分解が大きな問題になることが指摘されている[7]。

　またMicro/nano electromechanical systems（M/NEMS）は通常シリコンベースの材料を使

---

*　Hirofumi Kondo　デクセリアルズ㈱　コーポレート開発部門　理事

第14章 イオン液体型潤滑剤の開発

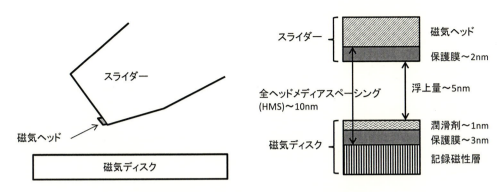

図1 磁気ヘッド／メディアスペーシングの模式図

用しているが,耐磨耗性に欠点がある。システムのサイズが小さくなるほど体積に対する表面の比率が大きくなるために,接着,摩擦,磨耗などの表面に関わる信頼性の確保が重要な課題となる。

その観点から,低揮発性,高い化学的および熱安定性,低表面エネルギー,低摩擦であるパーフルオロポリエーテル（PFPE）は精密機械システムや宇宙産業において潤滑剤として広く応用されている。また磁気記録システムや M/NEMS においてもインタフェイスの摩擦磨耗を低減するものとして使用されている[8~10]。

その代表的な PFPE である Z-DOL は強い求核試薬や金属イオンに対して激しく反応して分解することからその応用は限定的なものであり[11~13],PFPE 代替材料の開発が求められている。

イオン液体はその化学的および物理的な特性をカチオン-アニオンの組み合わせによってチューニングできることから,特定の課題解決に適していると考えられる。例えばこれまでにもイオン液体の耐熱性改善について広範囲にわたっての報告がある[14~19]。しかしバルクでの熱安定性と異なり,ハードディスクシステムでは表面に固定された単分子レベルの薄膜イオン液体での特性が要求されるために,有機薄膜での特性評価やディスク表面とイオン液体との相互作用の理解が重要になる。

過去には磁気記録媒体用途の潤滑剤として開発した長鎖アルキルアンモニウムパーフルオロカルボン酸塩が,対応するエステルやアミドあるいは Z-DOL と比較して大きく摩擦を下げることが報告されている[20,21]。ここでは,さらに酸や塩基を変えてシリーズで合成したイオン液体の潤滑特性に関してまとめ,併せてディスク上に塗布したイオン液体薄膜の分光学的な特性についても報告する。

2 アンモニウム塩の熱安定性

図2に極性基を変化させた,アルコキシド,カルボキシレート,スルホネートアンモニウム塩の TG による熱安定性を示すが,それぞれ 62, 205, 327℃ で分解が始まる。Z-DOL は

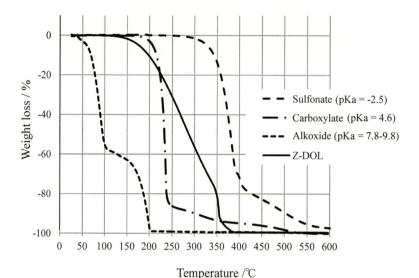

図2 空気中でのアンモニウム塩のTGスキャンによる熱安定性
Z-DOLを参考例として示す。構造式は下記の通りである。
Sulfonate：$C_8F_{17}SO_3^-H_3N^+C_{18}H_{37}$
Carboxylate：$C_7F_{15}CO_2^-H_3N^+C_{18}H_{37}$
Alkoxide：$C_7F_{15}CH_2O^-H_3N^+C_{18}H_{37}$
Z-DOL：$HOCH_2CF_2O(CF_2O)_n(CF_2CF_2O)_mCF_2CH_2OH$

197℃で分解が始まることから，スルホネートはそれより熱安定性に優れていることがわかる。

　これらのイオン液体はブレンステッド酸と塩基の組み合わせであり，熱安定性はカチオンとアニオンの組み合わせによって変わり，アニオンのpK_aが小さいほど高くなる。イオン液体の熱分解は，図3に示すようにプロトン移動によるブレンステッド酸と塩基への分解である。このエネルギーが大きいほどイオン間のクーロン力は大きくなり，プロトンはより強固に結合しているために，右側へのイオンから酸と塩基への離脱反応性は小さくなる。つまりLe Chatelierの原理から，この平衡は高温になると右側に移動するために，蒸発による熱分解が生じるが，酸と塩基のpK_aの差が大きくなるほど左側に傾き分解温度が高くなると説明される[22,23]。

$$A^-HB^+ \rightleftharpoons HA + B$$

　　イオン液体　　　　　　酸　　塩基

$$\Delta pK_a = pK_{base} - pK_{acid} = \log\frac{[A^-HB^+]}{[HA][B]}$$

図3　イオン液体の反応スキーム

第14章　イオン液体型潤滑剤の開発

3　イオン液体の薄膜の分光学的特性

次にアンモニウムのアルキル鎖の長さを変えたイオン液体の薄膜の分光学的な特性について調べた結果をまとめる。ディスク基板上への塗布はディップコーティングによって行うことができ，その膜厚はコーティング溶液濃度を変化させることによって容易に変えることができる。ディスク上に塗布した $C_4F_9SO_3^-H_3N^+C_nH_{2n+1}$ 膜のエリプソメトリーで測定した膜厚と塗布濃度の関係を図4に示す。黒，濃灰，灰，薄灰はそれぞれ炭素数が8，13，16，18である。膜厚は塗布溶液濃度が増加するにしたがって増加するが，この傾向は炭素数を8から18の間で変化させても同じであった。また膜厚は同じ塗布モル濃度のときには，炭素数が大きいほうが大きい。

異なる膜厚における水とジヨードメタンの接触角の変化を図5に示す。それぞれのアンモニウムスルホネート膜のジヨードメタンの接触角は塗布濃度が高くなるにしたがい大きくなり，塗布濃度が 2.0 mmolL^{-1} 以上でほぼ一定になる。ところが水の接触角にはジヨードメタンほどの大きな変化がなく，約 1 mmolL^{-1} までわずかに上昇し，それ以降わずかに減少する。水の接触角は 55.3° から 68.7° であり，一般的に知られている自己組織化膜と比較すると小さいが，これは極性基のスルホン酸アンモニウムの親水性が強いために水との相互作用が大きいからと考えられる。

また水の接触角は炭素鎖が長いほど大きいが，これは長鎖の炭化水素鎖が水と内部の極性基との相互作用を抑制しているからであり，長鎖の炭化水素のほうが表面エネルギーの極性項が，ここではその計算値を示さないが，小さくなることを示している。またジヨードメタンの接触角は逆に炭化水素鎖が短いほど大きい。これは長鎖の炭化水素が CH_3 基よりも表面エネルギーの大

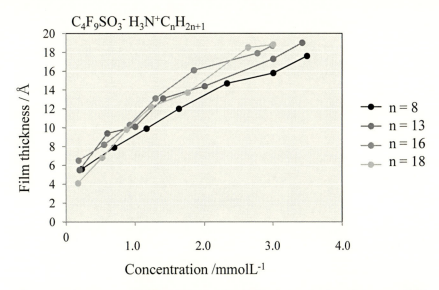

図4　エリプソメトリーで測定したディスク上に塗布した $C_4F_9SO_3^-H_3N^+C_nH_{2n+1}$ の膜厚
黒，濃灰，灰，薄灰はそれぞれ炭素数が8，13，16，18である。

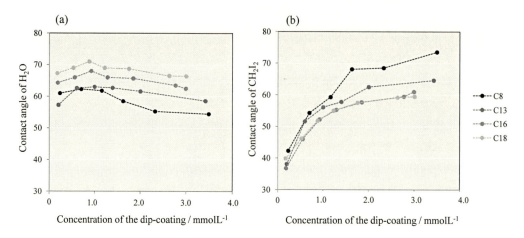

図5 塗布濃度を変えたときのディスク上での接触角変化
(a) は水，(b) はジヨードメタン。黒，濃灰，灰，薄灰は同様に炭素数が 8, 13, 16, 18 である。

きい CH_2 基を多く含むためであり，表面エネルギーの分散項が大きくなることを示している。

X線光電子分光（XPS）分析は表面の有機薄膜の原子の化学状態の知見を与えるものとして知られている（図6）。この広領域スペクトルで炭素，フッ素，酸素，窒素，硫黄原子が存在することから，スルホン酸 C18 アンモニウム塩がディスク上に塗布されていることが明らかになる（硫黄原子の存在はこの図からはわかり難いが，拡大することにより存在が確認される）。

図7にはスルホン酸 C8 および C18 アンモニウム塩塗布膜の F^{1s} ピークの狭領域スペクトルを示すが，いずれの場合にも塗布濃度が高くなるにつれてピーク強度が大きくなっている。また同じ塗布濃度においても C8 アンモニウム塩のほうが C18 よりもそのピーク強度が大きいが，こ

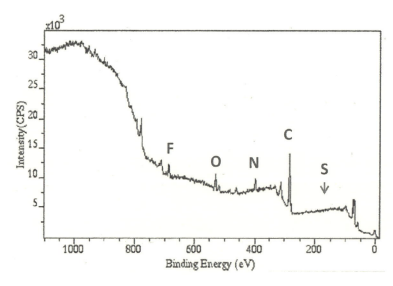

図6 オクタデシルアンモニウムスルホネート膜が塗布されたディスクの XPS 広領域スペクトル

第14章 イオン液体型潤滑剤の開発

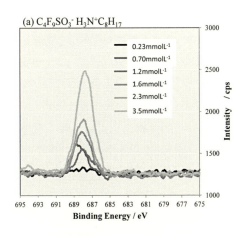
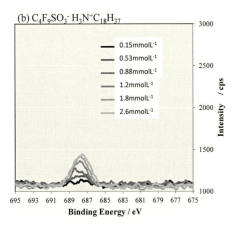

図7 塗布濃度を変えたときのオクチル (a) およびオクタデシルアンモニウム (b) スルホネート塗布膜のXPS F^{1s} 狭領域スペクトル

れは極性基に直結している C_4F_9 基が膜の内部，つまり基板側に存在していることを示している。つまり長鎖のC18アンモニウム塩では内部の F^{1s} 光電子の脱出深さが長くなるために減衰が大きくなるためと考えられ，同様のことが例えば金の基板上のチオール分子の自己組織化膜でも観察されている[24,25]。

アンモニウムスルホネート分子のディスク上での吸着形態のモデルを図8に示す。極性基が基板上に配向して吸着し，短いフッ素化炭素基は内側に，最も外側には炭化水素基が存在する。長鎖の炭化水素は水分子が内部の極性基と相互作用をするのを抑制し，また内部の F^{1s} 光電子の脱出深さを長くする。

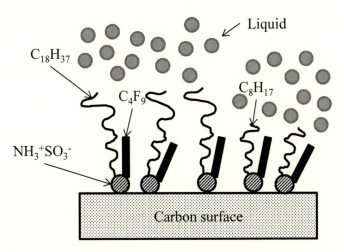

図8 アンモニウムスルホネートのディスク上での吸着形態の模式図
極性基はメディアに配向して吸着し，外側は炭化水素基で占められる。

さらにディスク上の有機薄膜を FTIR-Reflection Absorption Spectroscopy（RAS）法による分析を行った。FTIR-RAS により単分子レベルの有機膜の構造についての化学的な情報が得られる。ここではメチレン鎖の非対称振動（ν_{as}）および対称振動（ν_s）の吸収波数にフォーカスするが，膜の結晶性の程度によりその吸収位置が変化するからである。つまり低波数にシフトするほど結晶性が高い[26,27]。図9（a）は炭素数が異なるイオン液体を 3 mmolL^{-1} 濃度でディッピング塗布したディスク上の塗布膜の RAS であり，C8（黒），C13（濃灰），C16（灰），C18（薄灰）である。グラフ（b）はそれぞれのバルクの透過型 FTIR スペクトルである。バルクでは ν_{as} のピーク位置は C18 では 2,920 cm^{-1} であり C8 より 9 cm^{-1} 低波数側に，また C18 の ν_s は 2,849 cm^{-1} で 13 cm^{-1} C8 より低波数である。このスペクトルの結果からバルクでは C16 と C18 は結晶性が高く，また C8 は液体膜であることが示唆される。C16 および C18 の塗布膜のピーク位置はいずれも ν_{as} では 2,926 cm^{-1}，ν_s では 2,853 cm^{-1} 近辺にある。この CH$_2$ 伸縮振動のピーク位置の比較から，塗布膜では長鎖の C16 および C18 はバルクと比較して明らかに高波数シフトしていることがわかる。つまり C16 および C18 のアルキル鎖は，バルクでは trans 配置を取る

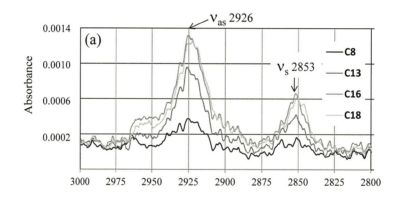

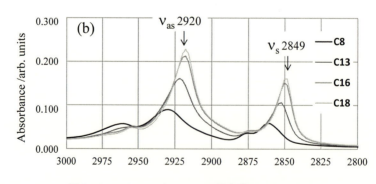

図9　$C_4F_9SO_3^-H_3N^+C_nH_{2n+1}$ の塗布膜の FTIR-RAS

（a）とバルクの透過型 FTIR スペクトル（b）アンモニウムスルホネートの炭素数が 8（黒），13（濃灰），16（灰），18（薄灰）。測定には Refractor2（Harrick Scientific Products）を備えた Varian FTS-6000 を用い，RAS 反射角は 75°，測定は窒素雰囲気中，スキャン回数は 128 回，分解能は 0.2 cm^{-1} である。

第14章 イオン液体型潤滑剤の開発

が，塗布膜では gauche 配置，つまり液体膜になっていることが示唆される。

これらの塗布膜の高波数シフトは金の基板上のチオールの自己組織化膜とは異なっている。つまり長鎖の場合には低波数で結晶性が高く，短鎖の場合は液体膜で，アルキル鎖が長い場合に結晶性が高まる。これはラテラル方向の相互作用に加えて，極性基が基板と相互作用があるために，バルクよりも流動性が小さくなるからである[28]。それゆえ極性基が基板表面とのボンディングが弱い場合にはアルキル鎖のパッキングが不十分となり結晶性が悪くなる[29]。C16およびC18イオン液体のディスク上での塗布膜の場合には，極性基と表面のカーボン保護膜との吸着があまり強くないことが示唆され，加えて短鎖のフッ素化アルキル基がアルキル鎖同士の相互作用を抑制して炭化水素鎖のパッキングが低下し，ν_{as} と ν_s の伸縮振動が高波数シフトしていると考えられる。

4 イオン液体の摩擦特性

ピンオンディスクの摩擦試験機を用いて，炭素数が8から18のアンモニウムスルホネート系イオン液体を塗布したディスクの摩擦係数を測定した。図10は往復走行を100回行った後のそれぞれの膜厚での摩擦係数をプロットしたものである。摩擦係数は膜厚が増加するにつれて減少して行き，ある一定の膜厚を超えるとほぼ一定になる。そのときの摩擦係数は炭化水素数が大きいほど小さいが，13以上ではほぼ同じである。

次に同じ炭素数のアンモニウムスルホネートの Frictional Force Microscope（FFM）を用いたミクロな摩擦試験結果を図11に示す。摩擦係数は荷重が小さいところでは，炭素数が大きくなるにしたがい小さくなるが16と18ではほぼ同じであり，この傾向は図10のマクロな摩擦係数と同じである。分子レベルの薄膜でのこの現象は分子膜中の欠陥が少ないためと説明されている[30,31]。炭化水素が長くなると欠陥が少なくなり，液体状態の膜でも荷重に対して変形しにくく

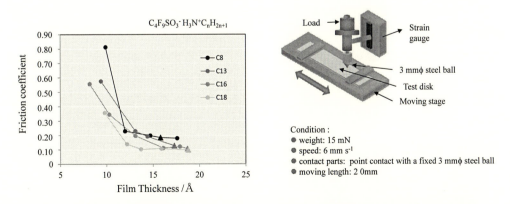

図10 （左）異なった炭素数を持つアンモニウムスルホネートを塗布したディスクの，100回走行後の摩擦係数（三角は塗布濃度 3 mmolL^{-1}），（右）用いた摩擦試験機の模式図とその条件

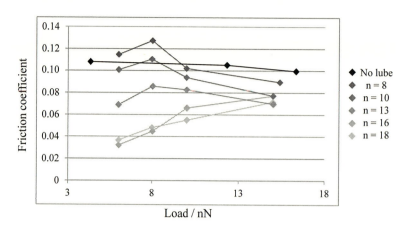

図11 アンモニウムスルホネート $C_4F_9SO_3^-H_3N^+C_nH_{2n+1}$ 膜のミクロ荷重を 6-16 nN に変化させたときの炭素数の摩擦に与える効果

塗布濃度はマクロ摩擦試験と同じ 3 mmolL^{-1} である。AFM/FFM は Nanonavi II で制御されており,大気中でコンタクトモードで測定した。カンチレバーは Nanosensor SI-AAF01 で,AFM の垂直と水平方向のばね定数はそれぞれ 0.2 N/m と 81.6 N/m。先端の曲率半径は約 10 nm である。スキャン速度は 1 μms^{-1} である。

なる[32]。また膜の親水性が高い場合には疎水性の膜と比較してチップのスライディング抵抗が高く摩擦係数が高くなることも知られているが[33],長鎖の炭化水素の場合にはチップ最表面と内部の極性基との相互作用が小さくなることも低摩擦の理由となる。しかし摩擦係数は荷重が増加するにしたがい増加して,その値はベアディスクの値に近づいていく。これは荷重が十分に高い場合にはチップがフィルムを押しのけてディスク表面とダイレクトコンタクトするようになることを示唆している。

次にアンモニウムスルホネートと Z-DOL を塗布したディスクを加熱した後に摩擦測定を行い,潤滑膜の耐熱性の比較を行った結果を図12に示す。スルホネートの場合は 200℃ までの加熱では 100 回走行の摩擦係数は一定で,100℃ では 0.15,150℃ では 0.19,200℃ では 0.28 であった。しかし 250℃ での加熱試験後に摩擦は高くなった。これに対して Z-DOL の場合には加熱前の摩擦係数は一定で 0.12 とスルホネートとほぼ同じであるが,100℃ では走行回数が増加するごとに少しずつ増加していき,150℃ では大きく増加する。また 200℃ 以上では摩擦は非常に高く,大きく変化して潤滑剤としての機能を示していない。つまりバルクでの耐熱性が Z-DOL よりも高かったアンモニウムスルホネートは薄膜でも摩擦特性としてより良好な結果を示すことがわかった。

5 イオン液体の溶解性

ハードディスクやマイクロマシンへの応用を考慮した場合に,溶媒への溶解性,特に Vertrel (1,1,1,2,2,3,4,5,5,5-decafluoropentane) のようなフッ素系溶媒への溶解性が要求される。そこ

第 14 章　イオン液体型潤滑剤の開発

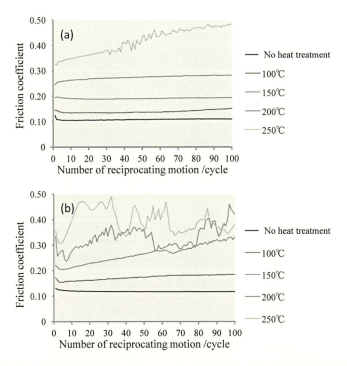

図 12　オクタデシルアンモニウムスルホネート（a）と Z-DOL（b）の加熱試験後の摩擦試験結果
加熱試験はそれぞれの温度で 10 分間行った後に常温で摩擦試験を行った。

で 0.2 wt％でのいくつかの溶媒への溶解性について検討した結果を表 1 にまとめる。参考に Z-DOL を載せるが，フッ素系溶媒への溶解性は高いが，試験したそれ以外の溶媒，n-ヘキサンやエタノールには溶解しない。オクタデシルアンモニウムスルホネートでは 1 級から 4 級アンモニウム塩の試験を行った。すべてのアンモニウムスルホネートは，ここに示さないがほぼ同じ熱安定性と摩擦特性を持っているが，溶解性については異なった結果であった。アンモニウムスルホネートはエタノールには溶解するが，長鎖の炭化水素と強い極性基を持つために非極性の Vertrel や n-ヘキサンには溶解しないと考えられた。しかし理由は不明であるが，ジメチルオクタデシル塩だけはいずれにも溶解する結果であった。ジメチルオクタデシルアンモニウムスルホネートは耐熱性を改善しかつフッ素系溶媒への溶解性もある。それゆえ実際のハードディスク製造工程でのディッピングプロセスでの適用も可能であることから，特に次世代の磁気記録システムとして開発が進んでいる HMAR での応用が期待される。

6　まとめ

長鎖炭化水素を持ったアンモニウムスルホネート系イオン液体を開発して，ハードディスクへの応用を検討した。その結果，イオン液体を構成するブレンステッド酸の pK_a が小さいパーフ

表1 25℃でのアンモニウムスルホネートのいくつかの溶媒への 0.2 wt% の溶解性

Ammonium sulfonate	Molecular structure	Solubility		
		Ethanol	n-Hexane	Vertrel
Octadecyl ammonium nonafluorobutanesufonate	$C_4F_9SO_3^- H_3N^+ C_{18}H_{37}$	Soluble	Insoluble	Insoluble
Methyl octadecyl ammonium nonafluorobutanesufonate	$C_4F_9SO_3^- H_2N^+(CH_3)C_{18}H_{37}$	Soluble	Insoluble	Insoluble
Dimethyl octadecyl ammonium nonafluorobutanesufonate	$C_4F_9SO_3^- HN^+(CH_3)_2C_{18}H_{37}$	Soluble	Soluble	Soluble
Trimethyl octadecyl ammonium nonafluorobutanesufonate	$C_4F_9SO_3^- N^+(CH_3)_3C_{18}H_{37}$	Soluble	Insoluble	Insoluble
Z-DOL		Insoluble (opaque)	Insoluble	Soluble

ルオロアルキルスルホン酸を用いているために空気中での熱分解温度が 300℃ 以上と，熱安定性が高い。ディスクに塗布した場合にも 200℃ までは摩擦係数が一定で，一般に使用されている PFPE の Z-DOL よりも低いことがわかった。

このアンモニウム塩はディスク表面では極性基が基板表面に配向吸着した膜を形成するが，アルキル鎖は gauche 配置を取り液体膜である。炭素数 13 以上の炭化水素鎖を持つアンモニウム塩はマクロおよびミクロな摩擦を低減する。

ジメチルオクタデシルアンモニウムスルホネートは，フッ素系溶媒への溶解性，摩擦特性，耐熱性の観点からもっともその中で優れていて，ハードディスクへの応用が期待される。

文 献

1) C. F. W. Ye et al., *Chem. Commun.*, 2244 (2001)
2) M. H. Yao et al., *ACS Appl. Mater. Interfaces*, **1**, 467 (2009)
3) X. Q. Liu et al., *Wear*, **261**, 1174 (2006)
4) F. Zhou et al., *Chem. Soc. Rev.*, **38**, 2590 (2009)
5) W. J. Zao et al., *J. Colloids Surf. A*, 361, 118 (2010)
6) B. Marchon et al., *Adv. Tribol.*, Article ID 521086 (2013)
7) L. Wu, *Nanotechnology*, **18**, 215702 (2007)
8) H. W. Liu & B. Bhushan, *Ultramicroscopy*, **97**, 321 (2003)
9) S. Sinha et al., *Tribol. Int.*, **36**, 217 (2003)
10) T. Kato et al., *Wear*, **257**, 909 (2004)
11) G. Caporiccio et al., *J. Synth. Lubr.*, **6**, 133 (1989)
12) S. Mori & W. Morales, *Wear*, **132**, 111 (1989)

第 14 章 イオン液体型潤滑剤の開発

13) S. Mivake *et al.*, *Surf. Coat. Technol.*, **200**, 6137 (2006)
14) Y. Cao & T. Mu, *Ind. Eng. Chem. Res.*, **53**, 8651 (2014)
15) F. Gharagheizi *et al.*, *Fluid Phase Equilib.*, **355**, 81 (2013)
16) G. Adamova *et al.*, *Dalton Trans.*, **40**, 12750 (2011)
17) C. Maton *et al.*, *Chem. Soc. Rev.*, **42**, 5963 (2013)
18) G. Quijano *et al.*, *Bioresour. Technol.*, **101**, 8923 (2010)
19) H. Xue *et al.*, *J. Fluorine Chem.*, **127**, 159 (2006)
20) H. Kondo *et al.*, *IEEE Trans. Magn.*, **26**, 2691 (1990)
21) H. Kondo *et al.*, *Tribol. Trans.*, **37**, 99 (1994)
22) M. Yoshizawa *et al.*, *J. Am. Chem. Soc.*, **125**, 15411 (2003)
23) M. Miran *et al.*, *Phys. Chem. Chem. Phys.*, **14**, 5178 (2012)
24) D. A. Huttet & G. J. Leggett, *J. Chem. Phys.*, **100**, 6657 (1996)
25) P. E. Laibinis *et al.*, *J. Phys. Chem.*, **95**, 7017 (1991)
26) R. G. Nuzzo *et al.*, *J. Am. Chem. Soc.*, **112**, 558 (1990)
27) M. D. Porter *et al.*, *J. Am. Chem. Soc.*, **109**, 3559 (1987)
28) Y.-S. Shon *et al.*, *J. Am. Chem. Soc.*, **122**, 7556 (2000)
29) Y.-K. Shon *et al.*, *Langmuir*, **16**, 541 (2000)
30) X. Xiao *et al.*, *Langmuir*, **12**, 235 (1996)
31) H. Cheng & Y. Hu, *Adv. Colloid Interface Sci.*, **171-172**, 53 (2012)
32) T. T. Foster *et al.*, *Langmuir*, **22**, 9254 (2006)
33) W. Zhao *et al.*, *Surf. Interface Anal.*, **43**, 945 (2011)

第15章　イオン液体を利用した新規電子デバイスの開発

小野新平*

1　はじめに

　イオン液体を利用した電子デバイスというと，一般には，既に実用化レベルまで研究が進んでいる二次電池や，電気二重層キャパシタなどの蓄電デバイスを想像されるだろう。また，従来の考えからするとイオン液体などの電解質と，半導体をベースとする電子デバイスを結びつける関連性はないと思われるかもしれない。しかし，近年イオン液体に電圧を印加した際に形成される電気二重層を積極的に利用することで，従来の半導体技術を凌駕し，圧倒的な低電圧で駆動できる電子デバイスが作れることが明らかになった。また，この手法を利用することで，電圧を印加するだけで，材料の電子状態や磁性を制御できるようにもなった。これらの技術を応用することで，現在の情報社会を支える，電子状態を制御する電界効果トランジスタ，磁性を制御するスピントロニクス，自己組織化を利用した発光デバイス，および電気二重層を利用した振動発電デバイスなどを作製することが可能となる。ここでは，イオン液体を利用した電子デバイスの原理を説明し，一例として有機電界効果トランジスタ・有機発光デバイスについて紹介を行う。イオン液体を使うことで，新しい原理に基づく電子デバイスを開発できる可能性を感じていただけたら幸いである。

2　電気二重層を用いた電界効果トランジスタの原理

　イオン液体を利用した電子デバイスは，イオン液体に電圧を印加した際に形成される電気二重層と呼ばれる状態を用いる。この電気二重層を用いた電子デバイスとしては，すでに電気二重層キャパシタが実用化されている。電気二重層キャパシタは，電気二重層のもつ巨大な静電容量を利用することで，通常のキャパシタの100倍以上蓄電量を高めることができ，蓄電池とともに電力貯蔵の新しいデバイスとして期待されている。

　今回，この電気二重層を用いた電子デバイスの一例として電界効果トランジスタ（FET）の原理について紹介を行う。一般的なFETは，半導体層／ゲート絶縁層／ゲート電極からなるキャパシタ構造を持っている（図1(a)）。FETは，ソース電極（またはドレイン電極）と，ゲート電極の間に電圧を印加することで，電界によって半導体層とゲート絶縁層の間の界面に蓄積される電荷量を制御し，ソース・ドレイン電極間の伝導度を変化させることを利用したスイッチン

＊　Shimpei Ono　(一財)電力中央研究所　材料科学研究所　上席研究員

第15章 イオン液体を利用した新規電子デバイスの開発

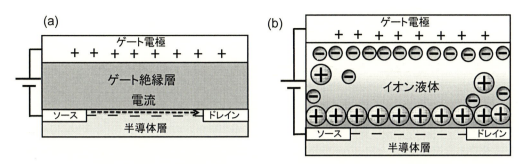

図1 (a) 一般的な固体ゲート絶縁層を用いた電界効果トランジスタと (b) 電解質の電気二重層を用いた電界効果トランジスタ

グ素子である。ソース・ドレイン電極間を流れるドレイン電流 I_D は，ゲート電極に印加する電圧 V_G に対して次の式で表される関係をもっている。

$$dI_D/dV_G = W/L \cdot \mu C V_D$$

ここで V_D，W，L，μ，C は，それぞれソース・ドレイン電極間に印加したドレイン電圧，ソース電極（ドレイン電極）の幅，ソース・ドレイン電極の間の距離，半導体層の電荷移動度，ゲート絶縁層の静電容量を示す。ここで，より低電圧で FET を駆動する（十分な大きさのドレイン電流を得る）ためには，半導体材料の電荷移動度，FET の構造に加えて，ゲート絶縁層の静電容量が大きな鍵を握る。例えば，固体絶縁層の単位面積あたりの静電容量は，$C = \varepsilon \varepsilon_0/d$ で表すことができ，絶縁層の比誘電率 ε，および絶縁層の膜厚 d によって決まる。Si をはじめとする半導体素子では，通常，熱酸化によって Si 上に形成された SiO_2 をゲート絶縁層として用いる。例えば 200 nm 程度の SiO_2 をゲート絶縁層として用いると，比誘電率と厚みから静電容量の大きさは 1.7×10^{-8} F/cm^2 となる。この SiO_2 のゲート絶縁層に，ゲート電圧として 200 V を印加した場合，半導体層とゲート絶縁層の間の界面には 1.1×10^{13}/cm^2 程度の電荷を蓄積することができる。当然のことながら，ゲート絶縁層の厚みを薄くすればするほど静電容量は大きくなるが，逆に電圧によって絶縁破壊が簡単に起きてしまうというジレンマがあり，これ以上蓄積できる電荷量を増やすことは容易ではない。また，ゲート絶縁層の静電容量を増加させるために，SiO_2 よりも高い比誘電率をもつ Si_3N_4，Al_2O_3，HfO_2 や Ta_2O_5 などの絶縁層を利用する研究がなされたが，やはりリーク電流の少ない信頼性の高い極薄ゲート絶縁層を得ることは容易ではなく，半導体層とゲート絶縁層の間の界面に蓄積できる電荷量は 5×10^{13}/cm^2 程度で止まっていた。

これらの限界を突破するために，電解質に電圧を印加した際に形成される電気二重層を利用した FET が考案された[1]。通常の FET のゲート絶縁層の代わりに電解質を使用する（図1(b)）。通常の固体絶縁層を利用した FET と同様にゲート電極とソース電極（またはドレイン電極）の間に電圧を印加すると，電解質の中でイオンの移動が起こり，電解質と半導体の界面，および電解質とゲート電極の間の界面に陽陰イオンが蓄積された電気二重層が形成される。この電気二重

層の厚みは，1 nm 以下であると言われており，ゲート電圧はこの電気二重層のみにかかることから，わずかな電圧を印加しただけで，半導体と電解質の間の界面には高電界を誘起することができる。例えば，1 V の電圧を電解質に印加すると，電気二重層には 10 MV/cm という超強電界がかかり，この高電界が半導体表面で終端されるため，多くの電荷を半導体と電解質の界面に蓄積させることが可能となる。この電気二重層の静電容量は電解質の種類によって決まるが，現時点では，最大 10^{-4} F/cm^2 程度の静電容量をもつ電解質が報告されており[2]，半導体と電解質の間に蓄積できる電荷量は最大 10^{15}/cm^2 まで達する。この値は一般的な固体絶縁層を利用した場合の最大電荷量の 100 倍をたった 1 V 程度の電圧を印加するだけで実現できることを意味する。この電荷量は，実は金属の電子数の約 10% 程度に匹敵する量である。したがって，今までの常識を破り，電気二重層を利用した電界効果を用いることで，半導体に限らず金属まで電子状態を制御できることを示唆している[3]。ただし，固体絶縁層の場合は，絶縁破壊電圧があるように，電解質の場合は，電解質が安定に存在できる電位領域（電位窓）があり，この電位窓以下の電圧しか印加することはできない。

　我々は電解質の中でもイオン液体に注目して電子デバイスの研究を行っている。イオン液体は，陽陰イオンの組合せを変えることで，静電容量の大きさ，電位窓，イオン伝導度を制御することができる。また，官能基を自在にデザインすることができることから，イオン液体を親水性から疎水性まで制御することが可能となる。特に水分は電子の移動を妨げるため，イオン液体を用いた電子デバイスを作る上では，疎水性のイオン液体を利用することが重要になる。また，高いイオン伝導度をもつイオン液体を利用することで，電気二重層の形成のスピードを早め，高周波で電子デバイスを駆動することができるようになる。このイオン液体をゲート絶縁層として用いることで，有機半導体を用いた FET において，低電圧駆動，高速駆動するだけでなく，高い電荷移動度を維持できることを明らかにした[4~8]。

3　有機電界効果トランジスタ

　ここではイオン液体を用いた FET の一例として，有機 FET についての研究を紹介する。近年，モバイル機器の発展に伴って，身につけて持ち運ぶウェアラブル端末の発展が著しい。これらの端末は，安価・軽量・薄い・バッテリー消費の少ない・柔軟性・耐衝撃性をもつという性能が求められており，有機材料を用いた有機エレクトロニクスに期待が集まっている。すでに有機半導体材料の開発の著しい進歩により，有機 FET の電荷移動度は大幅に向上し，有機半導体単結晶薄膜では，10～40 cm^2/Vs 程度を実現している[9,10]。この値は，既にアモルファスシリコンの電荷移動度 1 cm^2/Vs を凌駕しており，低価格のスイッチング素子，電子タグなどの活性半導体材料として有機半導体を利用することが期待されている。ただし，有機 FET を実用に耐えうる電子デバイスとして利用するためには，いくつかの問題を解決しなくてはいけない。例えば，有機 FET は有機半導体とゲート絶縁層の間の界面の影響を大きく受けることが知られている。

第15章 イオン液体を利用した新規電子デバイスの開発

これは、有機FETの半導体界面を流れる電荷が、ゲート絶縁層と半導体の界面にトラップされる、もしくはゲート絶縁層材料の誘電体の影響を受けることによると言われている[11,12]。したがって、同じ条件で作製した有機FETを比較しても、作製条件の微妙な差によって、電荷移動度・閾値電圧にばらつきがでてしまう。実用化を考える上では、多数の有機FETを同時に安定して駆動させる必要があるが、これらを実現するためには数V以上の高い電圧を印加する、もしくはそれぞれの有機FETに補償回路をいれなくてはいけないという問題があった。そこで、我々はイオン液体の電気二重層を利用した有機FETを作製した。

図2に有機半導体としてp型半導体(正孔が流れる)である(5,6,11,12-tetraphenyltetracene)ルブレン単結晶を用いた有機FETの伝達特性を示す。ルブレン単結晶は、有機半導体の中でも、高い電荷移動度20〜40 cm^2/Vs を安定して実現することが知られており、イオン液体の影響を調べるのに最適な材料の一つである。まず、図2(a)に空気をゲート絶縁層とした有機FETの伝達特性の一例を示す。負のゲート電圧およびドレイン電圧を印加すると、伝導度(もしくはドレイン電流)が増加する。この伝達特性より電荷移動度を求めたところ、電荷移動度は10〜37 cm^2/Vs 程度と非常に高く、現在報告されているルブレン単結晶の有機FETの最大値に匹敵する値を示している[2]。しかし、伝導度が増加をはじめる閾値電圧は、この試料の場合約−30V程度であり、同じ条件で作った有機FETでもかなりのばらつきがある。したがって、これらの有機FETを多数使用することを想定すると、かなり高いゲート電圧を印加する、もしくはそれぞれの有機FETの特性を評価し、補償回路をいれる必要がある。

次に同じ試料を用いて、今度はイオン液体としてN-methyl-N-propyl pyrrolidiniumbis (trifluoromethanesul-fonyl)imide [P13][TFSI] をゲート絶縁層として用いた有機FETの伝達特性を示す(図2(b))。するとゲート電圧、ドレイン電圧ともに0.2V以下の電圧印加で、伝導度の大幅な上昇を観測した。空気をゲート絶縁層とした場合と比較しても、1/100〜1/500程

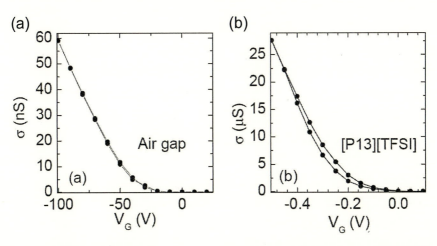

図2 ゲート絶縁体として (a) 空気, (b) イオン液体を利用した場合のルブレン単結晶の電界効果トランジスタの伝達特性

度の電圧で有機 FET が駆動している。また閾値電圧のばらつきも −0.2 V 程度に収まっており，0.5 V 程度の電圧を印加すれば多数の有機 FET を駆動できることを意味する。また，電荷移動度は，12.4 cm^2/Vs と空気をゲート絶縁体として利用した場合の約半分程度の値を示しており，イオン液体を用いた場合でも良好なイオン液体／有機半導体界面が得られることがわかる[8]。実際に，原子間力顕微鏡の測定では，イオン液体を乗せるだけでルブレン単結晶の表面の凹凸が溶け，ほぼ原子レベルで平らな界面が得られることが報告されている[13]。さらに，イオン液体を使った場合，1/100 程度のゲート電圧しか印加していないのにもかかわらず，伝導度は 100 倍以上向上していることがわかる。これはイオン液体の電気二重層を利用することで，ルブレン単結晶に高密度の電荷注入が行われることによる。ここでは，有機 FET について紹介を行ったが，VO$_2$ 薄膜[14]，NdNiO$_3$ 薄膜[15]，InGaZnO 薄膜[16]など，すでに実用化されている半導体に関しても，イオン液体を利用することで低電圧駆動ができることが報告されており，これからの発展がますます期待される。

4　電気化学発光セル

　ここでは，イオン液体を利用した有機発光デバイスに関して紹介を行う。既に実用化が進んでいる有機 Electro Luminescence（EL）素子は，電子輸送層，発光層，正孔輸送層から構成されている。その発光メカニズムは，電極から注入された電子が電子輸送層を，正孔が正孔輸送層を通り，発光層で再結合により発光する。しかし，有機 EL 素子では，有機薄膜中を移動する電子，および正孔の電荷移動度が低いため，多層構造のトータルの厚みを 100 nm 程度にしなくてはいけないという制限があり，素子の作製が非常に困難である。また，電極からの電子，もしくは正孔を効率よく有機薄膜中に注入するために，有機材料に合わせた電極材料，例えば Ca など大気中では不安定な材料を電極として選ばなくてはいけない。それに対して，1995 年に Heeger らによって提案された電気化学発光セル（LEC）は，発光性の高分子半導体材料と電解質を混合した材料を電極材料で挟んだ非常にシンプルな構造をもっている（図 3(a)）[17]。メカニズムに関しては諸説あるが，電極間に電圧を印加すると，まず電気二重層が形成され，その後，電圧印加に伴うイオンの再配列により高分子半導体材料が酸化もしくは還元される。これにより電子輸送層，正孔輸送層が自己組織化により形成され，電子と正孔が注入されて，再結合することによって発光に至ると考えられている。電気化学発光セルのメリットとしては，①有機 EL 素子の作製で必要であった多層構造が自己組織化で形成されるため，塗布法で簡単にデバイスを作ることができる。また平らな基板だけでなく，様々な形状の基板の上にデバイスを作製可能である。②多層構造が自己組織化で形成されるため，直流電流だけでなく交流電流で駆動をすることができる。③電気化学反応により高分子半導体材料が酸化もしくは還元されるため高密度のキャリア注入を行うことができる。④高分子半導体材料の正孔が注入される最高被占準位（HOMO）と，電子が注入される最低空軌道準位（LUMO）と，電極材料の仕事関数の間にミスマッチがあっ

第15章　イオン液体を利用した新規電子デバイスの開発

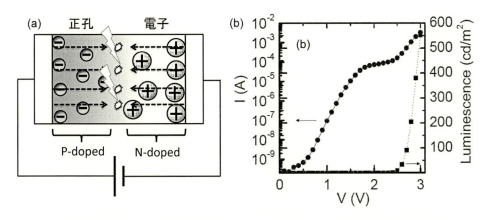

図3　(a) 電気化学発光セルの原理の模式図，(b) 印加電圧に対する発光強度，電流の関係

たとしても，電極近傍に形成される電気二重層の作り出す超強電界により効率的にキャリア注入が行われ低電圧駆動が可能，などがあげられる。

一例として発光性の高分子半導体材料として poly(9,9-dioctylfluorene-co-bithio-phene) (F8T2) を，イオン液体として tetradecyltrihexylphosphonium(tri-fluoromethylsulfonyl)amide ([P66614][TFSI]) を用いて作製した発光デバイスの発光特性を示す[18]。我々は，F8T2が長いアルキル基を持っていることから，同様なアルキル基を持っているイオン液体 [P66614][TFSI] を選択した。この F8T2 と [P66614][TFSI] の混合物を作製した結果，ほとんど相分離をしない LEC を作製することに成功した。図3(b) に作製した LEC の発光強度と電極間を流れる電流の印加電圧依存性を示す。印加電圧を増やしていくと，2 V 以下の電圧では，イオンが電気二重層を形成し，高分子半導体材料が酸化または還元され，電子輸送層，正孔輸送層が自己組織化により形成していく過程で電流が増加していく様子が見える。2.5 V 以上では，電極から電子と正孔が注入され，発光層で再結合することにより発光をはじめる。また3 V 程度で，発光輝度は 500 cd/m^2 を超えており，スマートフォンのディスプレーと同程度の明るさが得られることがわかる。ここで注目していただきたいのは，発光を開始する 2.5 V は，ほぼ F8T2 の HOMO 準位と LUMO 準位の差である 2.4 eV と同程度であることである。このことは，電気二重層の作り出す超強電界により効率的にキャリア注入ができており，より低電圧駆動ができることを示している。

5　まとめ

イオン液体を用いることで，低電圧駆動が可能な電界効果トランジスタ，発光デバイスができることがお分かりいただけたと思う。紙面の都合上，電界誘起超伝導の研究[19]，金属-絶縁体転移の研究[14, 15]，常磁性-強磁性転移を制御するスピントロニクス[3]，新しい振動発電素子などの

応用研究などについては紹介できなかったが，イオン液体の電気二重層を使うことで，基本的な物理現象のすべてを網羅する研究ができることをお分かりいただけたら幸いである。このイオン液体の電気二重層を利用した新規電子デバイスの研究はまさにはじまったばかりであり，今後の発展が多いに期待できる。

文　　献

1) J. Bardeen, *Nobel Lecture* (1956)
2) S. Ono *et al.*, *Appl. Phys. Lett.*, **94**, 063301 (2009)
3) H. Shimamura *et al.*, *Appl. Phys. Lett.*, **100**, 122402 (2012)
4) M. J. Panzer *et al.*, *Appl. Phys. Lett.*, **88**, 203504 (2006)
5) J. Lee *et al.*, *J. Am. Chem. Soc.*, **129**, 4532 (2007)
6) S. Ono *et al.*, *Appl. Phys. Lett.*, **92**, 103313 (2008)
7) T. Uemura *et al.*, *Appl. Phys. Lett.*, **93**, 263305 (2008)
8) S. Ono *et al. Appl. Phys. Lett.*, **108**, 063301 (2016)
9) K. Nakayama *et al.*, *Adv. Mater.*, **23**, 1623 (2011)
10) H. Minemawari *et al.*, *Nature*, **475**, 364 (2011)
11) A. F. Stassen *et al.*, *Appl. Phys. Lett.*, **85**, 3899 (2004)
12) I. N. Hulea *et al.*, *Nat. Mat.*, **5**, 982 (2006)
13) Y. Yokota *et al.*, *Appl. Phys. Lett.*, **108**, 083113 (2016)
14) M. Nakano *et al.*, *Nature*, **487**, 459 (2012)
15) R. Scherwitzl *et al.*, *Adv. Mat.*, **22**, 5517 (2010)
16) M. N. Fujii *et al.*, *Sci. Rep.*, **5**, 18168 (2015)
17) Q. Pai *et al.*, *Science*, **269**, 1086 (1995)
18) T. Sakanoue *et al.*, *Appl. Phys. Lett.*, **100**, 263301 (2012)
19) K. Ueno *et al.*, *Nat. Mat.*, **7**, 855 (2008)

第 16 章　宇宙機推進剤用イオン液体の開発

羽生宏人[*1]，伊里友一朗[*2]，三宅淳巳[*3]

1　はじめに

　宇宙ロケットや人工衛星，惑星探査機（宇宙機）は，推進システムが搭載されている。宇宙推進システムは，宇宙ロケットと宇宙機ではそれぞれ機能要求が異なるため，規模や仕組みが異なるが，一般に液体燃料または固体燃料が用いられており，これら燃料は，推進剤（propellant）と呼ばれる。宇宙ロケットには大推力を発生するための推進システムの他に，姿勢制御用推進装置（スラスタ）が搭載され，機体のロール制御や姿勢変更，衛星分離前の軌道速度調整のために用いられる。一方，人工衛星では，軌道運用中の姿勢制御や軌道調整に用いられる。これらスラスタが発生する推力レベルは数N～数百N程度であり，用途によって使い分ける。スラスタに用いられる推進剤は，単一ないしは燃料／酸化剤の組合せが一般的であり，それぞれ1液推進系（monopropellant thruster），2液推進系（bipropellant thruster）と区別される。

　大きくは燃焼室とノズルで構成されるスラスタは，ロケットや衛星に複数個装備されており，推進剤はタンクから配管を通じてスラスタに供給される。例えば，1液推進系は，液体推進剤を専用の分解触媒が保持された燃焼室において化学分解し，高温高圧のガスを発生させる。スラスタは，燃焼または分解による生成ガスをノズルから噴射することにより推力を発生する。一方の2液系は，燃料成分と酸化剤成分を燃焼室内で噴射し，双方を接触させて自己着火（hypergolic）させるなどして高温ガスを発生させ推力を得る。

　現在，上述のような宇宙ロケットまたは宇宙機の姿勢制御などに用いられる実用の液体推進剤にはヒドラジン（hydrazine）ないしはヒドラジン化合物が広く用いられている。しかし，ヒドラジンは人体に有害な物質であることや，揮発成分の濃度によっては爆発混合気となり得ることから，宇宙ロケットの組立現場や宇宙機の打上げ前準備などの際には推進剤の漏洩を速やかに検知するための装置の設置や管理を行うなど，取扱いに際して細心の注意を払っている。とりわけヒドラジン注液などの危険作業時においては作業者は重厚な防護服を装備して作業にあたっている。取扱いに注意が必要なヒドラジンを使う理由としては，推進剤として以下に記すような運用

[*1]　Hiroto Habu　宇宙航空研究開発機構　宇宙科学研究所　宇宙飛翔工学研究系　准教授
[*2]　Yu-ichiro Izato　横浜国立大学　大学院環境情報研究院　助教
[*3]　Atsumi Miyake　横浜国立大学　先端科学高等研究院　副研究院長／教授

上の有用な特性を持っていることによる。すなわち，ヒドラジンは，専用の分解触媒を用いることで効率良く高温ガスを発生させることができ，また，触媒分解に対する感度が良好であるため，ヒドラジンを触媒に噴射し，推力を得ることに対してミリ秒単位での制御が可能である。これら化学的な反応応答性が良好であるため，実用に適している。

2　宇宙用推進剤の技術課題

　ヒドラジンは有毒であるにも関わらずその良好な反応特性のため，現在も実用されているが，一方で，運用性の改善を目論み，研究開発の現場ではヒドラジンに替わる低毒性の液体推進剤の探索が行われてきた。1液系推進システムについては，推進剤変更に伴ってシステムの大幅な設計変更を必要とする技術開発よりは，単に推進剤を変更することのみでヒドラジンを排除し，より短期間に低毒化推進剤を適用させることを狙った研究が有望視されてきた。例えばヒドロキシルアミン硝酸塩を含む水溶液を1液系推進剤として扱った研究[1]がその代表例である。これは，推進剤タンク，配管系，バルブ類および分解触媒を含むスラスタに至るまで，ヒドラジンを推進剤とする系とほぼ同様の仕組みで推進系を構築することが狙いであったため，推進剤のスラスタへの供給および触媒との反応応答性が技術課題となっている。ヒドロキシルアミン系液体推進剤については，化学ポテンシャルから推測される密度比推力（液体密度と比推力の積）がヒドラジンを上回る可能性が示唆された。しかし，水溶液であるため水の蒸発潜熱の影響を小さくするために触媒の初期温度を高く設定しなければならないことや，推進剤の触媒分解生成物温度が高くなることで触媒自身が失活し，寿命が短くなるなど，実用化に向けて解決すべき技術課題がある。

　上述のような研究事例を踏まえ，新たな液体推進剤を開発するにあたり，液体とするための溶媒の選定（例えば，水やアルコール類）や反応応答性の高い触媒探索が課題となる。一方で，全く逆の発想による液体推進剤の組成を検討する余地もあった。すなわち，溶媒を用いずに液体化させ，化学反応の開始を触媒に依存しないシステムを構築する発想であり，そこで着目したのがイオン液体による推進剤組成である。推進剤の性能を考慮して著者らが考案したのが，高エネルギー物質（High energy materials：HEMs）を含むイオン液体，すなわち高エネルギーイオン液体推進剤（Energetic Ionic Liquid Propellants：EILPs）である。

　イオン液体を推進剤に適用する検討が報告され始めたのは2000年代初頭である[2]。それまでは脱ヒドラジンを目指した低毒性液体推進剤の研究は，水溶液やアルコールなどを含む液体を対象とするものが主流であったが，イオン液体を推進剤とする新たな切り口の研究事例が加わり，当該分野としては対象の幅が広がることとなった。

　我が国では高エネルギー物質に関する研究の中で取り扱ってきたアンモニウムジニトラミド（ADN）の応用研究の一環で，ADNを含むEILPsの組成ならびに着火，燃焼に関する研究が進められてきた[3,4]。基本組成に水やアルコール類などの溶媒成分を一切含まない組成であること

第 16 章　宇宙機推進剤用イオン液体の開発

を基礎として，エネルギー密度の高い推進剤組成の設計検討を実施している。図 1 に高圧窒素雰囲気における ADN 系 EILPs の燃焼の様子を示す。

上述の通り，化学分解時に発生するガスの平衡組成から推定される断熱火炎温度がヒドラジンと比較して高くなると予測されたため，触媒の失活の問題を回避するべく EILPs については別の着火方式を検討することが必要となっていた。そこで着火源の候補にレーザを挙げた。液体推進剤を化学分解する場を接触型とした場合，明らかに熱負荷の影響を受けることとなるため，耐熱性の材料が必要となる。しかし，着火源にレーザを適用すれば，少なくとも推進剤は他の材料と直に接することはない。したがって，他の 1 液推進剤の技術課題となっている点の少なくとも 2 つ，すなわち，毒性と触媒の失活は排除することが可能となる。昨今はレーザ技術が一層進歩しており，小型化も進んでいることから，イオン液体推進剤の点火にレーザを適用することも視野に入る。このように，これまで直面してきた課題を解決するための一つの方策としてイオン液体をレーザで点火する新たな推進系システム技術の提案が可能となるが，現状では以下に記すような解決すべき技術課題も存在する。

- イオン液体は揮発性が極めて低く，着火および燃焼が困難
- イオン液体は一般に粘度が高く，燃焼室内に噴射が困難
- 液滴への効果的なレーザ光照射が困難，実験手法が未確立

以上のように研究課題は山積であるが，脱ヒドラジンによる低毒化および高エネルギー化による推進性能の向上，そしてイオン液体の特徴である超低蒸気圧特性，すなわち，漏洩時の可燃性ガスまたは有毒ガスの発生がないことにより，高性能化ならびに運用時の安全性向上といった有用性は，イオン液体だからこそ実現が期待されるものであり，その実用化に対する期待は大きい。

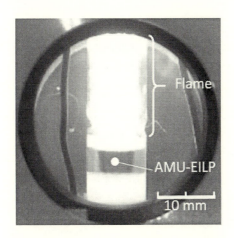

図 1　ADN 系 EILPs の高圧雰囲気下での燃焼[4]

3 高エネルギーイオン液体推進剤の研究

ここではEILPsの世界的な研究動向を示すと共に,筆者らの取り組みについて紹介する。現在まで,多くのエネルギーイオン液体の試作と性能評価が繰り返されている。カチオンとして多く使用されるのがN-ヘテロ芳香族環化合物,アンモニア誘導体であり,imidazolium, triazolium, tetrazolium, ammonium, iminium, triazanium, hydraziniumである。一方,アニオンはazolates, dicyanamides, dinitramides, nitrocyanamides, cyanoboronate, nitrocyanomethanides, methanesufonates, bis(trifluromethylsulfonyl)imide, picrates, nitrates, perchlorates, azides, borohydrides, cyanoborates, metallic nitro complexesなどが選ばれる[5~8]。

液体推進剤として利用するための望ましい物性として,融点($< -40℃$),密度(> 1.4 g cm^{-3}),粘性(低いほど好ましい)などの物理物性に加えて,着火感度(> 5 J)や摩擦感度(> 120 N),熱安定性などのフィジカルハザード情報,および毒性情報も重要となる[7]。特にフィジカルハザード情報は推進剤輸送を考える際に重要であり,国連の危険物輸送基準をクリアできれば,その取扱い利便性は大きく増し,ハンドリングコストが大幅に削減される。このようにEILPs開発においては主用途の燃焼性能を向上させる一方で,安全性向上も念頭に置かなくてはならない。

以下に具体的な研究動向について述べる。上述の通り,液体推進システムは1液推進系と2液推進系に大別されるため,使用されるEILPsもそれによって異なる。まず世界的に研究開発が進んでいる2液推進系について述べる。2液推進系は自己着火により高温ガスを生成し,推力を得る。現在,四酸化二窒素や発煙硝酸などの酸化剤との混合により自己着火性を示すEILPsが多く確認されている[6,7]。自己着火性を有するイオン液体の多くはアニオンがdicyanamides, nitrocyanamide, cyanoborohydridesによって構成される。これらは分解過程でニトリルが生成し,これが重合することで多量の重合熱を放出する。この重合反応を硝酸などの酸化剤が促進し,重合熱によって推進剤の分解がさらに加速され,自己着火に至ると考えられている[6]。ADNを構成するジニトラミドイオンからはニトリルが生成されず,ジニトラミド化合物から構成される自己着火性イオン液体はまだ確認されていない。2液推進系EILPs開発では,着火遅れ時間(ignition delay time)が最も重要な性能パラメタとなる。2液系推進剤の着火遅れ時間とは2液を混合した時点から着火に至るまでの時間である。着火遅れ時間に関して,宇宙機制御を達成するための適切な遅れ時間として5 ms以内が要求されている[7]。最適な物性値を有し,かつ5 ms以内の着火遅れを達成するEILPs合成と評価に関する研究が世界中で進行している。

1液推進系EILPsの開発は2液推進系に比べて遅れている。その要因は,前節で述べた通り着火方式の開発が困難であるからである。また多くのEILPsは融点を下げるために分子の基本骨格に大きな置換基を導入した結果,単位質量当たりに得られるエネルギー量が低下してしまう。そのため単成分で必要な燃焼性能を得られないことも開発が遅れている一因である。

第16章　宇宙機推進剤用イオン液体の開発

ADN，HANなどの単一物質で推進剤として有望なHEMsの多くは常温で固体であるが，先述の通り溶媒を用いて液化することは望ましくない。

筆者らは深共融（deep eutectic）現象を利用し，HEMsであるADNを主剤とした1液系EILPsの開発を行っている。深共融とは，ルイスもしくはブレンステッド酸塩基から成る混合物の共融現象である。共融により2種類以上の物質が相互に融け合うことで融点が降下する。この深共融現象の応用によって固体ADNを溶媒フリーで液化することができる。筆者らはADN，アミン硝酸塩およびアミド化合物からなる3成分系混合物が低融点かつヒドラジン系推進剤を上回る推進性能を期待できることを見出した。ADNおよびアミン硝酸塩（オニウム塩）に対してアミド化合物が水素結合供与体として作用する深共融組成（タイプ3）である。特にADN/モノメチルアミン硝酸塩（MMAN）/尿素（Urea）から成る3成分系EILP（以下，AMU-EILP）は特に低融点・高エネルギー密度組成としての期待が大きい。これら単成分の融点はそれぞれ92℃，110℃，134℃であり室温で固体であるが，3成分系のある組成群の融点は-30から0℃を示す（図2）。

化学平衡計算をベースにした比推力シミュレーションより，AMU-EILPの比推力は現行ヒドラジン推進剤の10%以上の推力向上（密度比推力で40%程度向上）が期待できる画期的な推進剤である。AMU-EILPは一定圧力以上で自燃性を有することがわかっており（図1)[4]，現在は着火方式の開発が最重要課題となっている。また，オープンカップ加熱試験や熱分析，燃焼反応シミュレーションの結果より，ある加熱環境下においてAMU-EILPが着火可能であることまでは見出されている。現在，筆者らはレーザを着火・加熱エネルギー源として選択し，具体的な着火システム構築に関する研究を推進している。クリアすべき研究課題は多くあるが，限定的な条

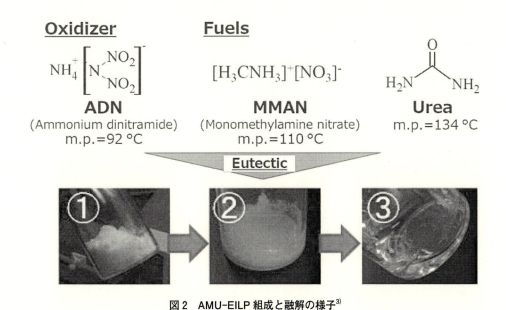

図2　AMU-EILP組成と融解の様子[3]

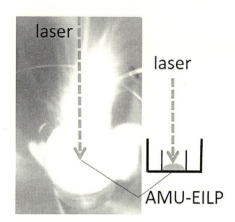

図3 オープンカップを用いた AMU-EILP の着火実験の様子

件下において着火に成功している(図3)。

4 まとめ

本章では,宇宙ロケット,宇宙機に関連した宇宙推進システムにおける技術課題を紹介した。高エネルギー物質を基材としたイオン液体による技術課題の解決を目指して組成設計に係る研究やその着火,燃焼を実現するための研究アプローチについて述べた。

研究領域としては発展途上であるが,単に革新的宇宙技術の実現を目指すのみでなく,宇宙科学分野における技術応用の潜在的な価値にも期待が寄せられている。特に火星以遠の深宇宙探査では,推進剤の揮発などによる枯渇は,サイエンスミッション達成に深刻なダメージを与えることになるが,イオン液体特有の性質である極めて低い蒸気圧特性は,この課題をたやすく解決する可能性を秘めている。また,着火や燃焼といった化学推進領域での実用に限らず,電気推進技術との推進剤共通化,すなわちハイブリッド化に期待を寄せる向きもあり,宇宙分野でのイオン液体に関する技術研究は応用先が広がる方向にある。

文 献

1) T. Katsumi et al., *Sci. Tech. Energetic Materials*, **74**, 1 (2013)
2) A. P. Abbott et al., *Chem. Commun.*, **9**, 70 (2003)
3) 松永浩貴ほか,高エネルギー物質研究会平成 27 年度研究成果報告,宇宙航空研究開発機構研究開発報告(JAXA-RR-15-004),1 (2016)

第 16 章　宇宙機推進剤用イオン液体の開発

4)　Y. Ide *et al.*, *Procedia Eng.*, **99**, 332（2015）
5)　R. P. Singh *et al.*, *Angew. Chem. Int. Ed.*, **45**, 3584（2006）
6)　Q. Zhang & J. M. Shreeve, *Chem. Rev.*, **114**, 10527（2014）
7)　E. Sevastiao *et al.*, *J. Mater. Chem. A*, **2**, 8153（2014）
8)　Q. Zhang & J. M. Shreeve, *Chem. Eur. J.*, **19**, 15446（2013）

第17章　イオン液体を使う新しいCO_2濃度検出技術

本多祐仁[*1]，竹井裕介[*2]

　近年，イオン液体に関して様々な研究がなされ，官学および企業からの研究が盛んに行われている。特に2000年以降は多くのイオン液体に特化した学会や論文が多く発表され，また特許の出願件数も非常に多くなっており，新しいニューマテリアルとして注目されてきた。本稿ではイオン液体が持つ優れた特長を利用した常温常圧で二酸化炭素（CO_2）吸着可能な，イオン液体ガスセンサについて紹介する。

1　イオン液体について

　イオン液体は，約100年前にドイツで誕生した材料である。陽イオン（カチオン）と陰イオン（アニオン）からなり，溶媒は存在しない。当時はあまり注目をされなかったが，イオン液体が持つユニークな特性から近年，イオン液体に関する多くの研究が盛んに行われている。イオン液体の代表的な特長は以下の内容のとおりである。

- イオン（カチオン，アニオン）のみで存在（溶媒は存在しない）。
- 導電性が高い。
- 安定性が高い（温湿度，電気的，化学的）。
- 融点，沸点が高い（300℃以上のものが多い）。
- 粘性が比較的低い。
- 難揮発性である（常温常圧下で真空にしても揮発しない）。

図1にイオン液体の写真を載せる。

　このような特徴を活かして，既に二次電池やキャパシタ分野で，次世代の電解質として期待され，基礎研究から製品化への検討が進められている。しかしながら多くは学術的な研究の域を超えたとは言いがたく，商業的な規模での普及には至っていないのが現状である。また製品価格も非常に高いため，イオン液体の普及に大きな障害となっている。

　今後のイオン液体の展望として，イオン液体の特長を活かし，宇宙開発分野（真空下でも揮発しない性質を利用），ナノテク分野のナノ粒子の保護剤（イオン液体中のナノ粒子はイオン液体

[*1]　Masahito Honda　オムロン㈱　事業開発本部　マイクロデバイス事業推進部
　　　技術開発部　開発2課　主査
[*2]　Yusuke Takei　東京大学　情報理工学系研究科　知能機械情報学専攻　特任助教

第17章　イオン液体を使う新しいCO_2濃度検出技術

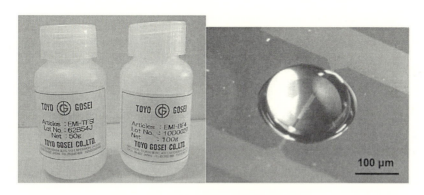

図1　イオン液体の写真（東洋合成工業製）

自体が安定化剤として作用する性質を利用），ある特定の高分子を溶解できるイオン液体の応用（例えば，イオン液体のセルロース可溶化を利用）で廃棄されていたバイオマスなどに利用，糖やアルコールの分解に関する環境的な研究やエネルギー問題への応用が期待される。

今回我々が注目したのが，イオン液体が特異的にCO_2を吸着する性質である。吸着方法などの原理については，未開な部分があるものの，この性質を用いて，大気中からCO_2のみを分離する技術や貯蔵技術の研究がされている[1]。

我々はイオン液体がCO_2に吸着する性質を利用して，ガスセンサの開発を試みた。

現状のCO_2ガスセンサは，CO_2が赤外線の特定波長を吸収する原理を用いたNDIR方式（非分散型赤外分光法）と，CO_2ガスと固体電解質（ファインセラミックス）の化学反応を利用した電池型の2種類がある。図2に既存CO_2ガスセンサを示す。これらは従来のCO_2ガスセンサの中では比較的，消費電力は小さく，サイズは小型である。

しかしながら，NDIR方式は，赤外線を吸収するための光路長および光源が必要であり，電池

図2　既存CO_2センサ例

左：フィガロ技研製　固体電解質型CO_2センサ（http://www.figaro.co.jp/product/entry/cdm4160-100.html），右：Gas Sensing Solutions（GSS）製 NDIR式CO_2センサ（http://www.gassensing.co.uk/product/cozir-ambient/）

型は電解質であるファインセラミックスの室温での電導度が低く,ヒーターによる加温(約400℃)が必要であるため,①消費電力が大きい,②サイズが大きい,③光源や電池の寿命があるなど,両者ともに課題がある。よって,低消費電力かつ小型な CO_2 ガスセンサのニーズが高まっている。

近年,オフィスビル,製造現場,大規模店舗等において,省エネによる地球温暖化抑制への取り組みや,快適な室内環境の維持確保などへの関心が高い。オフィスビルや製造現場,大規模店舗で省電力化や快適な室内環境の維持を進めていくためには,室内環境の状態を適宜的確に把握し,不在時あるいは不在箇所の空調機のエネルギーを落とすことが有効な手段である。

また,ビル衛生管理法において CO_2 濃度を 1,000 ppm 以下にする基準が定められており,換気が義務付けられている。また,業務の効率面でも CO_2 濃度が高くならないように換気制御を行うことが望ましい。一方,過剰換気はエネルギーのロスとなるため,CO_2 濃度をモニタして必要最小限の換気を保つことが省エネルギー化にとって重要となる。

そこで,本稿では,CO_2 ガスを特異的に吸着するイオン液体に着目し,イオン液体をセンサの反応部とし,センシング条件の最適化や詳細設計を行い,これらの課題を解決する新たなセンシング方法について紹介する。

2 イオン液体センサについて

イオン液体を用いた CO_2 ガスセンサの特長は,光源や光路長,ヒーターを用いないことと,ガス吸着による電気特性の変化を利用して濃度換算することである。従来の CO_2 ガスセンサと比べて,開発した CO_2 ガスセンサは,①低消費電力,②小型化,③高速応答,④低コストが可能と考える。このセンサのポイントは,簡易な測定方法(後述するインピーダンス法を利用)で,かつ小型・低背化な構造である。イオン液体は通常液体状態であるので,我々はイオン液体を固体化し,それに液漏れ防止の対策を行った。また我々は MEMS (Micro Electro Mechanical System) 技術を用いた微細加工で電極パターニングを行い,小型センサを製作した。MEMS とはセンサや集積回路を1つの Si やガラス,有機材料などの上に加工および集積化する技術を指し,三次元的かつ小型に適した技術で半導体技術を応用したものである。スマートフォンに搭載されている加速度センサや圧力センサ,インクジェットプリンタのヘッド部など,日常生活に欠かせない技術である。我々はその MEMS 技術の特長を用いて,Si やガラスに微細な加工を施し,CO_2 ガスセンサのイオン液体電解質の電極部の小型化を行った。

我々が使用したイオン液体は,ethyl-methyl-imidazolium (EMIMBF$_4$), ethyl-methyl-imidazolium (EMIMTFSI) である。陽イオン(カチオン)は五員環構造をベースとしたイミダゾリウム系を,陰イオン(アニオン)はフッ化ホウ素やビス(トリフルオロメタンスルフォニル)イミドである。

大気中の CO_2 の溶解度はイオン液体の種類,すなわちカチオンとアニオンの種類に大きく依

第 17 章　イオン液体を使う新しい CO_2 濃度検出技術

存する。種々の論文では，イオン液体が CO_2 を吸着する構造として，カチオンにイミダゾリウム系を採用し，アニオンに関しては，疎水性および親水性と幅広く探索されている。一般的に，CO_2 の溶解度は $[NTf_2]^-$ と $[CTf_3]^-$ が高く，PF_6^-，$[OTf]^-$，BF_4^-，$[DCA]^-$ の順に低くなり，NO_3^- が最も低い。フッ素系アニオンは CO_2 の溶解度を大きく増加させる。この原因は，フッ素系アニオンが CO_2 と弱いルイス酸・塩基相互作用を形成するためと考えられている。

一方，カチオン側からみると，イミダゾリウムカチオンのアルキル側鎖を伸長すると CO_2 の溶解度は増加するが，その量はごく僅かである。よって CO_2 溶解度を向上させることにおいては，カチオンの効果はアニオンの効果と比べ小さいので，アニオンの選択性が非常に重要であることが言える。現在，多くの研究者が CO_2 溶解度の向上を目指して，新規のイオン液体の開発やアニオンカチオンの組み合わせの検討がされている。

イオン液体のガス選択性は，CO_2 以外のガスについても溶解度をみる必要がある。ガスの溶解度の一つの指標として，「ヘンリーの法則」が重要となる。ヘンリーの法則とは，気体に関する法則で，「揮発性の溶質を含む希薄溶液が気相と平衡にあるときは，気相内の溶質の分圧は溶液中の濃度に比例する」と定義される。各ガスについてはヘンリー定数が算出され，ヘンリーの法則の気体の圧力と溶解量の関係が吸着量にも成立すると考えられている。ヘンリー定数が大きいほど，ガスは溶解しにくい傾向がある。溶解しやすいガスの特徴としては，分子の構造が幾何学的でないガス，例えば，SO_2 や N_2O などのガスは N_2 や H_2，O_2 と比べ，非常に溶解しやすいことが分かる。CO_2 においても，大気中に多く存在する N_2 や O_2 と比べ，溶解しやすいことが分かる[2]。

イオン液体を使ったガスの吸収を応用した例として，産総研・金久保氏らが行った研究がある。金久保氏らは，イオン液体とアルコールを混合したハイブリッド溶液を用いて，混合ガス中の CO_2 を吸収する精製方法を開発し，CO_2 のみを優先的に吸着・貯蔵するシステムを考案している。ただしリバーシブル反応ではなく，高温高圧化で有効な系であるので，常温常圧下かつリバーシブル（吸着および脱離）に使用する用途では不向きと言える[3]。

今回提唱するイオン液体を用いた CO_2 ガスセンサは，常温常圧下でリバーシブル，かつ小型・低消費電力なデバイスの開発を行う。上述のイオン液体の特徴を活かして，新しいガスセンサの開発に取り組んだ。

イオン液体の CO_2 吸着を利用して，従来の CO_2 ガスセンサと比べ，低消費電力（従来比より 1/10）・小型（センササイズ 10 mm × 10 mm）な CO_2 ガスセンサの開発に取り組んだ[4~7]。

図3に我々が開発中の CO_2 ガスセンサの概略図を示す。電極基板は MEMS 技術を用いてガラス基板または Si 基板上に電極部を形成した。中央部にイオン液体を実装し，液漏れ防止のため，ガス透過膜でカバーした。

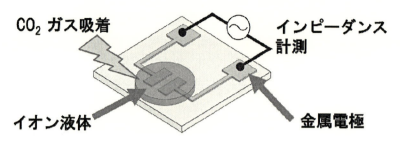

図3 イオン液体センサの外形図

3 電極素材の選定

　イオン液体のインピーダンスを計測するための電極基板を製作するにあたり電極素材の選定を行った。電極素材選定のために，炭素電極，アルミ電極，銅電極，銀電極，金電極，白金電極，チタン電極を準備し，それぞれの電極についてサイクリックボルタンメトリー計測を行い比較した結果，電極素材として白金を用いることとした。図4は白金電極を使用した際のサイクリックボルタモグラムである。「Initial」および「Flashing」の線がCO_2濃度0％，「CO_2」の線がCO_2濃度3,000 ppm の時のものである。CO_2の濃度向上に伴い，ボルタモグラムの形状が変化し，再びCO_2濃度0 ppmにするとイニシャルの状態に復元されていることが分かる。

　次に電極の形状について述べる。図5に電極形状の概要を示す。左右の凸型の2つの電極は電極間距離200 μm で対向している対向電極であり，その電極間をまたがるように滴下されたイオン液体のインピーダンスを計測するためのものである。また，イオン液体は温度によってもインピーダンスが変化することが分かっており，温度補償を実施するためにイオン液体の温度計測用の抵抗線を，インピーダンス計測用の対向電極の間に形成した。また，イオン液体の形状を再現性良く形成するために，疎水性膜であるサイトップをパターニングし，滴下した際のイオン液体が直径2 mm の円のパターンとなるようにした。イオン液体の体積は，2 μLとした。電極

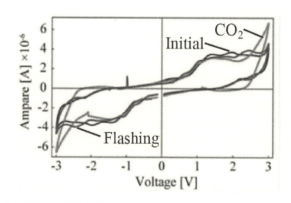

図4 白金電極を使用した際の，イオン液体のサイクリックボルタモグラム

第17章　イオン液体を使う新しいCO_2濃度検出技術

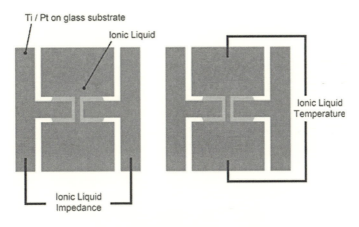

図5　白金電極基板の形状および機能

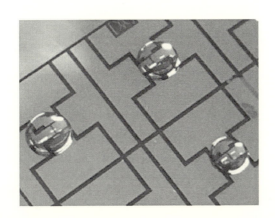

図6　製作した白金電極基板およびイオン液体を滴下した様子

の材質は前述のように，白金を使用し，ガラス基板との密着層としてチタンを用いた。また，図6に実際に作製した白金電極上にイオン液体を滴下した際の様子を示す。

次に，製作した白金電極基板を用いて，イオン液体の温度と基板上に作製したイオン液体温度計測用抵抗線の抵抗との関係を調べた。実験は恒温恒湿漕（エスペック社，SH-222）を使用し実施した。図7に温度と電極の抵抗の関係を示す。結果として，外気湿度に依存せず，温度と抵抗線の抵抗は比例の関係があることが分かった。

また，イオン液体のインピーダンスが，温度や湿度に対しても変化するため，温度補償，湿度補償のために，温度に対するインピーダンス変化，湿度に対するインピーダンス変化の計測を行った。温度を固定して湿度を変化させた時の，イオン液体のインピーダンスについて，温度を固定して湿度を変化させた時の結果を図8に示す。次にCO_2濃度に対するインピーダンス変化について計測を行った。前述の恒温恒湿漕を用いて，温度20℃，湿度30％の環境にてCO_2濃度を変化させた際のイオン液体のインピーダンス値との関係を図9に示す。計測点が少ないが

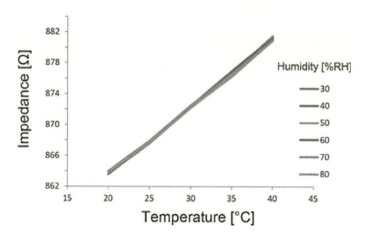

図7 白金電極基板上に形成した温度計測用抵抗線の抵抗と温度との関係

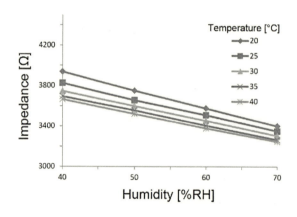

図8 イオン液体インピーダンスの温度, 湿度依存を計測した結果

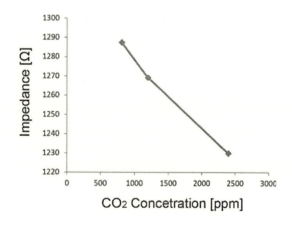

図9 CO_2濃度とイオン液体インピーダンスの関係

第 17 章　イオン液体を使う新しい CO_2 濃度検出技術

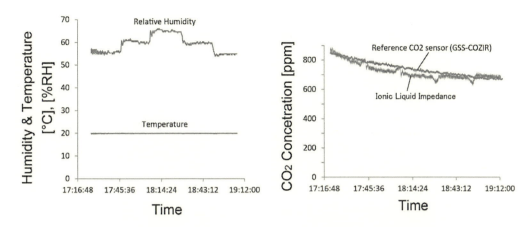

図 10　恒温恒湿漕内にて温度をステップ状に変化させた際の CO_2 濃度計測データ

CO_2 濃度の増加に伴い，インピーダンスが比例して減少していくことが確認できた。

　温度補償，湿度補償を行うことでイオン液体のインピーダンス値計測により，CO_2 濃度が計測可能であることを確認するために，恒温恒湿漕内で温度をステップ状に変化させながら，CO_2 濃度計測を行い，市販の CO_2 ガスセンサとの出力の比較を行った。図 10 は，恒温恒湿漕内にて，温度を一定に保ちながら，湿度をステップ状に変化させた際の，温度および湿度プロファイル（左），イオン液体のインピーダンス計測値に温湿度補償を行った CO_2 濃度計測値と GSS 社の CO_2 ガスセンサにより計測した CO_2 濃度データとの比較（右）である。イオン液体のインピーダンス計測値から，温度や湿度の変化を補償し，CO_2 濃度を正しく計測できることが分かった。

4　イオン液体の固体化（ゲル化）についての検討

　本節では，イオン液体を固体化（ゲル化）したイオン液体ゲルについて述べる。パッケージングにおける液体の難点をゲル化により解決するためである。以下に本研究でのイオン液体ゲルの製作法について説明する。イオン液体ゲルはイオン液体とポリマーとを混ぜ合わせることによって生成される[8]。本研究ではイオン液体として［EMIM］［BF_4］および［EMIM］［TFSI］，ポリマーとして PVdF-HFP を用いた。まずガラス瓶に N,N-ジメチルアセトアミド（N,N-Dimethyl Acetamide，以下 DMA）を，その後イオン液体と PVdF-HFP の粉末を，重量比 20：1：1 の比率で混ぜ合わせた。イオン液体と PVdF-HFP は，そのままでは混ざり合わないため溶媒として DMAC を用いた。溶液を混ぜ合わせるためにボールミル（伊藤製作所，MF-4）を用いた。攪拌に要する時間は内容物の粘度によって差があり，およそ 1 時間から半日ほどで完全に攪拌され，均一なコロイド溶液（以下，イオン液体ゾル）となるとされている。混ざりにくい場合や，早く混ぜたい場合は超音波洗浄機を用いて超音波の振動を加えることでもイオン液体ゾルは

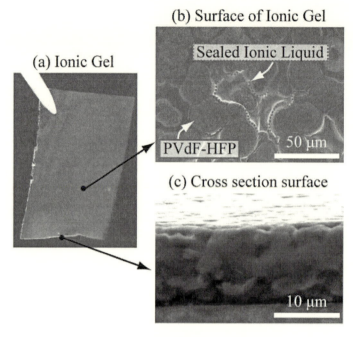

図11 イオンゲルを電子顕微鏡にて観察した様子

形成可能であった。イオン液体ゾルをゲル化するために，固着させたい箇所にイオン液体ゾルを滴下し，熱を加えた。溶媒のDMACが揮発し，溶液が固形化することを確認した。

図11にイオン液体ゲルの外形写真および表面，側面の電子顕微鏡写真を示す。表面形状は多孔質で，空孔部にイオン液体が液体状態で存在していた。これはPVdF-HFPを用いて電解液をゲル化した場合によくみられる特徴であり，空孔部に電解液はポリマーと独立して存在している。

最後にイオン液体ゾルの滴下量と，ゲル化した後の膜厚の関係を調べた。直径6 mmの孔をあけたダイシングテープをガラス基板に貼り付け，その孔にマイクロピペットを用いてイオン液体ゾルを滴下し，熱を加えて硬化させた。その後，テープを剥がし，イオン液体ゲルのパターンを形成した。触針段差計を用いて膜厚を計測した。図12に計測結果を示す。グラフから分かるようにイオン液体ゲルの膜厚は，イオン液体ゾルの滴下量とおおよそ比例の関係があることが分かった。ただし，ゲルの膜厚は均一というわけではなく，淵部の盛り上がりや，表面の細かい凹凸が観察された。これはイオン液体ゾルの表面張力およびゾル内に含まれていた気泡の影響と思われる。

第 17 章　イオン液体を使う新しい CO_2 濃度検出技術

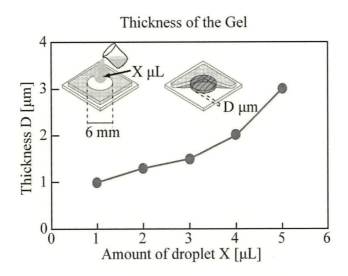

図 12　イオン液体滴下量とイオンゲル膜厚の関係

5　CO_2 ガスセンサ端末の実証実験

本節では，イオン液体を用いた CO_2 ガスセンサを用いて行った実証実験についての詳細を述べる。本実証実験の目的は，恒温恒湿チャンバー内ではなく，人の出入りが多く CO_2 濃度の変化が激しい実際のオフィス空間で，本センサが市販の CO_2 ガスセンサと同様に CO_2 濃度を計測できることを確認することにある。実証実験場所として，東京大学本郷キャンパス内の研究室を選定した。選定した理由として，30 人程度の学生教職員が利用している部屋であり，1 日を通じて人の出入りが多く，激しい CO_2 濃度変化が見込まれることが挙げられる。計測時には以下の 4 つの項目を同時に計測した。

① 温度（センシリオン社，SHT シリーズ）
② 湿度（センシリオン社，SHT シリーズ）
③ イオン液体インピーダンス
④ 参照用の CO_2 濃度（COZIR，GSS 社）

③のイオン液体のインピーダンスから事前に計測し取得していた，温度補償係数，湿度補償係数を元に，①②の温湿度データを用いて温湿度補償を行い，イオン液体のインピーダンス値のうち，CO_2 濃度に関係するインピーダンス値のみを抽出した。結果を図 13 に示す。イオン液体 CO_2 ガスセンサの出力結果が，市販の CO_2 ガスセンサの出力結果と合致していることが分かった。

さらに，実証実験時のイオン液体 CO_2 ガスセンサと市販の CO_2 ガスセンサの消費電力に関して比較を行った。市販の CO_2 ガスセンサは 0.5 秒おきに NDIR 方式で CO_2 濃度を計測するセンサであり，1 時間継続して計測した場合，3.2 mWh となることが試算の結果より分かった。そ

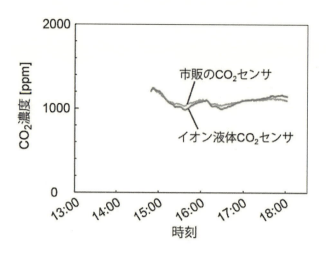

図 13 実証実験における市販の CO_2 センサとイオン液体 CO_2 センサの計測結果比較

れに対して，イオン液体のインピーダンスを計測する我々の CO_2 ガスセンサは，センシング部分での消費電力はイオン液体のインピーダンスと流れる電流から計算でき，約 0.4 mWh となる。この消費電力は，電極部分の設計の変更や，後述するイオン液体をゲル化する手法を用いることにより，インピーダンス値を大きくすることで，より小さくすることが可能である。

実証実験のまとめとして，イオン液体を用いた CO_2 ガスセンサは，市販の NDIR 方式の CO_2 ガスセンサと同等の CO_2 濃度検出性能を有し，さらに市販の CO_2 ガスセンサよりも低消費電力であることが分かった。CO_2 ガスセンサ端末で，室内の CO_2 濃度を定期に測定モニタリングを行い，例えば CO_2 濃度 1,000 ppm 以上の時に，空調機や受信機に喚起を促す信号を送信するシステムを構築することで，省エネに寄与できると考えている[9]。

6 まとめ

イオン液体を用いた小型かつ低消費電力の CO_2 ガスセンサの開発を行った。従来のセンシング方法と異なる新しいガスセンシング方法を採用し，低消費電力を実現したセンサを開発した。消費電力は既存品と比べ，約 1/8 で，100 μW で駆動可能である。また光源やヒーターを用いていないため，将来的にセンサの小型・低背化が可能である。また，センサ端末で室内（125 m^2）において濃度モニタリングを行い，既存品と同等レベルのセンシング分解能を有することを確認した。

謝辞

この成果は，国立研究開発法人新エネルギー・産業技術総合開発機構（NEDO）の共同研究業務の結果得られたものです。

第 17 章　イオン液体を使う新しい CO_2 濃度検出技術

文　　献

1) 東レリサーチセンター，イオン液体テクノロジー，p.24（2013）
2) 西川恵子ほか，イオン液体の科学，p.306，丸善出版（2012）
3) 金久保光男ほか，イオン液体ハイブリッド吸収液による二酸化炭素の分離回収技術の開発，*SCEJ 42nd Autumn Meeting*（2006）
4) M. Honda & Y. Takei, Low-power-consumption CO_2 gas sensor using ionic liquids for Green energy management, *IEEE SENSORS 2012*（2012）
5) 本多祐仁，竹井裕介，イオン液体［$EMIMBF_4$］によるインピーダンス変化を利用した CO_2 濃度センサの開発と応用，第 3 回イオン液体研究会（2012）
6) M. Honda & Y. Takei, Ionic-Liquid Gel based Carbon Dioxide Gas Sensor, *5th Congress on Ionic Liquid*（2013）
7) M. Honda & Y. Takei, Low Power Consumption CO_2 Gas Sensor Using Ionic Liquid, *223rd Electrochemical of Society*（2013）
8) I. Takeuchi *et al.*, *J. Phys. Chem. C*, **114**, 14627（2010）
9) 本多祐仁，田中純一，電気学会誌，**133**(4), 210（2013）

イオン液体研究最前線と社会実装

2016年12月22日　第1刷発行

監　　修	渡邉正義	（T1031）
発 行 者	辻　賢司	
発 行 所	株式会社シーエムシー出版	
	東京都千代田区神田錦町1-17-1	
	電話 03(3293)7066	
	大阪市中央区内平野町1-3-12	
	電話 06(4794)8234	
	http://www.cmcbooks.co.jp/	
編集担当	渡邊　翔／廣澤　文	

〔印刷　日本ハイコム株式会社〕　　　　　　　© M. Watanabe, 2016

落丁・乱丁本はお取替えいたします。

本書の内容の一部あるいは全部を無断で複写（コピー）することは，法律で認められた場合を除き，著作者および出版社の権利の侵害になります。

ISBN978-4-7813-1227-9　C3043　¥84000E